제 4 판 머리말

이 책의 초판인 地形學原論이 출간된 후 4반세기의 세월이 지나갔다. 그 동안 주로 지리학을 전공하는 학생들이 많이 읽어 주어 아직까지 이 책의 출판이 계속되고 있는 것으로 알고 있다. 그런데도 제4판의 출간이 늦어져 독자들에게 매우 미안스러웠다. 다른 책의 집필과 개정에 쫓기다 보니 늦어졌다. 너그러이 이해하여 주시기 바란다.

개정을 함에 있어 내용을 보완하는 한편 최근까지 우리나라에서 이룩된 주요 연구성과를 간략하게나마 소개하려고 했다. 그리고 내용이 좀더 쉽고 편안하게 전달될 수 있게 하기 위해 원고를 디스켓에 옮겨 놓고 여러번 읽으면서 문장과 문맥을 가다듬는 데 많은 시간을 들였다. 본문을 국한문 혼용에서 한글전용으로 바꾼 것도 달라진 점이다. 그러나 중요한 용어는 한자를 괄호 안에 넣어 도움이 되도록 했다. 책의 분량이 늘어나지 않은 까닭은 너무 전문적으로 언급하는 것을 피했기 때문이다.

이 책에서는 그림과 사진이 상당한 비중을 차지한다. 그림은 거의 모두 새로 그렸고, 그림에 나오는 영문용어를 우리말로 옮겼다. 그림의 효과를 높이기 위해 2색인쇄를 시도하고 지질을 고급화하기도 했다. 사진은 책의 판형에 맞추어 가급적 크게 실었다. 사진 중에는 교체되거나 새로 실린 것이 적지 않다. 저자가 찍은 사진은 사진설명의 끝에 촬영년도를 덧붙쳐 다른 사진들과 구분되도록 했다.

저자의 사진 중에는 해외의 것도 있다. 저자는 미국에서 공부할 때 미시시피강과 그 범람원 및 삼각주를 학교 가까이서 또는 답사를 통해 비교적 자세히 관찰할 수 있었다. 1967년에는 학생 신분으로 맥켄지강 하구의 북극해 연안에 자리한 이누빅(Inuvik) 부근의 툰드라에서 봄과 여름에 걸친 약 2개월 동안 야영하면서 주빙하지형의 조사에 참여하기도 했다. 이 책에는 이러한 유학시절에 찍은 사진이 실려 있다. 그러나 1989년 이후 개인적으로 세 차례 가졌던 미국 서부지방의 답사에서 찍은 사진이 훨씬 효과적으로 사용되었다. 이

때의 답사는 일부 건조지형과 구조지형을 이해하는 데 큰 도움이 되었을 뿐만 아니라 데스밸리의 플라야와 사막포도, 툴라로사밸리의 석고모래사구, 그레이트솔트레이크 주변의 단구, 모하비사막의 시마돔(Cima Dome), 모뉴먼트밸리의 미튼뷰트(Mitten Buttes) 등을 저자의 사진으로 소개할 수 있는 계기가 되었다. 미국의 서부지방은 지형학에서 사용하는 여러 모델을 낳게 한 곳이다.

갑자기 몰아닥친 출판사정의 어려움에도 불구하고 책을 이처럼 훌륭하게 제작하도록 허락하여 주신 법문사의 배효선 사장님과 편집을 손수 맡아 주신 최복현 상무님께 고맙다는 말씀을 드린다. 최복현 상무님의 오랜 편집경험은 책의 구석구석에 배어 있다. 그림을 참하게 그려준 박경민 씨와 교정을 정성껏 보아준 고려대학교 대학원 지리학과의 범선규 군과 최은영 양에게도 사의를 표한다.

1999년 7월 20일
저 자

제 3 판 머리말

이 책은 1980년에 출간된 「新版 地形學」의 체제를 그대로 지키면서 내용을 가다듬고 보완한 것이다. 새로운 내용을 추가하는 한편 특히 쉽게 읽혀질 수 있도록 하기 위해 힘을 기울였다. 마지막 장은 원고를 다시 작성하여 구저의 그것과는 모습이 완전히 달라졌다. 구저가 나온 후 10년이 지났으니 너무 늦어져서 송구스럽기 그지없다.

돌이켜 보건대 우리나라의 지형학은 시작이 늦어졌다. 지형학은 특히 지리학과에서는 기초과목의 하나로 이수되고 있지만 1950년대 말경에 이르러서야 최초의 논문이 발표되었다. 1960년대에 이어 1970년대를 통해서도 발표되는 논문 편수가 많지 못했음은 물론 전반적으로 연구주제가 극히 한정되어 있었다. 1980년대에 들어와서는 미흡하나마 연구주제의 폭이 넓혀지는 한편 열악한 여건하에서도 연구업적이 적지 않게 쌓이게 되었다. 하나의 학문이 성숙하기까지는 많은 학자들의 노력이 요구된다. 유능한 지형학자들의 양적 증가는 1980년대에 이룩된 지형학의 발전에 원동력이 되었다.

이 책에서는 그동안의 주요 업적들을 가급적 많이 반영시키고자 노력하였다. 지형학은 순수자연과학에 속하지만 '땅'을 연구대상으로 하기 때문에 지역성을 강하게 풍기는 학문이다. 그러나 이 책은 「地形誌」가 아니라 일반 개론서인 관계로 그러한 업적들을 충분히 수용하지 못하여 아쉬움이 남는다. 「참고문헌」에 장과 장간의 균형을 생각하지 않고 가급적 우리나라 논문을 많이 실은 것은 이러한 아쉬움을 덜기 위함이었다. 지형학의 각 분야가 좀더 고르게 발전하여 개론서라고 할지라도 우리나라의 지형에 초점을 두고 각종 사례를 풍부히 제시하는 저서가 하루 속히 많이 나올 수 있게 되기를 바라는 마음 간절하다.

이 책이 다시 개정될 수 있게끔 많이 성원해 주신 여러 분들, 그림 2-7의 토르와 그림 13-2의 주상절리(柱狀節理) 사진을 사용하도록 배려해 주신 동국대학교의 金周煥 교수님과 權炯熙 박사님에게 감사를 드린다.

끝으로 교정과 마무리 작업에 수고한 고려대학교 대학원 지리학과의 여러 학생들에게도 이 자리를 빌어 사의를 표한다.

1990년 8월 1일

權 赫 在 識

구저 地形學原論을 출간한 것이 1974년 5월의 일이었으니, 그 후 만 6년이란 세월이 지났다. 당시 학문에 대한 이해가 부족했던 데다가 성급히 집필했던 관계로 부분적으로 내용의 오류가 있었음은 물론이고, 미흡한 점 또한 많았다. 그래서 저자는 항상 독자 여러분께 미안한 마음과 마음 한 구석에 불만을 품어 오던 중 이제야 겨우 기회를 얻어 전면개정의 신판을 내게 되었다.

구저와 같은 곳도 더러 눈에 띌 것이나, 처음부터 끝까지 원고를 다시 작성하면서 쉽게 읽혀질 수 있도록 문맥을 가다듬고, 내용을 바로잡는 한편 보완하고, 우리 나라의 사례를 가급적 많이 실으려고 노력하였다. 그리고 장을 통폐합하기도 하고, 달리 배열하기도 하고, 추가하기도 하였다. 또한 삽화도 대폭 늘렸다. 그 결과 백수십 면의 증면으로 나타나게 되었는데, 원고의 작성에 소비된 시간도 구저보다 훨씬 길었다. 그리하여 개정판이라고는 하나, 새로운 저서와 같은 모습을 갖게 되었으며, 이와 같은 연유로 책명도 「地形學」이란 새로운 이름으로 바꾸게 된 것이다.

그러나 체제는 대체로 구저를 따랐다. 현대지형학에서는 풍화작용과 유수·바람·빙하·파랑·해류 등과 같은 각종 기구에 의하여 형성되는 지형을 구명하는 데 큰 비중을 두고 있는 것 같다. 우리의 일상생활과 관련이 깊거나 주위에서 쉽게 관찰할 수 있는 지형도 대개의 경우에는 그러한 지형들이다. 서론에 이어 10장까지의 앞 부분에서 이들 기구에 의한 침식 및 퇴적지형을 주로 다룬 것은 그와 같은 이유 때문이다. 지구 내부의 열순환과 관련하여 형성되는 구조지형은 뒤로 미루었다. 그리고 구저에서와는 달리 지표상의 1차적 기복, 즉 세계의 대지형을 결론으로 삼아 하나의 장으로 독립시켰다.

내용에 있어서는 각종 지형을 총망라하는 데 치중하지 않고 중요하다고 생각되는 개념들을 중심으로 평이하게 서술하려고 노력하였다. 지형학을 전공하지 않더라도 독자적으로 읽어나가는데 있어서 흐름이 충분히 파악될 수 있을 것이라고 믿는다.

말미에는 국문색인과 더불어 구문색인을 실었다. 지형학 관계의 국문용어들은 거의 전부 구문용어를 번역한 것들로서 아직 충분히 정착되지 못한 것들이 많으며, 하나의 구문용어도 여러 가지로 번역되어 쓰이는 경우도 있고, 우리에게 아주 생소한 용어도 적지 않다. 지나치게 전문성을 띤 것은 사용하지 않았으나, 구문색인은 구문용어와 국문용어간의 관계를 알고자 할 때 도움을 주기 위하여 실은 것이다. 옮기기 어려운 일부 용어는 원어대로 사용하였다.

교정쇄를 읽으면서 다시 검토해 보니 불만스러운 점들이 또 나타난다. 능력의 한계 탓으로 돌릴 수 밖에 없는 심정이다. 그러나 이 책이 지형학 내지 지리학의 보급에 조금이나마 보탬이 될 수 있다면, 저자로서 기쁘기 한이 없겠다.

끝으로 이번에 다시 新版 地形學을 펴냄에 있어서 그동안 성원을 아끼지 않으신 선배 및 동료 제현과, 어려운 출판사정에도 불구하고 옵셋 인쇄까지 하여 이 책을 더욱 생동감 넘치게 꾸며 주신 법문사 관계자 여러분에게 깊은 감사를 드리는 바이다.

1980년 9월 일
저 자 씀

머 리 말

지형학은 엄밀히 말해서 지구과학의 한 분야이며, 순수 자연과학적 방법에 의해서 연구하는 계통적 학문이다. 그러나 지형학은 지구의 표면을 연구 대상으로 하며, 지표상에 전개되는 온갖 지리적인 인문현상을 이해하려면 그 바탕이 되는 자연배경에 대한 기초가 우선 필요하기 때문에, 이 학문은 일찍부터 주로 지리학자들에 의해서 연구되어 왔다. 대학에서 지리학을 전공하는 학생들에게 지형학이 거의 필수과목처럼 과해지게 된 것도 바로 이러한 이유 때문이다. 그러나 지리학과가 증설되고 지리학도가 차차 증가하지만, 아직 우리 글로 쓰여진 적당한 지형학 책이 없어서 불편이 많은 실정이다.

이 책은 원래 한 학문에 대한 전문서라기보다는 지리전공 학생들의 불편을 덜어 주기 위한 입문서로서 쓰여졌다. 2차대전 이후 지형학은 다른 자연과학의 여러 분야와 마찬가지로 비약적인 발전을 하여 왔다. 지형학은 이제 지리학이나 지질학의 세부 분야가 아니라 거의 독자적인 학문으로서의 위치를 차지하게끔 되었다. 그리하여 지형학 내에도 다수의 세부 분야가 연구 발전되었으며, 이와 동시에 각종 지형적 현상을 중심으로 그 내용이 매우 복잡한 온갖 학설과 수많은 새로운 용어들이 등장하였다. 그러나 이 책은 입문서인 관계로, 이러한 것들을 망라하는 데에 중점을 두지 않고, 오늘날 일반적으로 중요시되고 있는 개념과 현상들이 가급적이면 큰 테두리 안에서 평이하게 이해될 수 있도록 하기 위하여 노력하였다.

그리고 지형의 형태와 그 형성작용간의 관계를 밝히려고 하는 시도는 오늘날 지형학의 주축을 이루고 있는 것 같다. 특히 지형의 형성기구가 어떤 작용을 통해서 특정한 지형을 형성하는가 하는 문제는 1950년대 이후 매우 활발하게 연구되어 왔다. 이 책에서는, 서론에 이어 제10장까지 지형의 외인적(外因的) 형성작용에 의해서 발달하는 여러가지 지형을 다루고, 내인적(內因的) 형성작용에 기인하는 화산지형과 기타 구조지형을 마지막 세 장으로 미룬 것도 이러한 이유에서이다.

저자는 각 용어가 내포하고 있는 개념을 정확하게 아는 것이 무엇보다 중요하다고 믿기 때문에, 이를 처음에 소개할 때에는 가급적 원어를 용어 뒤에 붙였으며, 정의를 기술하는 데 많은 주의를 기울였다. 형편상 그림은 주로 외서의 원도를 그대로 이용하였지만, 거기에 나오는 구문용어는 거의 전부 본문 중에 우리 말로 옮겼으므로 큰 불편은 없을 것으로 짐작되며, 또한 권말에 첨가되어 있는 구문색인을 이 목적에 이용할 수도 있다.

각장의 말미에는 주요 관계문헌을 수록했다. 본문에서 그 내용이 소개된 것, 지형학을 더 깊이 연구하려고 하는 학생들에게 기본적으로 필요하다고 생각되는 것 등을 엄선해서 실었다.

또한 지형학은 근본적으로 지역과학의 성격을 띠는 학문이므로 미국 학자의 저서에는 미국의 예가 주로 수록되어 있고, 영국 학자의 저서에는 영국의 예가 많이 실려 있다. 이런 점을 고려하여 우리 나라의 예를 많이 인용하려고 하였으나 우리의 지형연구의 부진과 무엇보다 저자의 역부족으로 소기의 뜻을 이루지 못한 것을 매우 유감스럽게 생각한다.

막상 책을 꾸며놓고 보니 미비한 부분이 많이 발견된다. 이런 부분은 앞으로 기회가 있을 때마다 보충할 예정이다.

끝으로, 이 책이 나올 수 있도록 평소에 늘 격려해 주신 서울대학교 교육대학원장 李燦 교수님과 출판을 맡아 주신 법문사의 金性洙 사장님, 그리고 편집에 수고해 주신 여러 분에게 깊은 사의를 표한다.

1974년 5월 1일
저 자 씀

차　　례

제 4 장 유수에 의한 지형 (67～126)

제 5 장 침식윤회 (127～152)

제 6 장 건조지형 (153～188)

제 7 장 카르스트지형 (189～222)

그림 및 표 목차(Map/Photo/Diagram/Table)

지 형 학

제 1 장 지형학이란 무엇인가

1. 지형학의 정의와 연구내용
2. 지형학의 발달
3. 지형의 형성작용과 기구

이 장의 개요

지표는 각종 지형으로 이루어졌으며, 지형학은 이들 지형이 어떻게 형성되고 또 그 형태와 특성이 어떠한가에 대하여 연구하는 학문이다. 지형학은 순수 자연과학으로 엄밀한 의미에서는 지질학의 한 분야이다. 그러나 지형은 자연환경의 일부로서 인간생활에 미치는 영향이 매우 커서 그 연구는 주로 지리학자들에 의해 추진되어 왔다. 나라마다 다소의 차이가 있지만 우리나라도 예외가 아니다. 지형학에서 주로 다루는 지형은 인간생활과의 관계가 밀접한 소규모의 지형이다.

지형학의 발달은 고대로 소급된다. 그러나 지형학이 근대적인 과학으로서 체계를 갖추기 시작한 것은 19세기 후반에 들어서였고, 20세기 전반에는 침식윤회설(侵蝕輪廻說)의 보급과 더불어 그 기반이 확고하게 다져졌다. 지형학도 오늘날에는 다른 자연과학처럼 분야별로 전문성이 심화되었다. 인접과학에서 원용하는 정보의 폭이 넓어졌고, 지형을 조사·분석할 때 사용하는 기법 또한 다양해졌다.

지형의 형성작용은 외적 작용, 내적 작용, 지구외적 작용으로 나뉜다. 지형의 형성작용(形成作用)을 가리킬 때 영력(營力)이란 용어가 널리 사용된다. 그러나 이 용어는 지형의 형성작용을 수행하는 각종 기구(機構)에도 적용되어 혼동을 일으키기 때문에 쓰지 않는 것이 바람직하다.

▲ **노르웨이의 빙식곡** 지형은 인간생활에 큰 영향을 미친다. 골짜기가 빙식을 받아 시원하게 트여 있다. 골짜기의 양쪽 사면이 매우 가파른데, 골짜기에서 산을 넘는 자동차도로가 건설되어 있다.

1. 1

지형학의 정의와 연구내용

지형학(地形學, geomorphology)은 글자 대로 풀이하면, 땅의 모양을 연구하는 학문이다. 일반적으로 지형학은 지표의 기복(起伏, relief)을 기술하고 해석하는 과학이라고 일컬어진다. 지구의 기복을 연구하는 과학이라고도 한다. 그러나 이 경우에는 세계적인 대산맥이나 대양분지와 같은 지구의 일차적 기복의 기원에 대한 문제도 지형학의 영역에 속하게 된다. 이러한 문제는 구조지질학이나 지구물리학에서 주로 다룬다.

지형(landform)의 특성은 기복에 의해 결정된다. 둘쭉날쭉한 정도를 가리키는 '기복'이란 말은 '지형'과도 통하는데, 지형학에서 연구대상으로 삼는 지형은 육지의 지형에 거의 한정되어 있고, 그 규모가 작은 것이 보통이다. 지형학은 현대적인 과학으로 확립된 이후 주로 지리학자들에 의해 연구되어 왔으며, 지형학에서 소규모의 지형에 관심을 많이 보이는 까닭은 우리 주변의 지형이 그러한 것들이기 때문이다. 하나의 산이나 골짜기 또는 평야는 소규모의 지형이고, 이러한 지형은 환경의 일부로서 인간생활과의 관계가 밀접하다. 한편 지형학에서는 방법론상 야외조사가 중요한데, 한 사람이나 몇 사람이 조사·연구할 수 있는 현장의 범위가 넓지 못하다. 이 점도 소규모의 지형이 주로 다루어지는 중요한 이유 중의 하나이다. 지형학의 주요 분야를 간단히 소개하면 다음과 같다.

첫째, 암석과 기복의 관계를 연구한다. 화강암지역에 침식분지가 형성되고, 석회암지역에 석회동굴과 돌리네가 발달하는 것과 같은 현상은 우리가 익히 알고 있다. 지구의 표층인 지각(地殼)은 각종 암석으로 이루어졌다. 암석은 종류에 따라 풍화와 침식에 대한 저항력이 다르고, 지표의 기복은 암석의 차별적 풍화와 침식을 반영한다. 때문에 기복의 형성에서 암석이 차지하는 몫을 이해하는 것은 중요하며, 이 문제는 근대지형학의 발달 초기부터 중요하게 다루어져 왔다.

둘째, 기복의 진화를 연구한다. 기복의 진화를 연구할 때는 현재의 지형이 형성되기까지의 과정을 밝히려고 시도한다. 이른바 '지형윤회'의 내용은 지형이란 단계별로 일정한 방향을 따라 진화하는 것으로 되어 있다. 그런데 침식기준면이나 기후와 같은 외적 요인이 변동하면, 진화의 방향에 변화가 일어난다. 그래서 한편에서는 침식기준면의 변동 또는 지반운동과 관련된 단구(段丘)나 평탄면(平坦面)의 발달과 그 편년(編年), 다른 한편에서는 과거의 기후가 현재의 지형에 미친 영향을 밝히려고 노력한다. 세계의 기후는 제4기(第四紀)에 들어서 격심한 변동을 겪어 왔고, 빙기와 간빙기가 반복될 때마다 해면이 큰 폭으로 오르내렸다. 제4기와 관련된 연구에서는 관심의 초점이 과거의 상황에 맞추어지고 있다.

셋째, 지형의 발달을 이끌어가는 각종 기구(機構, agent)의 작용(作用, process)을 연구한다. 지형은 풍화작용과 더불어 유수・바람・빙하・파랑 등의 기구에 의해 형성된다. 이러한 기구가 수행하는 작용을 파악하려면, 기구 자체에 대한 이해가 우선 필요하다. 따라서 이 분야는 접근방법에서 앞의 두 분야와 상당한 차이를 보인다. 앞의 두 분야는 대개 특정한 지역의 지형을 연구대상으로 삼는 반면에, 이 분야는 연구내용이 계통적이고 인접과학의 정보를 많이 필요로 한다. 하나의 자연현상은 수많은 요인의 작용으로 발생하는 것이 보통이기 때문에 각종 지형이 어떻게 형성되는지 명확하게 밝히는 것은 쉬운 일이 아니다. 그러나 이 분야에서 이룩된 성과는 지형학을 '형태와 형성작용(form and process)'을 연구하는 과학으로 일으켜 세우는 데 크게 이바지했다.

넷째, 현재의 시점에서 지형의 발달에 미치는 기후의 영향을 연구한다. 지형의 발달을 이끌어가는 각종 기구의 작용은 기후에 따라 다르게 펼쳐진다. 습윤지역과 건조지역, 열대지방과 한대지방의 지형은 전반적으로 기후의 차이를 현저하게 반영한다. 기후와 관련된 지형은 주제별로 다루는 것이 보통이다. 그러나 세계의 주요 기후지역별로 지형의 형성작용과 발달을 체계화하여 기후지형학(氣候地形學, climatic geomorphology)을 확립하려는 움직임도 있다. 이 분야는 세계를 대상으로 지형발달의 지역적인 차이를 밝히는 것이 중심적인 과제이므로 접근방법이 지리학적이다.

이밖에도 응용을 비롯한 몇 가지 분야를 가려낼 수 있다. 그러나 분야가 어떻게 나뉘든간에 지형연구가 지형 자체의 이해에 그친다면, 그러한 연구는 성격상 지리학적인 것이 아니라 지질학적인 것이 되기 쉽다. 지리학에서는 분포를 중요시하며, 지형을 환경의 일부분으로 받아들인다. 지형학이 지리학적인 지형학이 되게 하기 위해서는 지형의 발달과정뿐만 아니라 그 분포도 중요하게 다루어져야 한다. 각종 지형의 분포를 보여주는 지형학지도(地形學地圖, geomorphological map)를 지형도와 동일한 축척으로 제작한 나라도 있다. 이러한 작업은 응용분야에 속하며, 한때 국제적으로 큰 관심을 끌었으나 활성화되지는 못했다.[1)]

1.2 지형학의 발달

고대와 중세 대부분의 다른 학문과 마찬가지로 지형학도 서양을 중심으로 발달해 왔다. 지형이 체계적으로 연구되기 시작한 것은 19세기 말부터였기 때문에 지형학이 독립과학으로서 자리를 굳혀 온 역사는 짧은 편이다. 그러나 지형의 발달에

1) 폴란드에서는 1950년대 초부터 국가의 지원으로 축척 1:50,000과 1:25,000 지형학지도가 제작되기 시작했고, 그 성과가 높이 평가되어 IGU에 관련위원회가 설치되기도 했다. 그러나 1960년대 말경부터 국가의 지원이 끊김에 따라 그 제작이 중단되고 말았다.

관한 여러 개념은 고대 그리스시대부터 싹트기 시작했다.

헤로도투스(Herodotus, B.C. 484?~425)는 「역사(*History*)」를 저술하여 사학의 시조가 되었지만 지형관찰의 안목도 상당히 높았다. 이 책에는 당시 그리스에 알려졌던 세계의 지리가 기술되어 있는데, 나일강을 따라 아스완 부근까지 여행하면서 얻은 결론으로 그는 '이집트는 나일강의 선물'이라는 말을 남기기도 했다. 매년 발생하는 홍수의 원인은 설명하지 않았으나 나일강이 운반하는 토사에 대해서는 관심을 기울여, 나일강 하류지역은 원래 바다이던 것이 삼각주의 발달로 육지가 되었다고 언급했다. 삼각주, 즉 델타(delta)라는 용어도 헤로도투스가 처음 사용했다.

「지리(*Geographia*)」라는 책을 남긴 스트라보(Strabo, B.C. 64~A.D. 25)는 소아시아에서 이집트와 이탈리아에 걸친 지역을 두루 여행하고 육지가 융기하거나 침강한 예를 들었으며, 나폴리 부근의 베수비오산에 오른 후 이 산이 화산이라고 추리해 냈다. 하천지형에도 관심을 보여 큰 삼각주는 유역면적이 넓고 유역분지의 지질이 침식에 약한 암석으로 이루어진 경우에 발달한다고 생각했다. 어떤 삼각주는 조석간만의 차가 커서 성장이 느리다고도 언급했다. 이밖에도 그리스와 로마 시대에는 하천의 근원, 지진과 화산활동의 원인 등에 관한 의견들이 제시되었다. 그러나 로마제국이 멸망한 후 오랫동안 기독교의 영향으로 유럽의 지식인들은 지구상의 자연현상에 무관심했다.

중세에는 아라비아에서 각종 학문의 명맥이 이어졌고, 지형에 관한 아라비아인들의 생각은 진일보하여 현대적 감각마저 풍긴다. 이슬람 세계에서 영향력이 상당히 컸던 의사이면서 철학자요 과학자인 이븐시나(Ibn Sinã 또는 Avicenna, 980~1037)는 지형을 관찰하고 해석하는 면에서도 특출했다. 그의 생각은 백과사전식의 저서인 「치료의 서(*Book of Remedy*)」에 나타나 있다. 이븐시나는 산지를 기원별로 지진이 일어날 때 지반의 융기로 형성된 산지, 하천과 바람이 연암층에 골짜기를 팜으로써 형성된 산지의 두 종류로 나누었다. 그리고 지표의 침식이란 장기간에 걸쳐 천천히 진행되는 것이라고 이해했다. 이 책은 12세기에 라틴어로 번역되었으나 지형에 관한 그의 생각은 유럽에 전혀 영향을 끼치지 못했다. 이븐시나의 학문에 초석이 된 것은 여러 아라비아인에 의해 쓰여진 「순결한 형제들의 토의(*The Discourses of the Brothers of Purity*)」라고 한다. 이 책에는 현대적 의미의 풍화작용, 하천과 바람의 침식·운반·퇴적작용, 그리고 막연하나마 준평원의 개념에 대한 언급도 들어 있다고 한다.

지형학의 여명

유럽에서는 15~17세기에도 기독교의 영향으로 지표의 기복이 격변설(激變說, catastrophism)의 관점에서 설명되었다. 즉 지표의 기복은 장기간에 걸쳐 형성된 것이 아니라, 특수목적을 위해 짧은 기간에 창조된 것이거나 대지각변동으로 형성되었다는 것이다. 지표의 주요 기복이 창세기 이래의 짧은 기간에 형성된 것이라고 보기가 어려웠기 때문에 그러한 생각은 당연한 것이었다. 격변설과는 반대로 지형이란 침식을 받아 서서히 낮아지고 변화하면서 장구한 세월에 걸쳐 형성되는 것이라는 이론을 처음 확립한 사람은 영국의 지질학자 허튼(J. Hutton, 1726~1797)이다. 그러나 그의 이론도 독창적으로 등장한 것은 아니었다.

「박물지(*Histoire Naturelle*)」란 저서를 펴낸 프랑스의 뷔퐁(Buffon, 1707~1788)은 고생물학에 바탕을 두고 지구의 역사를 여러 단계로 나누어 재구성하려고 시도하는 한편 격변설에 반대되는 견해를 피력했다. 그는 지표를 깎아내리는 하천의 침식력을 중요시하고 육지는 궁극적으로 해면 높이까지 낮아질 것이라고 생각했다. 그리고 지구의 연령은 수천년으로 계산될 성질의 것이 아니고, 지구를 창조하는 데 걸린 창세기의 6일을 교리(敎理) 대로 풀이해서는 안된다고 주장했다.

뷔퐁과 동시대의 프랑스인으로서 본격적인 지질학자로 평가받는 게타르(J. E. Guettard, 1715~1786)는 하천에 의한 산지의 삭박에 대하여 논하고, 하천에 의해 깎이는 물질은 전부가 바다로 곧 운반되는 것이 아니라 그 중의 상당한 양은 범람원의 형성에 참여한다고 지적했다. 그리고 바다는 하천보다 땅을 깎는 힘이 강력하다고 믿었고, 프랑스 북부해안의 해식애를 예로 들었다. 그는 삭박작용의 근본원리를 파악했다고 볼 수 있다. 그러나 그의 생각은 널리 보급되지 못했다.

또한 프랑스의 데마레(N. Desmarests, 1725~1815)는 프랑스의 중부산지에 분포하는 현무암층을 퇴적암이 아니라 화산기원의 암석으로 해석한 것으로 유명한데, 현장에서의 사례와 추리에 근거하여 이 지방의 골짜기들은 하천에 의해 형성된 것이라고 역설했다. 데마레는 지형의 발달을 일련의 단계를 통해 추적하려고 시도한 최초의 사람으로 평가된다. 알프스산지의 연구로 이름을 떨친 스위스의 드소쉬르(H. B. de Saussure, 1740~1799)도 골짜기는 하천에 의해 형성된 것이라는 점을 강조했다. 그는 나아가 빙하의 침식력에 대해서도 관심을 보였다. 드소쉬르의 관찰이 모두 정확한 것은 아니었으나, 허튼은 네 권으로 출판된 드소쉬르의 「알프스 여행기(*Voyages dans les Alpes*)」에 실린 정보를 많이 인용했다.

현대지형학의 발달

현대지질학의 시조로 추앙을 받는 영국의 허튼은 화강암의 화성론(火成論, plutonism)으로도 알려졌지만 '현재는 과거의 열쇠이다(The present is the key to the past.)'라는 말을 남긴 것으로 유명하다. 오늘날에도 많이 인용되는 이 말에는 격변설에 반대되는 그의 이론, 즉 동일과정설(同一過程說, uniformitarianism)이 요약되어 있다. 그의 생각은 1795년에 출판된 「지구의 이론(*Theory of the Earth, with Proofs and Illustrations*)」에 기술되어 있다. 그러나 이 책은 방대한 데다가 난해하고 발행부수도 적어서 그의 친구였던 플레이페어(J. Playfair, 1748~1819)의 도움이 없었더라면 빛을 보지 못할 뻔했다. 수학·철학 교수였던 플레이페어는 허튼의 사후에 「허튼의 지구의 이론에 대한 해설(*Illustrations of the Huttonian Theory of the Earth*)」이란 제목의 책을 펴냈다. 1802년에 출판된 이 책은 분량이 적고 허튼의 이론이 간결하게 소개되어 널리 읽혀졌다.

허튼은 지형의 발달을 과거와 미래에 투영시켜 생각했다. 그가 그렇게 할 수 있었던 것은 다년간의 야외경험을 통해 지형의 발달과 관련된 여러 원리를 상당한 수준에서 파악했기 때문이다. 허튼 이전의 사람들도 지형이 변화하는 것을 관찰하고 그 내용을 기록으로 남겼으나 그들은 그 의미를 충분히 소화하지 못했다. 하계망의 발달에 관한 허튼의 이론은 지형학에서 높이 평가된다. 제4장의 95~96쪽에 인용된 플레이페어의 문구에는 하천의 침식작용에 의한 하곡 및 하계망의 발달과 지표의 개석에 관한 허튼의 이론이 명료하게 나타나 있다. 허튼의 동일과정설은 라이엘(C. Lyell, 1797~1875)에 의해 더욱 보완되었다.

19세기에 들어와 유럽에서는 빙하가 지금보다 크게 확장되었던 지질시대가 가까운 과거에 있었다는 사실이 알려지게 되었다. 이에 공헌한 사람도 적지 않지만 '대빙하시대(大氷河時代)'의 존재를 확인하고 「빙하의 연구(*Etudes sur les Glaciers*)」를 저술한 아가시(L. Agassiz, 1807~1873)의 공적이 높게 평가된다.

19세기 후반에는 지형연구의 중심이 독일로 옮겨진 것처럼 보인다. 독일 지리학자 페셸(O. Peschel, 1826~1875)은 지형발달의 원리를 체계적으로 종합하고, 지형을 기원에 따라 분류하면서 그 분포를 밝히려고 노력했다. 그러나 지형형성의 기구에 대한 이해의 부족으로 크게 성공하지는 못했다. 우리나라를 포함한 동아시아의 지체구조와 지형의 관계를 밝히려고 시도하여 우리에게 알려진 릭트호펜(F. von Richthofen, 1833~1905)은 어느 정도 성공을 거두었다. 1886년에 출판된 「탐험가를 위한 안내서(*Führer für Forshungsreisende*)」라는 제목의 책은 최초의 지형학 저서라고 일컬어지는데, 그는 이 책에서 지표의 형태, 특히 지체구조와 기복의 관계를 상세히 다루었다. 중국의 '황토'가 고비사막에서 불려와 쌓인 것이라고 처음 언급한 사람도 그였다. 펭크(A. Penck, 1858~1905)가 1894년에 펴낸 「지표형태론(*Morphologie der Erdoberfläche*)」도 본격적인 지형학 저서로 꼽힌다. 이 책에는 풍화작용 및 각종 기구의 침식·퇴적작용과 함께 평야·산지·하곡·분지 등의 지형이 기원별로 기술되어 있다.

지형학의 기반은 20세기 초에 침식윤회설(侵蝕輪廻說)을 제창한 미국의 데이비스(W. M. Davis, 1850~1934)에 의해 확고하게 다져졌다. 미국에서도 데이비스의 침식윤회설에 초석을 놓은 사람들이 있었는데, 그 중의 한 사람이 포웰(J. W. Powell, 1834~1902)이다. 포웰은 유타주에 있는 윈타산지의 연구에서 지형분류의 기준으로 지질구조의 중요성을 강조하고, 하천의 침식에 주의를 기울여 하곡을 성인별로 분류했다. 선행곡(先行谷)·필종곡(必從谷)·표생곡(表生谷)과 같은 용어도 포웰이 처음 사용했다. 포웰은 무엇보다 콜로라도강을 탐험하고 지표가 깎여서 낮아질 수 있는 고도에 착안하여 침식기준면(侵蝕基準面)의 개념을 확립한 것으로 유명하다. 육지는 침식을 받아 거의 해면 높이로까지 낮아진다고 보고 그는 콜로라도강의 그랜드캐니언에 노출되어 있는 선캄브리아이언의 대부정합면(大不整合面)을 지표가 침식기준면까지 낮아졌던 삭박면(削剝面)의 예로 들었다. 이와 같은 생각은 데이비스의 준평원(準平原) 개념으로 발전하게 되었다.

미국에서 데이비스와 함께 본격적인 지형학자로 언급되는 사람은 길버트(G. K. Gilbert, 1843~1918)이다. 그는 유수의 침식·운반·퇴적작용과 하곡의 발달과정을 체계적으로 분석했으며, 하천의 유량·하중·유속·경사 등의 상호관계에 관한 그의 계량적 연구는 대단히 출중한 것이었다. 그러나 그의 업적은 침식윤회설에 가려 빛을 보지 못하다가 1950년대부터 높이 평가되기 시작했다. 이밖에 유타주의 그레이트솔트호의 전신인 본네빌호(Lake Bonneville)의 역사와 이의 호안지형(湖岸地形)에 관한 연구가 훌륭한 업적으로 남아 있다.

지리학자임을 자처했던 데이비스는 지형학이 자연지리학 또는 지문학(地文學, physiography)과 동일시되거나 이의 일부분으로 다루어지던 당시의 상황에서 지형학을 하나의 독립적인 학문으로 일으켜 세우는 데 주도적인 역할을 했다. 그는 추리를 하고, 정의를 내리고, 체계를 세우는 데 명수였다. 그가 제창한 침식윤회설의 골자는 지형이 유년기·장년기·노년기를 거쳐 준평원으로 진화한다는 것이다. 데이비스는 모든 지형은 지질구조(structures), 지형의 형성작용(processes), 발달단계(stages)의 세 요인으로 설명할 수 있다고 보았는데, 내용이 간결하고 매력적이어서 그의 학설은 빨리 그리고 널리 보급되었다.[2)]

그러나 데이비스의 침식윤회설은 독일에서 특히 펜크(W. Penck, 1883~1923)로부터 신랄한 비판을 받았다. 데이비스는 지반이 급격하게 융기한 후 윤회가 끝날 때까지 안정한 상태를 유지한다는 것을 기본가설로 내세웠다. 그러나 펜크는 육지가 융기할 때 일반적으로 처음에는 그 속도가 느리다가 점점 빨라지기 때문에 지형이 일련의 단계를 거쳐 준평원에 도달할 수 없다고 주장했다. 그리고 지형의 진화와 동시에 펼쳐지는 사면의 발달에서도 상당한 견해차를 보였다. 유저(遺著)로 출판된 「지형의 형태학적 분석(*Die morphologische Analyse*)」도 지형학의 고전으로 꼽힌다.

침식윤회설은 지형의 해석에 있어서 하나의 통일원리로 받아들여지면서 급속히 보급되었으나, 20세기 중엽에 이르러 빛을 잃는 동시에 지형학의 발달을 지연시켰나는 비판마저 받게 되었다. 데이비스와 그의 추종자들은 토양학·고생물학·수문학·지구물리학 등 인접과학에 주의를 기울임없이, 그리고 지형의 형성작용에 대한 충분한 이해없이 '형태의 관찰만에 의한 논리적 추리(推理)'로 현실과 부합하지 않는 결론을 내리는 수가 많았기 때문이다.

---

2) 데이비스는 약 500편의 논문을 남겼으며, 주요 저서로는 1912년에 독일어로 출판된 「지형의 설명적 기술(*Die erklärende Beschreibung der Landformen*)」이 있다.

현대지형학은 제2차 세계대전 이후 많은 지형학자들에 의해 급속히 발달해 왔다. 이 때부터는 통일원리의 추구보다는 지형의 형성작용을 이해하기 위한 측면에서의 연구가 활기를 띠기 시작했고, 철저한 야외조사, 새로운 과학기술에 의한 실험 및 검증, 수학적·통계학적 기법 등이 중요시되어 지형학은 방법론에서 큰 변혁을 맞이하게 되었다. 이와 같은 움직임은 침식윤회설과 전혀 관계가 없거나 이에 대한 반발로 일어난 것이었다. 그리고 오늘날에 와서는 분야별로 전문화가 심화되어 서로간의 유대관계가 소원해지는 동시에 정보교환이 어려워지고 있다. 일각에서는 지형학의 여러 분야를 하나로 이어줄 고리를 찾으려고 노력해 왔다. 그러나 그러한 목적이 쉽게 달성될 것 같지는 않다.

지형학은 지역과학의 성격을 띠기 때문에 나라마다 관심을 많이 기울이는 분야가 다소 다르다. 미국에서는 지형의 형성작용, 프랑스와 독일에서는 기후지형학, 영국에서는 삭박면(削剝面), 폴란드에서는 제4기(第四紀), 러시아에서는 응용지형학에 비중이 두어지는 편이다.[3] 우리나라에서는 삭박면이 중요하게 다루어지다가 근래에는 제4기와 관련된 분야가 크게 부각되었다.

1.3 지형의 형성작용과 기구

지형은 영력(營力)에 의해 형성된다고 흔히 일컬어진다. 영력이란 영어의 process를 번역한 용어이다. process는 단순히 '작용' 또는 '과정'을 의미하며 '힘(力)'의 뜻은 이에 포함되어 있지 않다. 영력의 예로는 유수·빙하·바람·파랑 등이 언급된다. 이러한 것들

3) Garner, H. F., 1974, *The Origin of Landscapes: a Synthesis of Geomorphology*, Oxford Univ. Press, pp. 32~33.

은 에너지 또는 힘을 가지고 각종 지형을 만들어 나가기 때문에 영력이란 용어의 의미에 부합한다. 그러나 유수·빙하·바람·파랑 등은 지표의 물질을 침식·운반·퇴적하는 매개체이지 process가 아니다. 영어에서는 이러한 것들을 agent 또는 agency라고 하며, 기구(機構)는 이것을 번역한 용어이다.

앞에서와 같은 여러 기구는 에너지의 근원이 태양의 복사열에 있으며, 이들 기구에 의한 지형의 형성작용은 외적작용(外的作用, exogenous processes)이라고 한다. 지형은 지각변동이나 화산활동에 의해서도 형성된다. 지각변동이나 화산활동은 지구 내부의 열순환과 관련하여 발생하며, 이에 의한 지형의 형성작용을 내적작용(內的作用, endogenous processes)이라고 한다. 외적작용과 내적작용은 '외적영력' 및 '내적영력'이라고 불러 오던 것이다. 한편 거대한 운석이 땅에 떨어지면 화산의 분화구처럼 생긴 운석공(隕石孔, meteor crater)이 파인다. 운석의 작용은 지구외적작용(地球外的作用, extraterrestrial processes)이라고 한다.

각종 기구는 침식 및 퇴적작용을 통해서 지표면을 하나의 공통적인 수준 또는 높이로 이끌어가는 역할을 한다. 이것을 평형작용(平衡作用, gradation)이라고 한다. 평형작용은 외적작용과 같은 것으로서 지표면을 낮추는 삭평형작용(削平衡作用, degradation)과 그것을 높이는 적평형작용(積平衡作用, aggradation)으로 나뉜다. 삭박 또는 삭박작용(削剝作用, denudation)은 삭평형작용과 의미가 거의 같다.

풍화작용은 지표면을 낮추는 데 직접 관여하지 않지만 암석을 파괴하여 침식을 돕기 때문에, 매스무브먼트(mass movement)는 기구의 개입없이 일어나지만 지표면을 낮추는 역할을 하기 때문에 삭평형작용에 포함된다. 한편 각종 생물도 지형의 형성에 참여하며, 산호충에 의한 열대해역의 산호초가 대표적인 예이다. 과학기술의 발달로 오늘날 인간은 대단히 활발하게 그리고 급속하게 지표를 변형시켜 나가고 있다. 그래서 인간과 그밖에 생물의 작용이 따로 분류될 수 있다.

미국 지형학자 손버리(W. D. Thornbury)는 이상과 같은 지형 형성작용을 정리, 다음과 같이 분류했다.[4)]

1. 외적 작용: 평형작용
   1) 삭평형작용(削平衡作用)
      ① 풍화작용
      ② 매스무브먼트
      ③ 침식(운반 포함)
         a. 유수
         b. 지하수
         c. 파랑·해류·조석·진파
         d. 바람
         e. 빙하
   2) 적평형작용(積平衡作用)
         a. 유수
         b. 지하수
         c. 파랑·해류·조석·진파
         d. 바람
         e. 빙하
   3) 인간과 기타 생물의 작용
2. 내적 작용
      ① 지각변동
      ② 화산작용
3. 지구외적 작용
      ① 운석의 낙하

4) Thornbury, W. D., 1954, *Principles of Geomorphology,* Wiley, pp. 34~35.

제 2 장 풍화작용과 토양

이 장의 개요

풍화작용은 지표의 암석 또는 기반암을 작은 암설(岩屑)로 부수어뜨려 유수·바람·빙하·파랑 등의 기구가 쉽게 침식·운반할 수 있게 해주는 역할을 한다. 기계적 풍화작용은 한대지방과 고산지대, 화학적 풍화작용은 열대습윤지역에서 활발하게 진행된다. 화성암과 변성암을 구성하고 있는 규산염광물 또는 조암광물은 주로 가수분해에 의해 붕괴된다. 석영은 풍화작용에 대한 저항력이 가장 강하고, 장석은 일반적으로 약하다. 점토광물은 풍화작용을 거쳐 조암광물로부터 생성된다.

고온다습한 기후환경에서 화강암이 심층풍화(深層風化)를 받으면 새프롤라이트층이 두껍게 형성된다. 온대지방에 분포하는 두꺼운 새프롤라이트층은 과거의 기후와 관련된 것이다. 화강암은 풍화작용을 받을 때 입상으로 붕괴되며, 화강암지역에 석산(石山)이 잘 발달하는 것은 기반암에서 떨어져 나오는 모래알이 빗물에 잘 씻겨내리기 때문이다. 토르와 보른하르트도 화강암지역에 모식적으로 나타난나.

토양은 암석의 풍화산물을 모재로 하여 생성된다. 기후와 식생은 토양의 생성에 큰 영향을 미치며, 이에 따라 여러 종류의 성대토양(成帶土壤)이 구분된다. 우리나라의 구릉지에 널리 분포하는 적색토는 과거의 기후환경에서 생성된 고토양(古土壤)이다.

▲ **속초의 울산바위** 우리나라에는 석산(石山)이 많다. 우리나라는 화강암이 많고, 석산의 대부분은 화강암으로 되어 있다. 화강암에서 떨어져 나오는 모래는 빗물에 잘 씻겨내린다. -1981

2.1

풍화작용

지표의 암석이 기계적으로나 화학적으로 제자리에서 부서지는 것을 풍화작용(風化作用, weathering)이라고 한다. 말의 뜻으로는 바람이 관여하는 것 같지만 실제로는 그렇지 않다. 풍화작용은 기본적인 지형형성작용에 속한다. 그러나 암석이 부서져도 지표의 기복에는 아무런 변화가 일어나지 않을 수도 있다. 풍화작용은 기반암(基盤岩, bedrock)을 작은 돌조각, 즉 암설(岩屑, rock debris)로 부수어뜨려 유수·바람·빙하·파랑 등의 기구가 쉽게 침식·운반할 수 있게 해준다는 점에서 중요하며, 평형작용을 돕는다는 뜻에서 정적 평형작용(靜的平衡作用)으로 구분되기도 한다.

기계적 풍화작용

기계적 풍화작용(機械的風化作用, mechanical weathering)이란 암석이 압력을 받아 부서지는 것을 가리킨다. 암석이 기계적으로 부서질 때는 모나는 조립암설이 생산된다. 기계적 풍화작용은 기반암이나 암괴를 작은 암설로 부수어뜨림으로써 화학적 풍화작용을 돕는다. 암석을 기계적으로 파괴하는 작용으로는 ① 깊은 지하에 묻혔던 기반암이 지표에 노출될 때 높은 압력으로부터 벗어남으로써 겪게 되는 팽창, ② 암석의 틈에서 진행되는 얼음이나 염류와 같은 이질결정체의 성장, ③ 가열과 냉각이 반복될 때 조암광물들 간에 발생하는 차별적 팽창과 수축 등이 중요하다. 첫번째 것은 어디서나 보편적으로 일어나는 현상이지만 두번째와 세번째 것은 기후의 영향을 크게 받는다.

그림 2-1. 화강암의 판상절리
'눈썹바위'라고 불리우는 판자 모양의 바위가 지붕의 처마처럼 절벽 위로 돌출했다. 절벽의 마애석불이 보인다. 강화군의 석모도. -1973

압력의 감소에 의한 팽창

암석이 지하 깊은 곳에서 받는 압력은 대단히 높다. 지하의 압력은 3~4m 깊어질 때마다 1기압씩 증가한다. 그래서 지하에 깊게 묻혔던 암석이 지표에 노출될 때는 팽창하면서 갈라지게 된다. 기반암의 갈라진 틈은 절리(節理, joint)라고 한다. 지표에 노출된 모든 기반암에는 많고 적음의 차이가 있을 뿐 절리가 나타난다. 절리는 습곡 및 단층운동과 같은 지각변동이 일어날 때 집중적으로 발달하며, 장소에 따라서는 규칙적으로 분포하는 경향이 있다.

압력의 감소로 발달하는 절리도 규칙성을 보이는데, 화강암의 채석장에서 그러한 절리를 관찰할 수 있다. 화강암(花崗岩)은 지하 깊은 곳에서 형성된 화성암으로 이것이 지표에 노출될 때 발달하는 판상절리(板狀節理, sheeting joint)가 바로 그것이다. 우리나라의 화강암지역에는 돔 모양의 석산(石山)이 많은데, 화강암의 채석장에서는 지표면과 나란하게 배열된 판상절리를 예외없이 볼 수 있다. 그 간격은 1～10m로 지표면에 가까울수록 좁아지며, 50m 이하의 깊이에서는 절리가 나타나지 않는다. 판상절리는 채석할 때 효율적으로 이용된다.

판상절리의 발달이 양호하면, 기반암에서 넙적한 돌이 양파껍질처럼 겹겹이 떨어져 나온다. 이러한 현상을 박리(剝離, exfoliation)라고 한다. 돔 모양의 석산과 판상절리 사이에는 밀접한 관계가 있다. 석산의 둥근 윤곽은 판상절리에 의해 결정되고, 판상절리는 석산의 윤곽을 따라 발달한다.

이질결정체의 성장

암석의 틈에 들어간 수분이 얼 때는 결정구조가 6각형인 빙정(氷晶), 즉 암석의 광물들과는 성질이 다른 이질결정체(異質結晶體)가 형성되는 동시에 부피가 약 9% 늘어나 틈이 더욱 벌어지기도 하고 암석이 쪼개지기도 한다. 빙정의 이와 같은 쐐기작용은 한대지방과 수목선(樹木線, tree line) 위의 고산지대와 같이 동결과 융해가 자주 반복되는 한랭기후지역에서 활발하게 일어난다. 동결과 융해는 낮과 밤의 기온이 0℃를 오르내리는 이른봄과 늦가을에 자주 반복되며, 그 빈도는 기후가 한랭할수록 높게 나타난다. 알프스와 그밖의 고산지대에서는 빙정의 쐐기작용으로 기반암으로부터 떨어져 나온, 모나는 암괴나 암편이 완만한 경사의 사면을 넓게 덮고 있는 것을 볼 수 있다(그림 2-2). 이러한 지형을 암해(岩海, felsenmeer) 또는 암괴원(岩塊原, block field)이라고 한다.

빙정은 우리나라와 같은 온대지방의 저지대에서도 상당한 역할을 한다. 겨울에 땅이 얼 때 지표면 가까이의 토양층에서는 가느다란 서릿발 또는 상주(霜柱, needle ice)가 집단적으로 자란다. 주변에서 수분을 끌어들여 수 센티미터씩 성장하는 서릿발은 토양의

그림 2-2. 암해(岩海)
모나는 돌이 많이 널려 있다. 높은 산에서는 결빙에 의한 기계적 풍화작용이 활발하게 진행된다. 캘리포니아주의 휘트니산.

표층을 들어올리기도 하고, 토양을 요동시키면서 이의 암설을 더욱 작게 부수어뜨리기도 한다. 이른 봄의 '보리밟기'는 서릿발이 녹은 후 들떠 있는 보리의 뿌리를 고정시켜 주기 위해서 하는 것이다. 서릿발은 흙에 묻힌 돌도 조금씩 들어올린다. 돌은 흙보다 열전도율이 높아 빨리 식으며, 이로 인해 돌 밑에서는 서릿발이 왕성하게 자란다. 산간지방의 밭 주변에는 돌무더기가 많다. 이러한 돌무더기는 매년 솟아오르는 돌을 옮겨다 쌓음에 따라 점점 커지는 것이 보통이다. 한대지방과 고산지대에서는 돌이 위로 뿐만 아니라 옆으로도 움직여 구조토(構造土)가 형성되기도 한다.

암석은 염류의 쐐기작용에 의해서도 부서진다. 염류의 쐐기작용은 암석을 구성하고 있는 광물들 사이의 경계면이나 틈에 염류가 결정체를 이루면서 집적되고, 이 염류가 수분을 흡수하면서 팽창할 때 일어난다. 염류가 수분을 잃어버릴 때는 다시 수축한다. 바닷가의 암석은 염류에 의한 풍화작용을 많이 받는다. 건조지역에서는 모세관현상에 의해 암석표면으로 스며나오는 수분이 증발하면 암석의 미세한 틈에 염류가 쌓인다. 큰 틈이 많은 사암은 염류의 영향을 잘 받는데, 이러한 사암이 부서질 때는 모래알이 떨어져 나온다. 염류에 의해 암석이 부서지는 것은 염류풍화(鹽類風化, salt weathering)라고 한다.

열에 의한 팽창과 수축

지표면의 암석은 낮에는 햇빛을 받아 더워지고, 밤에는 복사열을 방출하여 식는다. 암석도 가열될 때는 팽창하고 냉각될 때는 수축하는데, 열전도율이 낮아 가열과 냉각의 효과가 표층에 집중된다. 그래서 팽창과 수축이 반복될 때 암석의 표층에는 내적 압력이 발생하고, 이러한 압력이 일정한 한계를 넘으면 암석의 표층이 붕괴될 것이라고 예상할 수 있다. 대부분의 화성암은 비열이 서로 다른 광물들로 이루어져 있어서 팽창과 수축이 반복될 때는 이들 광물간에도 내적 압력이 발생할 것임에 틀림없다. 한때는 화강암의 석산에서 일어나는 박리현상을 가열에 의한 팽창 및 냉각에 의한 수축과 관련지워 설명하기도 했다.

기온의 일교차가 큰 건조지역에서는 가열과 냉각에 의한 기계적 풍화작용이 활발하게 진행된다고 믿어 왔다. 20세기 초를 전후하여 사막을 탐험한 사람들이 이 점을 강조했기 때문인 것 같다. 사막에서는 햇빛이 강렬할 때 암석표면의 온도가 80℃까지 올라가며, 하루에 오르내리는 온도의 폭이 종종 40℃를 넘는다. 그러나 자연상태에서 주야간의 온도차로 단단한 암석이 쪼개질 수 있는지는 의문이다. 사막에는 암설이 많이 널려 있어서 풍화작용이 활발하리라고 생각하기 쉽다. 그러나 식생이 빈약하여 그것이 눈에 많이 띌 뿐이다.

실험실에서의 연구결과에 따르면, 2세기 이상의 횟수에 해당하는 만큼 암석을 가열·냉각시켜 보아도 붕괴의 조짐이 나타나지 않는다. 그러나 동일한 실험에서도 수분을 가하는 경우에는 3년 미만의 횟수에서도 박리와 유사한 붕괴현상이 일어난다. 그래서 일주적 온도변화에 의한 팽창과 수축만으로는 암석이 잘 부서지지 않는 다는 사실을 알 수 있게 되었다. 사막에서는 풍화작용이 다른 어떤 기후지역에서보다도 느리게 진행된다. 수천년 전에 만들어진 이집트의 석조유물 중에는 지금도 섬세한 조각까지 보존하고 있는 것이 많다. 이러한 유물도 습윤기후지역으로 옮겨 놓으면 풍화작용을 빨리 받아 얼마 안가서 섬세한 조각들이 지워져버리고 만다. 대표적인 예로 널리 소개되는 것이 1880년에 뉴욕으로 옮겨진 화강암의 오벨리스크인 크레오파트라의 첨탑(Cleopatra's Needle)이다.

나무뿌리의 쐐기작용 우리는 바위틈에서 자라는 나무를 종종 보아오며, 나무뿌리도 쐐기작용을 하는 것으로 일컬어진다. 나무뿌리는 절리나 그밖의 틈을 따라 바위 속으로 뻗어 들어간다. 그래서 그것이 굵어질 때 바위틈이 더욱 벌어진다는 것이다. 그러나 이 점은 너무 강조되어 왔다는 견해가 있다. 하나의 나무뿌리도 틈이 넓은 부분에서는 굵어지고, 좁은 부분에서는 가늘어지는 것이 보통이다. 나무뿌리는 다만 이미 갈라져 있는 바위의 틈을 유지시키거나 더욱 벌려 놓기는 해도 바위 자체를 쪼개지 못한다는 것이다.

화학적 풍화작용

암석의 각종 광물, 즉 조암광물(造岩鑛物)에 화학적 변화가 일어나는 것을 화학적 풍화작용(化學的風化作用, chemical weathering)이라고 한다. 광물에 화학적 변화가 일어나면, 광물은 원래의 성질을 잃어버리면서 푸석푸석해지는 동시에 부피가 늘어난다.

화학적 풍화작용은 수분을 필요로 한다. 지표상에 수분이 전혀 없는 곳은 없다. 수분은 아주 건조한 사막의 공기에도 포함되어 있으며, 사막에서도 밤에는 이슬이 내린다. 그리고 화학반응은 높은 온도에서 활발하게 일어난다. 열대습윤지역에서 화학적 풍화작용이 절정에 이르는 것은 수분이 많고 기온이 높기 때문이다.

암석이 기계적 풍화작용에 의해 작게 쪼개지면, 전체 표면적이 크게 늘어난다. 변의 길이가 1cm인 정6면체는 표면적이 $6cm^2$이지만, 각 변이 1/2로 쪼개지면 그것이 $12cm^2$, 1/4로 쪼개지면 $24cm^2$로 증가한다. 표면적의 이와 같은 증가는 화학반응이 그 만큼 촉진될 수 있음을 뜻한다. 화학반응은 암석의 표면에서부터 일어나기 시작한다.

산화작용

산화작용(酸化作用, oxidation)은 물질의 분자가 산소와 결합하는 현상을 가리키는 것으로 공기순환이 원활한 환경과 수분을 필요로 한다. 쇠붙이가 습한 곳에서 빨리 녹스는 것을 보면 알 수 있다. 산화작용을 많이 받은 토양이나 퇴적물은 붉은 색을 띤다. 열대습윤지역의 라테라이트토가 붉은 색을 띠는 것은 풍화산물인 수산화철, 즉 갈철석($Fe_2O_3 \cdot H_2O$)이 많이 잔류하기 때문이다. 우리나라 야산의 토양이 일반적으로 붉은 색을 띠는 까닭도 마찬가지이다. 철은 지각을 구성하고 있는 원소 중에서 산소·규소·알루미늄 다음으로 풍부하며, 대부분의 암석에 포함되어 있다.

산화작용은 대기 중에서 일어나고, 토양 또는 퇴적물이 붉은 색을 띠게 한다는 점에서 지형학적으로 매우 중요하다. 대하천 하류의 넓은 범람원 밑에는 붉은 색의 퇴적물이 광범하게 묻혀 있다. 이러한 퇴적물은 현재 지하수에 잠겨 있지만 과거에는 대기에 직접 노출되어 있었다. 대하천 하류에서는 해면이 낮았던 빙기(氷期)에 골짜기가 깊게 파였고, 오늘날의 범람원은 그 위에 형성된 지형이라는 것을 붉은 색의 이러한 퇴적물을 통해서도 알 수 있다. 수중에서는 산화작용 대신 환원작용이 일어나며, 배후습지의 점토질 퇴적물은 일반적으로 회색을 띤다.

용해작용 물에는 탄산가스가 녹아 있고, 물에 녹은 탄산가스 중의 일부는 물과 반응하여 탄산(H_2CO_3)을 만든다. 석회암의 주성분인 탄산칼슘, 즉 방해석(方解石, $CaCO_3$)과 같은 탄산염광물의 용해(溶解, solution)는 이 탄산과의 사이에서 일어나는 화학반응에 해당한다. 석회암이 용해되는 과정과 석회암의 용해로 형성되는 각종 지형에 대해서는 제7장에서 자세하게 다루었다.

물이 탄산가스를 많이 흡수하면 탄산의 양이 증가하며, 이로 인해 탄산과 광물들간의 화학반응이 증진된다. 대기는 탄산가스압이 낮아 물이 대기로부터 흡수할 수 있는 탄산가스의 양에는 한계가 있다. 그러나 토양층으로 침투하는 빗물은 탄산가스를 많이 흡수할 수 있다. 그 까닭은 식물뿌리가 호흡하고 유기물이 분해될 때 방출되는 탄산가스가 토양층의 공기에 많이 포함되어 있기 때문이다. 탄산은 장석과 그밖의 규산염광물의 분해에서도 큰 역할을 한다.

가수분해 화성암은 거의 전부 규소 및 산소와 금속원소(알루미늄・칼슘・칼륨・나트륨・마그네슘 등)가 주성분인 규산염광물(硅酸鹽鑛物, silicate minerals)들로 구성되었는데, 이들 광물의 풍화를 주도하는 화학반응이 가수분해(加水分解, hydrolysis)이다. 규산염광물 중에서 가장 흔한 것은 장석(長石)이다. 장석에는 여러 종류가 있으나 전반적으로 가수분해에 약하다. 화성암과 변성암에서는 장석이 전체 광물의 약 60%를 차지한다. 따라서 장석이 가수분해를 받으면 그것만으로도 암석이 붕괴될 수 있다.

규산염광물이 가수분해를 받아 붕괴될 때는 여러 점토광물(粘土鑛物, clay minerals)이 생성된다. 점토광물은 지표의 환경에서 생성된 것이어서 화학적으로 대단히 안정하다. 가수분해도 탄산가스가 물에 용해되어 생긴 탄산의 농도가 진하면 효율적으로 진행된다. 정장석(正長石, $2KAlSi_3O_8$)이 가수분해를 받으면 고령토(高嶺

土, kaolinite)로 변하며, 그 화학반응식은 다음과 같다. 흰색의 부드러운 점토광물인 고령토는 도자기의 원료로 널리 쓰인다.

$$\underset{(\text{정장석})}{2KAlSi_3O_8} + \underset{(\text{탄산})}{2H_2CO_3} + \underset{(\text{물})}{9H_2O} \rightarrow \underset{(\text{고령토})}{Al_2Si_2O_5(OH)_4} + \underset{(\text{규산})}{4H_4SiO_4} + \underset{(\text{칼륨과 중탄산이온})}{2K^+ + 2HCO_3^-}$$

사장석(斜長石, $NaAlSi_3O_8$, $CaAl_2Si_2O_8$)은 가수분해를 받으면 보크사이트로 변화한다. 보크사이트는 알루미늄을 주성분으로 하는 여러 점토광물의 혼합물로서 열대습윤지역의 토양에 많이 포함되어 있고, 알루미늄의 원광으로 채굴된다. 고온다습한 열대습윤지역에서는 고령토도 다시 가수분해를 받아 보크사이트로 변화해서 토양층에 잔류한다.

화강암은 주로 석영·장석·운모의 세 가지 규산염광물로 구성되었는데, 이들 광물의 결정은 커서 육안으로도 보인다. 이러한 조정질 암석(粗晶質岩石)이 풍화작용을 심하게 받으면 장석과 운모는 대부분 점토로 변하고, 석영은 가수분해에 대한 저항력이 대단히 강해서 모래알 크기의 원형대로 남아 있는다. 기반암이나 큰 암괴가 이와 같이 모래알 크기의 조암광물로 부서지는 것을 입상붕괴(粒狀崩壞, grannular disintegration)라고 한다.

화강암지역에는 북한산·설악산·월출산 등과 같은 석산(石山)이 잘 발달한다(그림 2-3). 그 까닭은 풍화산물로 떨어져 나오는 모래가 빗물에 쉽게 씻겨내리기 때문이다. 화강암지역을 관류하는 하천의 연변에는 흰 모래가 많이 쌓여 있다. 이러한 모래는 대부분 화강암의 기반암이나 암괴에서 입상붕괴의 형식으로 처음부터 모래로 떨어져 나온 것이다. 광물의 결정이 미세한 변성암과 같은 미정질 암석(微晶質岩石)이 가수분해를 받으면, 가느다란 모래나 점토와 실트 크기의 물질이 주로 생산된다. 변성암지역에는 지리산·오대산 등과 같이 흙으로 덮인 토산(土山)이 발달한다. 점토와 실

그림 2-3. 화강암의 석산(石山)
화강암은 괴상으로 존재하는 경우 풍화와 침식에 대한 저항력이 크다. 화강암에는 석산이 잘 형성된다. 북한산의 인수봉. -1978

트는 빗물에 잘 씻겨내리지 않는다.

수화작용 물분자가 광물과 결합하여 무수물이 함수물로 변화하는 것을 수화작용(水和作用, hydration)이라고 한다. 경석고($CaSO_4$)가 석고($CaSO_4 \cdot 2H_2O$)로 변화하는 것이 대표적인 예이다. 광물은 수화작용을 받을 때 팽창하며, 암석은 이에 의해서도 기계적으로 부서질 수 있다.

점토광물은 가수분해와 수화작용을 동시에 받으면서 생성되며, 이 두 작용은 화강암의 입상붕괴를 주도한다. 점토광물은 수분의 유무에 따라 수화와 탈수(脫水, dehydration)를 반복하는데, 물을 먹을 때는 팽창하고 마를 때는 수축한다. 화강암에서 석영과 같은 광물들이 원형대로 떨어져 나오는 것은 점토광물이 팽창과 수축을 반복하면서 이것들을 이완시켜 놓기 때문이다.

암석의 미세한 틈에 들어가서 집적되는 염류도 점토광물과 같이 수분의 유무에 따라 수화와 탈수를 반복한다. 이집트에서 뉴욕으로 옮겨진 '크레오파트라의 첨탑'의 조각도 염류에 의해 지워지는 것으로 알려졌다. 점토나 염류의 수화작용에 의한 암석의 붕괴는 물리적으로 발생하는 것이므로 기계적 풍화작용에서 다루어지기도 한다.

2. 2 광물의 풍화와 풍화작용에 의한 지형

광물과 풍화작용

석영 · 장석 · 운모 등 화성암의 조암광물(造岩鑛物)은 마그마(magma)가 식으면서 굳을 때 생긴 것이다. 이들 광물은 높은 온도에서 또는 온도와 함께 압력이 높은 상태에서 생긴 것이기 때문에 지표의 환경에 노출되면 화학적으로 불안정해진다. 그래서 이들 광물이 풍화작용을 받는 것은 새로운 환경에 적응해 나가는 움직임이라고 볼 수 있다. 풍화작용에 대한 저항력은 광물마다 다르다. 어떤 광물은 화학반응에 민감해서 빨리 붕괴되고, 어떤 광물은 오랫동안 결정체의 원형을 보유한다.

그림 2-4는 주요 조암광물의 풍화작용에 대한 안정도의 순서를 보여준다. 위에서 아래로 내려갈수록 안정도가 높아 풍화작용에 대한 저항력이 크다. 그런데 이 순서는 마그마가 식을 때 광물이 결정체를 이루면서 분리되는 정출(晶出, crystallization) 순서와 일치한다. 온도가 가장 높을 때 정출하는 감람석과 칼슘사장석은 지표

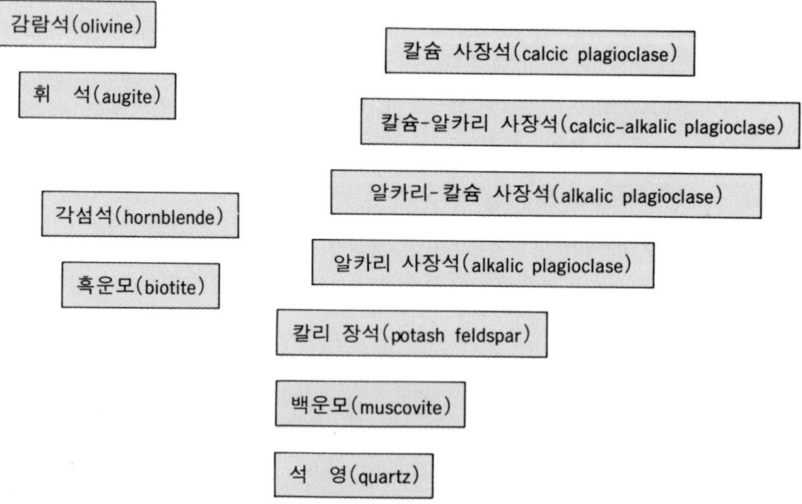

그림 2-4. 풍화작용에 대한 광물의 안정도

위에서 밑으로 갈수록 풍화작용에 대한 광물의 저항력이 크다. 이 순서는 마그마가 식을 때 일어나는 정출(晶出) 순서와 일치한다. 가장 늦게 정출하는 석영은 풍화작용에 대한 저항력이 가장 크다.

의 환경에서 가장 불안정하여 빨리 붕괴된다. 반면에 온도가 가장 낮을 때 정출하는 석영(石英, SiO_2)은 안정도가 매우 높아 풍화작용을 거의 받지 않는다.

화성암이나 퇴적암으로부터 형성된 변성암도 예외는 있으나 규산염광물들로 이루어졌다. 화성암과 변성암이 풍화작용을 받아 붕괴될 때 떨어져 나오는 모래 중에서 석영은 다른 광물들이 모두 붕괴된 후에도 계속 모래로 남는다. 안면도의 해안사구 중에는 석영모래가 90%를 넘는 것들이 있어 규사광으로 채굴된다.

풍화작용에 대한 저항력이 화성암과 변성암은 약한 반면에 풍화작용을 거친 암설로 이루어진 퇴적암은 강하다. 특히 석영모래의 사암(砂岩)은 어떤 환경에서나 풍화와 침식에 강하다. 세일(shale)은 약한 암석이다. 그러나 기계적으로는 잘 부서져도 화학적으로는 매우 안정하다. 세일은 점토광물로 이루어졌다.

풍화작용과 지형

구릉지의 기슭에서 집터를 닦을 때 형체는 바위인 데도 푸석푸석해서 삽으로도 파이는 풍화층이 두껍게 형성되어 있으면 일하기가 쉬워진다. 바위가 폭 썩어 있는 이와 같은 풍화층을 새프롤라이트(saprolite)라고 하며, 우리는 이것을 '석비레'라고 부른다. 새프롤라이트는 화성암과 변성암에 두루 나타나지만 화강암의 것이 인상적이고, 열대습윤지역에서는 그 두께가 100m를 넘는 수도 있다. 기반암이 두껍게 풍화작용을 받는 현상을 심층풍화(深層風化, deep weathering)라고 한다. 우리나라의 평야 주변에 분포하는, 해발고도가 아주 낮은 화강암의 구릉지는 대개 풍화층이 두껍다. 이와 같

그림 2-5. 핵석(核石)

지표에 드러난 화강암의 거대한 핵석이다. 핵석은 새프롤라이트층 안에서 형성된다. 캘리포니아주의 Jashua Tree 국립공원. -1987

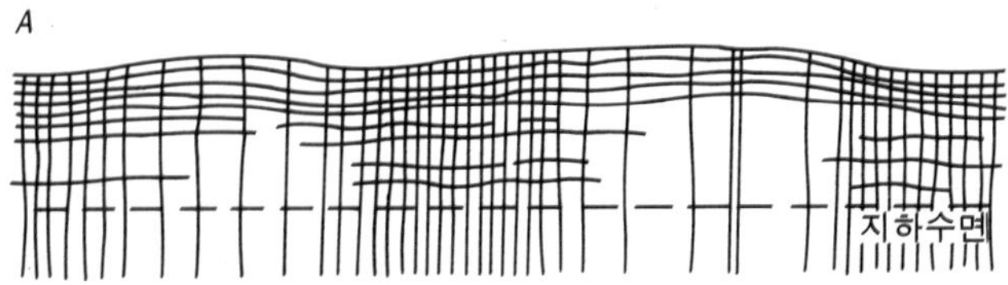

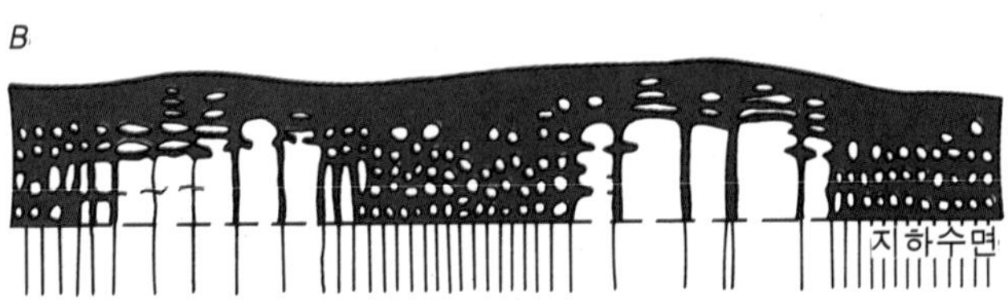

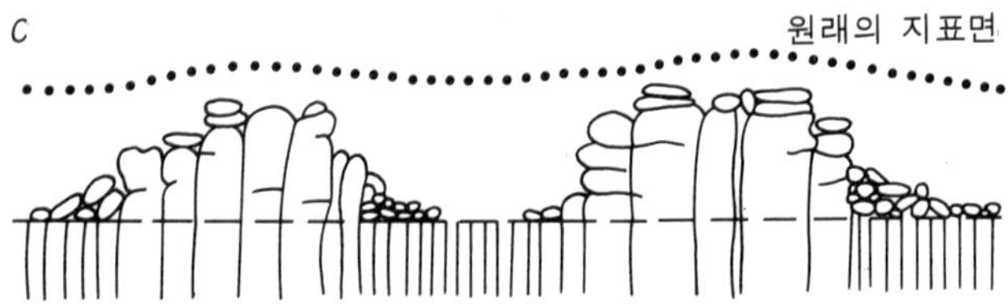

그림 2-6. 화강암의 절리 및 심층풍화와 토르의 발달

A) 풍화작용을 받기 이전의 상태. B) 절리가 많은 부위에 심층풍화가 특히 깊게 진행되었다. C) 주빙하적 매스무브먼트에 의해 새프롤라이트가 제거되고, 절리가 적은 부위에 토르가 형성되었다.

은 풍화층은 우리나라의 기후가 지금보다 고온다습했을 때 심층풍화에 의해 형성된 것으로 간주된다.

서로 직교하는 수직절리와 수평절리에 의해 수많은 블록으로 갈라져 있는 화강암체는 수분의 침투가 용이하여 풍화작용을 빨리 받는다. 이러한 경우 최초에 풍화작용을 집중적으로 받는 부분은 블록의 모서리들이며, 이로 인해 이들 블록은 시간이 경과함에 따라 점점 동글동글해지게 된다. 지하에서 일어나는 이와 같은 형식의 풍화작용을 구상풍화(球狀風化, spheroidal weathering), 이에 의해 만들어지는 동글동글한 돌을 핵석(核石, core stone)이라고

그림 2-7. 다트무어고원의 토르
화강암에 형성된 'Great Staple Tor'라는 이름의 돌무더기로 새프롤라이트층이 깎여나감에 따라 주변보다 높은 곳에 남게 된 것이다.

한다. 핵석은 절리의 간격이 다소 넓은 부분에 형성되며, 절리가 밀집된 부분은 완전히 썩어버린다(그림 2-6). 그리고 새프롤라이트층이 깎여나간 후 핵석들이 주변보다 높은 곳에 쌓여 있으면 이를 토르(tor)라고 한다.

토르는 남서 잉글란드의 다트무어고원에 분포하는 화강암의 암괴지형을 가리키는 토속어였으나 이에 대한 연구가 이루어지면서 학술용어로 채택되었다. 이곳의 토르는 지면이 비교적 평평한 가운데서도 다소 높은 곳에 남아 있는 화강암의 돌무더기로 나타난다. 다트무어고원은 기후가 냉량하다. 이곳에서는 제3기(第三紀)의 아열대성 기후환경에서 심층풍화가 진행되고, 제4기(第四紀)의 주빙하성 기후환경에서 솔리플럭션에 의해 새프롤라이트층이 깎여나감

그림 2-8. 미국 애틀란타 부근의 스톤마운튼(Stone Mountain)
절리가 거의 없는 화강암 덩어리의 산으로 주변의 평탄면 위로 솟은 높이가 약 190m이다. 산록에 암설이 쌓이지 않았다.

으로써 토르가 지표에 드러나게 되었다고 한다. 온대지방의 토르는 과거의 기후와 관계가 밀접한 지형이라고 믿는 경향이 있다. 우리나라의 화강암 산지에 불안정한 석탑처럼 쌓여 있는 바위들도 일반적으로 토르라고 일컬어진다.[1] 그러나 그 형태가 다트무어고원의 것과 같은 것은 아니다.

침식분지의 발달과 관련하여 화강암은 풍화와 침식에 약한 암석이라고 알려진 것 같다. 그러나 절리가 없이 괴상으로 존재하는 대규모의 화강암체는 풍화작용에 대한 저항력이 상당히 크며, 주변의 새프롤라이트층이 제거된 후에 노암(露岩)의 돔, 즉 보른하르트

1) 權炯熙, 1987, 韓國山地에 발달한 Tor에 관한 硏究, 동국대학교 대학원 박사학위논문.

(bornhardt 또는 domed inselberg)로 남는다. 평평한 평지 위에 우뚝 솟아 있는 화강암의 이러한 돔은 동아프리카의 사바나지역에 널리 분포한다.

보른하르트는 온대지방에도 나타난다. 온대지방의 보른하르트로는 미국 조지아주의 스톤마운튼(Stone Mountain)이 유명하다(그림 2-8). 애팔래치아산맥 동쪽 기슭의 평지 위에 솟아 있는 스톤마운튼은 전체가 하나의 화강암 덩어리로 이루어졌으며, 그 모양이 동아프리카 사바나기후지역의 전형적인 보른하르트와 아주 유사하다. 주변에 적갈색의 라테라이트성 고토양(古土壤)이 분포하는 것을 보아도 그것은 과거의 고온다습한 기후와 관련된 지형임이 분명한 것 같다.

풍화혈

바위의 표면에 신기한 모양으로 파여 사람들의 관심을 끄는 구멍을 풍화혈(風化穴)이라고 한다. 풍화혈의 모양은 다양하지만 풍화호(風化壺, weather pit 또는 gnamma)와 타포니(tafoni)로 크게 나뉜다. 풍화호는 평평한 암반에 항아리 모양으로 오목하게 개별적으로 파인 구멍이고, 타포니는 암벽에 마치 벌집처럼 집단적으로 파인 구멍이다. 풍화혈은 화강암에 특히 인상적으로 형성된다. 풍화혈이 일단 형성되면 그와 같은 부위에서는 암석의 입상붕괴가 촉진될 수 있다. 비가 내린 후 물이 괴거나 그늘이 드리워 주변보다 습하기 때문이다. 풍화혈은 사암이나 석회암에도 파인다.

한 쌍의 봉우리가 말의 귀처럼 생긴 전라북도 진안의 마이산(馬耳山)은 경상누층군에 속한, 큰 원력 위주의 역암(礫岩)으로 이루어진 '돌산'인데, 남사면에 많이 뚫려 있는 타포니로도 유명하다(그림 2-9). 이곳의 타포니는 빙정의 쐐기작용으로 형성되었음이 분명한 것 같다. 겨울에 햇빛을 많이 받는 남사면에서는 주야간의 온도변화가 심해서 빙정의 쐐기작용이 활발하게 일어날 수 있다. 마이산의 타포니는 멀리서도 보일 정도로 규모가 크다. 마이산 밑

그림 2-9. 마이산(馬耳山)의 타포니(tafoni)
마이산은 역암층으로 이루어졌고, 타포니는 큰 원력들이 떨어져나와 생긴 것이다. 오른쪽의 오뚝한 봉우리가 '숫마이봉'이다. -1987

의 탑사(塔舍)의 신비로운 돌탑들은 타포니에서 떨어져나온 돌로 쌓은 것이다.

2.3 토 양

토양단면과 토양의 유형

토양(土壤, soil)은 풍화작용의 궁극적인 산물이라고 일컬어진다. 그러나 엄격한 의미의 토양이란 풍화산물이 토양생성작용(土壤生成作用)을

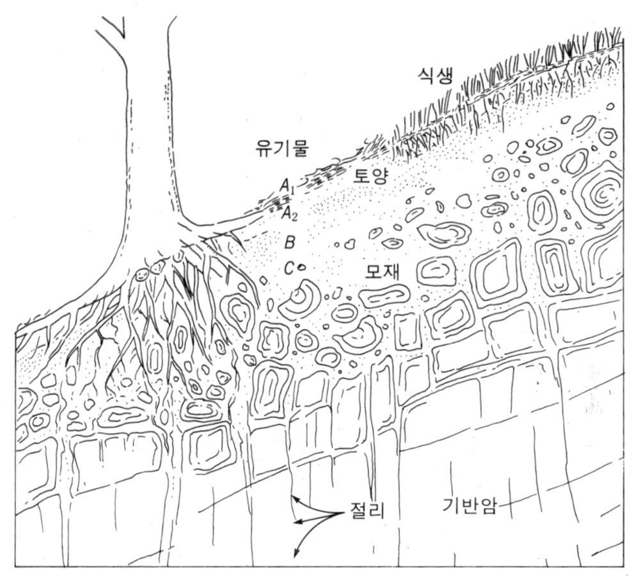

그림 2-10. 토양단면

기반암으로부터 발달하는 토양단면의 한 예로 A_1층은 유기물이 풍부해서 검은 색을 띠는 층, A_2층은 유기물과 미립물질의 용탈로 회백색을 띠는 층, B층은 용탈된 물질이 집적되는 층, C층은 기반암이 풍화작용을 받은 상태에 있는 모재층이다.

받아 더욱 변질된 것을 가리킨다. 토양은 모재(母材, parent material, residual mantle 또는 regolith)로부터 발달한다. 모재란 토양생성작용을 받지 않은 풍화산물을 가리킨다. 다른 곳에서 운반되어 와서 쌓인 토사도 모재가 될 수 있다. 토양은 농업자원으로 중요하며, 토양에 관한 정보는 지형의 연구에도 큰 도움을 준다.

토양은 일반적으로 색깔과 물질구성이 서로 다른 몇개의 토층(土層, soil horizon)으로 이루어졌다. 토층은 위에서부터 A층, B층, C층으로 구분되는데, A층과 B층은 토양생성작용을 받은 층이고, C층은 모재층을 가리킨다(그림 2-10). 토양은 모재 이외에 기후와 식생의 특성을 반영한다. 지면이 비교적 평평하고 배수가 양호한 곳에서 장기간의 토양생성작용을 거쳐서 발달한 토양은 기후 및 식생과 조화를 이루며, 이러한 토양을 성대토양(成帶土壤, zonal

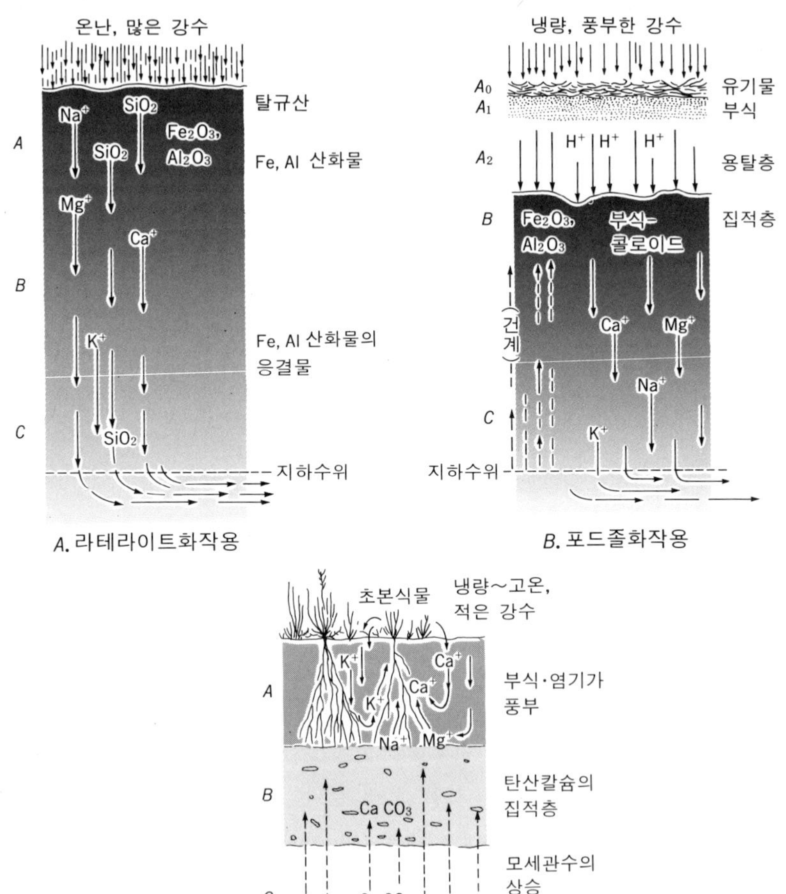

그림 2-11. 주요 토양생성작용

용탈층(A)과 집적층(B)이 뚜렷하게 구별되는 토양은 포드졸화작용에 의해 생성된다. 석회화작용에서는 모세관수를 따라 지하에서 올라온 탄산칼슘이 B층에 집적되는 점이 특이하다. (Strahler)

soil)이라고 한다. 기본적인 성대토양의 생성작용은 그림 2-11에 요약되어 있다.

삼림이 우거지지만 박테리아의 활동이 억제될 만큼 기온이 낮은 습윤기후지역에서는 포드졸(podzol)이 발달한다. 그리고 포드졸을 발달시키는 토양생성작용을 포드졸화작용(podzolization)이라고 한다. 포드졸화작용은 아극기후의 타이가지대에서 가장 활발하게 진행되며, 습윤대륙성기후지역과 북위 40° 이북의 서안해양성기후지역에서도 주목할 정도로 일어난다. 이들 기후지역에서는 유기물과 부식(腐植, humus)이 지표에 두껍게 쌓여 토양수가 강한 산성을 띠게 되고, 이로 인해 토양수는 토양의 상층에서 염기를 씻어내리는 용탈작용(溶脫作用, leaching)을 하게 된다. 염기와 함께 점토나 부식과 같은 미립물질도 밑으로 제거된다. 포드졸에서 용탈작용을 심하게 받은 층은 A_2층이라고 하는데, 회백색을 띠어 '표백층'이라고도 불리운다. A_2층에서 제거된 미립물질은 바로 아래의 B층에 집적되어 이의 색깔을 진하게 그리고 조직을 치밀하게 해준다. 포드졸은 염기가 거의 없어 농작물을 지배하는 데 적합하지 않다. 그러나 타이가의 침엽수가 자라는 데는 지장을 주지 않는다. 침엽수는 산성에 강할 뿐만 아니라 칼슘·칼륨·마그네슘 등의 염기를 필요로 하지 않는다.

기온이 높고 비가 많이 내려 삼림이 무성하게 우거지는 열대우림기후지역에서는 라테라이트토(latosol)가 발달하며, 라테라이트토를 발달시키는 토양생성작용을 라테라이트화작용(laterization)이라고 한다. 고온다습한 기후지역에서는 암석의 화학적 풍화작용이 극도로 진행되어 염기가 모두 용탈되고, 박테리아의 활동이 매우 활발하여 유기물과 부식이 집적되지 않으며, 석영과 같은 광물입자와 함께 풍화산물로 생성되는 철 및 알루미늄의 산화물(Fe_2O_3, Al_2O_3)만 응결물을 이루면서 잔류한다. 라테라이트토에서는 집적층(B층)이 발달하지 않아 토층이 뚜렷하게 구분되지 않는다. 그리고 라테라이트화작용을 받은 토양은 산화철을 많이 포함하여 적색을 띤다. 라테라이트토도 척박하다. 나무가 크게 자라는 것은 기온이 높고 수분이 풍부한 데다가 뿌리가 깊고 넓게 뻗기 때문이다.

라테라이트토는 식생의 제거, 지표의 개석 등에 의해 단면이 노출되고, 탈수현상이 일어나면 돌처럼 단단하게 굳는다. 아마존분지

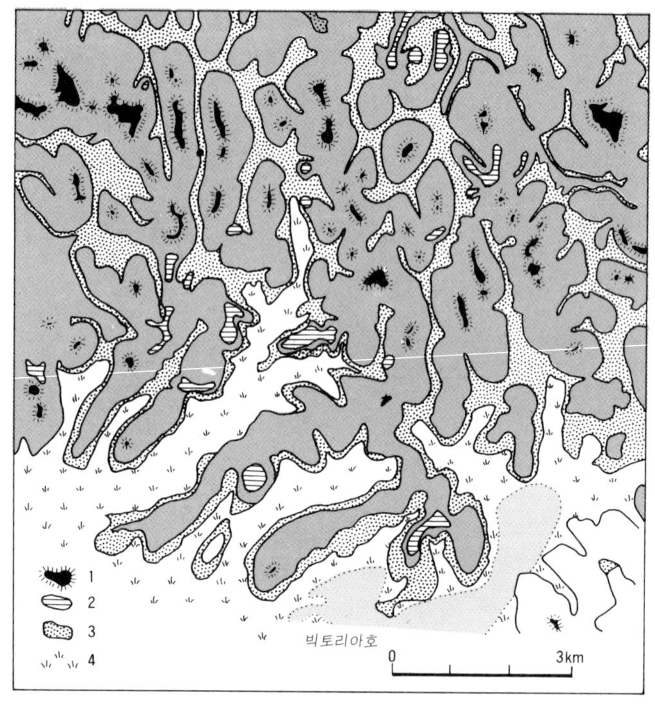

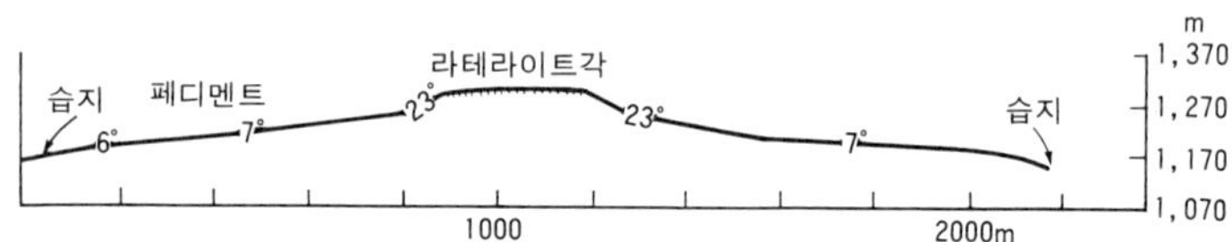

그림 2-12. 라테라이트각과 평정봉

1) 제3기 중기의 라테라이트각으로 덮인 평정봉(平頂峯). 2) 제3기 말의 평탄면(平坦面). 3) 충적지. 4) 파피루스의 습지. 라테라이트각이 건조지역의 메사(mesa)와 같은 지형을 이루어 놓았다. (Thomas)

의 열대우림을 농경지로 개간·이용할 때 토양관리에 실패하면 땅이 불모지로 변하는 것도 라테라이트토의 이러한 특성 때문이다. 라테라이트(laterite)란 라테라이트토가 돌처럼 단단하게 굳은 것을 가리킨다.[2] 라테라이트는 풍화산물로 이루어진 것이어서 풍화작용

2) 동남아시아에서는 라테라이트토를 블록으로 잘라내 말려서 건축재료로 사용한다. 라테라이트토가 수분을 완전히 잃어버려 일단 굳으면 수분이 가해져도 원래의 상태로 돌아가지 않는다. 라테라이트는 라틴어의 벽돌(later)에서 온 말이다.

을 받지 않음은 물론 침식에 대단히 강하다. 이러한 점에서 정상부가 평평한 우간다의 구릉들은 특기할 만하다(그림 2-12). 건조지역의 메사(mesa)와 흡사하게 구릉의 정상부가 평평한 까닭은 라테라이트각(laterite crust)으로 덮여 있기 때문이다. 이 라테라이트각은 제3기(第三紀)에 저지대에서 형성되었으나 침식에 매우 강해 메사의 사암층처럼 높은 곳에 남게 된 것이다. 캄보디아의 앙코르와트(Angkor Wat) 사원에는 라테라이트를 잘라서 만든 벽돌로 쌓은 담벽이 있다. 이 담벽은 700년 이상 지난 지금도 보존상태가 아주 양호하다고 한다.

강수량이 수분의 증발량보다 적은 반건조지역 또는 스텝에서는 석회화작용(石灰化作用, calcification)이 진행된다. 반건조지역에서는 칼슘·칼륨·마그네슘·나트륨 등의 염기가 토양층에 잔류한다. 우계에 빗물이 토양층으로 침투할 때는 염기가 밑으로 씻겨내리지만 건계에는 염기가 모세관수를 따라 다시 위로 올라온다. 반건조지역의 토양에서는 이와 같이 염기가 빗물에 의해 순환하는 층을 A층이라고 한다. 그리고 건계에는 토양층 밑에서도 탄산칼슘 중심의 염류가 모세관수를 따라 올라오는데, 탄산칼슘이 집적되는 층을 B층이라고 한다. B층의 깊이는 강수량에 의해 좌우된다. 강수량이 많으면 깊어지고, 적으면 얕아진다.

중위도의 반건조지역, 즉 초원의 토양은 염기와 함께 부식이 풍부하다. 체르노젬(chernozem)이라고 불리우는 흑토(黑土)는 초원의 대표적인 도양으로 매우 비옥하다. 초본식물은 일반 농작물과 같이 염기를 많이 필요로 하며, 또한 그것을 토양에 많이 되돌려 보낸다. 그리고 매년 다량의 유기물이 추가되는 데다가 박테리아에 의한 이의 분해속도가 느려서 부식이 A층에 많이 쌓이기 때문에 토양이 흑색을 띠게 된다. 부식의 양은 강수량이 적고 식생이 빈약할수록 줄어든다. 아주 건조한 사막의 토양은 부식이 거의 없고 토층의 발달이 불완전하며, 탄산칼슘이 지표면까지 올라와 단단한 석회각(石灰殼, caliche 또는 lime crust)이 만들어지기도 한다.

[표 2-1] 성대토양의 분류

건조 · 반건조 · 아습윤기후		습윤기후
1. 체르노젬(chernozem) 2. 율색토(chestnut soil) 3. 갈색토(brown soil) 4. 회색사막토(gray desert soil) 5. 적색사막토(red desert soil) (강수량감소 ↓)	프레리토(prairie soil)	1. 포드졸(podzol) 2. 회갈색포드졸토(gray-brown podzolic soil) 3. 적황색포드졸토(red-yellow podzolic soil) 4. 라테라이트토(latosol) (기온증가 ↓)

기후와 관계없이 배수가 불량한 곳에는 토탄을 함유한 습지토양(濕地土壤), 석회암지역에는 모재의 특성을 크게 반영하는 테라로사(terra rossa)가 발달한다.[3] 이러한 토양은 간대토양(間帶土壤, intrazonal soil)으로 분류된다. 토양단면이 충분히 발달하리 만큼 시간이 경과하지 않았거나 풍화산물이 오랫동안 제자리에 머물 수 없는 급사면의 토양은 비성대토양(非成帶土壤, azonal soil)이라고 하며, 범람원의 충적토(沖積土)나 산악지방의 암석토(岩石土)가 이에 속한다.

세계의 성대토양은 습윤기후지역의 것과 건조기후지역의 것으로 크게 나뉜다. 표 2-1은 그 내용을 요약한 것이다.

다성인적 토양과 고토양

특정한 기후환경에서 장기간에 걸쳐 생성된 토양은 기후가 변동한 후에도 오랫동안 그 특성을 간직한다. 식생은 시간이 지나면 대치되지만 토양단면은 침식에 의해 제거되지 않는 한, 그리고 더욱 강력하거나 최소한 같은 정도의 토양생성작용을 받지 않는 한 완전히 대치되지 않는다. 열대습윤기후지역의 라테라이트화작용과 같은 강력한

3) 우리나라의 석회암지역에 분포하는 테라로사는 간대토양으로 알려졌으나 근래에는 과거의 고온다습한 기후와 관련하여 성대토양으로 발달한 고토양(古土壤)이라는 의견이 제시되고 있다.

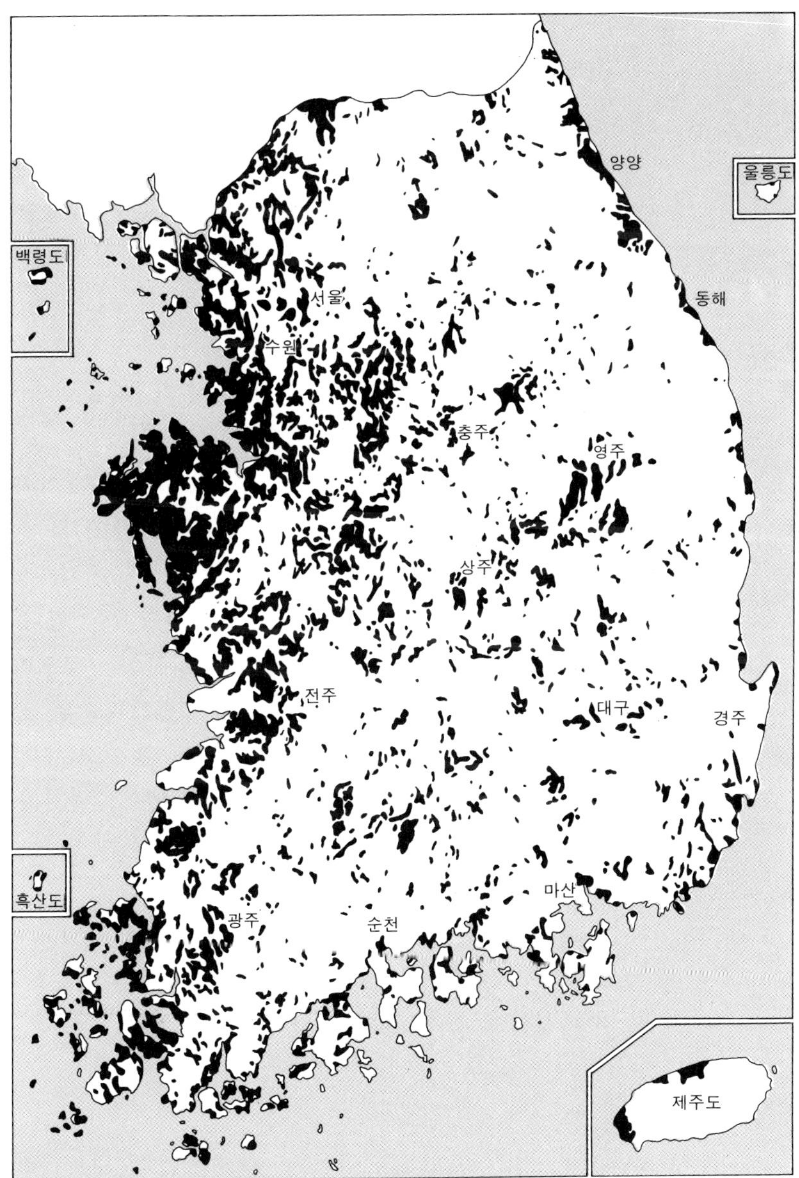

그림 2-13. 적색토의 분포

우리말로 '황토'라고 부르는 것이 적색토에 해당한다. 농촌진흥청에서 제작한 정밀토양도에 의거해서 작성한 지도로 적색토의 분포가 광범하다. 야산에 널리 분포하지만 이에 국한된 것이 아니다. (姜永福)

토양생성작용에 의해 생성된 토양은 기후가 변동한 후에도 오랫동안 보존된다.

기후변동에 따른 토양단면의 형태적 변화는 기존 단면 위에서 일어난다. 그래서 어떤 토양에서는 현재의 기후환경에서 형성된 토양단면이 과거의 기후환경에서 형성된 구(舊) 토양단면 위에 얹혀 있는 상태로 나타난다. 이러한 토양을 다성인적 토양(多成因的土壤, polygenetic soil)이라고 한다. 러시아의 일부 체르노젬과 포드졸은 적색의 라테라이트성 토양단면 위에 발달되어 있다고 한다. 라테라이트성 토양단면은 세계의 기후가 지금보다 온난다습했던 제3기에 발달한 것으로 추측된다.

과거의 기후환경에서 생성된 토양은 고토양(古土壤, paleosol)이라고 한다. 우리나라의 구릉지 또는 야산(野山)의 적색토(赤色土, red soil)는 고토양이다. 전형적인 적색토는 두께가 1~1.5m이고, 표토는 적황색, 심토(心土)는 적색 내지 적황색을 띤다. 또한 토층의 구분이 명확하지 않고, 유기물의 함량이 극히 적으며, 규산(SiO_2), 산화철(Fe_2O_3), 산화알루미늄(Al_2O_3)이 전체적으로 풍부하다. 적색토는 아열대성 습윤기후환경에서 생성된 것이고, 그 시기가 제3기(第三紀)까지 소급되는 것으로도 해석되는데, 염기의 용탈이 극심해서 척박하다. 야산이 1950년대까지 대부분 임야(林野)로 남아 있었던 것도 토양이 척박하기 때문이었다.

고토양은 과거의 지형면(地形面)을 보여주는 것이어서 지형학적으로 큰 의미를 갖는다. 고토양은 퇴석층·뢰스층·화산회층 등의 사이사이에 묻힌 상태로 나타나기도 한다.

제 3 장 매스무브먼트와 사면의 발달

1. 사면의 경사와 매스무브먼트
2. 매스무브먼트의 종류
3. 사면의 종류와 발달

이 장의 개요

아주 평평한 평야를 제외한 지표의 대부분은 사면(斜面)으로 이루어졌으며, 매스무브먼트는 사면의 암설이 유수·바람·빙하 등과 같은 기구와 관계없이 중력의 지배하에 아래로 이동하는 것을 가리킨다. 매스무브먼트에 의해 사면 아래로 이동하는 암설 중의 일부는 산록에 쌓여 녹설층(麓屑層)을 형성한다. 매스무브먼트는 사면에서 일어나기 때문에 경사의 영향을 크게 받는다. 일반적으로 사면의 경사는 과장되게 우리의 눈에 들어오는데, 40° 이상의 사면은 절벽 또는 단애로 분류된다.

매스무브먼트는 여러 형태로 일어난다. 그 중의 일부는 장마철에 가끔 발생하는 산사태로 미루어 알 수 있듯이 엄청난 자연재해의 원인이 되기도 한다. 지형학에서는 매스무브먼트에 별로 관심을 보이지 않는 편이다. 그러나 자연재해와 관련하여 나라에 따라서는 지형학의 응용분야로서 이에 대한 관심이 적지 않다.

사면은 단면의 형태에 따라 볼록사면(凸形斜面)·오목사면(凹形斜面)·직선사면(直線斜面)으로 나뉜다. 사면의 발달은 산정과 산록 사이에 나타나는 이러한 단면이 어떻게 형성되는 지를 중심으로 고찰되어 왔다. 사면은 지형경관의 주요 구성요소임에도 불구하고 이에 관한 연구는 부진한 상태에 머물러 있다.

▲ **퇴적암층의 사면** 그랜드캐니언의 경관으로 경암층에 급경사의 사면 또는 단애, 연암층에 완경사의 사면이 형성되었다. 콜로라도고원은 수평지층으로 이루어졌고, 그 정상부가 부분적으로 나타나 있다.

3.1
사면의 경사와 매스무브먼트

아주 평평한 평야를 제외한 지표의 대부분은 사면(斜面, slope)으로 이루어졌다. 사면의 암설이 유수·바람·빙하 등과 같은 기구의 개입없이 중력에 의해 아래로 이동하는 것을 매스무브먼트(mass movement)라고 한다. 매스무브먼트는 사면의 경사가 급할수록 활발하게 일어난다.

사면에 놓인 암설이 어떤 힘을 받을 때는 중력 때문에 사면을 따라 아래로 곧바르게 움직이게 된다. 사면이 매끈한 경우 이 암설은 미끄러져 내려간다. 암설이 미끄러지도록 하는 중력(重力) 성분은 사면경사의 사인(sine)의 값에 비례하고, 이것이 제자리에 머물러 있도록 하려는 항력(抗力)은 사면경사의 코사인(cosine)의 값에 비례한다.

이와 같은 이유로 그림 3-1에서 보는 바와 같이 사면의 암설에 가해지는 중력을 g라고 할 때 45°의 사면에서는 암설이 미끄러지도록 하는 중력성분과 그것을 막으려는 항력이 다같이 0.7g으로 나타나고, 60°의 사면에서는 중력성분이 0.87g으로 증가하는 반면에 항력은 0.5g으로 감소한다. 움직이는 암설과 사면 사이의 마찰력은 사면에 대한 수직항력에 비례한다. 따라서 표면이 매끈한 경우 45°이상의 사면에서는 항력 또는 마찰력만으로는 암실이 제자리에 머물러 있을 수 없다.

여기서 중요한 점은 경사가 급해짐에 따라 암설이 미끄러지도록 하는 중력성분이 처음에는 급격히 증가하다가 점차 감소한다는 것이다. 그리고 이러한 현상이 의미하는 내용은 경사가 90°에 훨씬 못미치는 사면도 매스무브먼트에 있어서는 절벽과 거의 다름없다는 것이다.

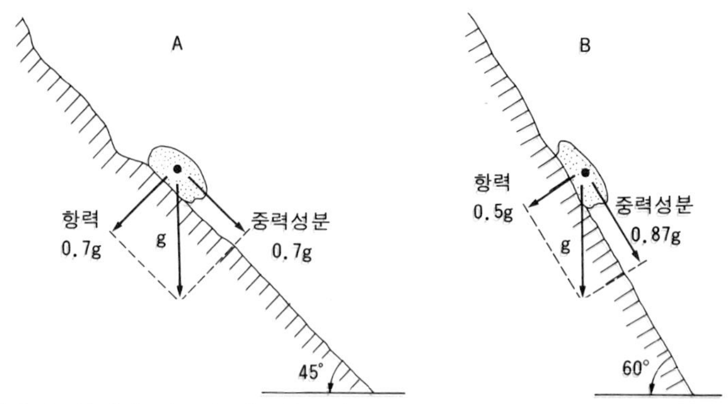

그림 3-1. 사면의 경사와 매스무브먼트
경사의 증가율보다 사면의 암괴에 작용하는 중력성분의 증가율이 훨씬 높게 나타난다. 45°의 사면도 중력성분이 70%에 이르며, 이러한 사면에서는 암설이 제자리에 머물러 있지 못한다.

우리는 야외에서 사면을 대할 때 그 경사를 실제보다 훨씬 과장되게 받아들이는 경향이 있다. 사면의 경사가 35° 정도인 데도 우리의 눈에는 50°~60°로 들어오는 것이 보통이다. 그러나 경사가 40° 이상인 사면은 절벽 또는 단애(斷崖)로 분류된다. 절벽은 암설이 제자리에 머물지 못하고, 밑으로 굴러 떨어지기 때문에 노암(露岩)으로 이루어졌다.

표면이 거치른 조립암설이 집단적으로 쌓일 때 형성되는 사면의 최대경사는 35°를 그리 벗어나지 않는다. 경사가 이보다 급해지면 암설에 가해지는 중력성분의 증가로 암설이 아래로 굴러떨어지며, 원래의 경사가 재현된다. 암설이 안정한 상태를 유지하면서 머물 수 있는 최대각도를 안식각(安息角, angle of repose)이라고 한다. 안식각은 입자의 크기·모양·거칠기 등과 관련하여 약간씩 다르게 나타난다.

사면은 산간지방에만 나타나는 것이 아니다. 지표에서 가장 많은 비율을 차지하는 사면은 5° 이하의 사면이다. 경사가 이처럼 완만한 사면에서는 매스무브먼트가 활발하게 일어나지 않는다.

3.2 매스무브먼트의 종류

매스무브먼트는 지질·지형·기후·식생 등의 영향을 받으면서 다양한 형태로 일어나기 때문에 많은 종류로 분류될 수 있다. 그러나 한 종류는 다른 종류로 점이하므로 분류하기가 쉽지 않다.

매스무브먼트는 중력의 작용으로 사면의 암설이 아래로 이동하는 것이라고 정의되고 있지만, 이러한 정의는 유수·바람·빙하 등의 기구가 직접 관여하지 않는다는 것을 뜻할 뿐 중력 이외에 다른 요인이 개입하지 않는다는 것은 아니다. 수분 또는 얼음은 암설과 사면 사이의 마찰을 줄여 주는 한편 암설의 무게를 늘려 줌으로써 매스무브먼트를 일으키는 데 중요한 촉매역할을 한다.

이러한 점에 착안하여 매스무브먼트의 분류를 처음으로 시도한 사람은 스웨덴의 샤프(C. F. S. Sharpe, 1938)이다. 샤프는 그의 분류에서 세 요인을 중요시했다. 즉 그는 ① 윤활제로서 수분 또는 얼음의 함량, ② 암설이 집단적으로 내부구조를 변형시키면서 유동

[표 3-1] 매스무브먼트의 분류(Bloom)

<table>
<tr><td colspan="2">운동속도</td><td colspan="5">얼음함유량 증가 ←— 암석·토양 —→ 수분함유량 증가</td></tr>
<tr><td rowspan="2">유동</td><td>식별 불가능</td><td rowspan="3">빙하의 운반</td><td>솔리플럭션</td><td>포행
(토양포행·암석포행)</td><td>솔리플럭션</td><td rowspan="3">유수의 운반</td></tr>
<tr><td>느림~빠름</td><td>암설애벌런치</td><td></td><td>토석류
이류
암설애벌런치</td></tr>
<tr><td>활동</td><td>느림~빠름</td><td></td><td>슬럼프·암설슬라이드·암설낙하·암석슬라이드·암석낙하</td><td></td></tr>
</table>

(流動)하느냐, 단순히 활강(滑降)하느냐, 개별적으로 낙하(落下)하느냐는 등의 운동양식, ③ 식별이 불가능한 것에서 시속 백 킬로미터 이상에 이르기까지 그 범위가 대단히 넓은 운동속도 등 세 요인에 기준을 두고 매스무브먼트의 많은 종류를 네 유형으로 분류했다. 표 3-1은 매스무브먼트의 종류와 이들 요인 사이의 관계를 간략하게 정리한 것이다.

샤프 이후 매스무브먼트의 연구는 다소 활기를 띠어 새로운 종류를 추가하거나 상위의 유형에 수정을 가하는 시도들이 있었다. 그러나 여기서는 내용이 간결한 샤프의 분류에 기준을 두고 매스무브먼트에 대하여 살펴보기로 한다.

유동성 운동

느린 유동성 운동

토양포행 사면의 토양이 극히 느리게 아래로 움직이는 것을 토양포행(土壤匍行, soil creep)이라고 한다. 이동속도가 아주 느리지만 나무나 전주가 기울어지는 것과 같은 현상을 통해 사면의 토양이 포행하는 것을 간접적으로 확인할 수 있다.

토양포행은 가장 보편적인 매스무브먼트로서 습윤기후지역 중에서도 기온과 강수의 계절적 변동이 심한 지역에서 활발하게 일어난다. 토양이 얼었다가 녹을 때나, 물을 먹었다가 마를 때는 팽창했다가 수축한다. 겨울에 토양층에서 자라는 서릿발의 역할도 중요하다. 서릿발은 토양의 표층을 거의 일률적으로 들어올리는데, 토양이 팽창할 때는 사면에 대하여 직각방향으로 솟아오르고, 수축할 때는 수평면에 대하여 수직방향으로 내려앉는다. 그래서 팽창과 수축이 반복될 때마다 토양은 집단적으로 아래로 조금씩 움직이게 된다. 동물이 사면에서 흙을 밟거나 구멍을 팔 때, 식물이 성장하고 썩을 때, 지진이 일어날 때도 요동되는 토양은 조금씩 아래로

그림 3-2. 토양포행(텍사스주의 마라톤지역)
수직으로 서 있는 지층의 상단부가 1m를 약간 넘는 깊이에서부터 구부러졌다. 토양포행은 지표면에서 가장 빠르게 일어난다.

움직인다.

토양포행의 속도는 사면의 경사와 관련이 있지만 연간 수 센티미터 이하이다. 그리고 지표면에서 밑으로 내려갈수록 속도가 느려지는데, 포행이 일어나는 깊이는 대개 1m 미만이다. 사면의 전주나 나무가 아래로 기울어지는 것은 토양의 표층이 가장 빨리 움직이기 때문이다. 토양이 포행할 때는 점성체가 흐를 때처럼 내부구조에 변화가 일어난다(그림 3-2).

토양이 효율적으로 포행할 수 있는 최저경사는 5°라고 알려졌다. 경사 이외에도 포행에 영향을 미치는 요인으로는 토양의 구성물질과 식물피복이 중요하다. 점토를 포함한 토양은 물을 먹으면 많이 팽창하므로 좀더 빨리, 나무는 암설을 제자리에 고정시키는 역할을 하므로 식물피복이 양호한 토양은 좀더 느리게 포행한다.

잔디와 같이 뿌리가 얕게 뻗는 풀은 토양과 함께 이동한다.

사면 위에 놓인 암괴도 토양포행과 유사한 형식으로 움직인다. 암괴가 개별적으로 이동하는 것은 암석포행(岩石匍行, rock creep)이라 한다. 암석포행에서는 암괴 밑에서 자라는 서릿발이 주도적인 역할을 한다.

솔리플럭션

토양은 물을 많이 먹으면 유연해져서 경사가 아주 완만한 사면에서도 흘러내릴 수 있게 된다. 솔리플럭션(solifluction)이란 수분을 많이 함유한 토양이 자체의 무게로 흘러내리는 것을 가리킨다. 솔리플럭션은 툰드라의 영구동토층을 덮고 있는 활동층(活動層, active layer)에서 활발하게 일어난다. 활동층은 여름에 녹는 지표면의 층으로서 이것이 녹으면 수분을 과다하게 보유하여 매우 유연해진다. 활동층이 수분을 과다하게 보유하는 까닭은 그 밑의 영구동토층이 불투수층의 역할을 하므로 수분이 빠져나가지 못하기 때문이다. 우리나라에서도 이른 봄의 해토기(解土期)에는 마찬가지 이유로 짧은 기간이나마 땅이 매우 질퍽해진다. 솔리플럭션은 2° 정도로 경사가 아주 완만한 사면에서도 일어나며, 최고속도가 연간 수 미터에 이른다.

우리나라에서도 기후가 한랭했던 빙기(氷期)에는 솔리플럭션이 비교적 활발했던 것 같다. 각력(角礫)과 같은 조립물질과 점토와 같은 미립물질이 뒤섞여 있는 사면의 녹설층(麓屑層, colluvium)[1] 중에는 오늘날 전혀 움직이지 않는 것이 많다. 빙기의 솔리플럭션과 관련된 것이 분명한 이러한 녹설층의 단면은 도로변의 절개지에서 널리 관찰된다. 영구동토층이 발달하지 않아도 겨울에 땅이 깊게 얼어서 봄의 해토기간이 길어지는 상황에서는 솔리플럭션이 충분히 일어날 수 있다.

---

1) 녹설층이란 하천 연안의 충적층(沖積層, alluvium)에 상대되는 용어이다. 녹설층은 매스무브먼트에 의해 운반된 암설로 이루어진 사면의 퇴적층으로 암설의 분급이 극히 불량해서 충적층과는 쉽게 구별된다.

빠른 유동성 운동

토석류 장마철에 자주 발생하는 '산사태'는 토석류(土石流, earth flow)에 해당한다. 토석류는 토양을 포함한 사면의 풍화층(風化層)이 물을 흠뻑 먹을 때 일어난다. 그러나 풍화층은 포화상태를 넘을 만큼 물을 많이 먹어도 탄력성과 응집력을 유지하며,[2] 경사가 상당히 급한 사면에서도 제자리에 머물러 있으려고 한다. 토석류는 이와 같은 풍화층이 강한 바람이나 지진의 충격을 받아 순간적으로 탄력성과 응집력을 잃어버리는 경우에 발생한다. 풍화층이 유체(流體)로 변하면서 흘러내릴 때는 수분이 점차 분리된다. 그리고 사면 아래에 도달하여 수분이 현격하게 줄어들면 그것은 흐름을 멈춘다.

우리나라의 토석류는 집중호우시에 도로·골프장 등의 건설과 관련된 인재(人災)로 많이 발생하여 그 장소가 일정하지 않으나, 자연상태에서는 산복(山腹)의 얇은 풍화층에서 발생하는 것이 보통이다. 때문에 제거되는 암설의 양이 많지 않고, 그 피해도 대단하지 않다. 산정부의 볼록사면과 산록부의 오목사면이 만나는 산복은 풍화층이 얇으며, 하나의 사면에서 경사가 가장 급한 부분이다. 토석류는 속도가 상당히 빠른 것으로 알려졌다. '산사태'는 순식간에 가옥이나 전답을 휩쓴다고 한다. 그러나 속도가 관측된 예가 없어서 알 수 없지만 일반적으로 짐작하는 것처럼 그렇게 빠른 것 같지는 않다. 토석류가 흘러내린 자리는 토양층이 식생과 함께 제거되어 멀리서도 식별되며, 좁고 기다란 그 흔적이 오랫동안 남아 있는다.

1959년 9월에 김해지방을 강타한 태풍 사라호는 20세기에 우리나라로 상륙한 태풍 중에서 가장 강력한 것이었는데, 이것이 지나

2) 장마철에는 산기슭에서 물이 샘처럼 솟아올라 밭의 농작물에 피해를 주는 사례가 흔하다. 산기슭에서 계절적으로 솟아나는 물을 '개샘'이라고 부르는데, 사면의 토양층 또는 풍화층은 '개샘'을 흘려보낼 정도로 물을 먹어도 사태를 일으키지 않는다. '개샘'이란 바위 틈에서 솟아나는 '참샘'에 상대되는 말이다.

그림 3-3. 토석류
1950년 12월에 캘리포니아주의 오클랜드 부근에서 일어난 것으로 도로가 토석류로 막혀버렸다. 토석류는 흔한 재해 중의 하나이다.

간 양산천 계곡에서는 백수십 곳에서 산사태가 일어났다. 이곳의 산사태를 조사한 바에 따르면,[3)] 대부분은 만장년기에 해당하는 화강암산지의 산복에서 일어나 규모가 작았고, 바람(초속 약 60m)을 가장 많이 받은 사면이 산사태의 피해를 가장 심하게 입었다. 이때

3) 權淳纘, 1962, "梁山川 水害의 지리학적 고찰," 地理地質學報, 경남지리지질학회, 6: 1~50.

내린 비는 약 300mm였다. 이것은 10분 동안(17일 8시 20분~30분)에 내린 양이다.

제3기층이나 제4기층 또는 두꺼운 화산회층에서 우기나 해빙기에 지진이 곁드릴 때 발생하는 토석류는 일반적으로 규모가 크다. 대규모의 토석류는 천천히 움직이면서 하나의 큰 취락을 뒤엎을 정도의 재해를 일으키기도 하고, 골짜기를 막아 호소를 만들어 놓기도 한다. 2~5km에 걸칠 정도로 규모가 큰 토석류는 움직이는 속도가 느리다. 느린 경우에는 하루의 이동거리가 1cm 정도에 불과하고, 빠른 경우에도 시속 1km를 그리 웃돌지 않는 것으로 알려졌다.

이 류 이류(泥流, mudflow)는 토석류의 한 극단적인 유형으로 건조지역의 산지에 호우가 내릴 때 가끔 발생한다. 이류란 글자의 뜻 대로 '진흙'이 흐르는 것을 가리킨다. 심한 경우에는 물이 전체 부피의 1/3에 불과하다. 그리고 그것은 사면이 아니라 골짜기를 따라 흘러내린다.

일반적으로 건조지역의 호우는 좁은 지역에 대류성강수로 내린다. 호우가 내리면 평소에 이완되어 있던 사면의 토사가 골짜기로 갑자기 씻겨내리며, 호우에 의한 일시적인 하천은 유량에 비해 토사를 많이 운반한다. 이러한 하천은 강우권을 벗어나면 물이 증발하는 한편 지하로 스며들어 급속히 줄어든다. 그래서 자갈이나 모래와 같은 조립물질은 분리되고, 결국 점토와 같은 미립물질만 남아 이류를 이루게 된다. 이류는 '진흙물'의 하천으로부터 발달하며, 유수와는 관계없이 자체의 무게와 관성으로 인해 계속 흘러간다. 속도는 수분의 양, 골짜기의 경사 등에 따라 다른데, 그 범위는 시속 100~1,000m이다.

좁은 골짜기를 흐르던 이류가 선상지로 흘러나올 때는 넓게 퍼지면서 수분을 잃어버리는 동시에 정지한다. 이류는 예고없이 곡구의 취락이나 농경지를 휩쓸기도 한다. 건조지역의 선상지 중에는

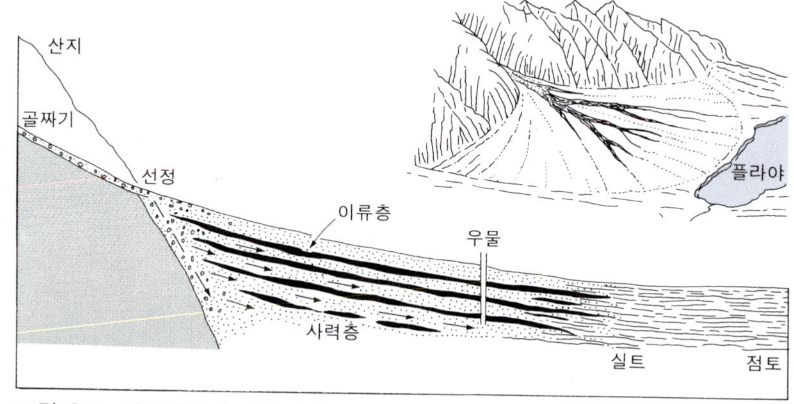

그림 3-4. 건조지역의 선상지의 이류층(泥流層)

사력층들 사이에 이류층이 끼어 있다. 이류층은 불투수층이며, 선단부에 우물을 파면 사력층에 갇힌 피압수가 솟아오른다.

사력층들 사이에 이류층이 끼어 있는 것이 적지 않다. 사력층은 지하수가 흐르는 대수층(帶水層)이고 이류층은 불투수층이다. 이류층이 묻혀 있는 선상지에서 관정을 뚫으면, 피압수로 갇혀 있던 지하수가 분수처럼 솟아오른다(그림 3-4).

이류는 큰 화산의 기슭에서도 발생한다. 두꺼운 화산회층은 비가 내려 물을 많이 먹을 때 종종 처음부터 이류를 이루면서 멀리 흘러간다. 이러한 이류는 골짜기를 메워 평평한 땅을 만들어 놓기도 한다. 미국 워싱톤주의 레이니어화산 북쪽에는 화산회의 이류층으로 이루어진 땅이 30km에 걸쳐 펼쳐지는데, 그 두께가 7～120m에 이른다고 한다. 이와 같은 대규모의 이류층은 물론 많은 횟수의 이류에 의해 형성된 것이다.

암석애벌런치

암석애벌런치(rock avalanche)는 유동성 매스무브먼트의 여러 종류 중에서 속도가 가장 빠르고, 가끔 재해 또한 크게 일으킨다. 이것은 높은 산에서 특수한 외적 요인의 작용을 계기로 절리면이나 지층의 성층면을 따라 거대한 암체가 분리될 때 발생한다. 처음에는 암체가 미끄러지는 형식으로

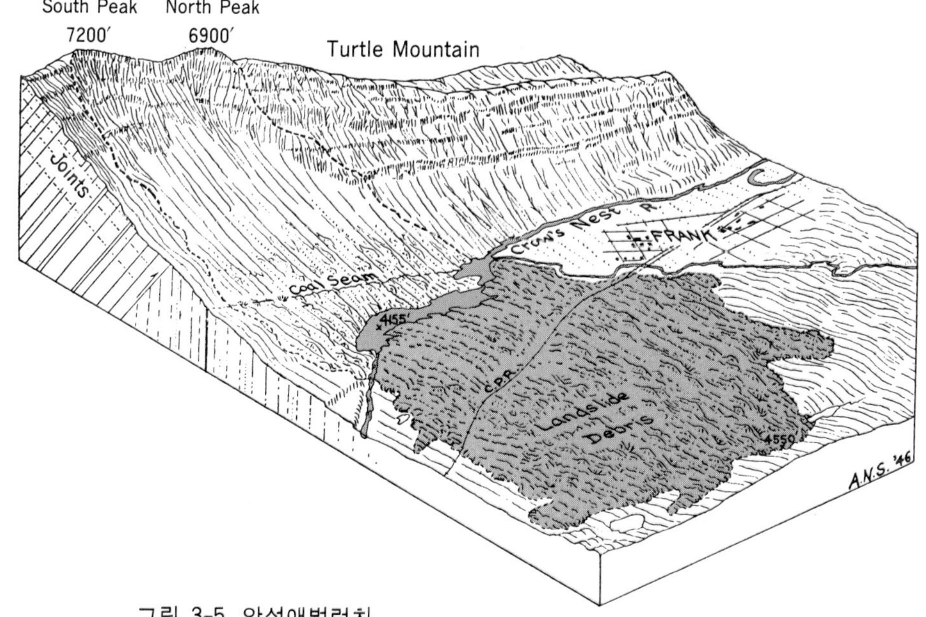

그림 3-5. 암석애벌런치

산정부에서 분리된 거대한 석회암의 암체가 부서지면서 골짜기로 내려와 탄광촌이 일부 매몰되는 동시에 70여명의 사망자가 발생했다. 골짜기에 쌓인 암설이 유동한 흔적을 보여준다. 캐나다의 앨버타주.

움직이다가 곧 암설로 부서지며, 부서진 암설은 유동성 운동의 형식을 취하면서 빠르게 흘러내린다. 샤프의 암설애벌런치는 대체로 이에 해당한다.

1903년 초에 캐나다 앨버타주의 터틀산(Turtle Mountain)에서 발생한 암석애벌런치는 고전적인 예로 소개된다. 이 애벌런치에서는 약 $30 \times 10^6 m^3$로 추정되는 암체가 산정부에서 분리된 다음 암설로 부서지면서 시속 약 100km의 속도로 900m 아래의 골짜기로 밀어닥쳤는데, 산 밑의 탄광촌(Frank)이 부분적으로 매몰되어 70여명의 주민이 목숨을 잃었고, 골짜기에는 하천이 암설로 막혀 호소가 생겼다. 그리고 암설의 일부는 너비 약 3km의 골짜기 바닥을 지나 맞은편 사면 위로 100m 이상이나 올라가 쌓였다. 이 애벌런치의 발생원인으로는 터틀산을 이루고 있는 석회암의 절리면이 지적된다. 즉 사면과 같은 방향으로 석회암층을 가로질러 발달한 절리면이 용식을 받아 벌어짐으로써 그 위의 암체가 불안정해졌다는 것이다(그림 3-5).

수분을 포함하지 않은 건조한 암설의 집단이 유동하는 까닭은 빠른 속도와 관계가 깊다. 즉 이것이 빨리 이동할 때 암설에 포함된 공기가 암설과 함께 하나의 혼합물을 형성하며, 그 밑에 깔려서 압축되는 동시에 열을 받는 공기가 이것을 쿠션처럼 떠받치기 때문이라고 생각된다. 그림 3-5에서 보는 것처럼 골짜기에 쌓인 암설에는 유동한 흔적이 남아 있다.

1963년에 이탈리아의 알프스산지에서 흘러나오는 피아베강의 협곡에서 2,600여명의 사상자를 낸 암석애벌런치는 발달조건이 특이하다. 이 협곡에는 1960년에 높이 265m의 바이온댐이 건설되었는데, 1963년 10월에 $240 \times 10^6 m^3$의 암체가 협곡 남사면에서 저수지로 밀어닥쳤다. 그리고 이 저수지의 물은 순식간에 댐을 휩쓸면서 큰 홍수로 변했고, 불과 약 7분 동안에 협곡의 시설물들을 20km에 걸쳐 무참하게 파괴했다. 이 애벌런치의 발달조건으로는 지질과 저수지의 두 요인이 언급된다. 이곳의 기반암은 절리가 많은 석회암층과 셰일층으로 이루어졌다. 그래서 저수지에 물이 차면서부터 협곡 양쪽의 사면으로 수분이 침투하기 시작했고, 이로 인해 특히 셰일층은 수분을 흡수하여 가소성(可塑性)을 띠게 됨으로써 애벌런치를 일으키는 데 결정적인 역할을 하게 되었다는 것이다. 이 애벌런치는 갑자기 발생한 것이 아니었다. 1960~1963년간에 실시된 여러 차례의 측량으로 사면의 암체가 주당 1cm의 율로 내려앉고 있음이 확인되었다고 한다. 이 때의 운동은 활동성 운동에 속한다. 그리고 1963년 9월에는 2주간에 걸쳐 내린 비와 관련하여 하루에 1cm 정도로 움직이다가 결국 엄청난 참사를 일으켰다. 이 암석애벌런치는 인재(人災)의 예로 자주 소개된다.

활동성 운동

건조한 암석 또는 퇴적층의 매스가 일정한 면 위에서 내부구조의 변화없이 미끄러지면서 움직이는 것을 활동성 운동(滑動性運動, slide)이라고 한다. 영어의 랜드슬라이드(landslide)는 토석류를 포함하여 빠른 매스무브먼트이면 어떤 형태의 것에나 적용되는 경향이 있다. 그러나 말의 뜻으로 볼 때 그것은 암석이나 퇴적층의 매스가 일정한 면 위에서 활강(滑降)하는 것을 가리킨다.

활동성 운동에서는 암석슬라이드와 슬럼프가 구별된다. 암석슬라이드(rock slide)란 급경사의 사면에서 암괴가 성층면·절리면·단층면 등을 따라 단독으로나 집단적으로 미끄러지는 것을 가리킨다. 급경사의 사면이 퇴적암의 성층면과 일치하는 경우에는 암괴가 미끄러져 내리기가 쉬워진다. 빙식을 받은 U자곡 양쪽의 암벽에서도 종종 거대한 암괴가 분리되면서 활강한다. 빨리 활강하는 암괴는 암설로 부서지고, 암설은 압축공기의 도움으로 유동성 운동을 곁들일 수 있기 때문에, 암석슬라이드와 암석애벌런치는 구별하기 어려울 때가 있다.

활동성 운동에서는 슬럼프(slump)가 중요하다. 이것은 일반적으로 퇴적층의 낮은 단애에서 소규모로 일어나며, 범람원을 관류하는 하천의 공격면에서 관찰할 수 있다. 홍수시에 공격면이 기저부의 침식으로 불안정해지면, 불안정해진 부분의 퇴적층은 단면이 오목한 전단면(剪斷面, plane of slip)을 따라 밑으로 내려앉는다. 밑으로 내려앉은 퇴적층은 원래의 퇴적구소를 보여수며, 퇴적물이 유동한 흔적은 아랫쪽 선단부에만 나타난다(그림 3-6).

범람원을 관류하는 하천은 예외없이 유로변동을 심하게 하면서 곡류하는데, 곡류하천 또는 미앤더(meander)의 유로변동은 홍수시에 공격면에서 일어나는 슬럼프에 의해 주도된다. 슬럼프가 일어난 후에는 공격면이 안정성을 띠게 되고, 기저부의 침식으로 공격면이 다시 불안정해지기까지는 여러 해가 걸린다. 곡류하천의 유로변동

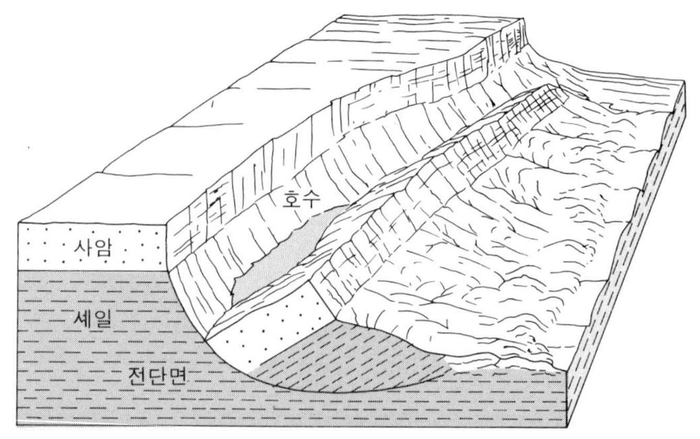

그림 3-6. 슬럼프
전단면을 따라 미끄러져내린 퇴적층이 원래의 퇴적구조를 보존하고 있다. 범람원을 관류하는 곡류하천의 공격면에서 잘 일어난다.

은 지속적이 아니라 간헐적으로 진행되며, 이러한 때에는 흔히 하천변의 밭이나 논이 잘려나간다. 슬럼프는 빙하의 퇴석층에 형성된 해식애가 파식을 받아 불안정해질 때도 발생한다.

낙 하

경사가 대단히 급한 사면에서 암설이 자유롭게 아래로 떨어지는 것을 낙하(落下, fall)라고 한다. 큰 암괴가 개별적으로 떨어지느냐 또는 다양한 크기의 암설이 집단적으로 떨어지느냐에 따라 암석낙하(岩石落下, rock fall)와 암설낙하(岩屑落下, debris fall)가 구별되기도 한다.

기반암에서 분리되는 암설이 낙하하는 급경사의 사면은 노암의 상태를 유지하며, 우리의 눈에 절벽 또는 단애로 들어온다. 풍화산물이 제자리에 머물지 못하는 노암의 사면을 단애면(斷崖面, cliff face 또는 free face)이라 하고, 단애면에서 떨어지는 암설은 그 밑에 쌓여 애추를 형성한다.

그림 3-7. 애추(모하비사막의 Alvord Mountains)
애추의 사면이 직선상이다. 절벽에서 떨어지는 암설이 쌓여 이루어지는 이러한 사면의 경사는 암설의 안식각에 의해 결정된다.

애추의 발달 애추(崖錐, talus)는 오랜 세월에 걸쳐 단애에서 돌이 한번에 한개씩 또는 몇개씩 떨어져서 형성되는 지형이다. 돌은 결빙에 의한 기계적 풍화작용이 활발한 지역의 단애에서 잘 떨어진다.

애추는 단애에서 낙하하는 암설이 쌓여 형성되는 지형이기 때문에, 그 경사는 암설의 안식각(安息角)에 의해 결정된다. 애추의 사면은 일반적으로 35° 내외의 경사를 유지하며, 단면이 직선상이다. 그리고 암설 중에서 큰 것은 애추의 밑에까지 굴러가며, 작은 것은 위에 머무르는 경향이 있다(그림 3-8). 암설이 낙하할 때 이와 같이 크기별로 나뉘는 현상을 낙하분급(落下分級, fall sorting)이라고 한다.

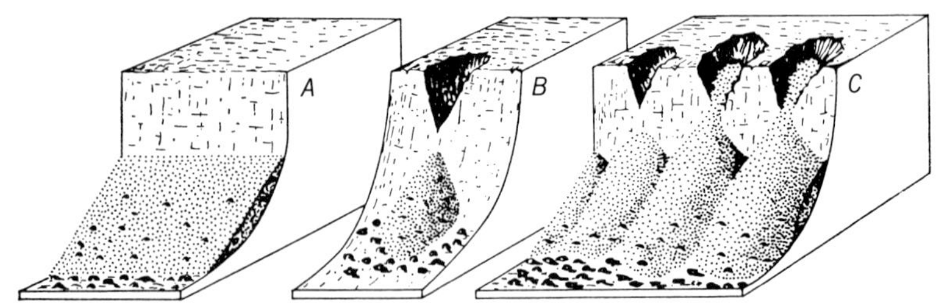

그림 3-8. 애추(崖錐)의 유형

A) 애추사면. B) 애추. C) 복합애추. 가장 흔한 것은 애추사면이다. 애추란 글자의 뜻으로는 절벽 밑에 암설이 원뿔 모양으로 쌓인 것을 가리킨다. 그러나 이것들을 통틀어 애추라고 부르는 것이 보통이다.

단애 밑에 암설이 원추 모양으로 쌓인 전형적인 애추는 암설이 단애의 한 부위에서만 공급되는 경우에 발달한다. 이와는 달리 넓은 단애에서 암설이 균일하게 떨어지는 경우에는 애추사면(崖錐斜面, talus slope)이 형성된다. 그리고 원추 모양의 여러 애추가 횡적으로 이어진 것은 복합애추(複合崖錐, compound talus)라고 한다(그림 3-8). 그러나 실제로는 단애 밑에 암설이 쌓여 있으면 형태가 어떻든 그것을 애추라고 부르는 것이 일반적이다.

애추는 우리나라의 산간지방에 널리 발달되어 있다. 우리말로 '너덜'이라고 불리우는 이들 애추는 대부분 성장을 멈춘 상태에 있다. 암설을 공급한 단애의 바위가 신선하지 않거나, 식생이 애추로 침투해 들어가는 것을 곳곳에서 볼 수 있다. 우리나라의 애추는 대부분 빙기에 형성된 화석지형(化石地形, fossil landform)이다. 다른 온대지방의 애추도 마찬가지이다.

3.3

사면의 유형과 발달

지표면의 대부분은 사면(斜面, slope)으로 되어 있고, 사면의 규모와 형태는 자연경관에 기본적인 특성을 부여한다. 따라서 지형학의 많은 주제 중에서도 사면은 중요하게 다루어져야 한다고 생각할 수 있다. 그러나 사면의 연구는 부진한 동시에 낙후된 상태를 면치 못했다. 그 까닭은 사면이란 장기간에 걸쳐 형성되는 지형이므로 형태와 형성작용의 관계를 실증적으로 파악하기가 어려운 데다가, 사면의 발달에 관여하는 각종 요인들이 고정되어 있는 것이 아니라 기후·식생·기복 등이 변화함에 따라 계속 조정되어 나가기 때문이다.

사면의 설명은 일찍부터 단면을 중심으로, 그리고 관념적으로 시도되어 왔다. 여기서도 이러한 관례에 따라 사면의 유형과 발달과정에 대하여 살펴보기로 한다.

단 애 단애(斷崖, cliff) 또는 절벽은 내용이 아주 단순한 사면이다. 파식을 활발하게 받는 해안(해식애), 깊은 골짜기를 흐르는 하천의 공격면, 빙하의 침식을 받은 산지에 널리 분포하며, 그밖의 곳에서도 볼 수 있다. 단애는 경사가 급해서 기반암에서 분리되는 암설이 제자리에 머무르지 못하고 아래로 떨어진다. 단애의 일반적인 특성은 노암(露岩)으로 되어 있다는 것이다. 경사가 40°를 넘는 사면은 단애로 간주된다.

단애에서 떨어지는 암설은 흔히 그 밑에 쌓여 애추를 형성한다. 애추의 경사는 암설의 안식각(安息角)에 의해 결정되며, 단면이 직선상이다. 암설의 안식각에 의해 경사가 결정되는 사면의 단면은 어떤 경우에나 직선상이다.

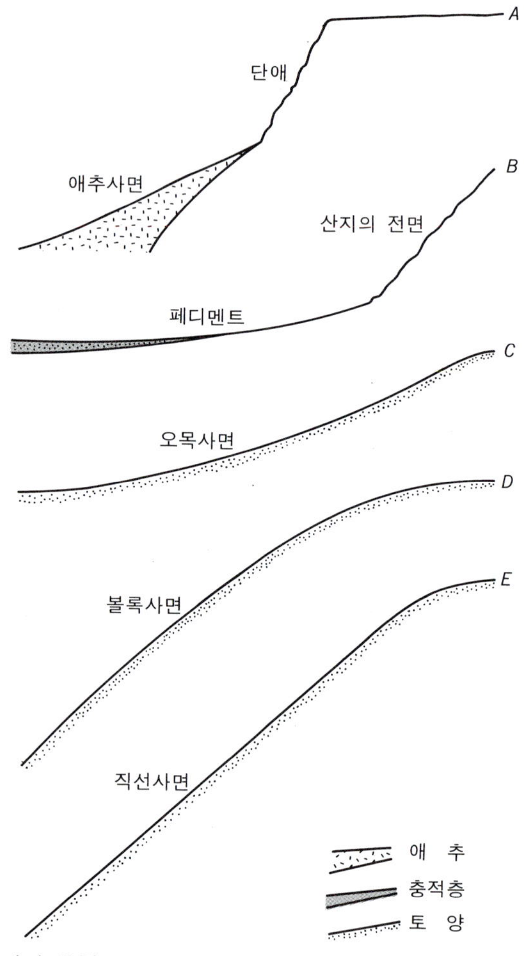

그림 3-9. 사면의 유형

A) 애추사면. B) 건조지역의 오목사면(페디멘트). C) 습윤지역의 오목사면. D) 산정부의 볼록사면. E) 직선사면. (Small)

볼록사면 산정에서 골짜기로 뻗어내린 하나의 사면을 보면, 일반적으로 산정부는 볼록하고 산록부는 오목하며, 그 사이에 직선상의 구간이 끼어 있다. 볼록한 부분과 오목한 부분은 노년기의 구릉지, 직선상의 구간은 장년기의 산지에서 탁월하게 나타난다. 이 세 부분은 하나의 사면을 이루고 있지만 모양이 다르므

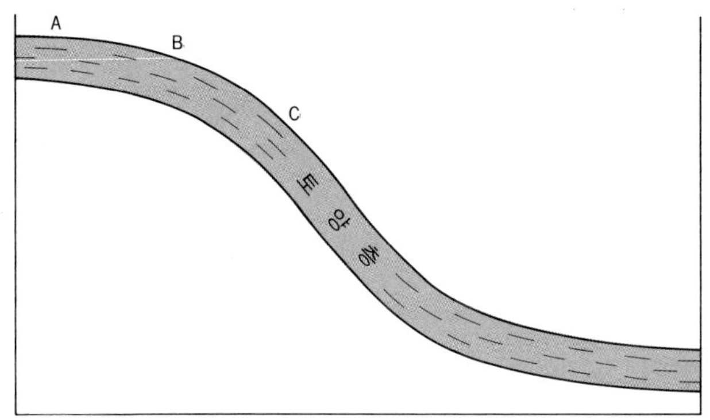

그림 3-10. Gilbert에 따른 볼록사면의 발달

풍화층 또는 토양층의 두께가 일정하고 사면에서의 풍화율이 균일하게 유지된다고 가정하는 경우, 토양포행에 의해 C지점을 통과하는 암설의 양은 B지점을 통과하는 그것의 두 배로 증가한다.

로 형성작용도 그러하리라고 추측할 수 있다.

산정부의 볼록사면(凸形斜面, convex slope)에 처음으로 관심을 보인 사람은 미국 지형학자 길버트(G. K. Gilbert, 1909)이다. 그는 볼록사면이 토양포행에 의해 형성된다고 보고, 이를 설명하기 위해 균일한 두께의 토양층 또는 풍화층으로 덮인 사면을 가설로 내세웠다(그림 3-10). 이러한 사면에서는 일정한 기간에 균일한 두께의 암설이 제거되려면, 아래로 내려갈수록 각 지점을 통과하는 암설의 양이 점점 더 많아져야 한다. 다른 말로 바꾸면, 사면의 어느 지점을 통과하는 암설의 양은 산정에서 그 지점까지의 거리에 비례하여 증가한다. 그래서 암설이 아래로 점점 더 많이 이동하려면, 경사가 점점 급해져서 포행의 속도가 빨라져야 한다는 것이다. 볼록사면에서는 아래로 갈수록 경사가 점점 증가한다.

이와 같은 길버트의 가설에서는 전체 사면의 기반암이 균일한 율로 풍화작용을 받는다는 것이 전제된다. 그러나 기반암의 풍화율은 일반적으로 풍화층이 엷은 최정상부에서는 높게, 암설이 위에서 내려와 쌓이는 그 아랫부분에서는 낮게 나타날 것이라고 예상할 수 있다. 이러한 경우에는 길버트가 생각한 것처럼 사면 아래로 내

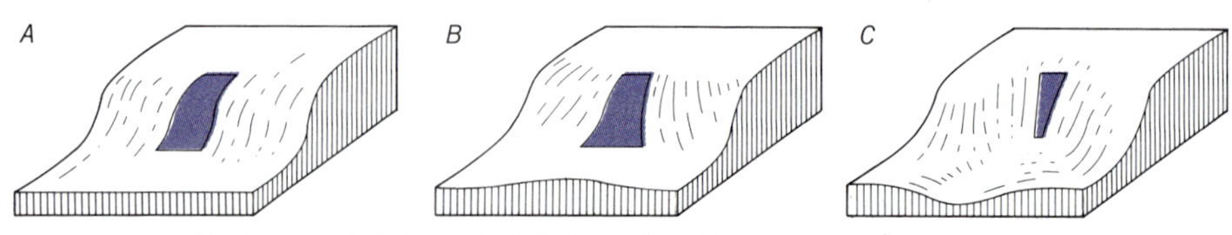

그림 3-11. 사면의 평면형태와 토양포행

암설이 밑으로 내려감에 따라 볼록한 평면의 사면에서는 분산되는 반면에, 오목한 평면의 사면에서는 모이게 된다. 그러나 이 두 경우의 사면에서도 경사는 별로 다르게 나타나지 않는다. (Sparks)

려감에 따라 포행하는 암설의 양이 그렇게 많이 증가하지 않을 수도 있다.

길버트는 또한 그림 3-11의 A에서와 같이 평면형태가 직선상인 사면만 고려했다. 그러나 실제 사면 중에는 평면형태가 산각의 말단부에서처럼 볼록하거나 골짜기의 상단부에서처럼 오목한 것이 적지 않다. 평면이 볼록한 사면에서는 아래로 갈수록 너비 또는 면적이 증가하여 암설이 분산되기 때문에 각 지점을 통과하는 암설의 양이 직선평면의 사면에서보다 적어진다. 반면에 평면이 오목한 사면에서는 아래로 갈수록 너비 또는 면적이 감소하여 암설이 모이기 때문에 각 지점을 통과하는 암설의 양이 직선평면의 사면에서보다 많아지게 된다. 그래서 볼록한 평면의 사면은 직선평면의 사면보다 경사가 완만하고, 오목한 평면의 사면은 직선평면의 사면보다 경사가 급해야 한다. 그러나 실제로는 평면형태에 해당하는 만큼 경사가 완만해지거나 급해지지 않는다.

평면형태에 따라 사면이 완만해지거나 급해지지 않는 이와 같은 현상은 토양포행 이외에 빗물이 암설을 씻어내리는 우세(雨洗)와 관련이 있을 것이라는 견해도 있다. 산정부의 볼록사면에서도 토양포행에 비하면 그 양이 적을 수 있지만 우세에 의해 암설이 제거된다. 그리고 오목한 평면의 사면에서는 빗물이 모이고, 볼록한 평면의 사면에서는 빗물이 분산된다. 때문에 이러한 사면들은 특별히 경사를 증가시키거나 감소시킬 필요가 없다는 것이다.

오목사면 산록부의 오목사면(凹形斜面, concave slope)은 침식이 진전된 습윤지역의 산지에서 두드러지게 나타난다. 우리나라의 산록완사면은 단면이 오목하며, 배후산지의 급사면으로 점차 옮아가는 것이 보통이다. 배후산지의 급사면과 경사급변점을 경계로 만나는 건조지역의 페디멘트(pediment)도 단면이 오목하다 (그림 3-9 B). 페디멘트는 배후의 산지에서 운반되어 온 암설로 덮여 있다. 그러나 그 층이 얇고, 근본적으로 페디멘트는 유수의 침식에 의해 형성된 지형으로 단면이 하천종단면과 아주 유사하다. 그래서 오목사면의 발달은 유수와 관련이 깊을 것이라는 생각을 갖도록 해준다.

비가 많이 내릴 때는 산정부의 볼록사면에서도 빗물이 포상으로 지면을 덮으면서 흐른다. 산정부에서는 포상류(布狀流)가 토양포행처럼 암설을 효율적으로 제거하지 못한다. 그러나 포상류는 사면을 흘러내림에 따라 점차 불어나 릴류(rill flow)로 변하면서 가느다란 물길을 파기 때문에, 토양포행보다 암설을 효율적으로 제거할 수 있게 된다. 이와 같은 이유로 산록부의 오목사면은 릴류에 의해 형성된다는 견해도 설득력이 있는 것 같다.

프랑스의 지형학자 볼리그(H. Baulig, 1940)는 토양포행과 릴류가 사면의 형태를 결정하는 두 요인이라고 간주하고, 이에 영향을 미치는 인자로서 토양층의 투수성을 중요시했다. 대개 조립암설로 덮여서 투수성이 높은 산정부에서는 빗물의 지표유출이 억제되어 토양포행이 상대적으로 우세하게 나타나고, 미립물질로 덮여서 투수성이 낮은 산록부에서는 빗물이 릴류로 흘러내리기 때문에 각각 볼록사면과 오목사면이 발달한다는 것이다. 그리고 시간이 경과하면 사면이 후퇴하고 경사가 완만해지며, 암설이 풍화작용을 받아 더욱 작은 입자로 부서진다. 그래서 릴류의 영향권이 점차 사면의 윗쪽으로 확대되고, 그 결과 노년기 지형에서는 오목사면이 두드러지게 된다고 그는 믿었다.

직선사면 대부분의 산사면은 직선구간을 부분적으로 끼고 있다. 하천의 하방침식이 활발한 장년기 산지에서는 산정에서 곡저까지 직선사면(直線斜面)이 거의 계속되는 예도 볼 수 있다. 그러나 침식이 진전된 산지에서는 일반적으로 이것이 산정부의 볼록사면과 산록부의 오목사면 사이에 끼어 있다.

직선사면은 하나의 전체 사면에서 경사가 가장 급한 부분으로 특이한 점은 기반암이 동일한 경우 경사가 비교적 일정하게 나타나는 경향이 있다는 것이다. 온대습윤지역에서는 그 경사가 25°~30°로 관측된다. 그리고 직선사면은 산정부에서 이동해 온 암설로 덮여 있으며, 암설의 안식각과 관련이 있는 암설사면(岩屑斜面, debris slope)이라는 견해도 있다.

볼록사면이 토양포행, 오목사면이 유수의 주도로 형성된 것이라면, 그 사이에 끼어 있는 직선사면은 이 두 작용을 함께 받아 형성된 것이라고 생각할 수도 있다. 실제로 볼리그는 하나의 전체 사면에서 릴류와 토양포행의 영향권이 계절적으로 변동한다고 보고 직선사면의 발달을 이와 관련지어 설명했다. 하나의 전체 사면에서 중앙부는 우계에 릴류의 영향권으로, 건계에 토양포행의 영향권으로 들어간다는 점을 강조하고, 직선사면은 이 두 작용을 대등한 정도로 받아 형성된 것이라고 그는 주장했다. 유수와 포행의 영향권의 변동은 장기적인 것일 수도 있다. 즉 제4기의 기후변동이나, 이보다 짧은 기후변동의 주기와 관련하여 직선사면이 발달할 수도 있다는 것이다.

볼리그의 이론은 간단하고 명료하다. 그러나 그의 이론은 실증적인 연구에 바탕을 둔 것이라보다는 연역적 추리(演繹的推理)의 한 산물에 불과한 것 같다. 실제 사면은 많은 요인이 복합적으로 작용하여 형성되는 것임에 틀림없다.

제4장 유수에 의한 지형

1. 지표유출과 토양침식
2. 하천의 침식 · 운반 · 퇴적작용
3. 하도의 유형
4. 하계망의 분석
5. 주요 하천퇴적지형

이 장의 개요

지표의 삭박은 주로 유수에 의해 진행된다. 빗물은 풍화산물 또는 토사를 높은 곳에서 깎아 낮은 곳으로 운반하며, 이러한 과정의 일환으로 토양침식이 일어난다. 하천은 침식 · 운반 · 퇴적작용을 수행하면서 각종 하천지형(河川地形)을 형성한다. 하천의 이러한 작용은 유량이 크게 증가하는 홍수시에 활발히 펼쳐진다.

하천은 하도(河道)의 형태에 따라 직류하천 · 곡류하천 · 망류하천으로 구분된다. 곡류하도는 넓은 범람원을 관류하는 하천에서 발달한다. 한강 · 낙동강 · 금강 등은 하류에서도 경사가 급하며 직류하천에 속한다. 대하천 하류의 넓은 범람원은 우리나라의 주요 평야에서 핵심부분을 이루고 있다. 범람원의 자연제방과 배후습지는 후빙기 해면상승으로 빙기의 침식곡이 매립되는 과정에서 발달한 지형이다. 삼각주는 범람원의 연장선상에 있고, 하천의 토사유출량과 해황의 영향을 크게 받는다. 선상지는 작은 하천에 의한 소규모의 지형이고, 논으로도 이용된다.

하천 자체와 하천의 충적지형에 관한 내용은 1950년대부터 현장에서의 관찰과 계측, 시추조사, 수리실험 등에 의해 많은 자료가 집적됨에 따라 비교적 자세하게 알려지게 되었다. 하천과 하천지형은 인간생활과의 관계가 밀접하며, 이에 관한 연구는 현대지형학을 한 단계 올려 놓는데도 크게 기여했다.

▲ **한강의 홍수** 1972년의 홍수로 한강대교와 물에 잠긴 강변로가 보인다. 이 해의 홍수는 1925년의 을축년홍수 이후 당시까지 두번째로 큰 홍수였다. 큰 홍수는 가끔 발생한다. 홍수는 하천을 정화하는 역할을 한다.

4.1

지표유출과 토양침식

지표유출 비가 내리면 빗물의 일부는 증발하고 나머지는 토양으로 스며들거나 지표면을 따라 흘러간다. 약간 내리는 비는 전부 토양에 흡수되거나 증발한다. 그러나 집중호우가 내리면 많은 빗물이 하천으로 유입하기 전에 우선 지표면을 따라 흘러내리는데, 이것을 지표유출(地表流出, overland flow)이라고 한다.

지표유출은 두 유형으로 나뉜다. 비교적 평평한 땅에서는 빗물이 넓게 퍼지면서 포상류(布狀流, sheet flow)로 흐르고, 토양이 노출된 경사지에서는 가느다란 물길을 많이 파면서 릴류(rill flow)로 흐르는 것이 보통이다. 릴류의 물길은 아주 작아 온대지방에서는 겨울을 지나는 동안에 동결·융해에 의한 토양의 요동으로 지워져 버린다. 이러한 점에서 그것은 계절적으로 나타나는 하나의 현상이라고도 볼 수 있다.

우세와 토양침식 지표유출에 의해 토양 또는 토사가 지표면에서 제거되는 것을 우세(雨洗, rainwash)라고 한다. 우세는 포상류에 의한 포상침식(布狀侵蝕, sheet erosion)과 릴류에 의한 릴침식(rill erosion)으로 나뉜다(그림 4-1). 그리고 지표면에서 토양이 깎여나가는 것은 도양침식(土壤侵蝕, soil erosion)이라고 한다. 토양침식은 정규적인 지질작용의 하나이다. 그러나 인위적으로 그것이 가속화되는 경우에는 농경지나 목장이 불모지로 변할 수 있다.

식생이 없는 나지(裸地)에서는 빗방울이 토양에 가하는 충격도 우세를 돕는다. 집중호우시에 수십 센티미터씩 튀어오르는 물방울에는 점토나 실트와 같은 미립물질이 흡취되며, 한번의 집중호우로

그림 4-1. 릴침식

빗물이 가느다란 물길을 촘촘하게 파 놓았다. 식생이 없는 경사지에서는 집중호우시에 보편적으로 일어나는 현상이다.

1km^2 당 수백 톤의 토양이 요동되기도 한다. 사면에서는 이러한 요동의 결과가 토양포행이나 토양유실로 나타난다. 평지에서도 토양이 빗방울의 충격을 받으면 다져지기 때문에 빗물의 지표유출률이 높아지는 동시에 우세가 촉진된다. 홍수방지를 위해 식목을 장려하는 이유 중의 하나도 나뭇잎이 빗방울의 충격을 일차적으로 흡수하도록 하기 위해서이다. 한편 토양의 투수율(透水率)은 강수의 초기에 가장 높게 나타난다. 비가 내리기 전의 건조한 토양은 공극이 많이 열려 있기 때문이다.

토양의 투수율은 토성(土性) 및 식생과 밀접한 관계가 있다. 사질 토양은 집중호우가 내려도 물이 잘 빠져 큰 공극이 계속 열려 있으며, 투수율이 높게 유지된다. 반면에 점토질 토양은 물을 먹으

그림 4-2. 밭의 토양침식(무주군 안성면)
이랑과 고랑을 수평방향으로 냈다. 경사가 급한 사면에서는 집중호우시에 빗물이 고랑에 모이므로 토양의 유실이 심해진다. -1989

면 투수율이 아주 낮게 급격히 떨어진다. 그리고 식생은 투수율을 높여주는 역할을 한다. 특히 초지의 풀잎은 빗방울을 가로막아 토양의 공극이 미립물질로 메워지는 것을 방지한다. 그래서 관리가 양호한 초지에서는 지표유출과 토양침식이 늦추어진다. 반건조지역의 방목지에서는 가축이 풀을 지나치게 뜯어 먹거나 흙을 짓밟아 놓으면 토양침식이 가속화된다. 우세에 의한 토양침식은 지구의 물순환과 관련된 정규적인 지질작용에 속한다. 다만 삼림남벌 · 과목(過牧, overgrazing) · 농경지개간 등에 의해 가속화될 때 심각해지는 것이다.

미국에서는 지면의 경사가 아주 완만해도 토양침식을 억제시키기 위해 밭의 이랑과 고랑을 수평방향으로 내는 것이 관습처럼 정착되었다. 이와 같은 방식의 농경을 등고선식 경작(等高線式耕作, contour plowing)이라고 한다. 우리나라에서는 경사가 상당히 급한 경사지도 밭으로 많이 이용되고 있고, 등고선식 경작방식은 이러한 밭에서도 보편적으로 채택된다. 그러나 집중호우시에는 고랑이 빗물을 모았다가 흘려보내기 때문에, 이러한 경작방식은 토양침식을 조장하기도 한다(그림 4-2). 근래에는 이랑과 고랑을 경사방향으로 낸 밭도 더러 눈에 띈다. 우리나라의 등고선식 경작은 우경(牛耕)과도 관련이 있는 것 같다.

우곡과 악지 우곡(雨谷, gully)은 빗물의 침식작용에 의해 형성되는 지형으로 골짜기의 모양을 갖추었으나 비가 많이 내릴 때만 물이 흐르고, 지면이 갈라진 정도에 불과하여 우열(雨裂)이라고도 불리운다. 전형적인 우곡은 단면이 V자형으로서 양쪽 사면이 매우 가파르며, 비고결(非固結) 퇴적암인 제3기층이나 기반암의 두꺼운 풍화층에 잘 발달한다. 중국의 황토고원에도 우곡이 많이 파여 있다. 우곡은 일단 형성되면 두부침식에 의해 비교적 빨리 성장하는데, 두부침식은 비가 쏟아질 때 우곡 상단의 곡두벽(谷頭壁, headwall)에서 스며나오는 빗물에 의해 주도된다. 곡두벽도 경사가 매우 가파르다.

우곡에 의한 토양침식은 우곡침식(雨谷侵蝕, gully erosion)이라고 하며, 우곡이 많이 파이면 땅이 불모지로 변한다. 우곡침식은 인간활동이나 기후변동으로 식생이 파괴되거나 빈약해질 때 촉진된다.

미국 남서부의 반건조지역에는 길이가 수 킬로미터, 깊이가 십여 미터에 이르는 대규모의 우곡들이 형성되어 있다. 이 지역에서는 이것을 아로요(arroyo)라고 부른다. 아로요는 백인이 정착한 이후에 파이기 시작한 것으로 알려졌다. 아로요의 발달은 1880~1900년간에 절정에 이르렀던 과목(過牧)의 결과로 해석되기도 했으나, 기후변동과 관련이 있었던 것으로 믿어진다. 강수량의 분석

그림 4-3. 우곡(포천군 가산면)
산록의 녹설층과 화강암의 풍화층에 걸쳐 파여 있다. 비가 올 때만 물이 흐른다. 삼림이 황폐했던 과거에는 이러한 우곡이 많았다. -1972

결과에 의하면, 월강수량이나 연강수량은 별다름없지만 여름철에 집중호우가 예외적으로 자주 내렸던 시기와 아로요의 발달이 극심했던 시기가 일치한다고 한다. 이러한 시기에는 강수량의 계절적 배분이 고르지 않아 수분의 효율이 떨어져서 식물피복이 엷어지고, 빗물의 지표유출률이 높아져서 아로요가 쉽게 파일 수 있었다는 것이다. 농경 및 과목에 기인하는 대규모의 우곡은 오스트레일리아의 밀지대와 목축지대에서도 볼 수 있다.

우리나라에서는 기반암이 심층풍화를 받은 상태에 있는 산록완사면이나 구릉지에 우곡이 형성되는데, 한국전쟁을 전후하여 삼림이 극심하게 황폐했던 때 그 발달이 절정에 이르렀다(그림 4-3). 그후 산림녹화사업의 추진으로 숲이 우거져 우곡의 발달은 억제되

그림 4-4. 악지(惡地)
밝게 보이는 전면의 부분이 악지이다. 산악지형을 축소시켜 놓은 것 같다. 악지는 건조지역에서 특히 잘 발달한다. Death Valley. -1989

었다. 우곡이 많이 파인 곳에서는 사방공사(砂防工事)를 해야 나무를 심을 수 있다.

우곡이 무수히 파여서 불모지로 변한 땅은 악지(惡地, badland)라고 한다. 악지는 마치 산악지형을 축소시켜 놓은 것처럼 아주 작은 골짜기와 능선들로 이루어졌으며, 건조지역에 특히 잘 발달한다(그림 4-4). 근래 미국의 국립공원으로 지정된 사우스다코타주의 배드랜드(Badlands)는 제3기의 올리고세층에 형성되어 있다.

악지는 지중해지방에 많다고 한다. 이 지방의 악지는 다음과 같은 두 요인과 관련이 있는 것으로 언급된다. 하나는 약 900년 전부터 강수량이 감소하는 동시에 주로 겨울에 내리던 비가 여름의 집중호우로 자주 대치되었다는 것이고, 다른 하나는 인구증가와 관련하여 염소의 과목현상이 증폭되었다는 것이다. 그러나 지중해지방의 악지는 비고결 퇴적암층에 형성되는 것과는 달리 토양의 유실로 드러나게 된 구릉지의 황량한 암석경관을 가리키는 것 같다. 우리나라에서도 한때 화강암의 석산(石山)이 악지로 소개되었다. 화강암의 석산은 제2장에서 설명한 바와 같이 암석의 특성과 관련된 지형일 뿐 토양침식과는 아무런 관계가 없다.

4.2 하천의 침식 · 운반 · 퇴적작용

하천의 수리(水理)

하천(河川, stream)이란 크기와는 관계없이 일정한 물길을 따라 흐르는 물을 가리킨다. 하천의 물길, 즉 하도(河道, stream channel)는 그림 4-5에 간단한 모형으로 나타나 있다. 수심은 d, 하폭은 w, 유수의 단면적은 A, 하천의 구배(句配) 또는 경사는 S로 각각 표시되어 있다. 하천의 구배는 대단히 완만해서 각도로 나타내기 어려워 수평거리에 대한 낙차의 비율로 표현한다. 즉 1km에 대한 낙차가 1m인 하천의 구배는 0.001 또는 0.1%이다.

유속(V)은 마찰력 때문에 하상(河床, bed)에서 윗쪽으로, 양쪽 하안(bank)에서 안쪽으로 감에 따라 빨라지는데, 최대유속은 단면이 대칭인 경우 수면 중앙의 약 1/3 깊이에서 관측된다. 하천은 부위마다 유속이 다르지만 일반적으로 유속이라고 언급할 때는 평균유속을 가리킨다. 평균유속은 최대유속의 6/10 내외이다. 하천에서 가장 중요한 것은 유량(流量, discharge)이다. 유량(Q)은 $Q=AV$의 공식으로 산출하며, 그 단위로는 m^3/sec가 사용된다.

하천의 수위가 상승하면 유량과 함께 하폭 · 수심 · 유속이 아울

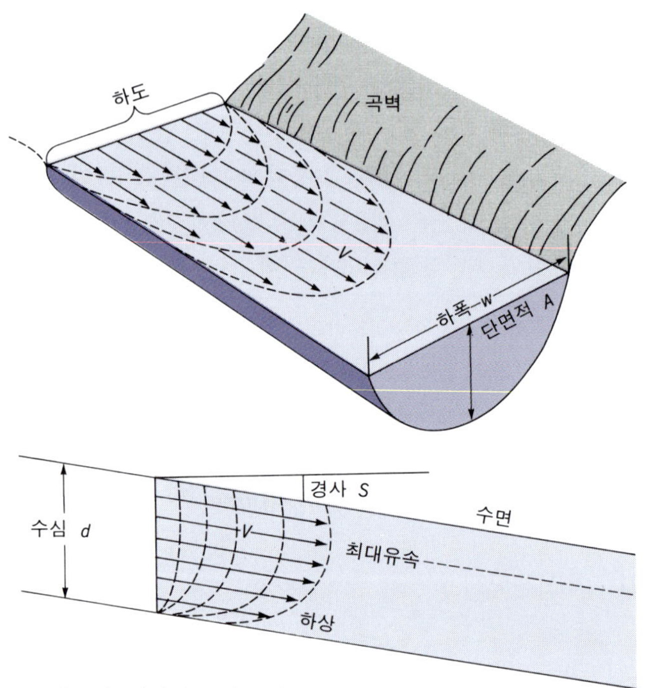

그림 4-5. 하도의 형태와 유속의 분포
화살표가 유속을 상징적으로 보여준다. 하천의 횡단면이 대칭인 경우에 최대유속은 수면 중앙부의 아래로 약 1/3의 깊이에서 나타난다.

러 증가한다. 유량과 이것들 사이에는 다음과 같은 관계가 성립한다.

$$w = {}_aQ^b,\ d = {}_cQ^f,\ V = {}_kQ^m$$

여기서 b, f, m와 같은 지수는 하천의 특성을 이해하는 데 중요하다. 미국의 지형학자 내지 수문학자 레오폴드(L. B. Leopold)가 1950년대에 미국 중서부와 남서부의 여러 하천에서 조사하여 얻은 지수 b, f, m의 평균치는 각각 0.26, 0.40, 0.34이다. 이들 지수는 하천의 각 지점에서 유량이 증가할 때 하폭(b), 수심(f), 유속(m)이 어떻게 변화하는 지를 보여주는 것이다.

하천은 또한 하류로 감에 따라 유량이 증가하며, 이와 함께 하폭이 넓어지고 수심이 깊어진다. 유속도 하류로 감에 따라 빨라지

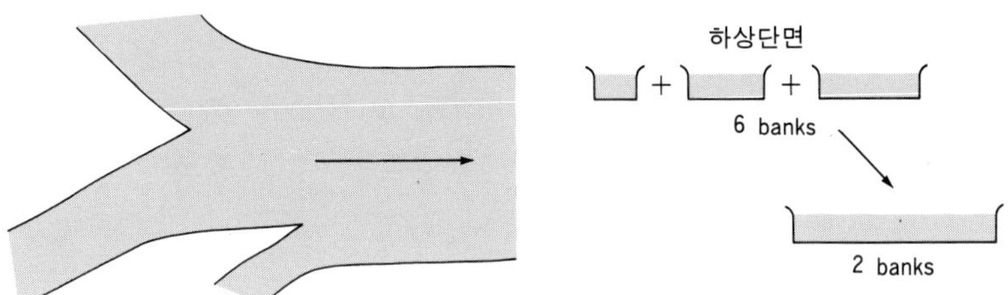

그림 4-6. 지류의 합류와 하상단면의 변화
본류는 수심이 지류보다 깊지만 수심에 변화가 일어나지 않는다고 가정해도 3개의 지류는 하안의 뱅크가 6개이고, 본류는 그것이 2개이다. 하상단면이 상대적으로 감소하면 물은 좀더 효율적으로 흐르게 된다.

는 경향이 있다. 한 하천에서 연평균 유량을 기준으로 할 때 하류쪽으로 증가하는 이들 지수의 평균치는 다음과 같이 얻어졌다.

$$b=0.5,\ f=0.4,\ m=0.1$$

이에 따르면 유량과 더불어 가장 빨리 증가하는 것은 하폭(b)이고, 수심(f)은 이보다 증가율이 낮다. 그리고 유속(m)은 약간 증가하는 정도이다.

경사가 급한 산골짜기의 작은 하천은 빨리 흐르고, 경사가 완만한 평야지대의 큰 강은 느리게 흐른다고 알려졌다. 그러나 이러한 생각은 통념에 불과하다. 산골짜기의 하천은 빨리 흐르는 것 같이 보이지만 암괴가 많아 자유롭게 흐르지 못해서 평균유속이 느려질 수도 있다. 하천은 하류로 갈수록 수심이 깊어진다. 수심이 깊어지면 하폭과 함께 유수가 접하는 하상단면이 길어지는데, 이것이 길어지는 율은 하천의 단면적이 넓어지는 율보나 낮게 나타나며, 이로 인해 하천은 효율적으로 흐르게 된다.[1] 그림 4-6은 세 개의 지류가 만나서 하나의 본류를 이루는 경우, 수심에 변화가 일어나지

1) 가장 효율적인 단면은 원형(圓形)이다. 원은 일정한 면적을 둘러싸는 데 있어서 모든 도형 중에서 그 길이가 가장 짧다. 따라서 하상단면이 원형에 가까울수록 유수와 하상간의 마찰이 줄어든다. 홍수시에 유속이 빨라지는 이유도 수위가 상승함에 따라 단면적이 넓어지는 만큼 하상단면이 길어지지 않는다는 점과 관련지워 설명하기도 한다.

않는다고 가정하더라도 하상단면의 길이가 하천의 단면적이 넓어지는 만큼 길어지지 않는다는 사실을 보여준다. 실제로는 지류가 합치면 본류의 수심이 깊어지는 것이 보통이다. 유속이 하천의 하류에서 느려진다는 통념은 큰 강을 일반적으로 강가에서만 보기 때문에 생겨난 것 같다.

하천의 침식작용

하 식

하도 양안에서 토사를 제거하거나 하상의 기반암을 깎아내는 하천의 침식작용을 간단히 하식(河蝕, stream erosion)이라고 한다. 하식은 유량이 크게 증가하는 홍수시에 활발히 진행된다. 하식에서는 다음과 같은 세 가지 과정이 구별된다.

하천은 하상이나 하도 양안에 수압(水壓)을 가해서 토사를 흡취・제거한다. 수압, 즉 물살에 의한 침식은 범람원을 관류하는 하천에서 활발히 일어나며, 그 결과는 하천의 유로변동으로 나타난다. 범람원은 하천의 토사로 이루어져 물살에 의한 침식을 잘 받는다. 홍수시에 하천의 물이 누렇게 변하는 것은 하천이 토사를 많이 흡취・운반하기 때문이다. 그리고 절리로 많이 갈라진 기반암이 하상에 드러나 있으면, 암괴가 물살을 받아 기반암에서 뜯겨져 나올 수 있다. 이러한 과정의 침식을 굴식(掘蝕, plucking)이라고 한다.

하천의 침식작용에서 일반적으로 가장 강조되는 것은 하상의 기반암에 가해지는 마식(磨蝕, abrasion)이다. 그러나 마식은 기반암이 하상에 드러나 있는 하천의 상류에서만 극히 느리게 진행된다. 단단한 기반암은 침식에 강하다. 하상의 기반암이 깎이는 것과 같은 마식은 유수에 운반되는 자갈이나 모래와 같은 도구를 통해서 일어난다. 이러한 도구는 기반암에 충격을 가해서 이를 서서히 연마하지만 유수 자체는 그러한 능력을 발휘하지 못한다. 자갈이나 모래가 유수에 운반되는 중에 깨지고 연마를 받아 작아지고 원형도(圓形度, roundness)가 높아지는 것도 마식에 속한다.

그림 4-7. 포트홀(pothole)
큰 것에 속한다. 포트홀은 화강암의 암반에 모양 좋게 파인다. 강릉시 소금강 계곡의 것으로 지름이 약 5m에 이른다. -1972

마식이 강조되는 까닭은 포트홀(pothole)과 같은 진기한 지형이 이에 의해 형성되기 때문이다. 포트홀이란 하상의 기반암에 파인, 작은 항아리나 원통 모양의 구멍을 가리킨다(그림 4-7). 처음에 오목한 부분에 들어간 자갈이 소용돌이치는 물살로 인해 회전운동을 계속하면, 오목한 부분은 점점 깊게 파이게 된다. 구멍의 지름이 작은 것은 수십 센티미터에 불과하지만 큰 것은 수 미터에 이른다. 포트홀은 괴상으로 존재하는 화강암의 하상에서 모양 좋게 파인다. 경승지에서 쉼터 또는 놀이터로 이용되는, 마식을 받아 표면이 매끈한 물가의 넓다란 반석(盤石)도 화강암에 형성된다. 폭포 밑의 깊은 웅덩이인 폭호(瀑壺, plunge pool)도 포트홀과 유사한 과정에 의해 파이는데, 갈수기에 폭포가 말라버리면 그 윤곽이 뚜렷하게

그림 4-8. 폭호(瀑壺)

폭포 밑에서는 하상이 깊게 파인다. 폭포가 말라버리고, 깊게 파인 폭호에 웅덩이가 괴어 있다. 무주군 안성면의 용추폭포. -1973

드러난다(그림 4-8).

하천은 또한 광물을 용해시켜 제거하는 용식(溶蝕, corrosion)을 한다. 용식은 석회암과 같이 가용성 광물로 이루어진 기반암에서 주로 일어난다. 탄산칼슘이 주성분인 석회암의 용식은 근본적으로 화학적 풍화작용과 동일한 것이다.

하식의 방향

하식에서는 또한 침식의 방향에 따라 하방침식·측방침식·두부침식이 구별된다. 하방침식(下方侵蝕, downward erosion)은 하상에 기반암이 드러나 있는 하천의 상류에서 주로 일어난다. 하천이 하방침식을 활발히 계속하면 골짜기는 V자형을 유지하는데, 이러한 골짜기의 하천을 침식윤회설에서는 유년기 하천이라고 한다. 물에 운반되는 자갈이나 모래가 하상의 기반암을 깎는 마식은 곧 하방침식에 해당한다. 절리가 많은 기반암의 하상에 가해지는 굴식도 하방침식을 돕는다.

골짜기가 깊게 파여 하방침식이 둔화되면, 측방침식(側方侵蝕, lateral erosion)이 활발해지기 시작한다. 측방침식은 골짜기의 바닥을 넓힘으로써 범람원의 형성에 참여한다. 골짜기에 범람원이 들어서면 하천은 장년기에 접어든 것으로 간주된다. 측방침식을 가장 활발히 하는 하천은 넓은 범람원을 관류하는 곡류하천이다. 곡류하천은 유로변동이 심한데, 그것은 측방침식을 통해 일어난다. 곡류하천은 흔히 노년기 하천이라고 언급된다.

두부침식(頭部侵蝕, headward erosion)은 하천의 최상류에서 하도를 상류쪽으로 연장시키는 역할을 한다. 두부침식은 빙력토평원에서와 같이 하계망이 발달하기 시작한 이후의 기간이 길지 않은 지역에서 활발히 진행된다. 우곡이 크게 성장하여 하도를 이루는 경우에는 이의 발달도 두부침식에 해당한다. 두부침식의 예는 대규모의 폭포에서도 관찰할 수 있다. 나이애가라폭포는 좁고 깊은 협곡으로 떨어지면서 후퇴하고 있다. 협곡에서 보면 폭포의 후퇴는 곧 두부침식에 의해 하도가 연장되는 것이나 다름없다.

침식기준면

하천이 하방침식을 할 수 있는 하한(下限) 또는 지표가 유수의 침식을 받아 낮아질 수 있는 하한을 침식기준면(侵蝕基準面, base level of erosion)이라고 한다. 이것은 포웰(J. W. Powell, 1834~1902)이 콜로라도강을 탐험한 후 제시한 개념이다. 일반적으로 해면(海面)이 침식기준면으로 간주된다. 하천은 바다로 흘러들기 때문에 해면은 하천이 육지를 깎아내리는 데 있어서 기준면이 될 수 있다. 침식기준면은 해면과 같은 수평면이라고 생각하기 쉽다. 그러나 물이 흐르려면 경사가 필요하므로 그것은 하천종단면처럼 내륙쪽을 향해 고도가 점점 증가하는 면이라고 보아야 한다. 이러한 면은 명확히 규정하기가 어렵다. 단순히 해면을 침식기준면으로 간주하는 것은 이 때문이다.

침식기준면은 침식윤회설에서 큰 비중을 차지하고 있는 지형학의 기본개념 중의 하나이다. 그런데 침식윤회설에서는 해면이 고정되어 있는 것으로 전제되었다. 침식윤회설이 제창될 당시에는 빙하의 소장(消長)과 관련된 해면의 승강운동에 대한 인식이 부족했다. 제4기 플라이스토세에는 빙기와 간빙기가 반복될 때 해면이 100m 이상의 큰 폭으로 오르내렸다. 침식기준면을 언급할 때는 이 점에 대한 주의가 필요하다.

하천은 침식에 강한 경암층을 만나거나 큰 호소로 흘러들기도 한다. 이러한 경우에는 이것들이 상류의 하천에 대하여 기준면의 역할을 한다. 경암층이나 호소는 침식이 진전되면 없어지기 때문에 일시적 기준면(一時的基準面, temporary base level)이라고 한다. 한편 지류는 본류와 만나는 곳의 고도보다 낮게 하상을 침식할 수 없다. 본류의 하상은 많은 지류에 대하여 기준면의 역할을 하며, 이를 국지적 기준면(局地的基準面, local base level)이라고 한다. 국지적 기준면은 조금씩 낮아질 뿐 없어지지 않는다.

하천의 운반 · 퇴적작용

하천의 하중

하천이 운반하는 토사를 하중(荷重, load)이라고 한다. 하천은 유량이 많고 유속이 빠른 홍수시에 토사를 집중적으로 운반하는데, 그것은 부유하중 · 하상하중 · 용해하중으로 나뉜다.

부유하중(浮遊荷重, suspended load)이란 물에 떠서 운반되는 토사를 가리킨다. 토사가 물에 뜨는 것은 유수의 교란운동(攪亂運動, turbulence) 때문이다. 유수와 하상간의 마찰로 인해 발생하는 이 운동은 유량 및 유속의 증가와 더불어 급격히 활발해져서 홍수시에 절정에 이르며, 부유하중도 이때 집중적으로 운반된다. 홍수시에는 부유하중이 많아 하천이 누렇게 변한다. 부유하중의 대부분

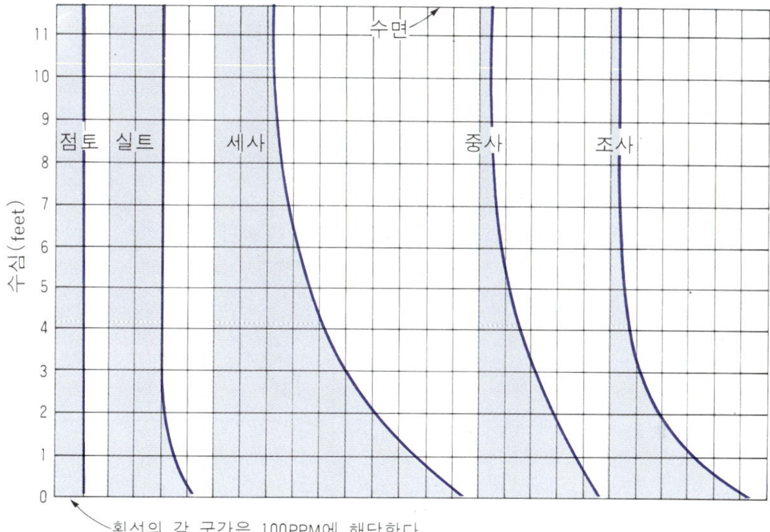

그림 4-9. 하천의 수심과 하중

점토·실트와는 달리 모래는 주로 하상 가까이에서 운반된다. 1930년 1월 3일에 미국 캔자스시티 부근의 미주리강에서 측정된 것이다.

은 점토·실트·세사(細砂)이고, 이것들은 전체 수심을 통해 상당히 고르게 분산·운반된다(그림 4-9). 평수시에 하천이 맑은 것은 부유하중이 거의 없기 때문이다.

유량이 증가하고 유속이 빨라지면, 자갈은 하상을 따라 구르거나 미끄러지면서 하상하중(河床荷重, bed load)으로 운반되기 시작한다. 모래는 평수시에 미끄러지거나 구르면서 천천히 움직이다가 유속이 빨라지면 개별적으로 뛰기 시작한다. 모래의 이러한 도약운동을 샐테이션(saltation)이라고 한다. 모래가 도약운동을 하는 까닭은 개별 모래알이 순간적으로 수압을 받아 물에 뜨기 때문이다. 일단 물에 뜬 모래알은 잠시 물과 함께 흐르다가 자체의 무게로 하상에 떨어지며, 떨어지는 모래알은 하상의 다른 모래알과 충돌하여 물에 다시 뜨면서 도약운동을 반복한다. 이때 충격을 받는 모래알도 물에 뜨게 된다. 홍수시에는 모래가 집단적으로 샐테이션을 하면서 이동한다. 이러한 모래도 하상하중에 포함된다.

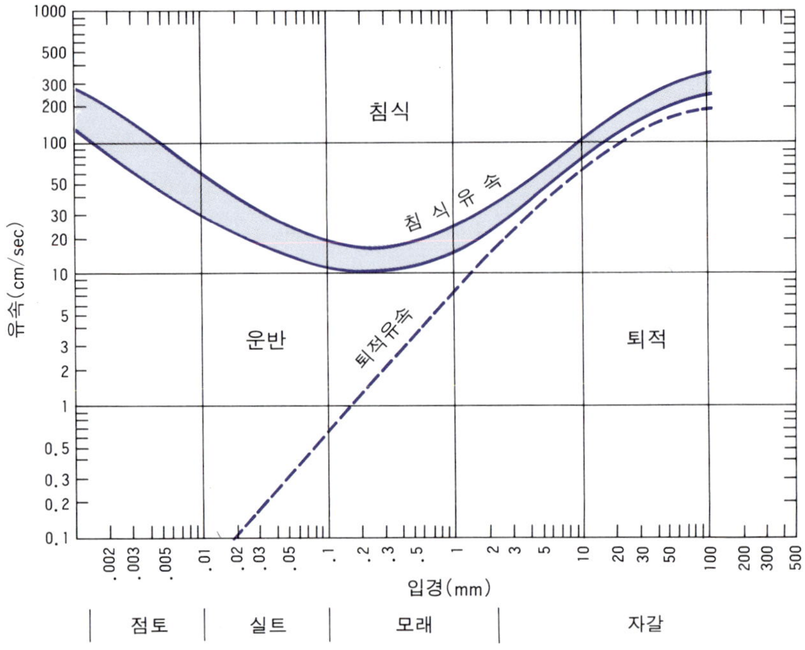

그림 4-10. 유속과 침식 · 운반 · 퇴적의 관계
유속이 증가함에 따라 최초로 움직이기 시작하는 것은 입경 0.2~0.3mm의 모래이다. 모래의 움직임은 침식에 해당한다. 운반 중에 있는 토사는 유속이 감소함에 따라 크기의 순으로 퇴적된다. (Hjulström)

하천은 또한 물에 용해된 물질을 운반한다. 용해하중(溶解荷重, solution load)은 주로 풍화층에서 스며나오는 물로부터 공급되며 양이 적다. 석회암지역을 관류하는 하천도 마찬가지이다.

유속과 침식 · 운반 · 퇴적 유속이 증가하면 큰 자갈도 움직이지만, 유속이 감소하면 움직이던 모래도 멈추어버린다. 그림 4-10에는 입자의 크기별 침식 · 운반 · 퇴적과 유속 사이에 어떠한 관계가 있는지 나타나 있다. 이 그림에서 침식유속(侵蝕流速)의 곡선은 하상의 토사가 유속의 증가와 더불어 움직이기 시작하는 유속을 보여준다. 토사가 움직이기 시작한다는 것은 곧 침식을 뜻한다. 이 그림에 의하면, 유속이 증가할 때 최초로 움직이기 시작하는 것은 입경 0.2~0.5mm의 중사(中砂)이고, 이 때의 유속은 10~18cm/sec이다. 이보다 크거나 작은 입자가 움직이려면 유속이 더 빨라야 한다. 중사가 실트나 점토보다 느린 유속에서 움직이는 까닭은 개별 모래알이 물살을 잘 받기 때문이다. 실트나 점토와 같은 미립물질이 쌓여 이루어진 면은 매끈하여 유수의 교란운동을 적게 일으키며, 이러한 물질은 응집력 또한 크다. 점토가 움직이기 시작하는 데 요구되는 유속은 입경 3mm 내외의 작은 자갈의 경우와 같이 50cm/sec이거나 그 이상이다.

그러나 점토는 일단 유수에 흡취되면 유수가 정체상태에 이를 때까지 무한정 떠 있는다. 운반 중에 있는 토사는 유속이 감소할 때 입자가 큰 것부터 차례로 움직임을 멈추거나 가라앉는다. 퇴적유속(堆積流速)은 그림 4-10에서 보는 바와 같이 입자의 크기에 비례하며, 이로 인해 자갈은 자갈끼리, 모래는 모래끼리 나뉘어 쌓이는 퇴적물의 분급(分級, sorting) 현상이 일어나게 된다.

한편 유속은 유량이 증가함에 따라 급격히 빨라진다. 홍수시의 유속은 평수시보다 10배 이상이나 빠른 것으로 측정되기도 한다.[2)] 그래서 홍수시에는 하천의 침식력과 운반력이 막대하게 증가하여 하상이 깊게 파인다. 그리고 수위가 다시 낮아지면 하천의 침식력과 운반력이 감소하여 하상에 토사가 다시 쌓이며, 결국 하상단면이 홍수 이전의 상태로 돌아가게 된다. 그림 4-11은 홍수를 전후하여 하상단면이 어떻게 변화하는지 보여준다. 콜로라도강의 지류인 산후안강(San Juan River)에서 관측된 것으로 이 강은 건조지역을 흐른다. 수위가 상승할 때 처음에 하상이 약간 높아지는 것은 평소에 이완되어 있던 지표의 암설이 강수의 초기에 많이 씻겨내리기 때문이다.

그림 4-12는 실제 하천에서 측정된 유량과 부유하중의 관계를 보여준다. 유량이 10배 불어나면 하루에 운반되는 부유하중의 양이

2) 미국 펜실베이나아주의 Brandywine Creek에서는 유량이 10feet^3/sec에서 1,000feet^3/sec로 증가할 때 유속은 0.5feet/sec에서 5feet/sec 이상 빨라지는 것으로 측정된 바 있다.

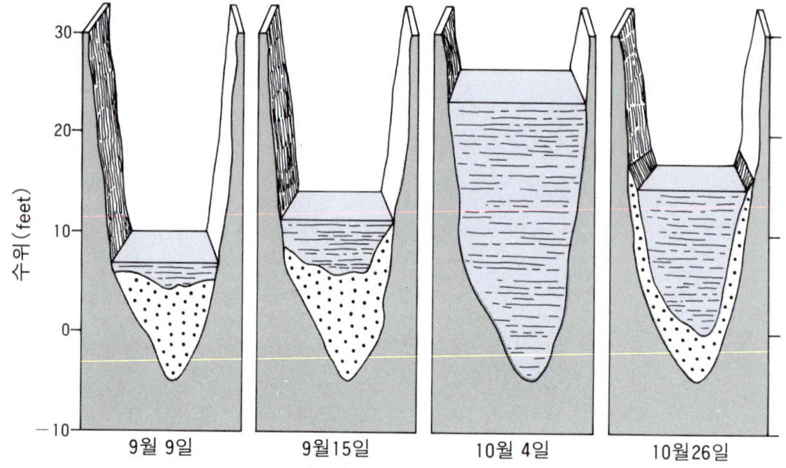

그림 4-11. 홍수를 전후한 하상단면의 변화

수위가 올라갈 때는 하상이 파이고, 수위가 내려갈 때는 하상에 토사가 쌓여 하상단면이 홍수 이전의 상태로 돌아간다. San Juan River.

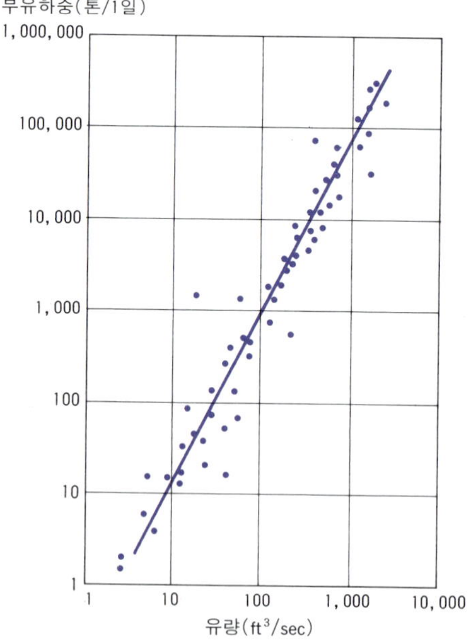

그림 4-12. 부유하중과 유량의 관계

부유하중은 홍수시에 집중적으로 유출된다. 부유하중의 증가율은 유량의 그것보다 훨씬 높게 나타난다. 와이오밍주의 Powder River.

약 100배 증가하며, 최소유량과 최대유량간의 그 차이는 약 10만 배에 이른다. 이로써 하천의 침식력과 운반력이 홍수시에 얼마나 엄청나게 증대되는지 짐작할 수 있다.

우리나라와 같은 습윤기후지역의 하천에서는 일년을 통해서 유출되는 하중의 90% 이상을 부유하중이 차지하는 것으로 알려졌다. 우리나라의 하천은 크건 작건 물이 홍수시에만 누렇고, 평수시에는 맑다. 물고기가 놀고 하상의 모래가 움직이는 것이 보이는 평수시에는 토사유출량이 극히 적다. 토사는 홍수시에 집중적으로 유출된다. 그리고 홍수시에는 큰 강의 하류에서도 유속이 빨라 토사가 쌓이지 않고, 쌓였던 토사가 깎여나간다.

아마존강 · 미시시피강 · 양쯔강 등 세계적인 대하천의 물은 항상 누렇다. 이들 하천과 비교하면 우리나라의 하천들은 강이라고 불리워도 유량이 아주 적다. 세계적인 대하천에서도 유량이 적은 상류나 지류로 올라가면 토사운반의 내용이 우리나라의 하천들과 다르지 않다.

세계적 대하천의 하중

물이 항상 흐르는 습윤지역의 하천은 부유하중이 압도적으로 많다. 미시시피강 · 아마존강 · 콩고강은 전체 토사의 95% 내외를 부유하중으로 운반한다. 건조지역의 하천은 대개 비가 내릴 때만 물이 흐른다. 이러한 하천은 하도의 발달이 불완전하여 비가 많이 내리면 물이 넓게 퍼지면서 흐르고, 심한 경우에는 하상하중이 전체 하중의 약 절반을 차지한다.

표 4-1은 세계적인 대하천들의 연평균 유량과 부유하중의 연간 유출량을 보여준다. 천정천(天井川)으로 유명한 황하(黃河)는 유량이 적은 데도 불구하고 토사유출량이 예외적으로 많다.[3] 그 까닭은

3) 황하의 유량은 삼먼샤(三門峽)댐이 1960년에 완공되면서 크게 줄어들기 시작했다. 황하가 황토고원에서 화북평야로 나오는 입구에 자리한 이 댐은 토사퇴적이 과다하여 1970년대에 들어서 현재의 상태로 개축하게 되었고, 이보다 상류에도 여러 댐이 건설되었다. 근래에는 삼먼샤와 황하 하구 사이의 중간지점에 자리한 지난

[표 4-1] 세계 대하천의 유량과 부유하중(Holeman)

하 천	유역면적 (km²×10³)	연평균 유량 (m³/sec)	연간부유하중 (t×10³)	단위면적당 토사 유출량(t/km²)
황 하	715	1.6	1,900,000	2,600
갠지스강	960	12	1,500,000	1,400
콜로라도강	640	0.17	140,000	380
미시시피강	3,200	19	310,000	97
아마존강	6,100	190	360,000	60
콩 고 강	4,000	42	65,000	16
예니세이강	2,500	18	11,000	4

황하 중상류의 황토고원에서 다량의 토사가 공급되기 때문이다. 황토고원은 반건조지역에 속한 데다가 농경이 활발하고, 뿐만 아니라 황토층(뢰스층)은 연약해서 침식을 잘 받는다. 콜로라도강도 건조 내지 반건조지역을 관류하며, 유량에 비해 토사운반량이 대단히 많다. 갠지스강이 토사를 많이 운반하는 것은 히말라야산맥의 험준한 산지에서 토사가 많이 깎여내리기 때문이다.

미시시피강은 유역면적이 넓지만 토사는 주로 서쪽에서 흘러나오는 지류인 미주리강으로부터 공급된다. 미주리강의 유역분지는 아습윤 내지 반건조지역에 속하며, 미시시피강 유역분지의 단위면적 당 연간 토사유출량은 콜로라도강 유역분지의 1/4 정도이다. 유량이 가장 많은 아마존강은 콩고강과 마찬가지로 열대습윤지역을 관류하는 관계로 토사유출량이 적다. 북극해로 유입하는 예니세이강의 유역분지는 대부분 타이가 및 툰드라 기후지역에 속한다. 이 강은 한대지방의 다른 하천들과 마찬가지로 상류지방의 눈이 녹는 계절에 강물이 불어난다.

(濟南)부터는 물이 아예 흐르지 않을 때가 많다고 한다.

4.3 하도의 유형

하천은 하도(河道)의 형태에 따라 직류하천 · 곡류하천 · 망류하천으로 분류된다. 이 중에서 기본적인 것은 직류하천과 곡류하천이다. 하천은 근본적으로 곡류하려고 한다. 좁은 골짜기를 흐르는 하천도 어느 정도 곡류한다. 때문에 직류하천과 곡류하천을 구분하기 위해서는 객관적인 기준이 필요하며, 편의상 그러한 기준으로 설정된 것이 하도의 길이와 하곡의 길이를 비율로 표시하는 곡률도(曲率度)이다.[4] 이에 의하면, 곡률도가 1.5 이상인 하천은 곡류하천, 그 이하인 하천은 직류하천으로 분류된다. 망류하천은 물길이 여러 갈래로 갈라진 하천이다.

직류하천

직류하천(直流河川, straight stream)은 골짜기가 좁거나 하도 양안의 곳곳에 구릉지의 기반암이 드러나 있어서 유로변동을 자유롭게 하지 못한다. 그러나 좁은 골짜기의 직류하천도 어느 정도 구불구불 흐르며, 수심이 가장 깊은 곳을 연결한 최심하상선(最深河床線, thalweg)은 하도의 이쪽 저쪽으로 번갈아 치우쳐진다.

최심하상선에 면한 하안은 공격면(功擊面, cut-bank)으로서 침식을 받아 후퇴하며, 그 맞은편의 하안은 모래 · 자갈 등이 쌓여 포인트바(point bar)가 발달함으로써 전진한다(그림 4-13).[5] 그리고

---

4) 곡률도는 하도의 길이를 하곡의 길이로 나눈 값인데, 그림 4-14의 사진을 보면 하도의 길이와 골짜기의 길이가 무엇을 의미하는지 쉽게 이해할 수 있다. 범람원이 들어선 골짜기는 곧바르게 뻗은 반면에 하천의 유로는 심하게 구불구불하다.

5) 하천변의 '모래톱'이 포인트바에 해당한다. 모래톱은 하도쪽의 범람원에 붙어 있는 상태에서 전진하는데, 손가락과 발가락 끝에서 자라는 손톱과 발톱에 비유되는 말이다.

공격면을 끼고 있는 하안에는 수심이 깊고 수면이 잔잔한 풀(pool),[6] 이 풀에서 맞은편 하안의 다음 풀로 넘어가는 곳에는 수면이 부서지는 가운데서 물이 흐르는 여울(riffle)이 형성된다. 모든 직류하천에서는 풀과 여울이 상당히 규칙적으로 나타난다. 대개 여울의 하상은 자갈, 풀의 그것은 모래로 이루어졌다. 여울은 하상의 구배 또는 경사가 수면에 반영되는 부분이고, 여울이 있는 하천은 하상의 경사가 급한 것으로 간주된다.

한강은 1970년대 이후 골재채취로 하폭이 엄청나게 넓어진 데다가 수중보의 건설로 마치 호소와 같은 하천으로 변했지만 그 이전에는 조석(潮汐)의 영향이 미치던 마포 부근까지 여울이 형성되어 있었다. 낙동강에서도 밀물 때 강물이 역류하던 삼랑진 부근까지 여울이 나타난다. 우리나라의 주요 하천들은 경사가 완만하다고 일컬어진다. 그러나 모두 길이에 비해 발원지의 고도가 높아 경사가 급할 수밖에 없다. 그리고 거의 하구까지 구릉지가 하천 양안에 다가서 있어 하곡의 길이와 하도의 그것이 크게 다르지 않은 직류하천에 속한다.

곡류하천

일반적으로 곡류하천 또는 미앤더(meander)란 용어는 자유곡류하천(自由曲流河川, free meander)과 같은 의미로 쓰인다. 자유곡류하천은 감입곡류하천(嵌入曲流河川)에 대비되는 용어이다. 곡류하천은 경사가 완만하고 유로변동을 자유롭게 하며, 곡류하도는 하천이 넓은 범람원을 관류하는 경우에 발달한다. 곡류하천에서도 직류하천에서와 같이 수심이 공격면 쪽은 깊고 포인트바 쪽은 얕은데, 하나의 공격면에서 다음 공격면으로 넘어가는 구간에서는 여울이 나타나지 않을 뿐 하상단면이 대칭으로 변하는 동시에 수심이 얕아진다.

넓은 범람원을 관류하는 하천은 거의 예외없이 심하게 곡류한

6) 우리말로는 수심이 특히 깊은 풀은 소(沼)라고 불리운다. 소는 공격면의 암벽을 끼고 있는 것이 보통이다.

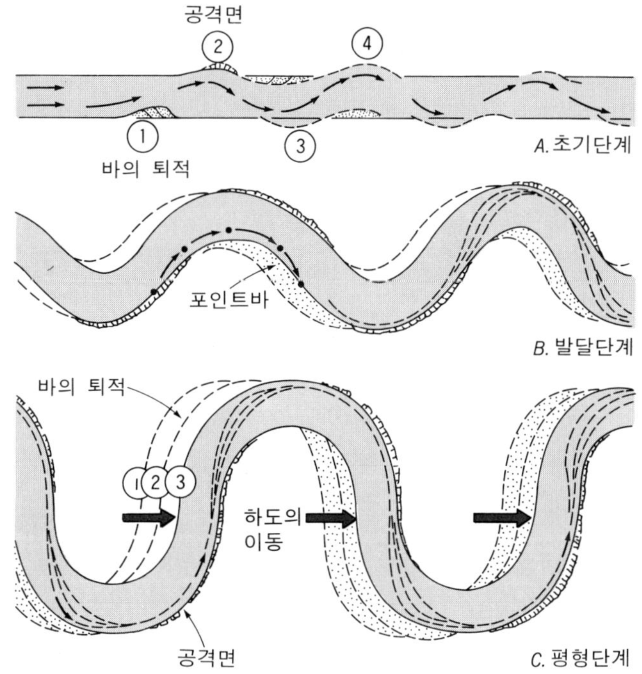

그림 4-13. 미앤더의 발달

곡류현상은 초기단계(A)에도 나타난다. 미앤더의 발달단계(B)에서는 공격면이 후퇴하고 맞은편에 포인트바가 형성되며, 평형단계(C)에서는 전체 하도가 일정한 모양을 유지하면서 하류쪽으로 이동한다.

다. 그림 4-13은 직류하천으로부터 곡류하천이 어떻게 발달하는지 보여준다. 직류하천에서 공격면이 측방침식을 받아 후퇴하고 맞은편의 포인트바가 토사의 퇴적으로 전진하면, 물굽이가 점점 커져서 결국 곡류하천이 발달하게 된다. 그런데 여기서 중요한 점은 하천 양안에 번갈아 나타나는 물굽이와 물굽이 사이의 너비, 즉 곡류대(曲流帶, meander belt)의 폭이 넓어지는 데는 한계가 있다는 것이다. 큰 강은 물굽이가 크고 작은 개울은 물굽이가 작다. 곡류대는 유량과의 균형 또는 평형이 이루어질 때까지만 성장한다. 그리고 평형단계(平衡段階)에서는 하도 전체가 일정한 모양을 유지하면서 하류쪽으로 이동한다. 여기서 또한 주목할 점은 침식을 받아 후퇴

그림 4-14. 미앤더(meander)
범람원이 뚜렷이 구별된다. 미앤더는 하천의 크기에 비해 범람원이 넓은 경우에 발달한다. 우각호가 보인다. 콜로라도주의 Animas River.

하는 공격면의 부위가 일반적으로 생각하는 부위와 다르다는 것이다. 그림 4-13에서와 같이 물굽이의 모양이 일정한 곡류하도는 범람원의 구성물질이 등질적인 경우에 발달하며, 미시시피강의 일부 구간에 나타난다. 이러한 형태의 곡류하천을 정규미앤더(正規-, normal meander)라 부르기도 한다.

그러나 범람원의 구성물질은 일반적으로 등질적이 아니다. 유로 변동이 심한 경우 하천 양안의 어떤 곳에는 모래, 어떤 곳에는 점토가 쌓여 있어 침식에 대한 저항력이 부위마다 다르다. 그래서 하천은 곡류대의 너비를 대체로 일정하게 유지하는 가운데서 모양이 매우 불규칙한 물굽이들을 만들게 된다. 이러한 형태의 곡류하천은 변형미앤더(變形-, deformed meander)라고 불리우기도 하는데,

실제로는 대부분의 곡류하천이 이에 속한다. 우각호(牛角湖, oxbow lake 또는 cut-off lake)는 유로변동이 불규칙하게 일어나는 곡류하천에서 발달한다(그림 4-14).

한강·낙동강·금강 등 우리나라의 대하천들은 구릉지가 하구부근까지 하도 양안에 다가서 있어 유로변동을 자유롭게 하지 못한다. 그러나 이들 대하천의 하류로 흘러드는 대부분의 지류는, 지금은 거의 전부 직강공사(直江工事)로 유로가 반듯하게 펴졌지만, 과거에는 전형적인 곡류하천이었다. 한강 하류의 중랑천·안양천·굴포천 등이 대표적인 예인데, 이들 지류의 하류에는 하도의 크기에 비해 상당히 넓은 범람원이 형성되어 있다. 만경강이나 동진강과 같이 해안충적평야를 관류하는 하천도 과거에는 곡류하천이었다. 만경강과 동진강은 강이라고 부르지만 작으며, 역시 직강공사로 유로가 반듯하게 펴졌다.

직강공사는 일제강점기부터 수해를 줄이려고 제방의 축조와 함께 추진해 왔다. 하천은 행정구역의 경계로 널리 채택된다. 우리나라의 크고 작은 지방행정구역은 대부분 직강공사가 추진되기 전인 일제강점기 초에 정해졌다. 그래서 하나의 하천을 경계로 설정된 두 행정구역의 땅이 조금씩 맞은편에 가서 붙어버린 채 아직까지 남아 있는 것을 곳곳에서 볼 수 있게 되었다.

망류하천

망류하천(網流河川, braided stream)은 유로가 여러 갈래로 갈라진 하천으로서 유량에 비하여 토사 운반량이 지나치게 많은 경우에 발달한다. 우리나라에서는 삼림남벌로 토사유출이 많던 산지 가까이의 작은 하천에서 망류하도를 볼 수 있었다. 집중호우로 물이 불어나면 유로가 하나로 합쳐지지만 물이 줄어들면 물길이 여러 갈래로 갈라졌었다. 망류하도는 빙하에서 다량의 퇴석(堆石)을 공급받는 하천(그림 4-15), 곡구를 중심으로 토사를 집중적으로 쌓는 선상지의 하천에서 흔히 발달한다.

큰 삼각주에서는 하천이 여러 갈래로 갈라지는 것이 보통이다.

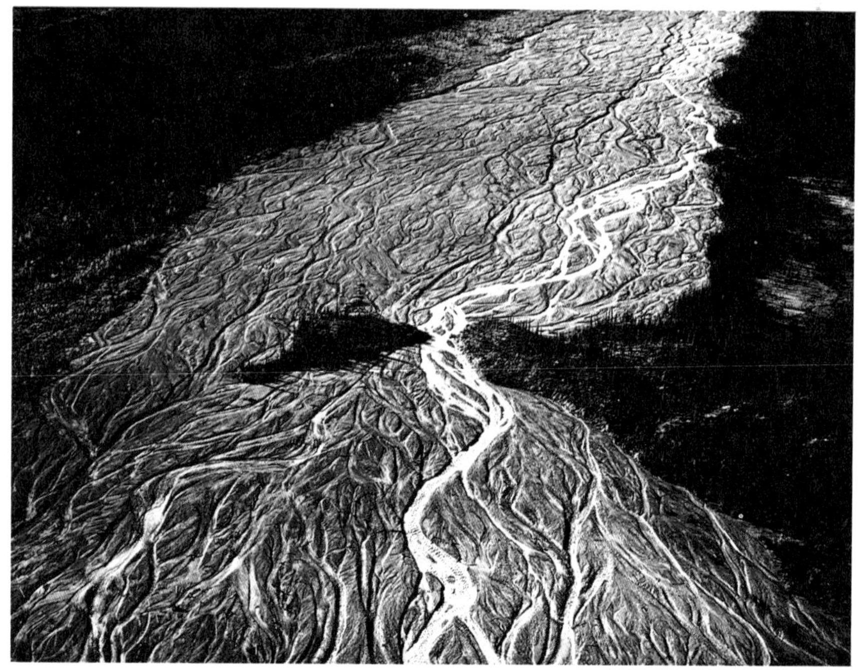

그림 4-15. 망류하도
토사운반량이 많은 하천에 발달한다. 빙하에서 퇴석을 공급받는 하천으로 물길이 여러 갈래로 갈라졌다. 알래스카의 Muddy River.

삼각주에서 하나의 본류로부터 갈라져 나가는 물길들을 분류(分流, distributary)라고 한다. 압록강 삼각주의 대부분은 분류로 둘러싸인 많은 하중도(河中島)로 이루어졌으며, 압록강은 삼각주로 들어오면서 망류하천이라고 부를 수 있을 만큼 분류의 발달이 탁월하다. 하중도는 낙동강 삼각주에도 많다. 낙동강은 삼각주에 들어와서 두 개의 큰 분류로 갈라지고, 이들 분류에서도 다시 작은 분류들이 갈라져 나간다. 그러나 1930년대에 삼각주의 개발을 위해 제방을 쌓아 낙동강이 지금처럼 동쪽 분류로만 흐르게 되면서 제방 안의 물길은 모두 구하도(舊河道)나 다름없게 되었다.

4.4
하계망의 분석

하계망 하나의 유역분지에서 본류와 수많은 지류가 함께 구성하는 하천의 망을 하계망(河系網, drainage network)이라고 한다. 하계망은 유역분지의 지질·기후·식생 등의 영향을 반영하며, 지형학에서는 일찍부터 이를 중요하게 다루어 왔다. 그리고 하계망에 여러 가지 법칙성이 내포되어 있다는 사실이 밝혀짐에 따라 이에 대한 인식이 새로워졌다.

최상류의 작은 하천은 곡두(谷頭)에서 끝나며, 골짜기의 양쪽 사면은 곡두에서 만난다. 그리고 사면의 빗물은 골짜기로 흘러내려 하천을 형성하며, 사면에서 공급되는 암설은 하천에 의해 제거되기 때문에 일단 형성된 하도는 계속 유지된다. 유역분지의 개석이 진전되면 빗물이 각 하천에 고르게 배분되고, 이와 관련하여 하천의 유량, 하곡의 크기, 하상의 경사 등이 서로 조화를 이루게 된다. 또한 유역분지의 모든 하천은 하류로 갈수록 더 큰 하천으로 흘러드는데, 각 하천의 크기는 유역면적에 비례한다.

이와 같은 하계망의 특성에 대하여 처음으로 일반화를 시도한 사람은 플레이페어(J. Playfair, 1748~1819)이다. 에딘버러대학의 수학·철학교수였던 그는 1802년에 출판된 「허튼의 지구의 이론에 대한 설명」에서 다음과 같이 언급했다.

> 모든 강은 하나의 본류와 많은 지류로 구성되었는데, 각 지류는 그 크기에 비례하는 골짜기를 흐르며, 지류의 모든 골짜기는 서로 연결된 하나의 하곡계(河谷系)를 형성하고, 본류의 골짜기와 너무 높거나 낮은 수준에서 만나지 않을 만큼 구배(句配)의 조화가 잘 이루어져 있는 것처럼 보인다. 이러한 상

황은 이들 골짜기가 각각 골짜기를 흐르는 하천에 의해 파인 것이 아니라면 결코 벌어질 수 없을 것이다.

Every river appears to consist of a main trunk, fed from a variety of branches, each running in a valley proportioned to its size, and all of them together forming a system of valleys connecting with one another, and having such a nice adjustment of their declivities that none of them join the principal valley either on too high or too low a level; a circumstance which would be infinitely improbable if each of these valleys were not the work of the stream which flows in it.

위의 언급은 오늘날 '플레이페어의 법칙'이라고 소개된다. 하곡(河谷)이 하천에 의해 형성된 것이라고 하는 영국 지질학자 허튼(J. Hutton, 1726~1797)의 이론을 쉽게 풀이한 이 언급에는 하천의 크기·경사·유량과 유역면적 사이에 어떤 수학적인 관계가 성립할 것이라는 암시가 담겨 있다. 19세기에 들어서까지 유럽의 지식인들은 기독교의 영향으로 지표의 기복이란 태초에 창조된 것이라고 믿었다.

하천의 차수 하계망의 계량적 분석은 미국 지질학자 호르톤(R. E. Horton, 1945)에 의해 처음 시도되었다. 호르톤은 상이한 여러 유역분지의 속성, 한 유역분지에서 나타나는 여러 현상들간의 관계 등을 계량적으로 분석하여 그 내용을 수치로 표현했다.

한 유역분지의 모든 하천에는 그림 4-16에서처럼 크기에 따라 구간별로 나누어 일련의 차수(次數, order)를 매길 수 있다. 즉 최상류의 작은 하천이 처음 다른 하천과 만나는 지점까지의 구간을 1차수하천(first-order stream)이라고 규정하면, 두 개의 1차수하천이 만나면 2차수하천(second-order stream), 다시 두 개의 2차수하천이 만나면 3차수하천이 된다.[7] 1차수하천이 상위계급의 차수하

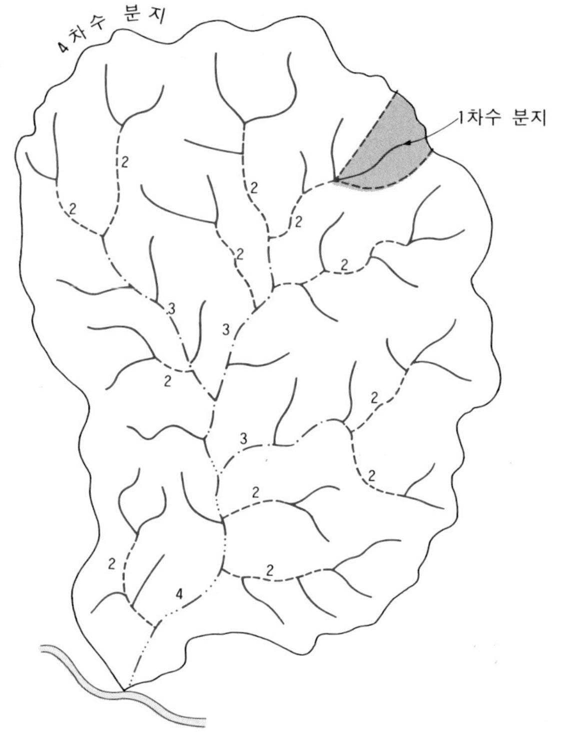

그림 4-16. 하천의 차수

최상류의 작은 하천은 1차수하천이고, 두 개의 1차수하천이 만나면 2차수하천, 두 개의 2차수하천이 만나면 3차수하천이 된다. 1차수하천의 유역분지는 1차수분지로서 차수는 유역분지에도 적용된다. (Strahler)

천과 만나는 경우에는 차수에 변동이 오지 않는다. 이러한 차수를 유역분지의 전체 하계망에 적용하면, 본류의 일정한 구간이 가장 높은 계급의 차수하천이 된다. 그리고 차수하천의 수는 차수의 계급이 높아짐에 따라 급격하게 줄어드는데, 일정한 차수하천의 수와 이보다 한 계급 높은 차수하천의 수의 비율을 분기율(分岐率, bifurcation ratio)이라고 한다.

---

7) R. E. Horton은 최상류의 두 지류 중에서 작은 것을 1차수하천으로 지정했다. 그러나 A. Strahler는 그 구분이 어려운 경우가 많다고 지적, 두 지류를 모두 1차수하천으로 간주했다. 하천의 차수를 매기는 방법에는 몇 가지가 있지만 대동소이하다.

[표 4-2] 알레게니강 유역분지의 특성(Morisawa)

하천의 차수	하천의 수	분기율	평균 길이 (mile)	길이의 비율	평균 분지 면적(mile^2)	평균 경사 (%)
1	5,966	3.9	0.09	3.3	0.05	0.185
2	1,529	4.0	0.3	2.7	0.15	0.091
3	387	5.7	0.8	3.1	0.86	0.054
4	68	5.3	2.5	2.8	6.1	0.022
5	13	4.3	7	2.9	34	0.008
6	3	3.0	20		242	0.0013
7	1		8		550	0.0002

표 4-2에는 미국 펜실베이니아주를 관류하는 알레게니강의 차수하천들을 분석한 결과가 실려 있다. 이 표에는 차수하천의 분기율이 3.0~5.7로 나타나 있다. 지질 및 기후환경이 다른 여러 지역의 하계망에서도 분기율이 이 범위를 그리 벗어나지 않는다. 이로써 한 유역분지에서는 계급이 가장 높은 본류에서 시작하여 차수가 낮아질수록 각 차수하천의 수가 대략 일정한 비율에 따라서 급격히 증가한다는 사실을 알 수 있다. 분기율의 평균치가 4이고, 본류가 6차수하천인 경우에는 각 차수하천의 수가 상위계급에서 시작하여 1, 4, 16, 64, 256, 1,024개로 증가한다. 이와 같은 현상을 '하천수의 법칙(law of stream numbers)'이라고 한다.

차수하천의 길이에서도 차수하천의 수에서 성립하는 것과 같은 내용을 확인할 수 있다. 즉 2차수하천은 1차수하천보다, 그리고 3차수하천은 2차수하천보다 긴데, 표 4-2에는 그 관계가 길이의 비율(length ratio)로 표시되어 있다. 알레게니강에서는 일정한 차수하천의 평균길이는 이보다 한 계급 낮은 차수하천보다 약 3배 더 길다. 많은 하계망의 분석에 의하면, 길이의 비율도 한 유역분지에서는 일정하게 유지되는 경향이 있다. 하천의 차수가 높을수록 평균길이가 일정한 비율에 따라 증가하는 현상을 '하천 길이의 법칙(law of stream length)'이라고 한다.

한편 하천의 유역분지(drainage basin)에도 차수를 매길 수 있다. 그림 4-16에는 4차수분지에 속한 1차수분지가 표시되어 있다. 유역분지도 하천의 길이와 마찬가지로 차수가 높을수록 면적이 일정한 비율에 따라 넓어진다. 이러한 현상을 '유역분지의 법칙(law of drainge basins)'이라고 한다. 하천의 경사도 차수가 높을수록 현저하게 완만해진다.

이상에서와 같은 차수하천의 수·길이·유역면적·경사 등에 관한 여러 법칙은 통틀어 '플레이페어의 법칙'을 계량적으로 표현하는 것이나 다름없다. 이들 법칙은 하천과 유역분지의 특성을 이해하려는 시도로서 지형학뿐만 아니라 수문학과 같은 분야에서도 편리하게 활용된다.

하계밀도

건조지역의 셰일층에 잘 형성되는 악지(惡地)는 미세한 골짜기가 무수히 파여 있어 마치 산악지형을 축소시켜 놓은 것 같다. 5차수하천에 속한 유역분지의 길이가 일반 산악지대에서는 수십 킬로미터에 이르지만, 악지에서는 수십 미터에 불과하다. 그러나 두 유역분지를 같은 크기로 축소시켜 놓고 보면, 하계망의 모양에 큰 차이가 나타나지 않는다.

하계망의 모양이 같은 경우에도 세밀한 정도는 매우 다양하며, 그 차이는 하계밀도(河系密度, drainage density)로 제시된다. 하계밀도는 유역분지의 면적과 그 안에 포함된 전체 하천의 길이를 계측한 다음 난위면직에 대한 하천이 길이를 산출하여 얻는다. 그림 4-17은 여러 밀도의 하계망을 보여준다. 각 지도의 실제 면적은 1mile^{2}인데, A는 3～4mile/mile^{2}의 저밀도 하계, B는 12～16mile/mile^{2}의 중밀도 하계, C는 30～40mile/mile^{2}의 고밀도 하계를 보여준다. D는 악지의 것으로 밀도가 200～500mile/mile^{2}에 이른다.

하계밀도는 여러 요인 중에서도 기반암의 특성을 크게 반영한다. 기반암이 사암(砂岩)과 같은 경암으로 이루어진 지역에는 일반적으로 저밀도 하계가 발달한다. 경암지역에서는 하천이 하도를 파

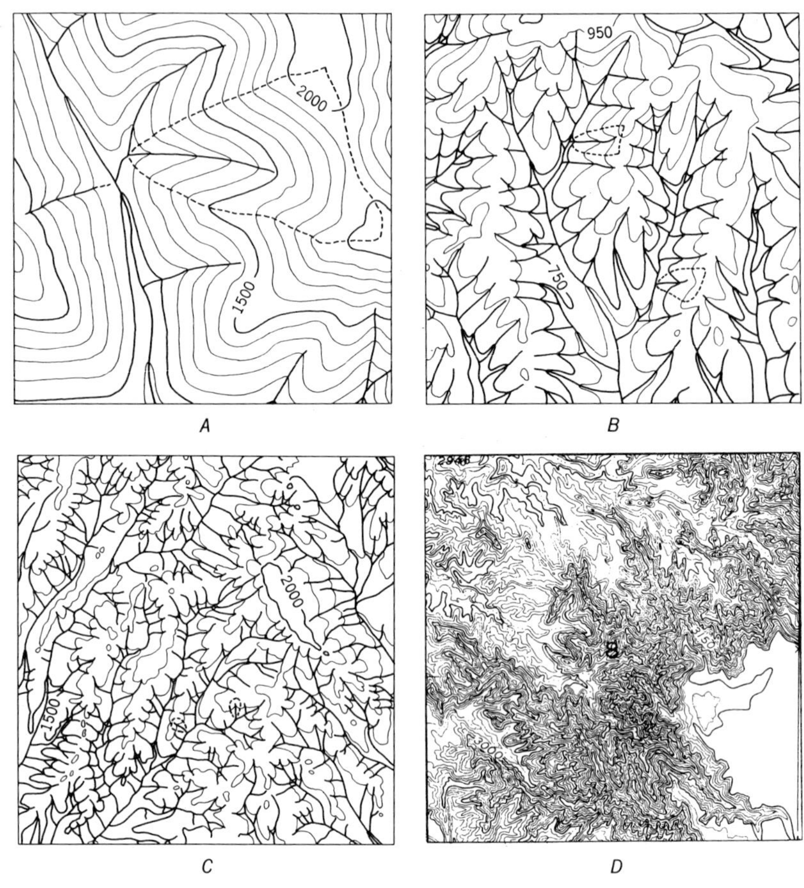

그림 4-17. 하계밀도

A) 저밀도 하계(경암). B) 중밀도 하계(습윤지역). C) 고밀도 하계(반건조지역의 연암). D) 초고밀도 하계(악지). 하계밀도는 지질(암석)과 기후를 반영한다. 각 지도의 면적은 1mile^2이다. (Strahler)

고 이를 유지하려면 많은 유량을 필요로 하기 때문에 강수의 집수면적이 넓어야 한다. 암석의 투수율이 높아도 강수량 중 상당한 양이 지하로 스며드는 관계로 저밀도 하계가 발달한다. 반면에 기반암의 투수율이 낮은 지역에서는 강수량의 대부분이 단시간에 지표수로 유출되므로 고밀도 하계가 형성되는 경향이 있다. 건조지역의 셰일층에 초고밀도 하계의 악지가 형성되는 것은 셰일층이 불투수

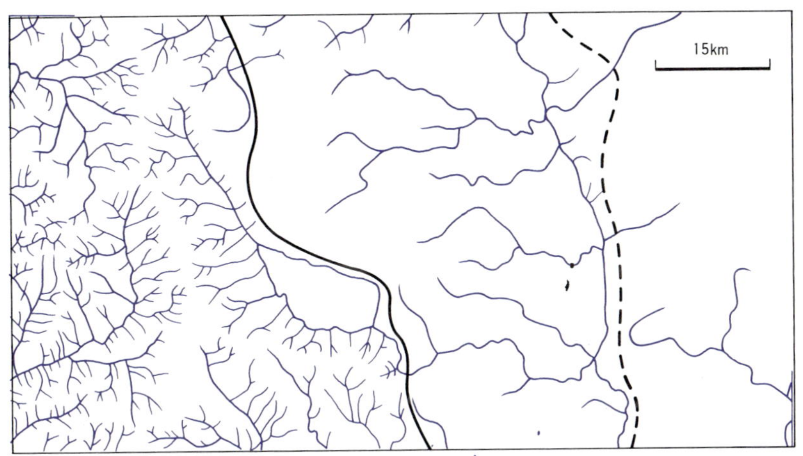

그림 4-18. 침식기간과 하계밀도

퇴석층(堆石層)의 퇴적년대에 따라 하계밀도가 다르게 나타난다. 두 경계선을 기준으로 왼쪽의 것은 17,000년전, 가운데 것은 15,000년전, 오른쪽의 것은 13,000년전에 쌓인 퇴석층이다. (Ruhe)

성 퇴적암인 데다가 침식에 약하고, 또 식생이 빈약하기 때문이다.

하계밀도는 지표가 개석을 받기 시작한 이후의 시간과도 밀접한 관계가 있다. 그림 4-18은 빙하가 운반해다 쌓은 미국 아이오아주의 퇴석층(堆石層)에 형성된 하계망을 보여준다. 이곳의 퇴석층은 시기별로 셋으로 나뉘는데, 두 경계선을 기준으로 오른쪽의 것(Mankato Drift)은 13,000년전, 가운데의 것(Cary Drift)은 15,000년전, 왼쪽의 것(Tazewell Drift)은 17,000년전에 쌓인 것이다. 연대의 차이가 크기 않은 데도 이들 퇴석층에 형성된 하계망의 밀도가 서로 상당히 다르다.

하계망의 패턴

하계망의 패턴(drainage pattern)은 일련의 하천이 모여서 구성하는 공간구조를 가리키는 것으로 기반암의 특성, 지층의 배열, 지질구조 등을 반영한다. 때문에 하계밀도와 함께 하계망의 패턴에 관한 정보는 어떤 지역의 지형과 지질을 조사할 때 편리하게 쓰인다.

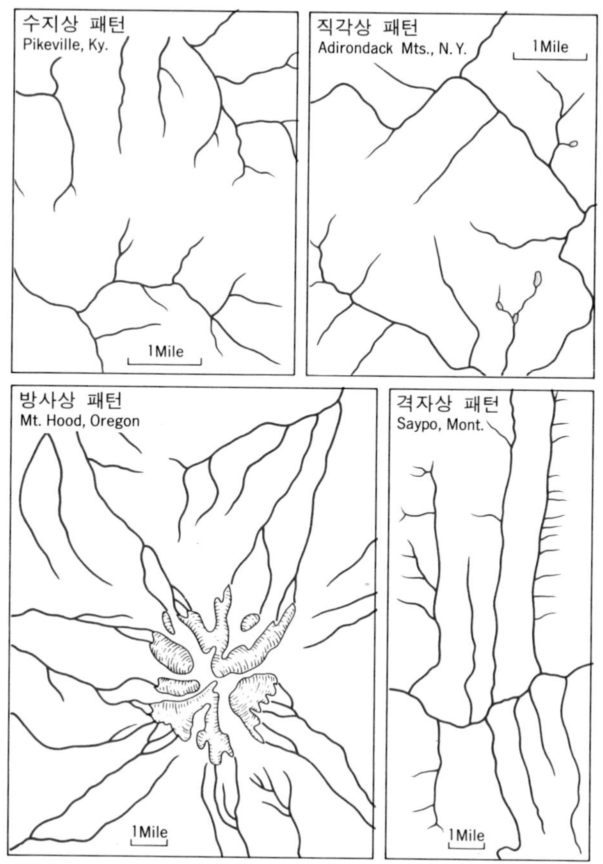

그림 4-19. 하계망의 유형
수지상은 기반암이 등질적인 지역, 직각상은 여러 단층이 직각으로 교차하는 지역, 방사상은 화산과 돔, 격자상은 습곡산지에 발달한다.

가장 보편적인 것은 수지상 패턴(樹枝狀—, dendritic pattern)이다. 이 패턴은 본류에서 지류가 나무가지와 비슷하게 뻗어나간 것으로 기반암이 등질적이어서 하곡이 무작위로 파이는 지역에 발달한다. 화강암과 같은 화성암이나 수평퇴적암층의 분포지역에서 널리 관찰된다.

한편 가장 특징적인 것은 습곡산지에 발달하는 격자상 패턴(格子狀—, trellis pattern)이다. 습곡지층 또는 일련의 경암층과 연암층이 기울어진 상태로 번갈아 지표에 노출되어 있는 지역에서는 지층의 배열이 하계망의 발달을 주도한다. 본류는 습곡구조를 가로질러 흐른다. 그러나 본류에서 뻗어나가는 여러 1차적인 지류는 연암층을 따라 직선상의 골짜기를 파며, 연암층들 사이의 경암층은 길고 반듯한 산릉으로 남는다. 본류와 이들 1차적인 지류는 직각으로 만난다. 또한 1차적인 지류의 양쪽 산지에서 흘러나오는 2차적인 지류들도 1차적인 지류와 직각으로 만난다. 습곡산지의 하계망은 크고 작은 일련의 하천들이 직각으로 그리고 상당히 규칙적으로 만나기 때문에 문창살에 비유된다.

단층이나 특정한 절리군과 관련된 직선상의 지질구조선(地質構造線, tectolineament)도 하곡의 발달을 유도하며, 일련의 지질구조선이 서로 직각으로 만나는 지역에는 직각상 패턴(直角狀－, rectangular pattern)의 하계망이 형성된다. 이 경우에는 하천의 공간적 배열의 규칙성이 격자상 패턴에 비해 훨씬 떨어진다. 우리나라는 서울～원산간 추가령구조곡의 여러 하천과 같이 지질구조선을 따라 형성된 골짜기를 흐르는 하천이 많으나, 직각상 패턴의 예는 찾아보기 어렵다.

윤곽이 둥그런 분지에서는 작은 하천들이 한 곳으로 모여들어 하나의 본류를 이룬 후 분지를 빠져 나가는 것이 보통인데, 이러한 유형의 것을 구심상 패턴(求心狀－, centripetal pattern)이라고 한다. 강원도 양구의 해안분지(亥安盆地)에서 그 예를 기대할 수 있다. 이곳에서는 하천이 아주 좁은 협곡을 통해 바깥으로 흘러나가는 것이 인상적이다. 반면에 화산에서와 같이 하나의 중심고지에서 여러 하천이 사방으로 흘러나갈 때는 방사상 패턴(放射狀－, radial pattern), 개석을 받은 퇴적암층의 돔에서는 방사상 패턴과 결부된 환상 패턴(環狀－, annular pattern)을 볼 수 있다.

빙하작용을 받은 지역의 하계망은 지질구조와 기반암의 영향을 거의 반영하지 않는 것이 보통이다. 빙기(氷期) 이전의 하계망이 빙하의 침식 또는 퇴적작용으로 전부 지워져버린 한편 빙하가 사라진 이후의 기간이 짧기 때문이다. 특히 빙식평원은 습지와 호소가 많아서 하천은 단지 이것들을 연결하는 수로의 역할을 할 뿐이다. 이러한 유형의 것은 교란상 패턴(攪亂狀−, deranged pattern)이라고 한다.

4.5

주요 하천퇴적지형

범람원 하천이 운반·퇴적하는 토사로 이루어진 지형을 충적지형(沖積地形, alluvial landform)이라고 하며, 충적지형 중에서 가장 보편적이고 또 우리의 생활과 밀접한 것이 범람원이다. 범람원(氾濫原, flood plain)은 홍수시에 하천이 범람하는 저습지(低濕地)이다.

범람원에는 자연제방과 배후습지가 발달하는 것으로 소개된다. 홍수시에 물이 하도를 흘러넘칠 때는 유속이 격감하여, 부유하중으로 운반되던 토사 중에서 모래(細砂)와 실트가 우선 하도 가까이에 쌓이며, 이로 인해 하천 양안에는 지면이 약간 높은 자연제방(自然堤防, natural levee)이 형성된다. 그리고 하도에서 멀리 떨어진 곳은 토사의 유입이 적어서 고도가 낮게 유지되며, 그 중에서도 낮은 곳은 배후습지(背後濕地, backmarsh 또는 backswamp), 즉 '늪'으로 남아 있는다.

자연제방은 인공제방과는 달리 지면이 넓고 평평하여 우리의 눈에 '제방'으로 들어오지 않으며(그림 4-20), 큰 홍수가 지나갈 때만 가끔 물에 잠긴다. 이러한 곳은 취락의 입지에 유리하고, 어디서나 예로부터 농토로 이용되어 왔다. 반면에 배후습지는 수초가 자라는 '늪'에 해당하는 지형으로 매년 발생하는 작은 홍수가 지나갈 때도 물에 깊게 잠긴다. 우리나라와 같은 인구조밀지역에서는

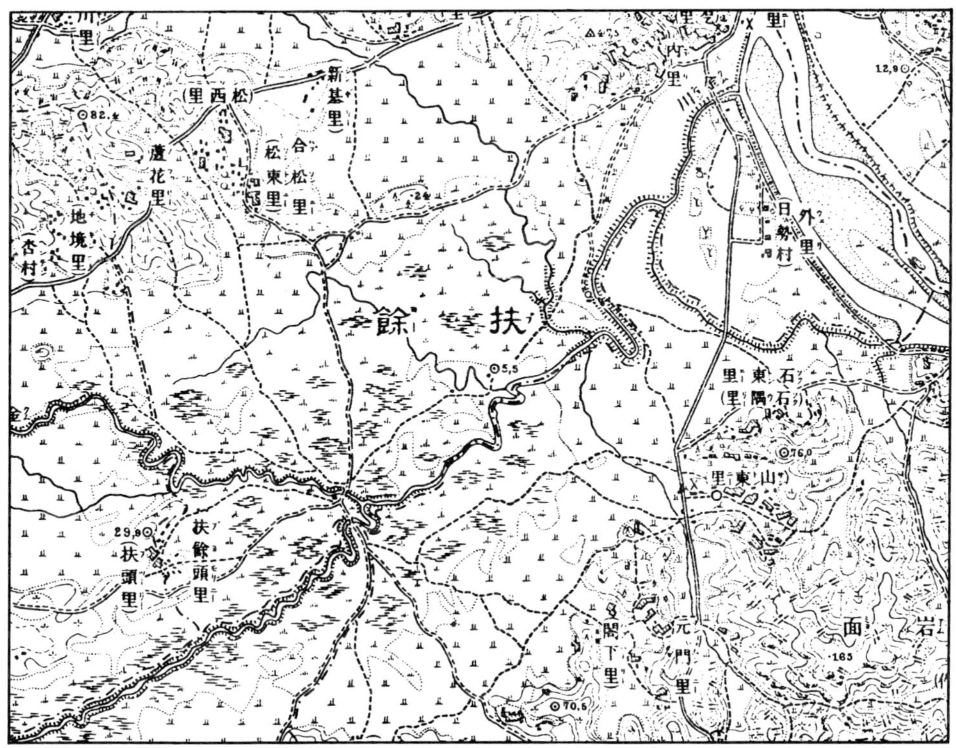

그림 4-20. 금강 연안의 자연제방과 배후습지

금강변의 외리(外里)는 자연제방의 취락이고, 그 뒤에 논과 특히 습지가 넓게 분포한다. 공백으로 구분된 외리 주변부는 밭이다. 이곳의 습지는 전부 논으로 개발되었다. 홍수시에는 금강물이 습지쪽으로 역류한다. 부여읍에서 가까운 지역이다. 1925년 발행 1:50,000 지형도.

하천의 범람을 막기 위해 인공제방을 쌓고 물을 빼서 대부분의 배후습지가 비옥한 농토로 전환되었고, 도시지역에서는 시가지로도 개발되었다.

자연제방과 배후습지는 흔히 모든 범람원에 형성되어 있는 것처럼 소개되지만, 대하천 하류의 범람원에서만 볼 수 있다. 대하천 중·상류의 좁은 범람원에서는 자연제방과 배후습지가 나타나지 않는다. 그 까닭은 근본적으로 범람원이 하천의 유로변동과 관련하여 형성되었기 때문이다.

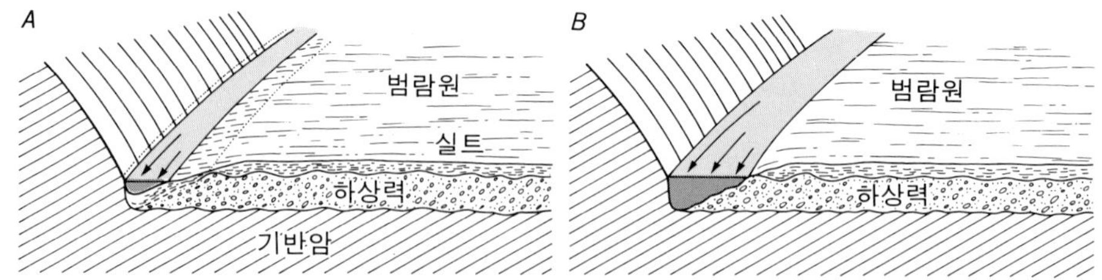

그림 4-21. 하천의 유로변동과 범람원의 발달

A는 평수시, B는 증수시의 상황이다. 범람원이 하천의 측방침식에 의해 넓혀진 골짜기에 형성되었다. 하상력층이 범람원 밑에 깔려 있고, 그 깊이가 홍수시에 하상이 깎이는 깊이와 일치한다. (Mackin)

범람원은 하천의 범람으로 형성되는 지형이라고 알기 쉽다. 그러나 골짜기가 하천의 측방침식에 의해 넓혀지고, 여기에 범람원이 들어서는 경우에는 하천의 범람만 이의 형성에 관여하는 것이 아니다. 하천의 범람수는 점토·실트와 같은 부유하중(浮遊荷重)만 운반하며, 부유하중으로 운반되는 퇴적물은 범람원의 표층을 이루고 있을 뿐 그 밑에는 두꺼운 사력층이 넓게 깔려 있는 것이 보통이다. 이러한 사력층은 하상하중(河床荷重)으로 운반되는 모래와 자갈이 쌓여 이루어진 것이다.

그림 4-21은 대하천 중·상류의 범람원이 어떻게 발달하고 또 범람원의 퇴적층이 어떤 물질로 이루어졌는지 보여준다. 이 그림에 의하면, 평수시(A)에는 하상(河床)과 포인트바(point bar)에 모래와 자갈이 쌓여 있어 수심이 얕다. 그러나 증수시(B)에는 이것이 깎여 나가고 하상에 기반암이 부분적으로 드러난다. 그리고 수위가 다시 낮아지면 하상과 포인트바에 퇴적현상이 일어나 하상단면이 원래의 상태로 돌아간다. 그런데 증수시에는 공격면의 기반암이 침식을 받으며, 이로 인해 하천이 공격면 쪽으로 이동하고 범람원이 조금씩 넓혀지게 된다. 한편 범람원의 표면은 실트층으로 덮여 있고, 두꺼운 사력층이 그 밑에 묻혀 있다. 실트층 밑의 사력층은 하천의 범람과 관계없이 하상과 포인트바에 쌓인 것으로 하도가 이동한 후 제자리에 남아 있는 것이다. 그래서 이러한 사력층을 하상

력층(河床礫層, channel gravel)이라고 부른다. 범람원은 기반암 위에 쌓인 전체 퇴적층으로 이루어진 지형이고, 이와 같은 형태의 범람원에서는 퇴적층의 두께가 홍수시에 하상이 파이는 깊이에 의해 결정된다.

하도가 이동하는 과정에서 모래와 자갈이 하상과 포인트바에 쌓이는 것은 측방퇴적(側方堆積, lateral accretion), 홍수시에 하도를 흘러넘친 범람수의 부유하중이 범람원 위에 쌓이는 것은 수직퇴적(垂直堆積, vertical accretion)이라고 한다.

범람원은 단순히 '하천의 범람'에 의해서만 형성되는 지형이 아니다. 부유하중도 고도가 낮은 포인트바 쪽에 집중적으로 쌓이며, 범람원이 일정한 높이(安定高度)에 도달한 이후에는 홍수가 반복되어도 토사가 별로 쌓이지 않는다. 범람할 때마다 토사가 쌓이면 범람원의 고도가 높아져서 결국 더 이상 범람하지 않을 수도 있다. 그러나 자연상태의 모든 범람원은 주기적으로 범람한다. 하천의 측방침식 또는 유로변동에 의해 골짜기가 넓혀짐으로써 형성된 범람원에서는 측방퇴적물이 전체 퇴적층에서 차지하는 양이 60~80%에 이르는 것으로 알려졌다. 그리고 이러한 범람원에서는 자연제방과 배후습지가 나타나지 않는다.

대하천 하류의 범람원은 퇴적층의 두께가 홍수시에 하상이 파이는 깊이보다 훨씬 두껍다. 퇴적층이 이처럼 두꺼운 까닭은 빙기에 침식을 받아 낮아진 하도 중심의 저지대가 후빙기 해면상승과 더불어 하천의 토사로 매립되는 과정에서 범람원이 형성되었기 때문이다. 최후빙기가 절정에 이르렀을 때의 해면은 지금보다 100m 이상 낮았으며, 그것이 다시 지금의 수준으로 상승하기 시작한 것은 약 18,000년 전부터였다(제8장 참조).

자연제방과 배후습지는 대하천 하류의 범람원에서 볼 수 있는 지형이다. 자연제방과 배후습지도 후빙기 해면상승과 더불어 범람원이 현재의 높이로 성장해 올라오는 과정에서 형성되었다. 즉 하천 양안에 세사(細砂)와 실트가 집중적으로 쌓임에 따라 자연제방이 형성되고, 그 뒤에는 토사의 유입이 적고 점토만 쌓여 '늪'이 자리하게 된 것이다. 미시시피강에서는 자연제방과 배후습지가 아칸소주의 헬레나(Helena)에서부터 나타나기 시작한다. 최후빙기에 해면하강의 영향이 이곳까지 미쳤기 때문이다. 한강에서는 어디까지 골짜기가 깊게 파였는지 확실하지 않지만 팔당협곡을 벗어나면서부터 자연제방과 배후습지의 발달이 뚜렷해진다.

한강·낙동강·금강 등과 관련된 배후습지는 이들 하천의 하류로 유입하는 작은 지류의 골짜기에 모식적으로 발달되어 있다. 이러한 지류의 골짜기로는 홍수시에 강물이 역류한다. 그림 4-20은 1910년대의 상황으로 부여 부근의 금강으로 흘러드는 금천(金川) 하류의 넓은 배후습지를 보여준다. 이곳의 배후습지는 외리(外里)가 자리한 금강 연안의 자연제방에 상응하는 지형이다. 한강 하류의 경우에는 모두 시가지로 이용되고 있지만 뚝섬은 전체가 자연제방에 해당하고, 그 뒤에 펼쳐지는 중랑천 하류의 장안평(長安坪)은 원래 늪이 자리하던 곳이다. 해발고도가 뚝섬은 10~12m, 장안평은 8~9m이다. 고도차가 작은 것처럼 보인다. 그러나 범람원과 같은 저습지에서는 그 차가 홍수와 관련하여 상당히 큰 의미를 갖는다. 오늘날 '상습적 침수지역'이라고 일컫는 곳 중에는 과거에 배후습지였던 곳이 많다.

우리나라의 배후습지는 거의 전부 농경지나 그밖의 용지로 개발되어 자연상태로 남아 있는 것이 희귀해졌다. 다만 자연적인 내륙호소 중에서 가장 넓은 것으로 일찍이 소개된 경남 창녕의 우포(牛浦)는 면적이 상당히 줄어들었으나 1997년에 '생태계보존지역'으로 지정되어 살아남게 되었다. 우포는 토평천 골짜기의 늪인데, 홍수시에는 낙동강 물이 이곳으로 역류한다(그림 4-22). 철새의 도래지로 알려진 창원의 주남저수지(注南貯水池)는 일제강점기 초에 배후습지를 이용하여 만들어 놓은 관개용 내지 배수용 저수지이다.

그림 4-22. 창녕의 우포(牛浦)
홍수시에는 낙동강물이 이곳으로 역류하여 수심이 깊어진다. 우포는 1997년에 '생태계보존지역'으로 지정되었다. -1974

우리나라의 평야지형 김제평야·김해평야·대산평야·평택평야·김포평야 등 우리나라의 주요 평야는 큰 강을 끼고 그 하류에 발달되어 있다. 이들 평야에서 핵심적인 부분은 큰 홍수가 발생하면 물에 잠기는 범람원으로 되어 있나. 범람원은 거의 전부 논으로 개발되어 밭·과수원·목장·임야 등으로 이용되는 주변의 구릉지와 뚜렷이 구별된다. 논은 구릉지에도 분포하지만 좁고 또 계단식으로 조성되어 있다. 큰 강 하류의 범람원은 해발고도가 대개 10m 미만이고, 이러한 범람원에서는 자연제방과 배후습지의 지형적인 관계를 확인할 수 있다.

대산평야(大山平野)는 거의 범람원으로 이루어진 낙동강 하류

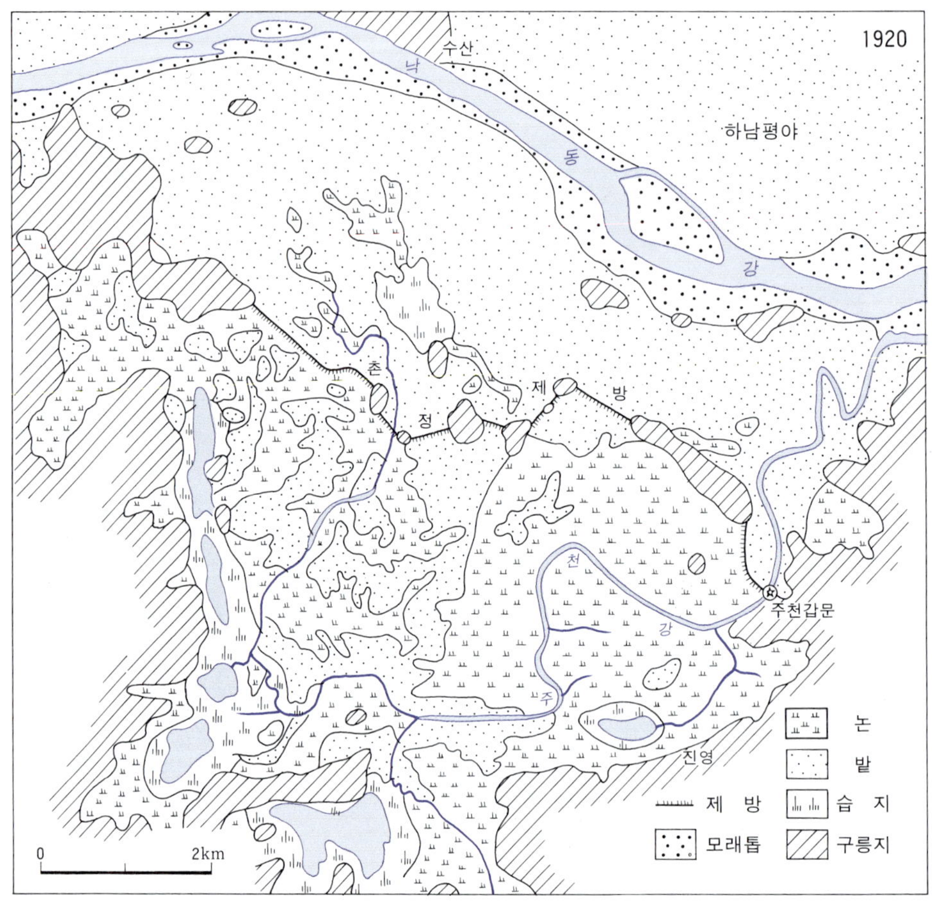

그림 4-23. 대산평야(1)

촌정농장(村井農場)에서는 촌정제방 남쪽의 범람원을 전부 차지했다. 주천강은 유역면적이 좁은 하천인데, 홍수시에 낙동강의 역수(逆水)를 막는 것이 급선무였다. 평야의 서쪽과 남쪽에 습지가 분포한다. 해발고도가 낙동강변은 8m 내외, 습지쪽은 가장 낮은 곳이 약 3m이다.

의 내륙평야로서 면적이 약 3,400ha인데, 그림 4-23은 오늘날과 같이 개발되기 이전인 1920년경의 모습을 보여준다. 낙동강 연변에 밭이 넓게 분포하며, 남쪽과 서쪽 주변의 구릉지 쪽에 '늪'이 있고 논이 많아 자연제방과 배후습지를 확인하기 쉽다. 해발고도는 낙동강 연변이 8m 내외, 늪이 자리한 곳이 약 3m이다. 남쪽 구릉지 밑

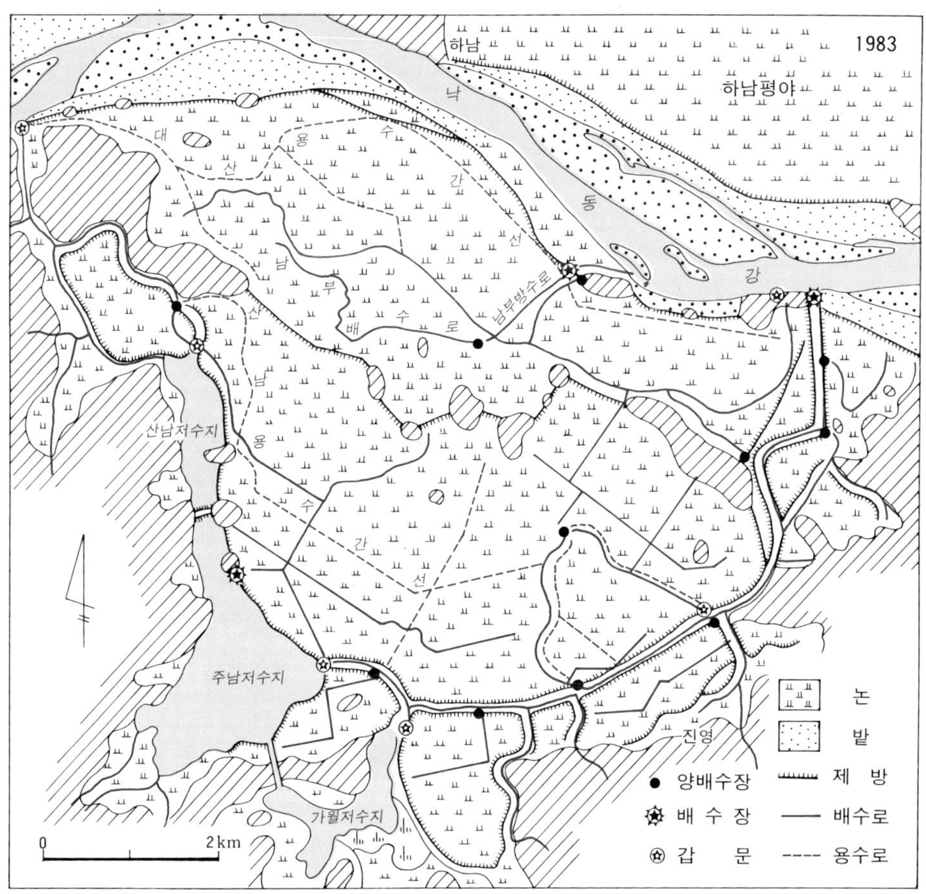

그림 4-24. 대산평야(2)

낙동강제방이 축조되었다. 대산용수간선은 본포양수장에서 퍼올리는 낙동강물을 끌어들이는 수로이다. 주천강이 곧게 펴지고, 주천강의 하구에 갑문이 설치되었다. 집중호우시에는 배후습지에 조성된 주남저수지로 주천강물을 퍼낸다. 주천강 연안에 양배수장이 많이 설치되었다.

을 따라서는 주천강(注川江)이 흐른다.

대산평야는 1912년에 일본인이 약 2,000ha의 배후습지를 확보, 촌정농장(村井農場)을 설립하면서부터 본격적으로 개발되기 시작했다. 촌정농장에서는 낙동강의 홍수를 막아내기 위해 충적층을 뚫고 솟은 작은 구릉들을 연결하는 촌정제방을 쌓았고, 제방 끝의 주천강에 갑문(閘門)을 설치하여 평상시에는 강물이 바깥으로 흘러나갈 수 있게 했다. 그리고 남서쪽 구릉지 밑의 '늪'에 주남저수지를 축조하는 한편 그 바깥에 양수장을 설치하여, 집중호우가 내릴 때는 갑문을 닫고 농장 안의 빗물, 즉 내수(內水)를 주남저수지로 퍼내고 농업용수가 필요할 때는 그 물을 논으로 끌어다 쓰는 독특한 수리시설을 갖추어 놓았다.

밭으로 이용되던 촌정제방 바깥의 넓은 자연제방은 1920년에 설립된 대산수리조합에 의해 본격적으로 개발되기 시작했다. 즉 대산수리조합에서는 1928년에 낙동강제방을 쌓고 낙동강 물을 농업용수로 퍼올리는 본포양수장(本浦揚水場)을 설치하여 관할구역의 밭을 모두 논으로 개답할 수 있게 되었다. 지금의 낙동강제방은 1936년에 증축된 것이고, 낙동강물의 역류를 막는 주천강 하구의 갑문도 이때 설치되었다. 대산평야에서는 그후 양·배수장과 용·배수로 중심의 수리시설이 계속 확충되어 용수문제는 해결된지 오래나, 집중호우시에는 배수시설을 모두 가동해도 주남저수지 쪽에서는 빗물에 의한 침수피해를 면치 못한다.

대산평야가 우리나라의 평야를 대표하는 것은 아니다. 그러나 우리나라의 주요 평야는 대부분 범람원으로 이루어졌고, 일제강점기에 들어서 본격적으로 개발되기 시작했다는 점에서 모두 대동소이하다. 김제평야나 평택평야와 같이 바다쪽으로 트인 평야는 간척사업에 의해 넓혀져 온 것이 범람원만으로 이루어진 내륙평야와 크게 다를 뿐이다.

선상지

선상지(扇狀地, alluvial fan)는 산지의 좁은 골짜기에서 평지로 흘러나오는 하천이 경사가 급변하는 곡구에 토사를 쌓음으로써 형성되는 지형이다. 선상지의 하천은 대개 작다. 하천이 크면 곡구에서 경사가 급변하지 않고 또 유량이 많아 토사가 곡구에 집중적으로 쌓이지 못한다. 전형적인 선상지는 납작한 반원추 모양으로 생겼으며, 지형도에서는 곡구를 중심으로 등고선이 동

그림 4-25. 건조지역의 선상지
단층애 밑에 형성된 선상지이다. 도로가 보인다. 하천은 비가 내릴 때만 흐르면서 토사를 운반한다. 캘리포니아주의 Death Valley.

심원상으로 배열되어 있어서 쉽게 식별할 수 있다. 선상지의 하천은 홍수시에 곡구를 벗어난 후 넓게 퍼지면서 흐르거나 유로를 자주 바꾼다.

선상지가 발달하기에 이상적인 곳은 건조지역의 단층애 밑이다. 건조지역에 속한 미국의 그레이트베이슨(Great Basin)은 지구대가 많기로도 유명한데, 일부 지구대의 양쪽 단층애 밑을 따라서는 많은 선상지가 연속적으로 나타난다. 단층애에 형성된 좁은 골짜기의 하천은 작은 데다가 평지로 흘러나오는 곳에서 경사가 급변한다. 그리고 건조지역에서는 식생이 빈약하여 소나기가 쏟아질 때만 물이 흐르지만 토사를 많이 운반한다. 여러 선상지가 횡적으로 이어진 것은 합류선상지(合流扇狀地, confluent fans)라 한다.

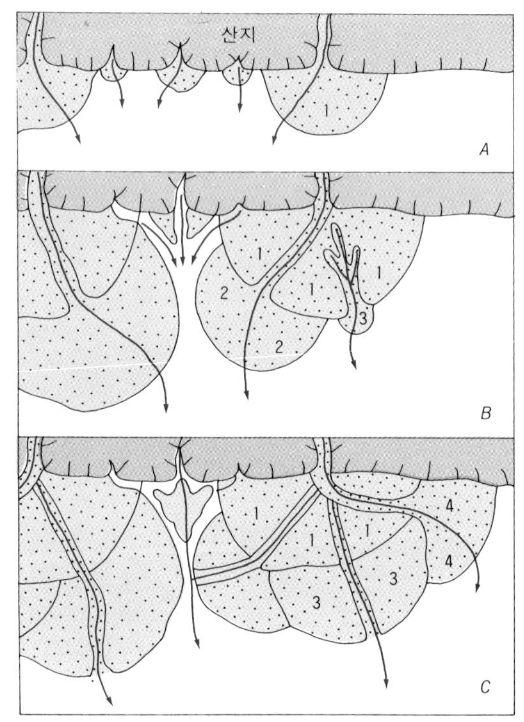

그림 4-26. 선상지의 성장
숫자는 선상지의 발달순서이다. 하도가 깊게 파인 선면은 토사를 공급받지 못하며, 그 전면에 새로운 선상지가 형성된다. (Denny 外)

건조지역의 작은 선상지는 종단면의 경사가 3°～6°로 급하게 형성되며, 선정부에서는 그것이 10° 정도로 증가하기도 하여 전체적인 종단면이 약간 오목하다. 종단면의 경사는 선상지가 클수록 완만하고, 선상지의 규모는 하천의 크기와 관련이 깊다. 물이 항상 흐르는 하천에 의한 습윤지역의 선상지 중에는 곡구에서 선단부까지의 거리가 8km에 이르는 것도 있다. 이러한 선상지는 경사가 아주 완만한다.

선상지의 하천 중에는 곡구를 벗어나면서 선면(扇面) 밑으로 깊게 파인 물길을 흐르는 것이 많다. 선정부(扇頂部)에 물길이 깊게 파이는 것은 선상지가 형성된 후 산지의 침식이 진전됨에 따라

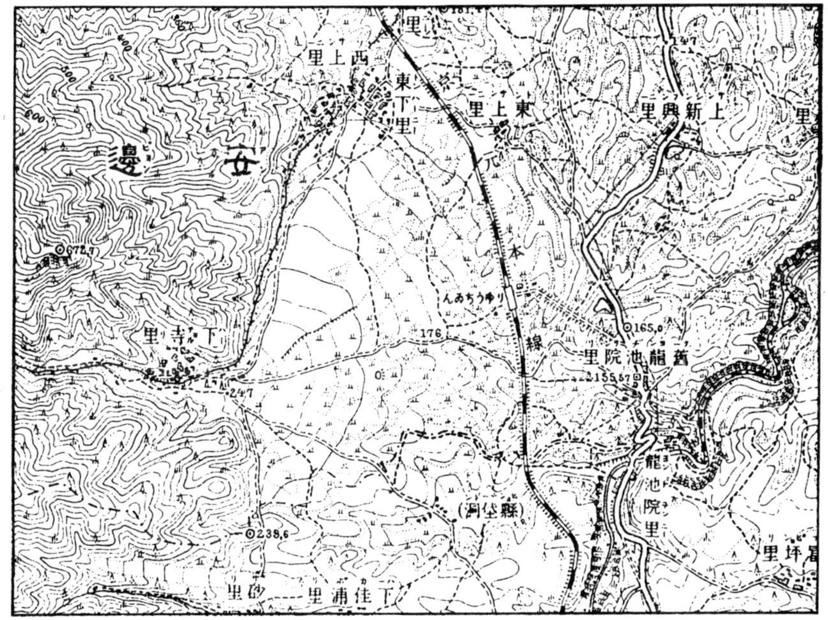

그림 4-27. 추가령구조곡의 석왕사선상지

곡구를 중심으로 등고선이 동심원상으로 배열되어 있다. 산기슭을 따라 북쪽의 서상리(西上里)로 흘러가는 하천의 유로가 깊게 파였다. 논과 밭 사이에 낮은 단애가 표시되어 있다. 용암대지에 형성된 안변 남대천의 협곡이 보인다.

골짜기의 하상이 낮아지기 때문인데, 이러한 경우에는 하천의 토사가 모두 선단부(扇端部)로 운반되며, 기존 선면 아래에 새로운 선면이 형성된다. 그림 4-26은 하나의 선상지에서 어떻게 일련의 선면이 형성되는지를 보여준다. 오랜 선면과 그렇지 않은 선면은 고도뿐만 아니라 토양의 발달, 퇴적물의 풍화, 선면의 경사 등에서 상당한 차이를 보인다. 하도가 깊게 파여 홍수시에도 하천이 흘러넘치지 않는 선면, 즉 토사를 공급받지 못하는 선면의 퇴적층은 일반적으로 최후빙기(最後氷期) 또는 그 이전에 쌓인 것이다.

우리나라는 이른바 노년기 지형이 탁월하여 선상지의 발달이 저조한 것으로 알려졌다. 그러한 가운데서도 안변의 추가령구조곡의 석왕사선상지, 경남 사천의 사천선상지, 강릉의 금광평선상지

등은 우리나라의 주요 선상지로 일찍부터 소개되었다. 그림 4-27의 석왕사선상지에서도 등고선의 모양을 보면 하천이 곡구를 벗어나면서 선면 밑으로 깊게 파인 물길을 흐르는 것 같다. 이곳의 물길은 곡구에서 북쪽의 산기슭을 따라 서상리(西上里)를 향해 뻗어 있다. 사천선상지와 금광평선상지에서도 선면 밑으로 흐르는 하천과 단구화된 선면을 볼 수 있다.

선상지는 이밖에도 곳곳에서 관찰된다. 우리나라는 추가령구조곡과 같이 지질구조선을 따르는 직선상의 골짜기가 적지 않으며, 선상지는 이러한 구조곡의 연변에 널리 발달되어 있는 것 같다. 경주~영천간 구조곡의 건천(乾川)지역,[8] 양산단층(梁山斷層)의 주변,[9] 경주~울산간 구조곡의 외동(外洞)지역에서 여러 선상지를 볼 수 있다. 이들 선상지는 한때 산록완사면으로 해석되기도 했다.

한편 선상지는 사력층으로 이루어져서 밭으로 이용된다고 소개된다. 과거에는 범람원의 자연제방처럼 선상지도 거의 밭으로만 이용되었다. 그러나 선상지의 퇴적층이 모래와 자갈로만 이루어져 있는 것은 아니고, 곡구에 저수지를 축조하여 관개용수가 확보된 곳에서는 밭이 논으로 많이 바뀌었다. 사천선상지에서는 밭을 보기가 어려워진지 오래다.

천정천과 선상지 하상(河床)이 농경지로 이용되는 주변의 평지보다 높은 하천을 천정천(天井川)이라고 한다. 심한 경우에는 평지와 하상간의 비고가 10m를 넘으며, 그 밑으로 자동차도로의 터널이 뚫리기도 한다. 산지나 구릉지에서 평지로 흘러나오는 작은 하천을 둑으로 고정시켜 놓으면 토사가 둑 안에만 쌓이며, 결국 하상이 주변의 평지보다 높아지게 된다. 이러한 하천은 집중호우시에 둑이 터지면 주변의 농경지를 휩쓴다. 그래서 농경지를 수해로부터 보호하기 위해 둑을 높이면 이에 발맞추어 하

8) 魏相復, 1982, 乾川地域의 扇狀地 地形發達, 경북대 대학원 석사학위 논문.
9) 曺華龍, 1997, "梁山斷層 주변의 지형분석," 대한지리학회지, 32: 1~14.

그림 4-28. 천정천(포항시 연일읍)
둑이 높다. 형산강 남쪽의 산지에서 흘러나오는 작은 하천의 것이다. 오래 전에 유로를 돌려 놓았으나 지금도 둑이 남아 있다. -1972

상이 또 높아지게 된다.

우리나라의 천정천은 일반적으로 건너뛸 수 있을 정도로 작고, 둑이 물길을 따라 구불구불하게 쌓여 있으며, 비가 내릴 때만 물이 흐른다. 그리고 산지나 구릉지에서 멀어질수록 둑이 점점 작아지고, 하상이 주변의 농경지보다 낮아진다(그림 4-28). 천정천의 발달 원리는 선상지의 그것과 유사하다. 선상지와 더불어 천정천이 많은 일본에서는 이 두 지형이 대개 결부되어 있다.

하상이 매우 높은 천정천은 오랜 세월에 걸쳐 형성된 것이다. 이러한 천정천은 물길을 둑으로 고정시킬 때부터 발달되어 온 것이기 때문에 농경지의 개발과 역사를 같이 한다고 추측할 수 있다. 구불구불한 둑도 그 기원이 대단히 오랜 과거로 소급된다는 것을 암시한다. 천정천 중에는 용배수로(用排水路)가 근래에 따로 조성되어 비가 내려도 물이 흐르지 않고 둑만 남은 것도 있다.

황하(黃河)는 세계적인 대하천임에도 불구하고 천정천으로 유명하다. 황하는 반건조지역에 속한 황토고원에서 깎인 토사를 대단히 많이 운반하는데(표 4-1), 천정천은 황토고원의 출구인 삼먼샤(三門峽)의 협곡을 벗어나 삼각주성 충적평야인 화북평야로 진입하는 곳에서부터 형성되어 있다. 화북평야에서는 큰 홍수로 황하의 제방이 터질 때 수해를 막심하게 입었고, 물이 엉뚱한 방향으로 흘러가 유로를 원래의 상태로 되돌리지 못하는 수가 많았다. 황하의 유로는 과거에 여러번씩이나 크게 바뀌었다. 현재의 유로는 1852년 이래의 것이고, 그 이전에는 하구가 산뚱반도 남쪽으로 나 있었다. 천정천으로는 지류가 유입하지 못한다. 화북평야에서는 황하의 지류를 볼 수 없다.

삼각주

하천이 바다나 호소로 유입할 때는 유속의 격감으로 운반하던 토사를 하구와 그 주변에 집중적으로 쌓아 삼각주(三角洲, delta)를 이루어 놓는다. 삼각주는 범람원의 연장선상에서 형성되는 지형으로 침수피해가 적은 자연제방 이외에는 인간이 살기에 적합하지 않다. 그러나 우리나라의 낙동강삼각주(김해평야)와 압록강삼각주(용천평야)를 포함하여 양쯔강삼각주·갠지스강삼각주·나일강삼각주·론강삼각주·라인강삼각주 등 인구조밀지역의 삼각주는 대부분 비옥한 농토로 개발·이용되고 있으며, 농업의 면에서 그 중요성이 상당히 크다. 삼각주는 담수와 해수가 만나는 육지와 바다 사이의 점이지대로 생태계의 면에서도 특수한 위치에 있다. 삼각주는 하천이 호소로 유입할 때도 형성되지만 이러한 삼각주는 대개 작다.

큰 하천은 단일 유로를 유지하다가 삼각주에 들어와서 여러 갈래의 분류(分流)로 갈라지는 것이 보통이다. 압록강과 낙동강 삼각주의 대부분은 일련의 분류로 둘러싸인 다수의 하중도(河中島)로

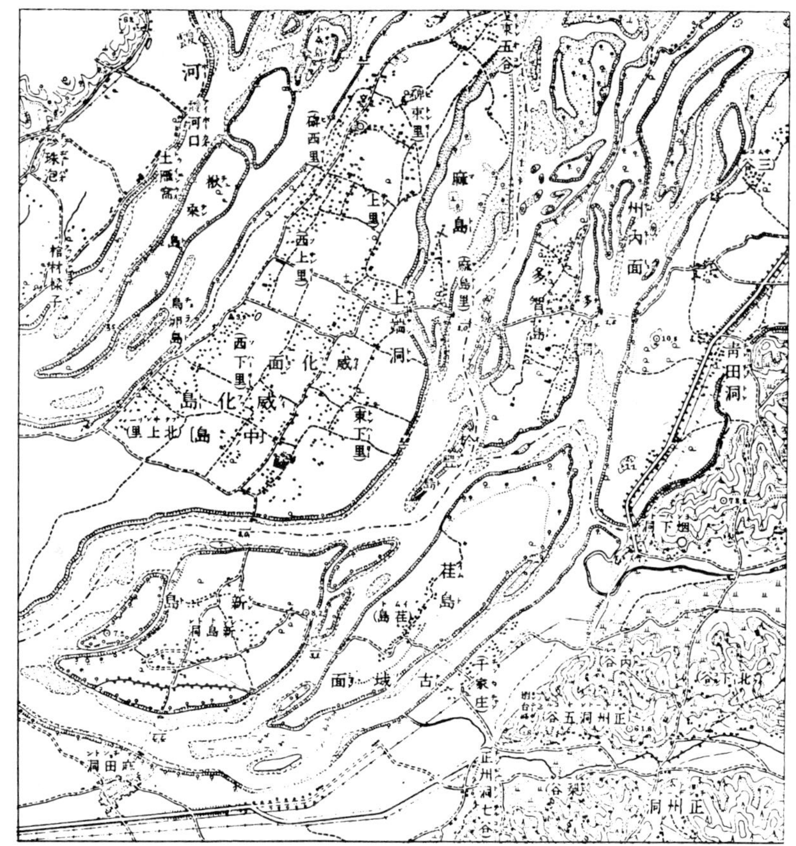

그림 4-29. 압록강삼각주의 망류하도

압록강의 물길이 여러 갈래로 갈라졌고, 물길들 사이에 길쭉한 모양의 섬이 많이 형성되어 있다. 1 : 50,000 지형도를 줄인 것이다.

이루어졌다(그림 4-29). 이들 하중도는 삼각주가 바다로 성장해 나가는 과정에서 형성된 것이기 때문에, 분류에 면한 주변부는 자연제방의 발달로 높고 중앙부는 낮아 전체적인 모양이 납작한 분지처럼 생겼다.

삼각주의 윤곽은 하천의 토사유출량, 해안선, 파랑 및 조석과 같은 해황 등에 따라 다양하게 형성된다. 그럼에도 불구하고 삼각주라고 부르는 것은 고대 그리스의 헤로도투스가 나일강이 카이로

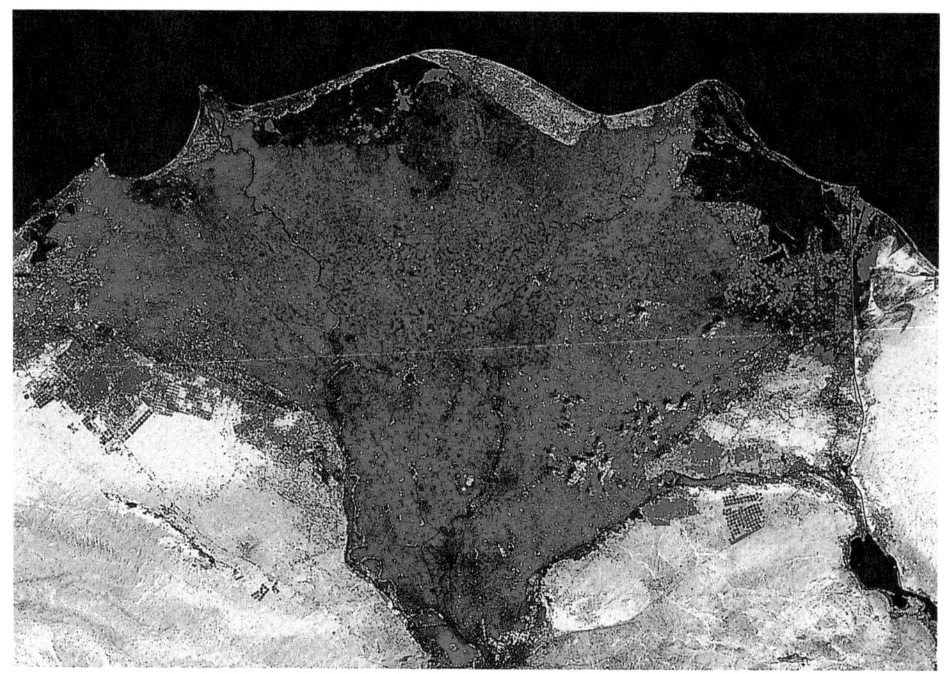

그림 4-30. 우주선에서 본 나일강의 호상삼각주
검게 보이는 부분이 농경지로 이용되는 삼각주로 주변의 사막과는 대조적이다. 두 개의 주요 분류의 하구가 바다로 뾰족하게 돌출했다.

를 벗어나면서 지중해를 메워 만들어 놓은 충적지형을 '델타'라고 지칭했기 때문이다. 델타는 그리스어로 삼각형을 뜻한다.

나일강삼각주는 전면의 윤곽이 볼록하여 호상삼각주(弧狀三角洲, arcuate delta)라고 불리운다. 카이로 부근에서 나일강은 두 개의 큰 분류로 갈라지는데, 동쪽 분류의 하구(Damietta mouth)와 서쪽 분류의 하구(Rosetta mouth)가 바다로 돌출해 있고, 이들 하구의 양쪽 해안에는 윤곽이 전체 삼각주와는 달리 오목한 사빈이 발달되어 있다(그림 4-30). 사빈의 뒤에는 석호도 나타난다. 나일강은 세계적인 대하천으로서는 유량이 적지만 지중해의 조차가 아주 작아서 상당히 넓은 삼각주를 형성할 수 있었다. 그런데 1964년에 아스완댐이 건설된 이후 토사유입량이 격감하여 특히 삼각주 전면

그림 4-31. 우주선에서 본 미시시피강의 조족상삼각주
대륙붕 말단의 깊은 바다로 뻗어나간 몇개의 주요 분류를 따라 자연 제방이 좁고 길게 형성되어 있다. 윤곽이 새의 발가락처럼 생겼다.

에서는 침식과 침수에 의한 피해를 심하게 겪게 된 것으로 알려졌다. 지금과 같은 추세가 계속되면 100년 후에는 많은 농경지와 함께 삼각주 전면의 양쪽 끝에 자리한 항구도시인 인구 100만의 알레산드리아와 50만의 포트사이드가 바닷물에 잠길 것이라고 한다.

미시시피강삼각주는 여러개의 분류가 새의 발가락처럼 바다로 돌출해 있어서 조족상삼각주(鳥足狀三角洲, bird-foot delta)라고 불리운다(그림 4-31). 조족상삼각주는 미시시피강이 막대한 양의 토사를 운반하는 데도 불구하고 면적이 늘어나지 않으며, 사우스웨스트패스(Southwest Pass), 사우스패스(South Pass), 노스이스트패스(Northeast Pass) 등의 주요 분류는 바다로 더 이상 뻗어나가지 않는다. 그 까닭은 삼각주 전체가 침강하는 데다가 이들 분류가 대

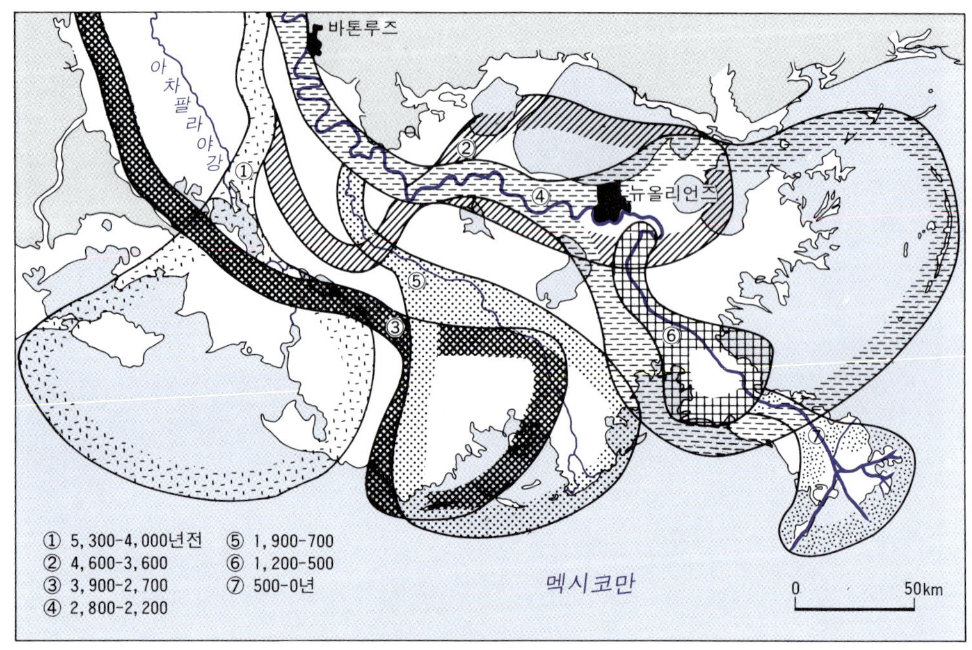

그림 4-32. 미시시피강삼각주의 발달

미시시피강삼각주는 7개의 아(亞)삼각주로 이루어졌다. 바다로 심하게 돌출한 조족상삼각주는 전체 삼각주의 일부분에 불과하다. 각 아삼각주의 명칭과 형성년대가 기입되어 있다.

륙붕 말단까지 뻗어나가 있어서 토사의 대부분이 깊은 바다로 유실되기 때문이다. 그런데 조족상삼각주는 전체 미시시피강삼각주의 한 아삼각주(亞三角洲, subdelta)일 뿐이다. 미시시피강은 후빙기의 해면이 현재의 수준에 거의 도달한 이후 유로를 여러번 크게 바꾸었으며, 전체 미시시피강삼각주는 이들 유로와 관련된 7개의 아삼각주로 이루어졌다(그림 4-32). 연대가 오랜 아삼각주의 해안선이 들쭉날쭉한 것은 토사를 공급받지 못하게 된 이후 해안선의 후퇴와 더불어 땅이 바다 밑으로 많이 가라앉았기 때문이다. 조족상삼각주 이외의 여러 아삼각주는 수심이 얕은 대륙붕의 안쪽에서 형성되고 분류의 발달도 양호하여 원래의 해안선이 호상(弧狀)이었을 것으로 추측된다.

오늘날 미시시피강의 유량 중 약 30%는 바톤루즈(Baton Rouge) 상류에서 갈라져나간 아차팔라야강(Atchafalaya River)으로 흘러간다(그림 4-32). 인위적으로 조절하지 않으면 훨씬 많이 이곳으로 흘러가게 되었을 것이다. 1950년대 이후 이 강의 하구에서는 새로운 삼각주가 성장해 왔다. 미시시피강이 이곳으로 완전히 옮겨가면 바다에 이르는 유로의 길이가 약 300km나 짧아진다. 자연상태로 방치하면 미시시피강의 유로는 과거에 그랬던 것처럼 바뀌게 마련이다. 미시시피강은 큰 선박이 내왕하는 수로로 중요하고, 연안에는 뉴올리언스·바톤루즈와 같은 도시 이외에도 많은 산업시설이 들어서 있다. 조족상삼각주는 비정상적일 만큼 바다로 많이 돌출해 있으나 현재의 유로를 유지시킬 수밖에 없다.

조차(潮差)가 큰 해안에서는 하구로 운반되는 토사를 조류가 제거하므로 삼각주가 잘 발달하지 않는다. 북해와 황해는 조차가 크다. 북해로 유입하는 테임즈강·센강·르와르강·가론강, 서해로 유입하는 우리나라의 여러 하천은 삼각주가 발달하지 않아 하구가 이른바 삼각강(三角江)의 모양을 하고 있다. 그러나 조차가 커도 하천의 토사유출량이 많으면, 양쯔강이나 라인강의 경우처럼 거대한 삼각주가 형성될 수 있다. 그림 4-33은 1900년경의 금강 하구의 간석지를 보여준다. 지금은 군산·입이도·오식도를 연결하는 선 남쪽의 간석지가 여러 차례의 대규모 간척사업에 의해 거의 육지로 바뀌었으나, 전체적인 윤곽이 삼각주나 다름없다. 금강 하구의 대조차는 약 6m로 인천의 약 8m보다 훨씬 작다.

동해안은 조차가 극히 작고 파랑의 작용이 활발하며 수심이 갑자기 깊어진다. 때문에 태백산맥과 함경산맥에서 흘러내리는 하천들이 바다로 유출하는 토사는 파랑과 연안류에 의해 해안선을 따라 운반되면서 사빈에 쌓인다. 사빈과 해안사구의 뒤에는 크고 작은 충적평야가 펼쳐진다. 이러한 유형의 해안충적평야를 '평활한 해안선을 가진 삼각주'라고 구분하기도 한다.[10)]

10) 井關弘太郎, 1972, 三角洲, 朝倉書院, p. 24.

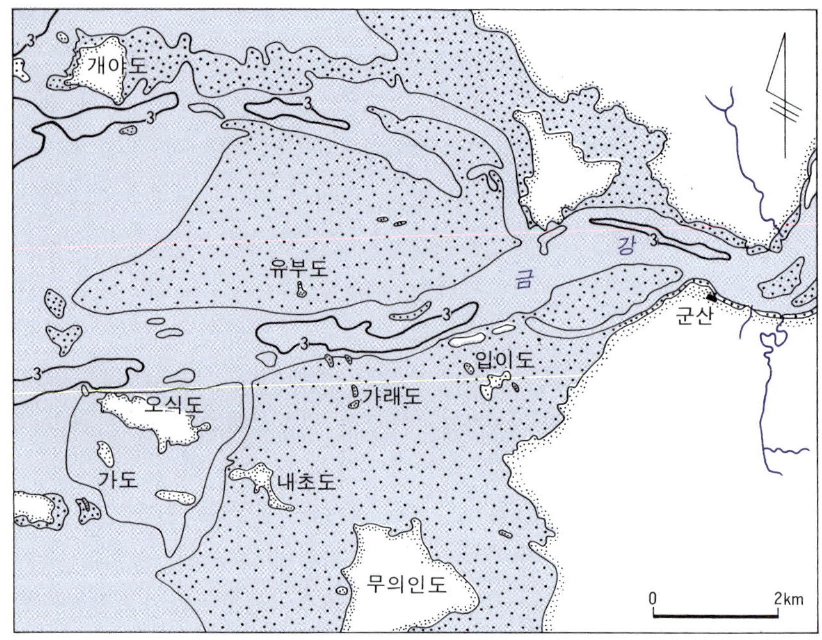

그림 4-33. 1900년경의 금강하구의 간석지

이곳의 간석지는 금강의 토사로 이루어졌다. 군산·입이도·오식도를 연결하는 선 이남의 간석지는 거의 전부 간척에 의해 육지가 되었다.

낙동강 삼각주 낙동강 삼각주(洛東江三角洲)는 구포 부근까지 들어왔던 만이 낙동강의 토사로 메워짐으로써 형성된 지형이다. 낙동강은 토사유출량이 많고, 하구에서의 대조차가 약 1m에 불과하다. 낙동강 삼각주는 주로 하천에 의해 형성된 부분과 삼각주가 바다로 성장해 나갈 때 파랑의 영향을 크게 받으면서 형성된 두 부분으로 이루어졌다.

낙동강은 양산협곡을 벗어나면서 두 개의 큰 분류로 갈라지며, 이들 분류에서 다시 2차적인 분류들이 갈라진다. 그리고 일련의 분류는 삼각주의 대부분을 이루고 있는 대저도·맥도·일웅도·을숙도 등의 하중도를 에워싸고 있다. 이들 하중도는 물이 흐르는 방향으로 형성되어 고구마처럼 생겼다.

낙동강 삼각주는 최전방에 그림 4-34에서 보는 바와 같이 동서

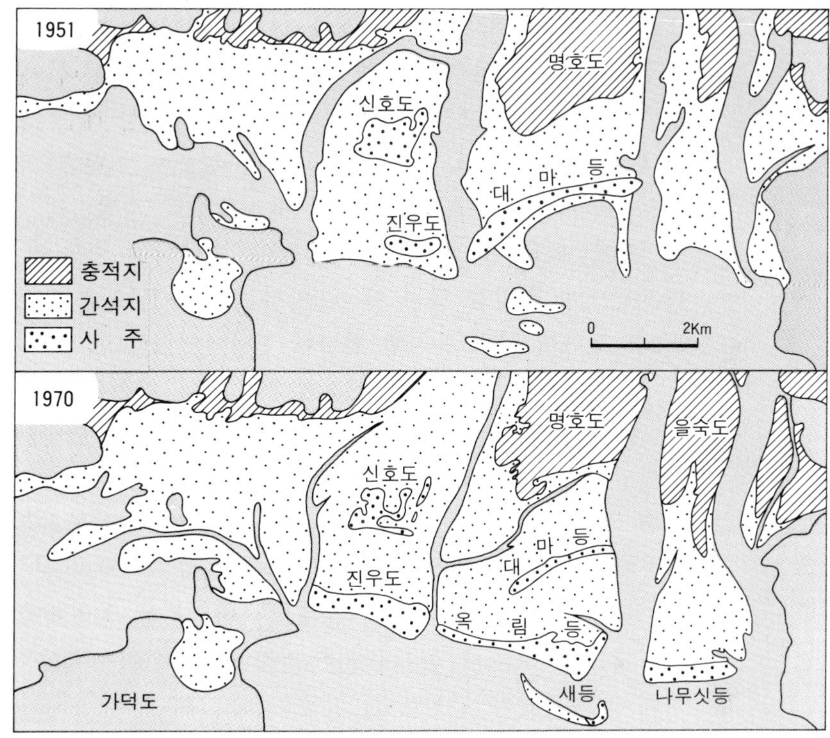

그림 4-34. 낙동강삼각주의 사주와 간석지

삼각주가 사주와 간석지의 발달을 통해 성장하고 있다. 명호도 서쪽의 수로는 서낙동강이 녹산수문으로 막히고 물이 흐르지 않게 됨에 따라 크게 좁아졌다. 간석지가 서쪽으로 확장되어 나갔음이 확인된다.

방향의 여러 사주(砂洲)가 가로놓여 있는 점이 특이하다. 사주는 바다로 유출된 모래가 파랑에 의해 육시쪽으로 밀어붙어져서 형성된 것으로 이 지역에서는 이것을 '등'이라고 부른다. 새로운 사주가 형성되면 그 뒷부분은 토사가 빨리 쌓여 간석지로 변하며, '대마등' 처럼 간석지 안에 갇히는 사주는 파랑에 의한 토사공급의 차단으로 침식을 받아 축소되기 시작한다. 명호도(鳴湖島)에서는 열촌(列村)이 들어선 비치리즈(beach ridge)도 볼 수 있다. 그림 4-34는 사주와 간석지가 서쪽으로 성장하고 있음을 보여준다. 서쪽으로 성장하는 것은 연안류가 서쪽으로 흐르기 때문이다.

낙동강은 1987년에 하구둑으로 막혀버렸다. 그러나 그 후에도 하구의 전면에서는 간석지가 넓어지는 동시에 등들이 새로 생겨나는 현상이 일어나고 있다. 강물이 바다로 유입할 때는 토사가 하구에서 바깥으로 멀리 제거된다. 그러나 강물이 차단된 이후에는 바다로 제거되었던 토사를 파랑이 육지쪽으로 활발하게 밀어부치기만 하기 때문에 그와 같은 현상이 일어나는 것으로 짐작된다. 1930년대에 죽림강 또는 서낙동강이 '녹산수문'으로 막혀버렸을 때도 그 전면에 이와 유사한 현상이 일어났었다(그림 4-34).

오늘날 거의 전부가 부산광역시에 들어 있으나 여전히 김해평야(金海平野)라고 불리우는 낙동강 삼각주는 거의 갈대만 무성하게 자라던 습지(濕地)였다. 김해평야가 본격적으로 개발되기 시작한 것은 1930년대에 대저제방(大渚堤防)을 축조하고 낙동강을 동쪽 분류로만 흐르게 하면서부터였다. 낙동강이 두 개의 큰 분류로 갈라지는 곳에 형성된 대저도(大渚島) 상단부의 자연제방은 해발고도가 약 8m로 전체 삼각주에서 가장 높은데, 이곳에서는 일제강점기에 과수재배가 활발했고, 지금도 배 과수원이 조금 남아 있다. 명호도(鳴湖島)는 고도가 이보다 낮지만 바다에서 가까워 홍수피해가 적었으며, 지면이 다소 높은 비치리즈에는 조선시대에도 취락이 들어서 있었다. 명호도에서는 토양이 사질(砂質)이어서 '대파'가 많이 재배된다.

제 5 장 침식윤회

이 장의 개요

침식윤회설은 미국의 데이비스에 의해 19세기 초에 확립되었다. 침식윤회의 골자는 평평한 땅이 높게 융기하면 유년기 · 장년기 · 노년기를 거쳐 준평원에 도달한다는 것이다. 한번의 윤회가 끝난 후 땅이 높게 융기하면 윤회가 처음부터 다시 시작된다. 하안단구는 지형학에서 중요하게 다루어지는 주제 중의 하나로 지반의 간헐적 융기 이외에 빙하성 해면운동, 기후변동 등과 관련해서 형성된 것도 많다. 대하천 하류의 넓은 하안단구는 최후간빙기의 범람원으로부터 발달한 충적단구이다.

침식윤회는 거시적인 지형을 설명하는 데 알맞은 하나의 틀이다. 곡류하천 · 감입곡류하천 · 하안단구 · 고위평탄면 등과 같은 지형도 침식윤회설이 등장하면서 본격적으로 연구되기 시작했다. 그러나 침식윤회설은 실증적인 연구의 뒷받침이 적은 상황에서 제창되어 적지 않은 허점을 지닌 관계로 신랄한 비판을 받기도 한다. 우리나라의 일부 지형을 해석하는 데 있어서도 침식윤회설을 적용하는 과정에서 적지 않은 오류가 발생하기도 했다.

동적평형설(動的平衡說)은 침식윤회설의 대안으로 제시된 학설 중의 하나이다. 이 학설도 현대지형학을 형태(form)와 형성작용(process)의 관계를 구명하는 학문으로 발전시키는 데 크게 공헌했으나 거시적인 지형을 설명하는 데는 한계가 있다.

▲ **콜로라도고원의 침식** 지표의 침식은 하천에 의해 주도된다. 콜로라도강의 한 지류로 콜로라도고원에 깊은 협곡을 파 놓았다. 콜로라도고원은 수평지층으로 이루어졌다. 수평지층에는 협곡이 잘 생긴다.

5.1
정규침식윤회

미국의 데이비스(W. M. Davis, 1850~1934)는 온난습윤기후지역에서 주로 유수에 의해 진행되는 침식윤회를 정규침식윤회(正規侵蝕輪廻, cycle of normal erosion)라고 규정하고, 이것을 지표의 기복이 유년기·장년기·노년기 등 일정한 방향을 따라 밟아가는 진화(進化)의 기본으로 삼았다. 건조기후지역이나 빙설기후지역에서는 지표의 삭박과정에서 유수의 역할이 상대적으로 줄어들거나 유수 이외의 기구가 주도적인 역할을 한다. 이러한 기후지역의 지형은 우리가 살고 있는 온난습윤기후지역의 지형과 여러 면에서 상당히 다른데, 데이비스 학파의 지형학자들은 건조기후나 빙설기후를 정규적이 아닌 기후, 즉 '기후적 사변(climatic accident)'에 의한 기후로 간주했다. 빙식지형의 발달과정을 기술할 때 온난습윤기후지역의 산지를 원초적인 지형으로 제시하는 것은 이러한 이유 때문이다.

정규침식윤회를 설명하기 위해 데이비스는 우선 바다 밑에서 급격히 융기한 후 안정상태를 유지하는 고원상의 평평한 원지형(原地形, initial landform)을 가설로 내세웠다. 고도가 낮은 평야가 융기하여 원지형이 될 수도 있나. 원지형이 주로 하천의 침식을 받으면서 진화해가는 과정을 간단히 소개하면 다음과 같다.

급격히 융기하던 지반이 안정상태에 이르면, 원지형이 개석되면서 유년기(幼年期, stage of youth)가 시작된다. 온난습윤기후지역에서는 강수량이 풍부하여 곧 하계(河系)가 발달하며, 하천의 하방침식이 활발하여 사면의 경사가 30° 이상에 이르는 V자형 단면의 골짜기 또는 하곡이 파인다. 암석이 풍화작용을 받고, 풍화작용에 의해 생산되는 암설이 토양포행과 우세에 의해 제거되므로 사면이

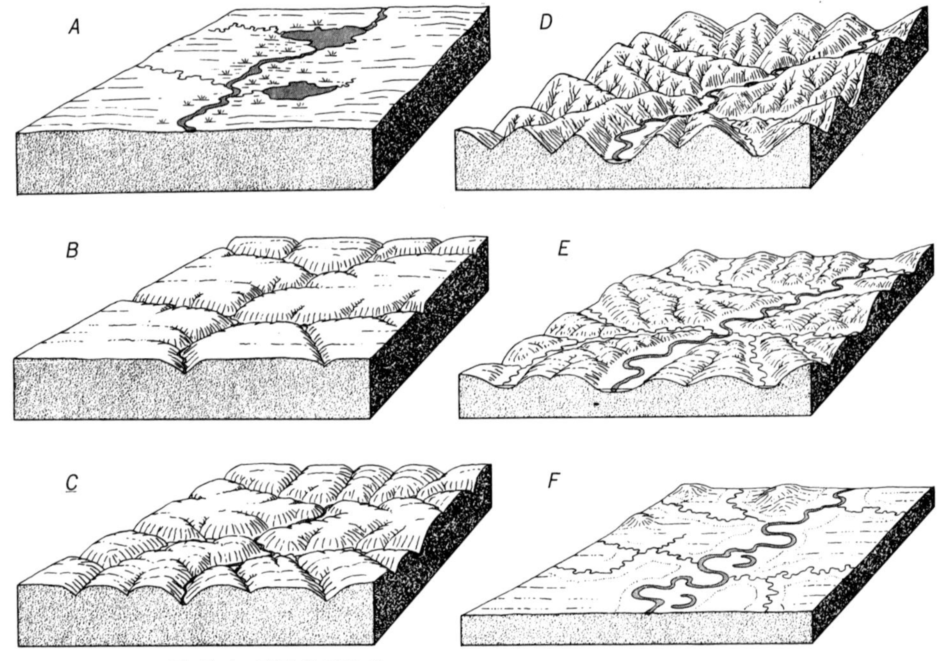

그림 5-1. 정규침식윤회

A는 원지형, B와 C는 유년기, D는 장년기, E는 노년기, F는 준평원이다. 이 틀에 의하면 기복이 장년기에 최대로 증가하고, 미앤더는 노년기~준평원 단계에 발달한다.

후퇴하는 가운데서도 V자형 단면은 계속 유지된다. 유년기에는 평평한 원지형이 하곡과 하곡 사이의 분수계에 넓게 남아 있으며, 이러한 곳에는 호소나 습지가 분포한다. 원지형은 하곡이 깊어지고 확장됨에 따라 점점 좁아진다. 그리고 하곡의 곳곳에는 폭포나 급류가 나타난다.

원지형이 대부분 산릉으로 변하면 전체적인 지형은 유년기에서 장년기(壯年期, stage of maturity)로 넘어간다. 장년기에는 산릉이 첨예해지는 이외에 하상과 산릉간의 기복이 절정에 이르며, 원지형은 산정부에 부분적으로만 남아 있는다. 그리고 본류와 주요 지류의 하방침식이 둔화되고 측방침식이 상대적으로 우세해지면 범람원이 발달하기 시작한다.

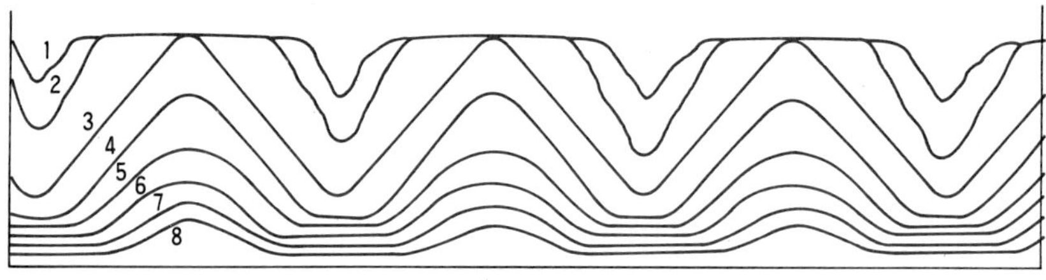

그림 5-2. 분수계소모에 의한 사면의 진화

1과 2는 유년기, 3은 조장년기, 4와 5는 중장년기, 6은 만장년기, 7과 8은 노년기~준평원 단계에서 예상되는 사면이다. 사면의 경사가 장년기 이후에는 점점 완만해진다. 분수계소모는 침식윤회설의 여러 개념 중에서 비판을 많이 받는 것 중의 하나이다.

장년기 후기, 즉 만장년기(晩壯年期)에는 기복이 작아지고 범람원이 넓어지며 산릉이 둥글어지고 사면의 경사가 완만해진다. 기복이 작아지고 사면의 경사가 완만해지는 까닭은 하방침식에 의해 하곡이 깊어지는 것보다 빨리 토양포행과 우세에 의해 산릉이 낮아지기 때문이다. 데이비스는 이러한 현상을 분수계소모(分水系消耗, divide wasting)라고 불렀다(그림 5-2). 그리고 만장년기의 산지에서는 풍화작용에 의한 암설의 생산량과 토양포행 및 우세에 의한 암설의 제거량 사이에 균형이 유지되며, 따라서 전체 사면이 균일한 두께의 토양층으로 덮이게 된다.

노년기(老年期, stage of old age)는 지형의 진화속도가 매우 느려서 유년기와 장년기보다 훨씬 오래 계속된다. 노년기에는 산지가 아주 완만한 경사의 구릉지로 변하고, 이러한 구릉지에서는 토양포행과 우세가 크게 둔화되므로 사면이 두꺼운 풍화층으로 덮이게 된다. 그리고 하곡은 하천의 측방침식에 의해 크게 넓혀지고, 넓은 범람원을 관류하는 하천은 곡류하천(meander)으로 변하면서 우각호(牛角湖)를 연변에 많이 만들어 놓는다. 일부 하천은 유량이 줄어든다. 기복이 작아지면 강수량(지형성강수)이 적어지고, 풍화층이 두꺼워지면 투수성이 높아져서 빗물의 지표유출률이 낮아지기 때문이다.

노년기 말에는 지표면이 전반적으로 침식기준면인 해면에 아주

가까워지는 동시에 평탄면(平坦面, planated surface)이 넓게 형성되며, 주요 분수계를 중심으로 침식에 강한 경암부만 우뚝한 잔구(殘丘), 즉 모내드노크(monadnock)로 남는다. 데이비스는 기복이 아주 작은 노년기 말의 침식평원을 준평원(準平原, peneplain)이라고 불렀다.

지표가 침식을 받는 과정에 중점을 둔 이상과 같은 데이비스의 침식윤회설은 비판을 받고 있다. 그러나 여러 면에서 결함을 적지 않게 지니고 있음에도 불구하고 지형의 발달을 거시적으로 설명하는 하나의 틀로서는 훌륭하다.

한반도 중부의 침식윤회와 산맥

우리나라 중부지방의 동서단면을 보면, 태백산맥이 동해쪽에 치우쳐 있어서 동해사면은 좁고 급하며, 서해사면은 넓고 완만하다. 중부지방의 이와 같은 비대칭적 동서단면은 그 축이 동해쪽에 치우쳐진 요곡융기(撓曲隆起)에 기인하는 것인데, 한반도는 중생대 백악기 이래 평탄화되었다가 신생대 제3기(第三紀) 중엽부터 융기하기 시작하여 지금과 같은 모습을 보이게 되었다. 요곡융기란 지각이 광범하게 휘면서 상승하는 지각변동을 가리키는 것이고, 태백산맥 중심의 비대칭적 지형은 흔히 경동지형(傾動地形)이라고 불리운다.[1)]

오대산에서 태백산에 걸친 지역에는 해발 900m 이상의 고도에 기복이 작고 사면의 경사가 완만한 지형이 널리 분포한다. 이러한 지형은 화강암·편마암·편암·석회암 등 여러 종류의 암석을 가로지르고 있어 요곡융기 이전의 평탄면을 대표하는 것으로 해석되며, 고위평탄면(高位平坦面)이라고 불리운다. 해발고도가 1,500m에 가깝거나 그 이상인 오대산·발왕산·가리왕산·함백산·태백산 등

1) 한때 우리나라 중부지방의 동서단면이 '경동지괴(傾動地塊)'로 설명되었다. 경동지괴는 단층작용에 의해 형성된 비대칭적 단면의 산맥에 적용되는 용어이다. 태백산맥이 비대칭적 요곡운동에 의해 형성된 것이라면 경동지괴라는 용어를 사용할 수 없다. '경동지형'은 기술의 편의상 사용되는 표현이다.

은 고위평탄면 위의 고립 산봉우리라고 언급되기도 한다.[2)]

고위평탄면은 태백산맥의 분수계에서 서쪽으로 갈수록 점점 낮아져서 충주 부근에서는 해발 600~700m, 남한산성에서는 해발 400~500m의 고도에 분포하며, 그 면적이 협소해진다. 남한산성은 고위평탄면을 이용하여 쌓은 대표적인 산성이다.

고위평탄면이 해체됨으로써 발달한 소기복의 침식지형은 저위평탄면(低位平坦面)이라고 불리우며, 여주·이천지방에서 그 예를 볼 수 있다. 여주·이천지방에는 해발고도가 100m 이하이고, 범람원과의 비고(比高)가 50m 미만에 불과한 구릉지가 넓게 발달되어 있다. 중부지방의 이와 같은 2윤회성 지형에 대하여 최초로 주목한 사람은 일본인 지질학자 고바야시(小林貞一, 1931)이다. 그는 고위평탄면이 삼척시의 육백산(1,244m) 정상부에 전형적으로 나타나는 것으로 간주하여 이를 육백산면(六百山面), 저위평탄면이 여주·이천지방에 전형적으로 나타나는 것으로 보고 이를 여주면(驪州面)이라고 명명했다. 그는 강릉 중심의 동해안에도 저위평탄면이 분포하는 것으로 보고 이를 영동면(嶺東面)이라고 불렀다. 그후 일본인 지형학자 요시가와(吉川虎雄, 1947)는 고바야시의 견해를 보완하는 입장에서 저위평탄면인 여주면을 고도에 따라 대관령면·하진부면·제천면·충주면으로 세분하고, 이들 면을 지반의 간헐적 융기와 관련지워 설명했다. 대관령면은 영동고속도로가 통과하는 횡계지역에 넓게 펼쳐지는 해발 800m 내외의 고원상의 지형을 가리키는 것인데, 요시가와에 의하면 해발고도가 상당히 높은 데도 불구하고 '저위' 평탄면에 속한다.

우리나라 지형학의 개척자인 김상호(1980)는 요시가와의 견해를 대체로 받아들이다가 입장을 바꾸어 고위평탄면 아래에는 저위평탄면과 '중간평탄면'이 있을 뿐이라는 의견을 피력했다.[3)] 충주·

2) 金相昊, 1973, "中部地方의 侵蝕面地形硏究," 서울대학교 논문집(이공계), 21: 85~114.

3) 金相昊, 1980, "韓半島의 地形形成과 地形發達序說," 지리학연구, 5: 1~15.

횡성·원주·여주·서울·김포 등 충주와 원주를 잇는 선 서쪽의 남한강 하류지역과 한강 본류의 연변에는 해발 30~70m의 산록완사면(山麓緩斜面)과 해발 70~80m의 구릉지가 연속적으로 펼쳐진다. 그는 여러 종류의 암석에 걸쳐 나타나는 이러한 지형을 융기량이 작은 요곡융기의 주변부에서 고위평탄면의 빠른 해체에 의해 형성된 것으로 보고, 이를 포괄적으로 저위평탄면이라고 언급했다. 그리고 횡계·하진부·대화·평창·정선·제천 등 충주와 원주를 연결하는 선 동쪽의 남한강 상류지역에는 해발 300~700m에 걸쳐 산간분지들이 발달되어 있다. 이들 산간분지에도 산록완사면의 발달이 양호한 봉고동일성(峰高同一性)의 잔구가 분포한다. 산간분지의 이러한 지형은 차별침식을 잘 받는 화강암에 주로 형성되어 있기 때문에, 그는 평탄화작용의 부분적인 진행에 의해 형성된 것으로 보고 이를 중간평탄면(中間平坦面)이라고 명명했다. 따라서 중간평탄면과 저위평탄면은 개석의 정도만 다를 뿐 동시대적인 지형이라는 것이다.

이와 같이 중부지방의 평탄면을 해석해는 데 있어서 부분적으로는 학자들간의 견해차가 적지 않다. 이러한 차이는 지형을 해석함에 있어 방법론상 현지조사보다는 지형도와 지질도의 판독이 중요시되기 때문에 생기게 된 것 같다. 그리고 논의의 대상이 되고 있는 지형이 대단히 광범한 지역에 걸쳐서 분포하므로 어떤 견해가 옳은지 확인하거나 판단하기가 쉽지 않다. 침식윤회설은 이러한 점에서도 비판을 받는다.

저위평탄면은 중부지방에만 분포하는 것이 아니다. 서해안에 인접한 남부지방의 화강암지역에는 해발고도가 매우 낮은 구릉지가 넓게 발달되어 있다. 동진강유역과 만경강유역 사이의 분수계를 이루고 있는 김제지방의 구릉지는 저위평탄면의 대표적인 예로 전반적인 고도가 해발 25m 내외에 불과하다(그림 5-3). 이곳의 구릉지는 여주·이천지방의 것과 같이 융기량이 적은 경동지형의 주변부에 형성된 것이므로 데이비스의 주변준평원(周邊準平原, marginal

그림 5-3. 김제지방의 저위평탄면
화강암지역에 발달한 저위평탄면으로 기복이 매우 작고 곳곳에 삼림이 분포한다. 사진의 도로는 군산~김제간 29번 국도이다. -1973

peneplain)으로 설명된다.

우리나라의 산맥들도 고위평탄면의 형성과 그 해체의 관점에서 살펴보면 이해하기 쉽다. '등뼈'에 비유하여 척량산맥(脊梁山脈)이라고 일컫는 태백산맥은 비대칭적 요곡융기로 형성되어 줄기가 뚜렷하다. 태백산맥은 동해쪽에서는 병풍을 두른 것처럼 높게 치솟은 산맥으로 보인다. 그러나 그 서쪽에는 험준한 산지가 연속적으로 펼쳐져 어디서 끝나는지 알 수 없다. 태백산맥은 태백산(太白山, 1,567m) 이남의 영남지방에서는 현저히 낮아진다. 반면에 태백산에서 남서쪽으로 갈라져 나간 소백산맥은 험준한 산세와 뚜렷한 줄기를 유지하며, 이른바 백두대간(白頭大幹)의 일부로서 지리산(智異山, 1,915m)에서 끝난다. 소백산맥도 북서사면이 완만하고 동남사면이 급해서 태백산맥처럼 단면이 비대칭적이며, 비대칭적 요곡융기의 또 하나의 축일 가능성이 높다는 의견이 있다.[4]

산맥은 일반적으로 지각변동에 의해 형성되며, 주변지역보다 고도가 월등히 높고 줄기가 뚜렷하다. 그러나 태백산맥과 이의 연장선상에 있는 낭림산맥으로부터 서해안을 향해 비스듬히 '갈비뼈' 모양으로 뻗어나온 것처럼 그려진 지도의 산맥들은 고위평탄면이 개석되는 과정에서 윤곽을 드러내게 된 것이다. 즉 이들 산맥은 중국방향·랴오둥방향 등의 주요 지질구조선을 따라 하곡이 파이고, 하곡과 하곡 사이의 부분이 산지로 남은 것에 불과하다. 때문에 광주산맥·차령산맥 등의 이름이 붙여졌으나 이들 산맥은 태백산맥 가까이에서는 광범하게 연속적으로 펼쳐지는 태백산지의 일부로 나타나며, 서해안으로 갈수록 고도가 낮아지는 한편 줄기 자체가 불분명해져 어디서 시작하여 어디서 끝나는지 확실하지 않다. 지도의 그림이 간소화되었다는 점을 감안하더라도 실제 상황과는 너무 다르다. 근래 우리나라의 산맥들이 사회적으로 비판의 대상이 된 근본적인 원인도 바로 이러한 점에 있다. 지도에 표시되는 것과 같은 '갈비뼈' 모양의 산맥은 없는 것으로 하는 것이 현실적이다.

조선시대의 산경표(山徑表)에 나오는 대간·정간·정맥은 크고 작은 분수계에 붙여진 것이며, 지질학과 지리학에서는 이러한 분수계를 산맥으로 간주하지 않는다. 분수계는 하천의 유역분지를 좁혀 나가면 지질구조와는 무관하게 무수히 많아진다.

4) 宋彦根, 曺華龍, 1989, "韓國에 있어서 嵌入曲流河川의 分布特性," 第四紀學會誌, 3: 17~34.

5.2

침식윤회의 일시적 중단

하천의 회춘 실제의 지형이 한번의 침식윤회를 마치는 과정에서 처음부터 끝까지 중단없이 평탄화작용(平坦化作用, planation)을 받는 경우는 드물다. 한번의 침식윤회가 끝날 때까지 장구한 기간에 걸쳐서 지반이 고정되어 있을 수 없기 때문이다. 하천을 중심으로 진행되던 침식윤회의 일시적 중단현상은 지반이 소폭으로 융기할 때 일어난다. 지반은 고정되어 있고 해면이 하강할 때도 동일한 현상이 일어난다.

하천은 장년기에 접어들면 하방침식이 둔화되며, 측방침식에 의하여 골짜기를 넓히면서 범람원을 형성한다. 하천 연안에 범람원이 형성된 후에 지반이 융기하거나 해면이 하강하면, 하천은 새로운 침식기준면을 향해 하방침식을 활발히 재개하게 된다. 하천의 회춘(回春, rejuvenation)이란 하천의 하방침식이 부활되는 현상을 가리킨다. 하천이 회춘되면, 장년기 이후의 넓은 골짜기에 유년기에 해당하는 V자형의 좁은 골짜기가 파여 두 침식단계의 지형이 함께 나타나기도 한다(그림 5-4).

침식기준면의 변동과 관련하여 일어나는 하천의 회춘현상은 하류에서 시작하여 점차 상류로 옮아가며, 이로 인해 하구 기점의 새로운 하천종단면과 상류쪽의 기존 하천종단면은 경사가 급변하는 천이점(遷移點, knick point)을 사이에 두고 만나게 된다. 천이점에서는 하천이 급류를 이루면서 빨리 흐르기도 하고 폭포를 이루면서 떨어지기도 한다. 천이점이 상류쪽으로 이동하는 과정에서 하상이 깊게 파이면, 하천 연안의 범람원은 하안단구로 변한다. 이러한 경우 하안단구는 천이점 하류에서만 볼 수 있다(그림 5-4).

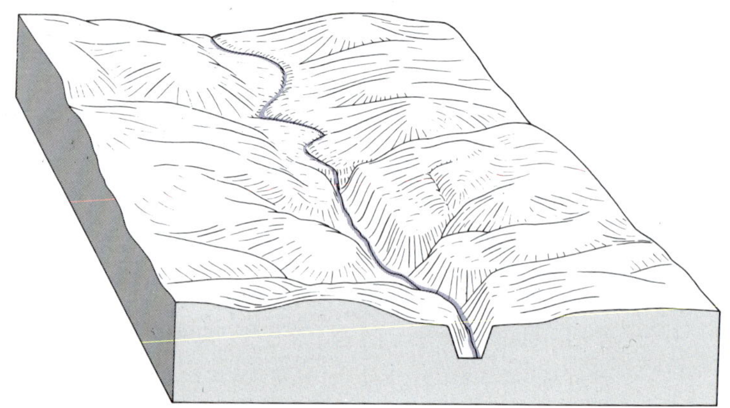

그림 5-4. 하천의 천이점과 하안단구

하안단구는 천이점 아래에 형성된다. 천이점 위와 아래의 골짜기 모양이 다르다. 천이점은 하천의 회춘과 더불어 상류로 이동한다.

하안단구

하안단구(河岸段丘, river terrace)는 범람원보다 지면이 높아 홍수시에도 하천이 범람하지 않는 것이 보통이다. 하안단구의 규모는 하천의 크기를 반영한다. 산간지방의 좁은 골짜기에 형성된 단구는 전체가 한 눈에 들어오는 반면에, 세계적인 대하천 하류의 단구는 너비가 수 킬로미터에 이르기도 한다. 하안단구는 지형학자들이 관심을 가장 많이 보여온 주제 중의 하나이다.

한때는 하안단구의 발달원인으로 지반의 융기만 강조되었다. 그러나 하안단구는 하곡에 토사가 두껍게 쌓인 후 하천의 침식력이 부활되어 하도가 다시 깊게 파일 때도 형성된다. 이러한 현상은 건조기후가 습윤기후로 바뀔 때 일어날 수 있다. 건조기후지역에서는 식물피복이 빈약하여 다량의 토사가 공급되지만, 하천의 유량이 적어서 토사가 하곡에 쌓이는 경향이 있다. 그러나 건조기후가 습윤기후로 바뀌면, 식물피복이 두꺼워져서 토사공급이 줄어드는 반면에 유량의 증가로 하천의 침식력이 왕성해지며, 이로 인해 하도가 깊게 파이면 그 이전의 범람원은 단구로 변하게 된다. 기후변동과 관련하여 형성된 단구는 기후단구(氣候段丘, climatic terrace)라고

그림 5-5. 충적단구
넓은 골짜기에 평평한 충적지가 형성되어 있으며, 그 밑으로 좁은 골짜기가 파이고 이곳을 따라 숲이 우거져 있다. 골짜기가 토사로 매립된 후 하천의 하방침식이 진행되었음이 분명하다. 캘리포니아주.

한다. 그리고 두꺼운 퇴적층으로 이루어진 것은 충적단구(沖積段丘, alluvial terrace)라고 불리운다(그림 5-5). 앞에서 설명한 것과 같은 기후단구는 충적단구에 속한다.

세계적으로 대하천 하류에는 플라이스토세의 빙하성 해면유동과 관련하여 발달한 충적단구가 널리 나타난다. 빙기(氷期)의 도래로 해면이 하강하면, 해면이 높았던 간빙기(間氷期)에 형성된 범람원에는 하도가 깊게 파이며, 따라서 이 범람원은 단구로 변하게 된다. 간빙기가 다시 돌아와 해면이 상승하고 빙기의 침식곡에 새로운 범람원이 들어선 후에도 이러한 단구는 부분적으로 보존될 수 있다(그림 5-6). 대하천 하류에는 하안단구가 여러 단씩 나타나기도 하는데, 일반적으로 최후간빙기의 범람원으로부터 발달한 것은

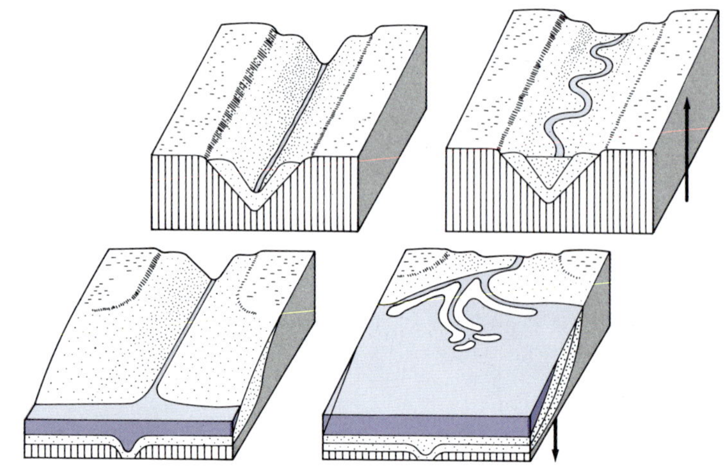

그림 5-6. 해면변동과 충적단구의 발달

미시시피강 하류지역의 예로 왼쪽 그림은 빙기, 오른쪽 그림은 간빙기의 상황이다. 지반이 삼각주에서는 침강하고, 하곡에서는 융기하는데, 그 내용이 화살표로 표시되어 있다. 빙기에는 간빙기에 형성된 하곡의 범람원에 골짜기가 파이고, 이 범람원이 단구로 변한다. 그리고 이 단구는 간빙기가 돌아와 해면이 다시 상승한 후에도 없어지지 않고, 새로 형성되는 범람원 위에 남아 있는다.

[표 5-1] 미시시피강 하류의 하안단구와 빙기·간빙기의 관계

지질시대		빙 기	간빙기	하안단구
제4기	현세			현세층(충적층)
	플라이스토세	Late Wisconsin		(하곡침식)
			Peorian	Prairie
		Early Wisconsin		(하곡침식)
			Sangamon	Montgomery
		Illinoian		(하곡침식)
			Yarmouth	Bentley
		Kansan		(하곡침식)
			Aftonian	Williana
		Nebraskan		

그림 5-7. 한강 하류의 충적단구
비닐하우스가 들어선 부분이 범람원이고, 가옥이 들어선 부분이 단구이다. 단구애 위에 단구면이 넓게 펼쳐진다. 하남시 망원동. -1983

보존이 양호하고 매우 넓다. 미시시피강 하류지역서는 단구들과 간빙기의 관계가 표 5-1에서처럼 설정되었다. 최후간빙기와 관련된 단구는 프레리단구(Prairie Terrace)이다.

최후간빙기의 범람원에서 비롯하는 충적단구는 한강 · 금강 · 삽교천 등 서해로 유입하는 우리나라 주요 하천의 하류에서도 관찰된다. 이러한 단구는 상당히 넓고, 범람원과의 고도차가 작으며, 퇴적층의 뿌리가 범람원 밑으로 뻗어 있는 것이 특색이다. 그리고 넓은 만큼 토지이용의 면에서 매우 중요하다.[5] 한강 하류의 경우에는

5) 權赫在, 1984, "漢江下流의 沖積地形," 고려대학교 사대논집, 9: 79~113; —, 1989, "論山平野," 고려대학교 사대논집, 14: 129~148; 金基佑, 1995, 揷橋川下流의 沖積段丘, 고려대학교 대학원 석사학위논문; 李毅漢, 1998, 錦江下流와 美湖川流域의 沖積段丘, 고려대학교 대학원 박사학위논문.

하남시의 신장동과 서울시의 하일동에 걸친 한강 남안에 너비 1km 내외, 길이 약 4km의 단구가 형성되어 있다(그림 5-7). 이곳의 단구는 세사·실트·점토 등의 표층과 그 밑의 사력층(하상력층)으로 이루어졌으며, 단구의 논에서는 과거에 벽돌의 원토(原土)가 많이 채굴되었다. 벽돌의 원토를 파낸 자리에는 다시 논이 조성되었다. 빙하성 해면운동과 관련된 단구는 규모가 작을 뿐 동해로 유입하는 여러 하천의 하류에도 널리 나타난다.

한편 중위도지방의 하천 상류지역에는 빙기와 간빙기의 교체로 인한 기후변동과 관련하여 형성된 단구가 널리 나타난다. 빙기에는 결빙에 의한 기계적 풍화작용이 활발하여 다량의 암설이 생산·공급되지만, 하천은 유량이 줄어들고 결빙기간이 길어져서 이를 효율적으로 운반·제거할 수 없게 된다. 반면에 간빙기 또는 후빙기에는 암설의 생산량이 감소하는 동시에 유량의 증가로 하천의 침식력이 부활되며, 이로 인해 빙기에 쌓인 하천 연안의 퇴적층은 단구로 변하게 된다. 이러한 단구는 산간지방의 소하천 연변에서 관찰된다. 경북 거창군의 작은 산간분지인 가조분지(加祚盆地)에서는 한때 산록완사면 내지 페디멘트로 해석되던 지형이 빙기에 형성된 여러 단의 단구로 이루어져 있음이 확인되기도 했다. 그러한 확인은 단구퇴적층에서 채취한 토탄의 분석결과와 단구퇴적물이 풍화를 받은 정도에 바탕을 둔 것이다.[6] 최후빙기에 퇴적층이 쌓인 단구는 비교적 큰 하천의 연변에도 나타나는데, 충북 청주에 인접한 미호천 연안의 단구가 그러한 예이다. 이곳의 단구는 한강 하류의 것과 거의 같은 정도로 넓고, 퇴적층의 뿌리가 미호천 범람원 밑으로 뻗어 있다.[7]

하천의 측방침식만으로 형성되는 범람원은 퇴적층이 엷은 것이 보통이다. 지반이 융기하여 이러한 범람원으로부터 발달한 하안단

---

6) 曺華龍·張昊·李鍾南, 1987, "加祚盆地의 地形發達," 第四紀學會誌, 1: 35~45.

7) 李毅漢, 1998, 錦江下流와 美湖川流域의 沖積段丘, 고려대학교 대학원 박사학위논문.

구는 일반적으로 좁은데, 기반암의 침식면에 의해 그 형태가 결정되기 때문에 암석단구(岩石段丘, strath 또는 rock terrace)로 분류된다. 지반운동과 관련하여 형성된 단구는 구조단구(構造段丘, tectonic terrace)라고도 한다. 알프스산지나 일본열도와 같이 지각변동이 활발한 조산대에서는 하천 연안을 따라 구조단구가 여러 단씩 나타난다. 그래서 이들 지역에서는 단구면의 고도 또는 변위(變位)를 통해 지반운동의 내용을 밝히려는 연구가 일찍부터 시도되어 왔다.

한강·낙동강 등의 중상류에 형성된 단구들은 태백산맥의 분수계에 가까울수록 하상과의 고도차가 증가한다. 하상과의 고도차는 지반운동의 양을 반영한다. 그러나 퇴적층이 두꺼운 경우에는 이들 단구가 충적단구인지 암석단구인지 구별하기가 쉽지 않다. 지반운동과 관련된 단구는 동해안의 하천에서도 널리 관찰된다. 지반운동·해면변동·기후변동이 우리나라 하안단구의 발달에 미친 영향에 대한 문제는 앞으로 해결해야 할 과제이다.

감입곡류하천 지반의 융기 또는 침식기준면의 하강으로 인하여 자유곡류하천이 원래의 형태를 유지하면서 하도를 깊게 파면 감입곡류하천(嵌入曲流河川, incised meander)이 형성된다. 한강·금강·낙동강의 중상류에는 심하게 구불구불한 감입곡류하도가 널리 나타난다. 이러한 하도는 흔히 고위평탄면과 더불어 요곡융기 이전에 한반도가 전체적으로 침식을 받아 낮아졌었다는데 대한 증거로 제시된다. 감입곡류하도는 삼척의 오십천(五十川)과 가곡천, 울진의 불영천과 왕피천, 양양의 남대천 등 동해사면을 흘러내리는 하천에서도 볼 수 있다. 이들 하천의 감입곡류하도는 동해사면이 요곡융기에 의한 것임을 시사하는 것으로 간주된다. 산간지방의 도로 중에는 골짜기를 따라 나있는 것이 적지 않다. 골짜기가 구불구불하면 도로가 길어지고 다리도 곳곳에 놓아야 하는 어려움이 따른다.

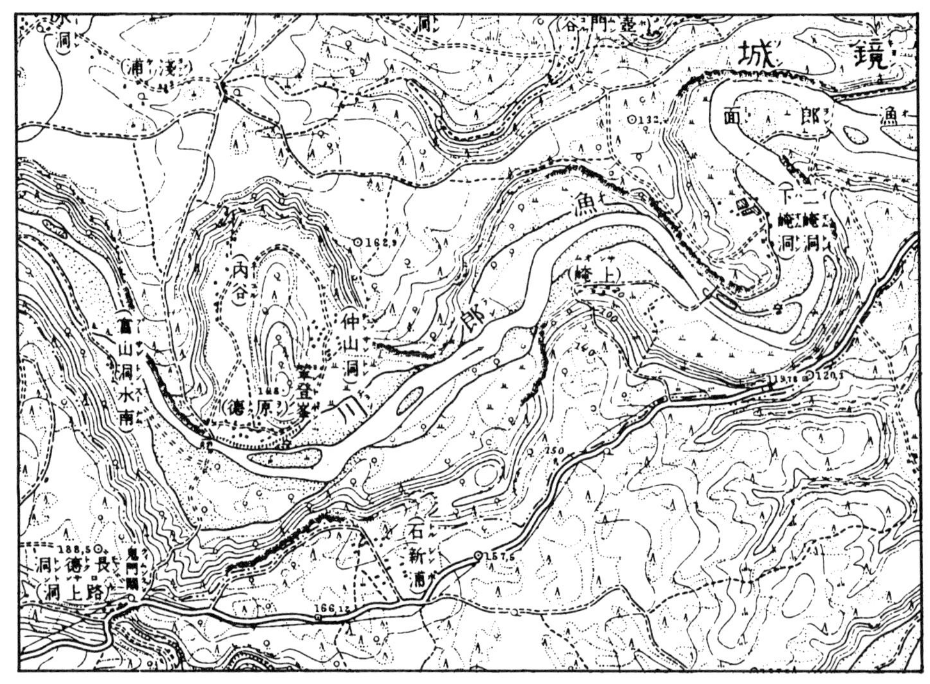

그림 5-8. 감입곡류하천과 하안단구
깊게 파인 골짜기 위의 땅이 평평하다. 미앤더 핵이 보인다. 유로변동은 감입곡류하천에서도 일어난다. 함북 경성의 어랑천. 1 : 50,000 지형도

자유곡류하천에서 유로변동에 의해 우각호가 형성되는 것과 유사한 현상은 감입곡류하천에서도 보편적으로 일어난다. 미앤더의 잘록한 목(neck)이 양쪽에서 침식을 받아 결국 절단되면, 새로운 하도와 구하도(舊河道) 사이에 원추형의 미앤더핵(meander core)이 떨어져 남게 된다. 단종이 유배되었던 영월의 청령포 맞은편, 즉 평창강 또는 서강 북안에는 장축 1.5km의 미앤더핵이 형성되어 있고, 이곳의 구하도는 논으로 이용된다. 미앤더의 목이 절단되지 않고 그 밑으로 터널이 뚫리면 자연교(自然橋, natural bridge)가 만들어진다. 태백시의 동점동에서는 황지천이 기존 하도를 버리고, 미앤더의 목에 뚫린 터널로 흘러들어가는 것을 볼 수 있다. 황지천은 약 30m의 터널을 통과한 후 철암천과 만나면서 낙동강 본류를

그림 5-9. 구스네크(Goosenecks)
굴삭곡류하천의 세계적인 예이다. 수평지층의 대지 밑으로 파인 협곡의 깊이가 약 300m에 이르러 그 경치가 대단히 웅장하다.

이루는데, '구문소'라고 불리우는 이곳의 터널은 태백시의 관광명소 중의 하나이다.[8)]

감입곡류하천은 굴삭곡류하천(掘削曲流河川, entrenched meander)과 생육곡류하천(生育曲流河川, ingrown meander)으로 나뉜다. 하곡의 단면이 앞의 것은 대칭, 뒤의 것은 비대칭인 점이 다르다. 단면의 이러한 차이는 하방침식만 진행되느냐 또는 하방침식에 측방침식이 곁들이느냐에 따라 생기는 것이다. 콜로라도강으로 유입하는 산후안강(San Juan River) 하류의 구스네크(Goosenecks)는 굴삭곡류하천의 세계적인 예로 꼽힌다(그림 5-10). 이곳에는 수평

8) 황지천의 구하도는 이곳에도 생생하게 남아 있다. 황지천은 길이 약 2km의 동그란 미앤더 굽이를 돌아 철암천과 합류했었다.

그림 5-10. 생육곡류하천(정선 부근의 조양강)
완경사의 사면이 크게 감돌아 흐르는 물굽이를 끼고 있다. 농경지로 이용되는 이러한 사면은 하도의 이동과 더불어 형성된 것이다. -1990

지층의 대지(臺地) 밑으로 약 300m 깊이의 좁은 골짜기가 파여 있는데, 2.4km에 불과한 직선거리에 형성된 협곡의 길이가 10km에 이른다.

우리나라의 감입곡류하천은 거의 전부 생육곡류하천에 속하며, 미앤더핵도 이러한 하천에서 형성된다. 우리나라의 감입곡류하천은 자유곡류하천으로부터 계승된 것이라고 일컬어진다.[9] 그러나 하천의 유로변동으로 곳곳에서 미앤더핵이 떨어져 나가는 것을 보면, 감입곡류하천 중에는 골짜기가 파이는 과정에서 물굽이가 점점 커짐으로써 발달하게 된 것도 적지 않을 것이라고 생각된다.

9) 宋彦根·曺華龍, 1989, 앞의 논문.

5.3

침식윤회설의 비판

데이비스의 침식윤회설에 최초로 이의를 제기한 사람은 독일 지형학자 펜크(W. Penck, 1888~1921)이다. 펜크의 견해는 1924년에 유저로 출간된 「지형분석(*Die Morphologie Analyse*)」에 기술되어 있다. 난해한 것으로 알려진 이 책에서 보여준 그의 주된 관심은 지형과 지반운동의 관계를 밝히는 것이었고, 핵심적인 내용은 지반운동이 각종 구조지형 이외에 하곡의 사면과 같은 침식지형에 큰 영향을 미친다는 것이다.

펜크는 사면의 형태(볼록사면·오목사면·직선사면)와 경사는 기후와 암석의 차이보다는 근본적으로 하천의 침식률에 의해 결정되며, 하천의 침식률은 지반의 융기율과 함수관계에 있다고 주장했다. 그리고 이와 관련하여 그는 침식윤회의 후기에 분수계소모(分水系消耗)로 사면의 경사가 점점 완만해진다고 하는 데이비스의 지형진화의 개념은 그릇된 것이라고 지적했다. 아울러 그와 같은 오류는 지반이 급격하게 융기한 후 침식윤회가 끝날 때까지 안정한 상태를 유지한다는 것을 기본가설로 내세운 데서 비롯한다고 언급했다.

펜크의 이론에 따르면, 사면의 경사는 데이비스가 생각한 것처럼 시간의 경과와 더불어 완만해지는 것이 아니고, 사면의 형태는 하천의 하방침식률에 의해 결정된다. 즉 지반의 안정으로 하방침식률이 점점 감소할 때는 오목사면(凹形斜面), 지반의 융기율과 하방침식률이 일정하게 유지될 때는 직선사면(直線斜面), 지반이 점증적으로 융기하여 하방침식률이 점점 증가할 때는 볼록사면(凸形斜面)이 각각 발달한다는 것이다(그림 5-11). 그리고 그는 하방침식률이 크면 작은 경우보다 급경사의 사면이 발달한다고 생각했다.

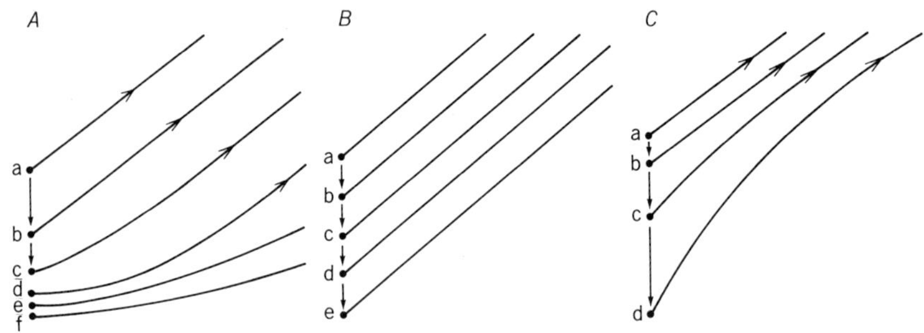

그림 5-11. W. Penck의 개념에 의한 사면의 발달
A) 융기율이 점점 감소할 때 발달하는 오목사면. B) 융기율이 균일하게 유지될 때 발달하는 직선사면. C) 융기율이 점점 증가할 때 발달하는 볼록사면. a~f의 각 점은 동일한 시간이 경과한 후의 하상의 위치이다. 펜크에 따르면 지반의 융기율은 하천의 하방침식에 영향을 미치고, 이로 인해 사면의 형태에 차이가 나타난다.

펜크의 학설은 데이비스의 그것과 전적으로 상치되지는 않는다. 하천의 하방침식률이 감소하거나 하방침식이 정지된 상태에서는 시간의 경과와 더불어 사면의 경사가 완만해지며 기복이 감소한다고 그도 인정했다. 그러나 그는 사면이 근본적으로 평행후퇴(平行後退)한다는 점을 강조했다. 앞에서 언급한 바와 같이 지반의 융기율과 하천의 하방침식률이 일정하게 유지되면, 사면은 평행후퇴하기 때문에 시간이 경과해도 직선상의 형태와 그 경사에 변화가 일어나지 않는다는 것이다. 오목사면에서도 경사가 상이한 사면의 구성단위들은 평행후퇴하고, 다만 산록에 형성된 완경사의 구성단위들이 위로 확장되기 때문에 전체 모양이 점점 더 오목해진다고 그는 생각했다.

사면의 형태가 기후·식생·풍화작용·암석 등의 요인보다 지반의 융기율과 하천의 침식률에 의해 결정된다고 하는 그의 주장은 모호한 데다가 실증이 불가능하여 받아들여지기가 어렵다. 그러나 사면의 평행후퇴에 관한 개념은 일부 현대지형학자들에 의해 새로운 평가를 받게 되었다. 사실상 제2차 세계대전 이후 비판을 많이 받은 사람은 데이비스이며, 일부에서는 침식윤회설의 지나친 보급으로 지형학의 발달이 크게 지연되었다고 주장한다. 침식윤회설에 대한 비판의 골자를 소개하면 다음과 같다.

첫째, 침식윤회설은 하나의 단순한 틀로서는 훌륭하지만 데이비스를 비롯하여 그의 추종자들은 연역적 추리(演繹的推理)에 기초를 두고 지형의 발달과정을 일반화하는 데 치우친 나머지, 지형을 객관적으로 계측하고 지형의 발달과 관련된 각종 작용(process)을 분석하는 데 인색했다. 그래서 구체적인 지형을 잘못 해석하는 오류를 많이 범하게 되었다. 한강·금강 등의 직류하천을 곡류하천으로 소개하고, 북한산·계룡산 등의 높은 산을 잔구(殘丘)로 해석하며, 김제평야·평택평야 등의 충적평야를 침식평야로 규정했던 것과 같은 오류도 우리나라 서부지방의 전반적인 지형에 침식윤회설의 노년기를 기계적으로 적용하다보니 발생한 것이었다. 한강·금강·삽교천 등의 하류에서 하안단구의 발달을 기대하지 못했던 이유도 같은 맥락에서 찾을 수 있다.

둘째, 데이비스학파의 지형학자들은 지형의 편년(編年, chronology)을 지나치게 강조하고, 지형학의 일차적인 목적이 현재의 지형이 형성되기까지의 과정을 복원하는 데 있다고 보았다. 그들은 학문의 기반을 지리학에 두고 있으면서도 지리학적으로 의미가 큰 각종 지형의 분포를 등한시했으며, 지반운동의 내용을 중요시함으로써 지리학보다는 결국 지질학에 더 공헌하게 되었다.[10)]

셋째, 그들은 지형이 실제로 일정한 방향을 따라 진화하여 궁극적으로 준평원에 도달한다는 가설을 증명하려고 별로 시도하지 않았다. 높은 산지의 사면은 경사가 급하고, 낮은 구릉지의 사면은 경사가 완만한 것이 보통이다. 그러나 침식을 오랫동안 많이 받아야 사면이 완만해지는 것은 아니다. 하나의 작은 하곡에서도 사면의 경사는 여러 요인에 의해 다양하게 형성될 수 있다. 따라서 기후환경이 동일해도 지역에 따라서는 지형의 진화가 상당히 다르게

10) Russell, R. J., 1949, "Geographical geomorphology," *Ann. Ass. Am. Geog.*, 39: 1~11.

펼쳐질 수 있다.

해크(J. T. Hack), 스트랄러(A. Strahler), 촐리(R. J. Chorley)와 그밖의 현대지형학자들은 삭평형작용에 관여하는 여러 요인에 변화가 일어나지 않는 한, 시간이 경과해도 지형은 동일한 형태를 유지한다고 믿고 있다. 그렇다고 하여 지형이 정적 상태에 머물러 있는 것이 아니라 풍화작용과 사면의 후퇴는 계속되며, 지표는 전체적으로 점점 낮아진다는 것이다.

이와 같은 관점은 전적으로 새로운 학설인 동적평형설(動的平衡說)로 발전하게 되었다. 이 학설은 1950년대 이후 크게 대두되었다. 동적평형설에서는 한 지역의 지형을 구성하고 있는 여러 요소 즉 기복, 사면의 길이와 경사, 하상의 경사 등은 서로 밀접한 관련을 맺고 있다는 점을 강조한다. 때문에 이상적인 조건하에서는 하상·사면·산릉이 모두 같은 율로 낮아지며, 지형의 형태는 시간이 경과해도 변화하지 않는다는 것이다.

이러한 현상은 지형과 이의 형성에 관여하는 에너지 사이에 미묘한 균형, 즉 평형상태가 이루어질 때 일어난다. 예를 들어 사면에서 풍화산물이 계속 유효적절하게 제거될 만큼만 에너지가 투입되면, 사면은 동일한 형태를 유지하게 된다. 그러나 에너지의 투입에 변화가 일어나면, 이에 알맞도록 사면은 길이와 경사를 조절해 나가게 된다. 하천의 경우 홍수시에 토사가 하상에서 깎여 나가고, 평수시에 토사가 하상에 다시 쌓이는 것도 에너지의 투입(유량과 유속)과 형태(하상단면)가 서로 균형을 맞추어 나가는 움직임으로 볼 수 있다. 따라서 평형상태는 어느 특정한 기간에 기준을 둔 것일 뿐 고정되어 있는 것이 아니라 에너지의 투입과 관련하여 수시로 변동한다는 것을 알 수 있는데, 이러한 뜻에서 동적평형(動的平衡, dynamic equilibrium)이란 용어가 쓰이게 되었다.

에너지의 투입과 그 효과에 영향을 미치는 암석의 성질, 지표의 경사, 기후, 식생, 지반의 융기율 등의 요인은 가변적인 것이지만 장기간 변화하지 않을 수도 있다. 이러한 경우 지표의 형태는 시간

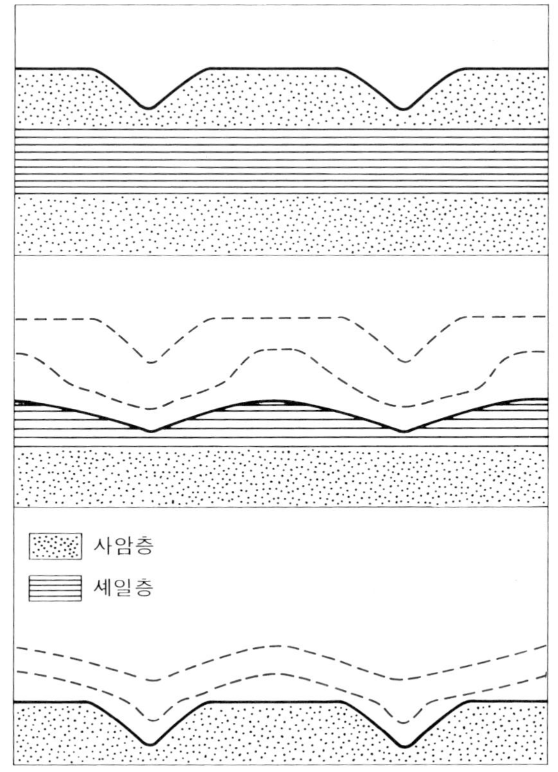

그림 5-12. 동적평형설에 의한 사면의 발달
침식단계와는 관계없이 암석 이외의 조건에 변화가 일어나지 않는 경우, 사암층에 파이는 골짜기의 사면은 급하게, 셰일층에 파이는 골짜기의 그것은 완만하게 형성된다.

의 흐름과 관계없이 일정하게 유지된다. 그러나 이들 요인에 변화가 일어나면 지표의 형태도 그 뒤를 따르게 된다. 즉 지형은 준평원을 향해 일정한 방향을 따라 진화하는 것이 아니라 새로운 상황에 맞추어 형태를 조절해 나가는 것이다.

그림 5-12는 동적평형설의 내용을 이해하는 데 도움을 준다. 세 개의 지층 중에서 위의 것과 밑의 것은 사암층이고, 그 사이의 것은 셰일층이다. 암석 이외의 모든 요인에 변화가 일어나지 않는다고 가정하면, 침식에 강한 사암층에 최초로 파이는 하곡에서는 사

면의 경사가 급하게 형성된다. 그러나 하천의 하방침식과 사면의 후퇴로 사암층이 전부 제거되고 침식에 약한 셰일층이 노출되면, 사면의 경사가 완만한 하곡이 발달하며 기복도 작아진다. 그리고 셰일층이 제거된 후 그 밑의 사암층에 파이는 하곡에는 원래의 사면이 재현된다. 이와 같은 경우 지형은 진화하는 것이 아니다. 다만 암석이라고 하는 요인에 변화가 일어남에 따라 형태가 조절되는 것일 뿐이다.

동적평형설은 지형의 연구에 새로운 가능성을 열어 주었으며, 현대지형학을 형태(form)와 형성작용(process)의 관계를 구명하는 과학으로 발전시키는 데 크게 기여했다. 그러나 거시적인 지형을 설명하는 데는 한계가 있음이 분명하다.

제 6 장 건조지형

1. 건조지역의 일반적 특성
2. 건조분지와 건조침식윤회
3. 바람에 의한 지형

이 장의 개요

강수량이 증발량보다 적은 건조기후는 육지의 약 30%를 차지하며, 이 중의 절반 이상이 사막이다. 건조지형의 발달은 사막에서 절정에 이른다. 흔히 사막에서는 기온의 일교차가 매우 커서 기계적 풍화작용이 활발하게 일어난다고 강조된다. 그러나 사막에서는 수분이 부족하여 기계적이건 화학적이건 풍화작용이 다른 어떤 기후지역에서보다도 느리게 진행된다. 이집트의 석조유물 중에는 수천년이 지난 지금까지 원형을 보존하고 있는 것이 많다.

사막에서는 바람이 지형의 형성기구로서 큰 역할을 하여 바르한・에르그・세이프 등의 사구와 사막포도를 만들어 놓는다. 그러나 유수의 역할은 사막에서도 중요하다. 습윤지역에서와 같이 사막에서도 지표의 삭박을 주도하는 기구는 유수이다. 나아가 지금은 기후가 건조해도 플라이스토세의 다우기(多雨期)에는 습윤했던 지역이 상당히 넓으며, 이때 형성된 지형도 큰 비중을 차지한다. 사막의 염호는 다우기의 큰 담수호가 줄어든 채 남아 있는 것이다.

사막에는 폐쇄적인 건조분지가 많으며, 건조침식윤회는 해발고도와는 관계없이 선상지와 플라야의 발달에 의한 건조분지의 매립과 페디멘트의 발달에 의한 산지의 소모를 중심으로 펼쳐진다. 건조분지는 일반적으로 단층운동에 의한 지구대로 되어 있다.

▲ **사막의 사구** 사구는 대표적인 건조지형 중의 하나이다. 미국 남서부에는 모하비사막, 소노라사막 등이 있으나 사구로 덮인 지역은 적다. 사진의 사구는 콜로라도강 하구 부근의 Imperial Sand Dunes에 속한 것이다.

6. 1 건조지역의 일반적 특성

건조기후 건조지형(乾燥地形, arid landform)이란 건조기후와 관련하여 형성되는 각종 지형을 가리킨다. 건조기후는 강수량이 증발량보다 적은 기후로 육지면적의 약 30%를 차지하며, 이 중의 절반 이상이 사막이다. 건조지형의 발달은 사막에서 절정에 이른다.

사막은 강수량이 적을 뿐만 아니라 그 의존도가 매우 낮다. 따라서 사막의 연강수량은 큰 의미가 없다. 사막 중에서도 비가 적은 곳의 연강수량은 수년 동안에 몇번 내린 소나기의 평균치인 것이 보통이다. 페루의 트루히요(Trujillo)에서는 1918~1924년간에 내린 비가 36mm에 불과했으나 1925년 3월의 강수량은 394mm였고, 이 중에서 226mm는 3일 동안에 내렸다.

사막의 강수는 국지적인 폭우로 쏟아지는 것이 보통인데, 흔히 사막의 폭우는 집중도가 매우 높다고 강조된다. 그러나 강수량의 절대치가 암시하듯이 습윤지역의 폭우에 비하면 집중도가 떨어진다. 여름철에 우리나라에서는 100mm를 훨씬 넘는 집중호우가 불과 몇시간 동안에 내리기도 한다. 사막의 폭우 또는 소나기는 대개 대류성강수로 내린다.

사막은 사하라사막·룹엘할리사막·소노라사막·아타카마사막 등 아열대고기압대에 발달한 열대사막(熱帶砂漠)과 고비사막·타클라마칸사막 등 바다로부터 격리된 온대지방의 대륙 내부에 발달한 온대사막(溫帶砂漠)으로 나뉜다. 열대사막과 온대사막은 겨울이 춥지 않거나 매우 춥다는 점에서 다르다. 사막은 기온의 일교차가 크다고 강조된다. 기온이 낮에는 40℃ 가까이 올라갔다가도 밤에는 0℃ 이하로 떨어진다고 한다. 그러한 예로 알제리의 비르밀하(Bir

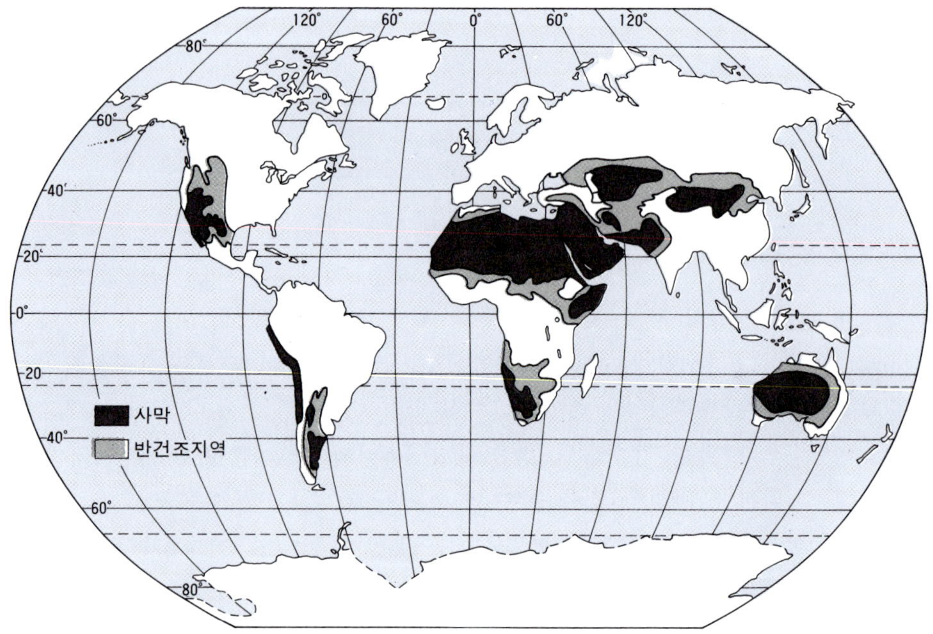

그림 6-1. 건조지역의 분포
육지의 약 30%가 강수량이 증발량보다 적은 건조지역에 속한다. 전형적인 건조지형은 사막에 발달한다. 반건조지역은 초원이다.

Milrha)에서 하루의 기온이 37.2℃까지 올라갔다가 -0.6℃로 떨어져 일교차가 무려 37.8℃에 이르렀던 기록이 소개된다. 그러나 그것은 극단적인 예에 불과하다. 사막의 여름은 덥다. 낮도 덥고 밤도 덥다.

풍화작용 사막에서는 기온의 일교차가 커서 기계적 풍화작용이 활발하게 일어난다고 알려졌다. 그러나 기온의 일교차가 일반적으로 언급되는 것처럼 크지 않을 뿐더러 근본적으로 기온의 변화에 의한 가열과 냉각만으로는 암석이 잘 부서지지 않는다. 암석은 기계적이건 화학적이건 수분이 풍부해야 풍화작용을 잘 받는다. 사막에도 수분이 전혀 없는 것은 아니다. 기온이 높은 열대사막의 공기에는 수분이 상당히 포함되어 있으며, 기온이 크게 내려가는 밤에는 이슬이 내리기도 한다. 화학적 풍화작용은 사막에서도 일어난다. 화강암에 뚫린 사막의 풍화혈(風化穴)은 이러한 점에서 주목을 받는다. 풍화혈은 화강암의 일부 광물이 화학적으로 붕괴될 때 발달한다(제2장 참조).

그러나 수분이 부족하여 사막에서는 다른 어떤 기후지역에서보다도 풍화작용이 느리게 진행된다. 사막은 식생이 빈약하여 지표면에 널려 있는 암설이 눈에 잘 들어오며, 이로 인해 기계적 풍화작용이 활발한 것처럼 보일 뿐이다. 이집트의 석조유물 중에는 수천 년이 지난 지금까지 원형을 보존하고 있는 것이 많다. 지형도 전반적으로 극히 느리게 변화한다.

하천과 포상홍수 사막의 하천은 대부분 말라 있다가 폭우가 쏟아질 때만 잠시 홍수로 흐른다. 사하라사막에서는 비가 내릴 때만 물이 흐르는 골짜기를 와디(wadi)라고 부른다. 물은 골짜기를 벗어나 평지에 나와서도 흐른다. 평지의 경우 습윤지역에서는 물이 항상 흐르기 때문에 물길이 좁고 깊게 형성된다. 그러나 사막에서는 물이 가끔 흐르기 때문에 물길이 얕게 그리고 넓게 유지되며, 일반적으로 윤곽 자체가 뚜렷하지 않다. 캘리포니아주의 모하비사막을 포함한 미국 남서부의 사막에서는 이러한 물길을 워시(wash)라고 부른다(그림 6-2).

한편 사막에서는 폭우로 쏟아지는 빗물이 물길로 흘러들기 전에 평평한 지면을 넓게 덮으면서 흐르는 것이 보통이다. 이렇게 흐르는 빗물을 포상홍수(布狀洪水, sheetflood)라고 한다. 포상홍수는 사막의 지형형성기구로서 일찍부터 강조되어 왔다.

사막의 하천은 대부분 폐쇄적인 분지, 즉 건조분지(乾燥盆地, arid basin)에서 끝나며, 이러한 분지는 주변의 산지에서 공급되는 토사로 점점 메워진다. 그래서 해면 대신 분지의 바닥이 침식기준면의 역할을 하게 된다. 드물게는 나일강·인더스강·콜로라도강 등과 같이 사막을 관류한 후 바다로 유입하는 하천도 있다. 이러한

그림 6-2. 모하비사막의 워시(wash)
워시는 소나기가 쏟아질 때만 물이 흐른다. 자동차도로가 하상을 횡단한다. 워시의 경계가 보인다. 캘리포니아주의 모하비사막. -1998

하천은 외래하천(外來河川, exotic river)이라고 불리우며, 모두 강수량이 풍부한 지역에서 발원한다.

기후변동

제4기(第四紀) 플라이스토세에는 건조지역에도 지금보다 훨씬 습윤했던 시기가 있었으며, 이러한 시기에는 크고 작은 호소가 많았다. 습윤기가 지나간 후 작은 호소는 모두 말라버리고, 큰 호소는 줄어들어 염호(鹽湖)로 남게 되었다. 건조지역에 비가 많이 내리던 시기는 다우기(多雨期, pluvial period), 이 때의 호소는 다우호(多雨湖, pluvial lake)라고 한다.

미국의 그레이트베이슨(Great Basin)은 다우호의 발달이 특히 탁월했다(그림 6-3). 그레이트베이슨은 하천이 바다로 흘러들어가

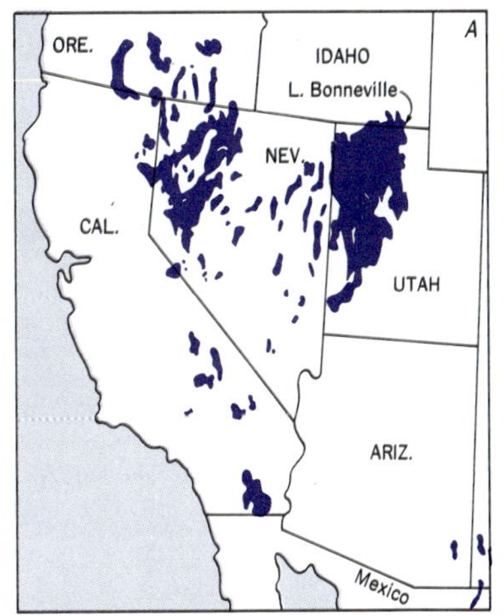

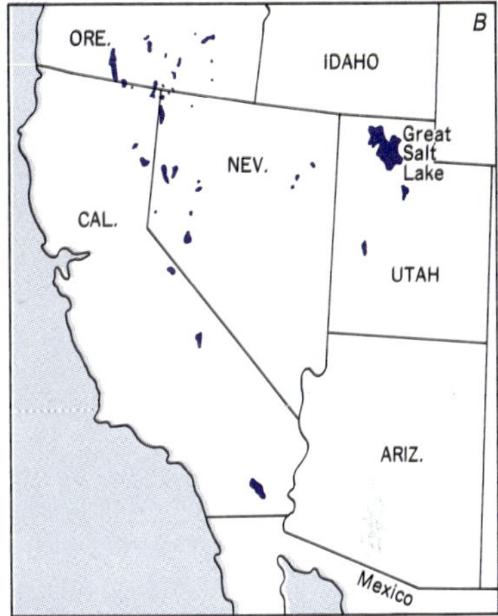

그림 6-3. 그레이트베이슨의 다우호와 염호

A에는 빙기의 다우호, B에는 오늘날의 염호가 표시되어 있다. 빙기에는 기후가 습윤하여 담수호(淡水湖)가 많이 그리고 크게 형성되었다. 오늘날의 Great Salt Lake는 Lake Bonneville이 줄어든 것이다.

지 못하는 시에라네바다산맥과 로키산맥(워새치산맥) 사이의 넓은 지역으로 단층운동에 의해 형성된 건조분지가 무수한데, 다우기에는 분지마다 호소가 괴어 있었다. 그 중에서도 본네빌호(Lake Bonneville)는 엄청나게 큰 것이었다. 본네빌호는 유타주·아이다호주·네바다주·오리건주에 걸쳐 있던 그레이트솔트호(Great Salt Lake)의 전신으로서 면적이 51,700km², 최대수심이 335m였다.[1] 본네빌호의 흔적은 산기슭에 형성된 여러 단의 호안단구(湖岸段丘)로 남아 있다(그림 6-4).

다우호가 발달했던 시기는 빙기(氷期)이다. 빙기에는 고위도지방의 상당한 부분이 빙하로 덮여 북극기단 내지 한대기단의 세력이 강력해져서 세계의 기압대가 적도쪽으로 압축되었으며, 이로 인

1) Lake Bonneville이 괴었던 곳에 오늘날 남아 있는 호소로는 Great Salt Lake 이외에 Utah Lake, Sevier Lake 등이 중요한데, 이것들을 합한 호소의 면적은 1850년 이후 2,600~6,500km²의 범위에서 넓어지기도 하고 좁아지기도 한다. 강수량이 증가하면 넓어지고, 감소하면 줄어든다.

그림 6-4. 그레이트솔트호 주변의 호안단구
Great Salt Lake 서안에서 찍은 사진으로 산기슭에 호소가 걸렸던 흔적들이 남아 있다. 넓은 호안단구도 곳곳에서 볼 수 있다. -1998

해 사막의 강수량이 증가했다. 기온의 저하에 의한 증발량의 감소도 다우호의 발달에 영향을 미쳤다. 그러나 어디서나 다우호의 발달원인이 동일한 것은 아니었다. 중앙아시아의 카스피해는 아랄해와 이어져 면적이 110만km²에 이르렀고, 수심이 지금보다 76m나 더 깊었다. 이 지역에서는 빙하가 다우호의 발달에 직접 관여했다. 즉 카스피해 쪽으로는 스칸디나비아빙상과 우랄산맥의 빙하로부터, 아랄해 쪽으로는 파미르고원과 톈산산맥의 빙하로부터 많은 물이 흘러들었다. 또한 이와 같은 규모의 호소는 자체로도 주변지역의 기후에 상당한 영향을 미쳤을 것으로 생각된다.

오늘날 건조지역의 호소는 모두 염도(鹽度)가 대단히 높다. 그레이트솔트호는 철도·도로 등에 의해 여러 구간으로 나뉘어 일정하지 않으나 가장 높은 곳은 그것이 25%를 넘어 사람이 물에 뜬다. 염도가 이처럼 높은 까닭은 다우호가 줄어드는 과정에서 염분이 농축되었기 때문이다.

사막에는 다우기 이전의 습윤기후와 관련된 지형도 적지 않은 것으로 알려졌다. 산지에 파인 와디의 골짜기가 하나의 예이다. 특히 통일된 하계망을 갖춘 거대한 와디는 기원이 지구 전체의 기후가 온난다습했던 제3기(第三紀)까지 소급될 가능성이 크다. 건조지역에서는 풍화작용이 극히 느리게 진행되고, 지형도 전반적으로 극히 느리게 변화하므로 과거에 형성된 지형이 오랫동안 보존된다.

6. 2

건조분지와 건조침식윤회

건조분지

건조지역에는 외부와 단절된 분지, 즉 건조분지(乾燥盆地)가 많다. 이러한 분지는 대개 단층운동에 의한 지구대(地溝帶)로 되어 있다(그림 6-5). 그레이트베이슨에는 대략 남북방향으로 뻗은 지구대가 무수하다. 하나의 지구대에서 어느 쪽이건 산지를 넘어가면 지구대가 또 나온다. 그레이트솔트호도 이러한 지구대에 괴어 있다.

비는 평지보다 산지에 많이 내린다. 폭우가 쏟아질 때 지구대 양쪽 산지의 좁은 골짜기에서 분지로 흘러나오는 하천은 직지만 토사를 많이 운반하며, 따라서 하천의 토사 중에서 자갈과 모래가 곡구에 집중적으로 쌓여 선상지가 발달하기 쉬워진다. 지구대 양쪽의 산기슭에서는 일련의 선상지가 연속적으로 발달하여 서로 이어지는 것이 보통이다. 건조분지의 합류선상지(合流扇狀地)는 바하다(bajada)라고 불리운다.

하천의 토사 중에서 점토와 같은 미립물질은 분지의 중앙부로

그림 6-5. 건조분지(캘리포니아주의 Death Valley)
넓은 골짜기는 지구대이고, 양쪽 산지의 산록에 바하다가 발달되어 있다. 미국 서부지방의 많은 건조분지는 지구대로 되어 있다.

운반되며, 미립물질이 쌓이는 분지의 중앙부는 아주 평평하다. 다우호의 바닥이었던 부분은 특히 그러하다. 플라야(playa)란 건조분지에 형성된 이러한 땅을 가리킨다. 플라야에는 비가 많이 내릴 때 일시적으로 호소가 괴기도 한다. 바하다와 플라야를 갖춘 건조분지는 볼손(bolson)이라고 한다.

건조침식윤회 건조지역의 침식윤회, 즉 건조침식윤회(乾燥侵蝕輪廻, cycle of arid erosion)는 건조분지의 매립과 주변산지의 해체를 중심으로 펼쳐진다. 단층운동에 의해 분지가 형성되면, 이를 둘러싼 산지는 해체되기 시작하고, 산지의 침식물질은 분지로 운반·퇴적된다. 분지의 주변산지는 분지의 바닥을 기준으로 낮아진다. 건조침식윤회에서는 분지의 바닥이 침식기준면(侵蝕基準面)의 역할을 하며, 침식이 진행될수록 침식기준면이 상승하는 동시에 분지와 주변산지를 포함한 전체적인 기복이 점점 감소한다. 습윤지역의 정규침식윤회에서 기복이 장년기에 극대화되는 것과 대조된다.

건조지역에서는 지형이 극히 느리게 변화하기 때문에 신생대 제3기(第三紀) 말이나 제4기(第四紀)에 들어서 형성된 분지는 원래의 형태를 대체로 보유하고 있다. 유년기(幼年期)의 건조분지에 나타나는 주요 지형은 ① 사면경사가 급한 산지, ② 바하다, ③ 플라야이다. 유년기의 지형은 그레이트베이슨의 곳곳에서 볼 수 있다.

시간이 경과하면 건조분지를 둘러싼 산지는 개석을 받으며, 분지에 면한 급경사의 산사면은 후퇴하고, 분지는 조금씩 넓어진다. 건조지역의 산사면은 직선상의 단면을 유지하면서 평행후퇴(平行後退)한다고 강조된다. 산정부에는 토양포행이 부진한 관계로 볼록사면이 잘 발달하지 않고, 산록에는 산사면에서 공급되는 풍화산물이 포상홍수나 하천에 의해 곧 제거되는 관계로 오목사면이 잘 발달하지 않는다. 때문에 분지에 면한 산사면은 급경사를 유지하면서 후퇴하게 되는데, 그 결과 형성되는 것이 페디멘트(pediment)이다. 페디멘트는 기반암의 평평한 침식면에 의해 윤곽이 결정되는 지형으로서(그림 6-7), 사력층으로 얇게 덮여 있고 바하다와 협화적으로 만난다. 넓은 페디멘트는 1°~7°의 범위에서 아랫쪽으로 갈수록 경사가 완만하며, 전체적인 단면이 약간 오목하다.

산지의 개석이 신전되면 산지에서 흘러나오는 하천의 하상이 낮아진다. 그래서 초기에 형성된 선상지 또는 바하다에는 하도가 깊게 파이고, 그 전면에 새로운 선상지가 형성된다. 단구화한 오랜 선상지는 새로운 선상지보다 경사가 급하다. 장년기(壯年期)의 분지에서 볼 수 있는 주요 지형은 ① 사면경사가 급한 산지, ② 페디멘트, ③ 바하다, ④ 플라야이다.

시간이 더욱 경과하면 분지는 퇴적물로 거의 메워진다. 그리고

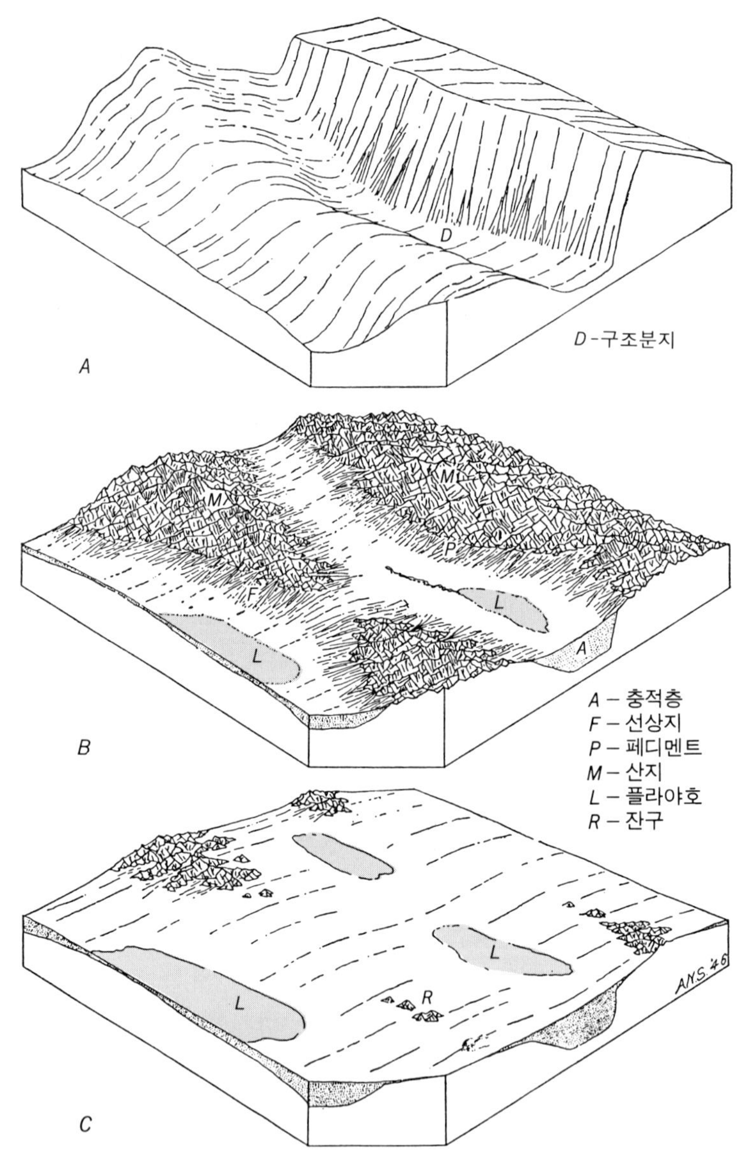

그림 6-6. 건조침식윤회

A) 초기단계로 기복이 가장 크다. B) 장년기에는 산지가 개석을 많이 받으며, 분지가 선상지와 플라야의 퇴적층으로 매립되어 기복이 감소한다. C) 노년기에는 페디플레인 위에 사면의 경사가 여전히 가파른 도상구릉이 곳곳에 남아 있는다. (Strahler)

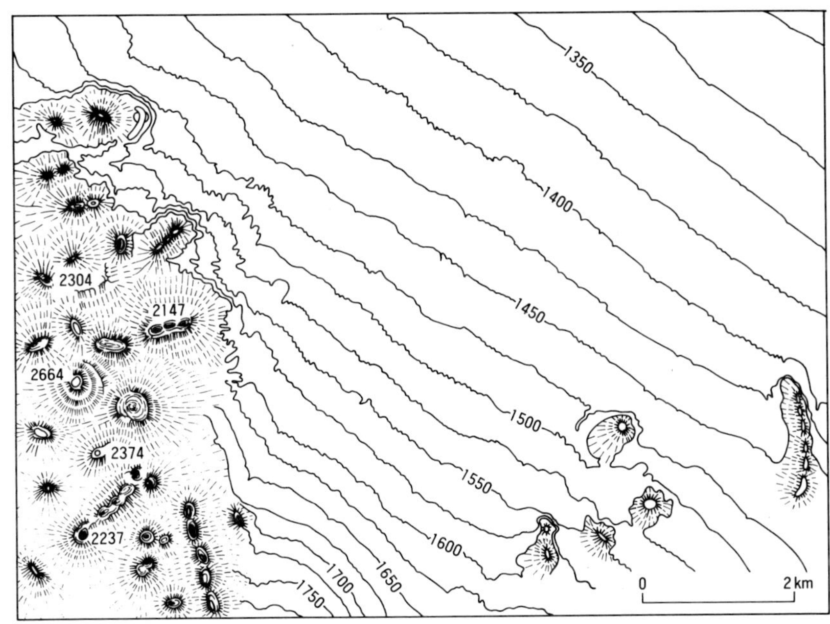

그림 6-7. 페디멘트와 도상구릉
등고선 간격이 넓은 부분이 페디멘트이다. 페디멘트 위로 섬처럼 솟아 있는 도상구릉이 보인다. 애리조나주의 Antelope Peak 부근.

산지는 페디멘트의 발달로 크게 잠식당해서 잔구로 변하는데, 이러한 잔구도 여전히 급경사의 사면을 유지한다. 그리고 비가 많이 내릴 때는 하천이 인접한 분지로 흘러넘쳐 하계 또는 유역분지의 통합현상이 일어나기도 한다. 페디멘트와 잔구가 지역적인 경관을 주도하는 노년기(老年期)의 지형은 캘리포니아주의 모하비사막에서 널리 관찰될 수 있다.

페디멘트의 확장으로 산지가 거의 잠식당하면, 산지 양쪽의 페디멘트는 서로 이어져서 가운데가 볼록한 평탄면을 이루게 된다. 이러한 지형을 페디플레인(pediplain)이라고 부르며, 대표적인 예로 소개되는 것이 모하비사막의 시마돔(Cima Dome)이다(그림 6-8). 페디플레인은 습윤지역의 준평원과는 달리 높은 고도에 형성된다. 시마돔은 해발고도가 약 1,300m에 이른다. 그리고 페디플레인 또

그림 6-8. 시마돔(Cima Dome)
산지가 잠식을 받아 없어지고, 가운데가 약간 볼록한 돔이 형성되었다. 해발고도가 약 1,300m이다. 캘리포니아주의 모하비사막. -1998

는 넓은 페디멘트 위에 섬처럼 남아 있는 잔구는 도상구릉(島狀丘陵, inselberg)이라고 한다. 이것은 준평원(準平原)의 모내드노크에 해당한다.

페디플레인을 향한 건조지역의 평탄화작용은 페디플레인화작용(pediplanation)이라고 한다. 이것은 온난습윤지역의 준평원화작용(peneplanation)에 대응하는 용어이다.

플라야와 페디멘트

플라야는 폭우가 쏟아질 때 건조분지에 일시적으로 괴는 호소라고 일컬어지기도 하지만, 그것은 퇴적층이 두껍게 쌓여 이루어진 건조분지의 평평한 땅을 가리킨다. 그레이트베이슨의 수많은 건조분지에는 플라이스토세

그림 6-9. 데스밸리의 플라야
흰 부분이 염류각이다. 데스밸리에서 가장 낮은 곳으로 팻말에 -86m 라고 적혀 있다. 그 뒤에 괸 물은 'Bad Water'라고 불리운다. -1989

의 다우기에 호소가 괴어 있었고, 플라야의 퇴적층은 대부분 이때 쌓인 것이다. 플라야에 더러 남아 있는 염호는 플라야호(playa lake)라고 한다.

플라야의 퇴적층은 주로 점토(粘土)로 이루어졌으며, 염분을 많이 포함하고 있다. 플라야에는 염류각(鹽類殼)으로 덮인 부분도 넓게 나타난다(그림 6-9). 플라야는 지면이 매끈하다. 그러나 지표면의 점토층에 다량의 염분이 모세관수를 따라 지하에서 올라와 결정체를 이루면서 쌓이는 곳은 마치 갈아엎어 놓은 논바닥처럼 지면이 매우 거칠다. 플라야의 염류 중에서 가장 흔한 것은 소금(食鹽)이다. 플라야에는 이밖에 황산염·질산염·탄산염·붕산염 등의 염류도 매장되어 있다.

페디멘트는 지형학의 발달 초기인 19세기 말경부터 관심을 많이 받아 온 건조지형 중의 하나임에도 불구하고 성인에 대해서는 아직도 견해가 분분하다. 그 까닭은 비가 자주 내리지 않아 이의 발달과정을 관찰하기가 쉽지 않고, 연역적 추리가 성인의 설명에서 큰 비중을 차지하며, 어떤 견해이건 실증적으로 확인하기가 어렵기 때문인 것 같다.

페디멘트는 건조분지에 면한 산사면의 후퇴와 더불어 형성되는 기반암의 침식면에 해당하는 지형으로 전면(前面)의 바하다와는 협화적으로 만나고, 배후의 산지와는 경사급변점을 사이에 두고 만난다(그림 6-7). 페디멘트와 산사면이 만나는 평면상의 경계선은 비교적 반듯한 곳도 있고 들쭉날쭉한 곳도 있다. 페디멘트의 성인에 관한 학설로는 사면의 평행후퇴설, 하천의 측방침식설, 그리고 복합성인설이 중요하며, 여러 지형학자가 이들 학설과 관련되어 있다. 그 내용을 간략히 소개하면 다음과 같다.

사면의 평행후퇴설(平行後退說)은 처음으로 제기된 학설이다. 이 학설에서는 페디멘트와 배후산지의 사면 사이에 나타나는 경사급변점, 이와 관련된 사면의 평행후퇴, 그리고 포상홍수가 중요시된다. 즉 산사면이 후퇴하면서도 급경사를 유지하는 까닭은 풍화작용(backweathering)이 전체 사면에서 균일하게 진행되는 한편 풍화산물이 매스무브먼트 또는 우세에 의해 모두 제거되기 때문이고, 페디멘트가 극히 평평한 까닭은 포상홍수가 산사면에서 공급되는 암설을 모두 제거하면서 기반암을 깎기 때문이라는 것이다. 그리고 하천종단면처럼 약간 오목하게 생긴 페디멘트의 단면은 포상홍수가 암설을 효율적으로 운반·제거하기에 알맞도록 조절된 결과라고 해석된다.

하천의 측방침식설(側方侵蝕說)은 사면의 평행후퇴설에 상대되는 학설이다. 이 학설에서는 하천이 산지에서 페디멘트로 흘러나올 때 여러 갈래로 갈라지며, 유로변동을 심하게 한다는 점이 중요시된다. 즉 산지에서 흘러나오는 하천은 선상지에서처럼 유로를 자주 바꾸는데, 그 결과 분지에 면한 산사면의 기저부에 하천의 측방침식이 가해져서 경사급변점이 형성되고, 그 전면에 기반암의 침식면이 발달한다는 것이다.

이 두 학설에는 다음과 같은 결점이 있다고 지적된다. 사면의 평행후퇴설에서는 페디멘트의 직접적인 형성기구로서 포상홍수(布狀洪水)를 내세운다. 그러나 포상홍수는 건조지역에서도 자주 일어나는 것이 아니며, 실제로는 빗물이 망류하천의 형식으로 더 많이 흐른다는 것이다. 그리고 페디멘트가 극히 평평한 까닭은 엷으나마 충적층으로 덮였기 때문이고, 그 밑에는 들쭉날쭉한 기반암과 곳에 따라서는 하도(河道)가 묻혀 있다. 그래서 기반암의 침식과 충적층의 퇴적은 별개의 환경에서 진행되었을 가능성이 있다는 것이다. 이와 관련하여 포상홍수는 평평한 지면에서 나타나는 지표유출의 한 형식이지, 그 자체가 기반암을 평평하게 깎을 수 없다는 주장도 있다. 한편 하천의 측방침식설로는 하천이 없는 도상구릉이나 그밖의 곳에서도 여전히 나타나는 페디멘트와 산사면 사이의 경사급변점을 설명할 수 없다. 하천의 측방침식은 곡구를 중심한 일부 페디멘트의 형성에만 중요하게 작용할 뿐이라는 것이다.

복합성인설(複合成因說)은 앞의 두 학설을 절충한 학설이다. 이 학설에서는 풍화작용에 의한 사면의 평행후퇴, 포상홍수의 면상침식(面狀侵蝕), 하천의 측방침식 등이 모두 페디멘트의 형성에 관여하는 것으로 간주된다. 페디멘트는 장소에 따라 형태의 차이가 심하고, 주된 형성작용도 장소와 시간에 따라 다를 것이므로 획일적인 가설을 모든 페디멘트에 적용시킬 수 없다는 것이다. 기후변동이 페디멘트의 발달에 영향을 미쳤을 가능성도 지적된다.

페디멘트에 관한 연구는 한때 우리나라에서도 활발한 편이었다. 특히 침식분지에 널리 나타나는 산록완사면(山麓緩斜面) 중에는 경사급변점을 경계로 배후의 산사면과 만나는 것이 많은데, 이러한 지형은 과거에 우리나라의 기후가 건조했던 시기에 포상홍수에 의해 형성된 페디멘트라고 하는 주장이 강력하게 제기된 바 있다. 그러나 우리나라의 기후가 과거에 건조했었다는 데 대한 증거가 없고, 경사급변점이 일반적으로 산록완사면의 화강암과 배후산지의 변성암이 만나는 접촉부를 따라 형성되어 있다는 등의 이유로 그 주장은 잘 받아들여지지 않았다. 나아가 근래에는 페디멘트로 해석되던 산록완사면 중에 하안단구나 선상지로 이루어진 것들이 있음이 확인되었고, 이로써 산록완사면과 페디멘트가 동일하다는 주장은 수그러들게 되었다.

6.3 바람에 의한 지형

바람의 침식 · 운반 · 퇴적작용과 지형

바람의 침식작용과 지형

바람은 퇴적물로 덮인 지표면에서는 모래 · 실트 · 점토 등을 흡취할 수 있어서 침식력을 크게 발휘한다. 바람이 이러한 퇴적물을 흡취 · 제거하는 형식의 침식을 취식(吹蝕, deflation)이라고 한다. 바람의 침식물질 중에서 점토와 실트는 공기 중에 높이 떠서 운반된다. 바람이 공기 중에 띄워서 운반하는 미립물질을 총칭하여 먼지(dust)라고 한다. 모래도 바람에 흡취되지만 먼지로부터 곧 분리된다. 모래는 지표면을 따라 구르거나 낮게 뛰면서 이동한다.

취식은 식생이 결핍된 사막에서 활발하게 일어난다. 스텝에서도 식생의 파괴로 토양이 노출된 곳은 취식을 잘 받는다. 취식에 의해 땅이 오목하게 파이면, 이를 취식와지(吹蝕窪地, deflation hollow)라고 한다. 취식와지는 깊이 3~10m, 지름 1km 이상의 규모로도 성장한다. 그러나 취식에 의해서는 토양이나 퇴적물이 엷게 제거되며, 기복이 뚜렷한 지형이 잘 형성되지 않는다.

그림 6-10. 사막포도

사막포도는 선상지에 발달한다. 단구화된 선상지의 것으로 자갈이 사막칠로 착색되어 사진에서는 검게 보인다. Death Valley. -1997

취식에 의한 지형으로는 사막포도(砂漠鋪道, desert pavement)가 특이하다. 사막포도는 자갈을 깔아 놓은 도로인 사리도(砂利道)에 비유되는데, 건조분지의 선상지에서 미립물질이 바람에 흡취·제거되고 자갈만 남아 이루어지는 것이 보통이다. 사막포도의 두께는 자갈을 두세 겹 포개 놓은 정도로 얇지만 그 밑의 미립물질을 취식으로부터 보호하는 역할을 한다. 사하라에서는 자갈로 덮인 사막을 레그(reg)라고 부른다.

사막의 자갈은 암석의 종류를 불문하고 한 자리에 오래 머물러 있으면, 표면에 철과 망간의 산화물이 집적되어 모두 암갈색을 띠게 된다. 자갈 표면에 엷은 막으로 입혀지는 이러한 착색물질을 사막칠(砂漠漆, desert varnish)이라고 한다. 철과 망간은 수분과 함

그림 6-11. 풍식력(ventifact)

바람의 마식을 많이 받았다. 큰 것은 마식면이 세 개인 전형적인 삼릉석으로 서부 오스트레일리아의 사막, 작은 것들은 남서 아프리카의 사막에서 채취된 것이다. 실제의 크기가 사진에서보다 약간 작다.

께 모세관현상에 의해 지하에서 올라오는 것으로 추측된다. 캘리포니아주의 전형적인 건조분지인 데스밸리(Death Valley)의 경우 단구화된 선상지의 사막포도는 전체가 사막칠로 착색되어 어둡게 보이고(그림 6-10), 유수의 작용을 받는 선상지의 그것은 신선한 색 또는 밝은 색을 띠어 대조적이다. 어떤 곳에서는 모세관수가 증발한 후 탄산칼슘이나 석고가 자갈과 자갈 사이에 집적되어 사막포도를 역암층처럼 단단하게 굳혀 놓기도 한다.

한편 바람도 마식(磨蝕, sand-blast action)을 한다. 마식은 바람에 운반되는 모래가 지표면 위로 솟은 바위나 자갈에 부딪칠 때 일어나는데, 바위나 자갈의 표면을 미세하게 깎을 뿐이어서 취식에 비하면 중요하지 않다. 그러나 이암(栮岩, mushroom rock)이나 삼릉석(三稜石, dreikanter)과 같은 진기한 바위나 자갈을 만들어 놓기 때문에 자주 언급된다. 이암이란 버섯처럼 생긴 바위를 가리킨다. 이암의 밑 부분이 많이 깎여 홀쭉하게 되는 까닭은 모래가 지표면 가까이에서 운반되기 때문이다. 삼릉석은 주로 사막포도에서 형성된다. 삼릉석이란 바람에 의해 깎인 세 개의 면을 가진 자갈을 가리키지만 우리말로는 마식을 받은 면을 나누는 모서리가 세 개인 돌을 뜻한다. 면이건 모서리이건 그 수와 관계없이 풍식(風蝕)을 받은 면을 가진 자갈을 가리킬 때는 벤티팩트(ventifact)란 용어가 적절하다.[2] 자갈뿐만 아니라 이에 충격을 가하는 모래도 마식을 받는다. 사막의 사구를 이루고 있는 모래는 일반적으로 원형도(圓形度)가 높다.

바람의 운반 · 퇴적작용과 지형 사막이나 건조한 평원에서 부는 강풍은 대규모의 먼지바람(dust storm)을 일으킨다. 먼지 중에서도 입자가 미세한 것은 수 킬로미터 상공까지 분산되어 수천 킬로미터씩 날려간다. 봄철에 고비사막과 타클라마칸사막에서 발생하는 먼지바람은 우리나라에 황사(黃砂)를 몰아온다. 먼지바람 중에서는 1930년대에 캔자스주와 오클라호마주를 중심한 미국의 그레이트플레인즈(Great Plains)를 휩쓸었던 것이 특히 유명하다. 그레이트플레인즈에서는 소를 방목하던 넓은 초원을 밀밭으로 개간 · 이용하던 중에 심한 가뭄이 여러 해 계속 들어 먼지바람이 극성을 부리게 되었는데, 이로 인해 이 지역은 곡창이 아니라 'Dust Bowl' 즉 '먼지지대'라고 불리우기도 했다. 1930년대 말경부터는 강수량이 증가하여 밀밭이 점차 회복되었다.

---

2) 삼릉석의 원어인 Dreikanter는 독일어로 마식을 받은 면이 세 개인 자갈을 가리킨다. 마식면이 한 개인 것은 Einkanter라고 한다. 영어의 ventifact는 마식면이 몇개이건 그러한 면을 가진 풍식력(風蝕礫)을 모두 가리킨다. 강력한 탁월풍은 어느 지역에서나 한 방향에서 부는 것이 보통이다. 마식면이 세 개인 경우 개별적인 면은 시기를 달리하여 깎인 것으로 추측된다. 자갈은 구를 수 있기 때문이다.

그림 6-12. 먼지바람
1935년 4월에 캔자스주의 그레이트플레인즈에서 발생한 먼지바람이다. 스텝을 밀밭으로 개간·이용하던 중에 가뭄이 들어 발생한 것이다.

밀도가 높은 먼지바람은 $1km^3$의 공기 중에 최고 1,000톤의 먼지를 포함하는 것으로 추정된다. 따라서 지름 500~600km의 강력한 먼지바람은 한번에 1억톤 이상의 먼지를 운반할 수 있고, 이만큼의 먼지가 한 곳에 쌓이면 높이 30m, 지름 3km의 언덕이 만들어진다고 한다. 먼지바람은 퇴적물의 운반기구로서 큰 의미를 갖는다. 빗물에 의한 토사유실이 적은 지역에 이러한 먼지바람이 수천년 또는 수만년 동안 퇴적물을 운반해다 쌓으면, 두꺼운 뢰스층이 형성될 수 있기 때문이다.

강풍이 불 때 입자의 크기가 다양한 퇴적물로 이루어진 지표면에서는 우선 먼지가 제거된 후에 모래가 점차 자갈로부터 분리되며, 이로써 사구사(砂丘砂, dune sand 또는 eolian sand)라고 불리우는 모래의 집단이 생긴다. 사구사는 입경이 거의 전부 0.1~1mm

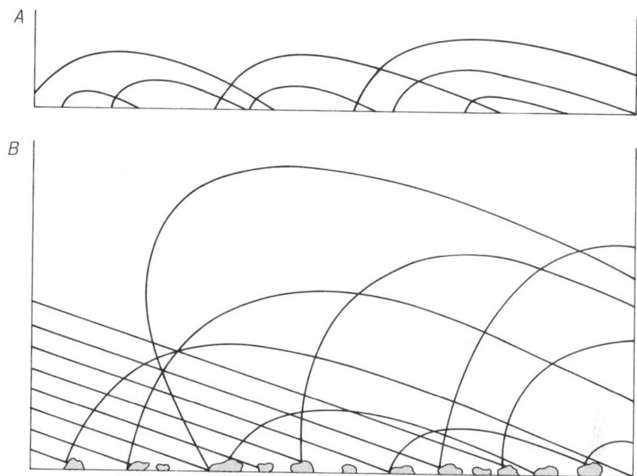

그림 6-13. 샐테이션(saltation)
풍속이 동일한 경우에도 모래로 덮인 지표면(A)에서는 모래알이 낮게 뛰면서 천천히, 자갈로 덮인 지표면(B)에서는 모래알이 높게 뛰면서 빨리 이동한다. 풍속은 지표면에서 위로 올라갈수록 빨라진다.

의 범위에 들어갈 정도로 분급이 매우 양호하다. 그 중에서도 입경 0.3~0.15mm의 모래알이 압도적으로 많고 0.08mm 이하의 것은 거의 포함되어 있지 않다. 바람은 부력이 작아서 물보다 토사를 분급하는 기능이 탁월하다.

바람이 사구사로 덮인 지표면 위로 불면 처음에는 모래알이 구르거나 미끄러지면서 천천히 움직이다가 풍속이 증가하면 많은 모래알이 바람에 뜨면서 개별적으로 뛰기 시작한다. 바람에 뜨는 모래알은 포물선을 그리면서 날려가다가 자체의 무게로 떨어지며, 떨어질 때는 다른 모래알과 부딪쳐서 다시 바람에 뜨게 된다. 이 모래알은 다른 모래알에도 충격을 가해서 동일한 운동을 하도록 한다. 모래알의 이와 같은 도약운동을 샐테이션(saltation)이라고 한다(그림 6-13). 충격을 가하는 입자는 입경이 6배, 무게가 200배에 이르는 다른 입자를 움직이게 할 수 있다.

모래알이 모래로 덮인 지표면에서 샐테이션을 할 때는 쉽게 움직여질 수 있는 입자들 사이에서 충격이 일어나기 때문에 바람이 강해도 뛰어오르는 높이가 대개 20cm 미만이다. 그러나 모래알이 자갈로 덮인 지표면이나 나지(裸地)를 통과할 때는 2m까지도 뛰어오른다. 풍속은 지표면에서 위로 올라갈수록 빨라지므로 낮게 뛰어오르는 모래알은 천천히, 높게 뛰어오르는 모래알은 빨리 이동한다. 그래서 사막포도와 같은 곳에는 모래가 쌓일 수 없다. 반면에 하나의 모래더미가 어떤 곳에 일단 형성되면, 그것은 계속 불려오는 모래에 대하여 덫과 같은 역할을 하며, 이러한 모래더미는 결국 모래언덕, 즉 사구로 성장할 수 있게 된다.

사 구

사구의 발달 바람에 운반되는 모래가 따로 모여 형성하는 각종 형태의 사구(砂丘, sand dune)는 사막을 대표하는 지형의 하나이다. 모래가 어떤 과정을 거쳐 따로 모이고, 또 하나의 독립적인 사구를 이루는지 아는 것은 모든 사구는 아닐지라도 일부 사구의 발달을 이해하는 데 중요하다. 우선 바람을 가로막는 장애물이 지표면에 놓여 있어서 그 뒤에 모래가 불려와 쌓이는 경우를 가정할 수 있다(그림 6-14). 장애물의 뒤에 모래가 계속 이동해 와서 쌓이면 작은 모래더미가 형성되고, 이러한 모래더미는 결국 원래의 장애물을 압도하는 모래언덕으로 커지게 된다. 그리고 이 모래언덕은 샐테이션을 하면서 나지(裸地)나 자갈로 덮인 지표면을 빨리 통과하는 모래를 받아들이면서 점점 더 커지며, 결국 탁월풍이 한 방향에서만 불어오는 경우 그것은 바람부는 쪽으로 천천히 움직이게 된다.

그림 6-15는 하나의 모래더미에서 이동성사구(移動性砂丘)가 어떻게 발달하는지 단면으로 보여준다. 모래더미가 모래언덕으로 커지면, 바람받이쪽에서는 모래가 제거되고, 제거된 모래는 바람의 지쪽에 쌓여 모래더미는 전체적으로 천천이 움직이기 시작하는데, 이때 바람의지쪽에는 경사가 급한 슬립페이스(slip face)가 형성된

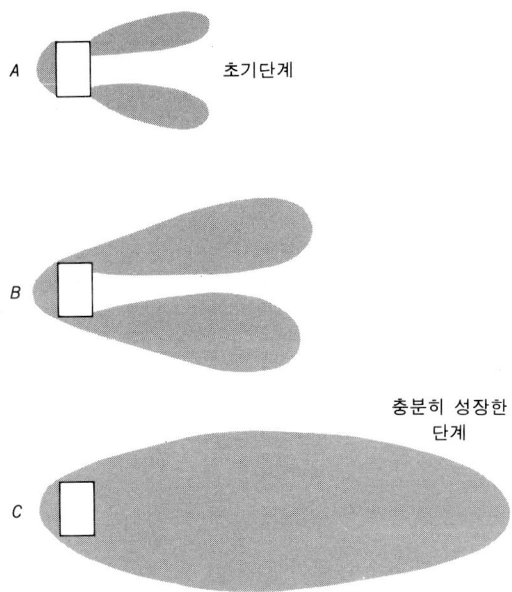

그림 6-14. 장애물과 모래의 집적

장애물(박스)이 풍속을 낮추어 그 주변에 모래가 쌓인다. 장애물보다 훨씬 커진 모래더미는 점차 독립적인 이동성사구로 성장한다.

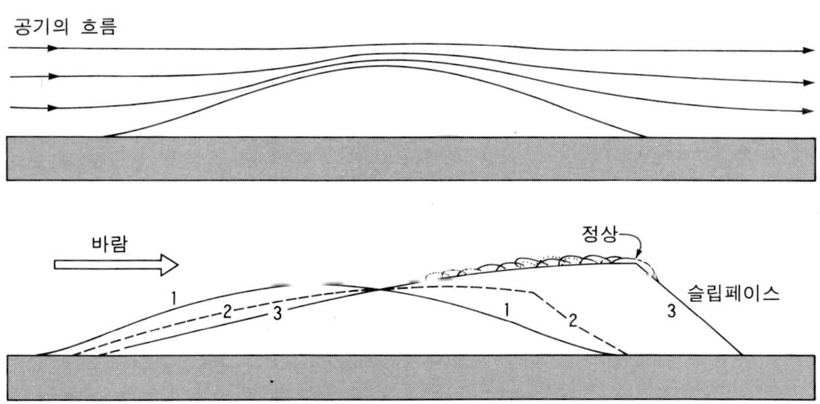

그림 6-15. 이동성사구의 발달

위의 그림은 단순한 모래더미, 아래의 그림은 이 모래더미가 이동성사구로 성장할 때 슬립페이스가 형성되는 과정을 보여준다. 슬립페이스의 정상에 도달하는 모래는 아래로 미끄러져 내려간다.

그림 6-16. 바르한의 슬립페이스(slip face)
거대한 바르한의 슬립페이스로 평면형태가 오목하다. 이 바르한은 오른쪽으로 이동한다. 모래가 바르한에만 쌓였다. 페루 남부의 La Joya.

다. 슬립페이스는 모래의 안식각(安息角)에 의해 경사가 결정되는 사면으로 모래가 그 정상에 도달하면 아래로 구르거나 미끄러진다. 슬립페이스의 경사는 32°에서 그리 벗어나지 않는다.

사구는 바깥에서 불려오는 모래가 추가됨에 따라 계속 성장한다. 그러나 사구가 성장하는 데는 한계가 있다. 고도가 높아지면 정상부에서는 모래가 바람을 많이 받아 빨리 통과하기 때문이다. 사구의 성장은 정상부를 통과하는 모래의 양과 바깥에서 불려오는 모래의 양 사이에 균형이 이루어질 때까지 계속된다.

사구의 유형

사구의 형태는 매우 다양하지만 몇개의 유형을 가려낼 수 있다. 형태가 가장 단순하고 널리 분포하

그림 6-17. 바르한(barchan)
탁월풍이 한 방향에서만 부는 지역에 발달한다. 바르한들 사이의 나지에서는 모래가 빨리 이동한다. 캘리포니아주 남부의 솔튼호 부근.

는 사구는 바르한(barchan)이며, 앞에서 설명한 내용도 이의 발달 과정에 해당하는 것이다. 바르한은 대표적인 이동성사구로서 평면 형태가 초승달처럼 생겼는데, 바람받이쪽은 볼록한 돔, 바람의지쪽은 오목한 슬립페이스로 되어 있다(그림 6-16). 그리고 바람받이쪽에서 제거되는 모래가 바람이지쪽에 추가됨으로써 바르한은 일정한 모양을 유지하면서 전체적으로 천천히 움직인다. 바르한의 이동 속도는 풍속과 관계가 깊지만 한 지역에 있어서는 크기, 즉 높이에 반비례한다. 양쪽 날개가 바람부는 쪽으로 뾰족하게 뻗은 이유도 이 부분이 낮기 때문이다. 작은 바르한은 하루에도 5cm씩이나 전진하는 반면에 큰 바르한은 일년 동안의 이동거리가 수 미터에 못미칠 수도 있다. 최대규모의 바르한은 높이가 30m, 양쪽 날개 사이의

그림 6-18. 횡사구(橫砂丘)
횡사구는 모래가 많이 쌓인 지역에 발달한다. 오른쪽 아래에 바르한이 부분적으로 형성되어 있다. 캘리포니아주 남부의 솔튼호 부근.

거리가 300m에 이른다.

한편 바르한들 사이의 공간은 나지로 남아 있다. 모래는 대부분 소속된 바르한에 머물러 있지만 일단 벗어난 모래는 나지를 빨리 통과한 후 다음 바르한에 가서 쌓인다. 큰 바르한의 날개 전면(前面)에서는 이러한 모래로 작은 바르한이 새로 형성되는 것을 볼 수도 있다(그림 6-17). 바르한은 근본적으로 모래가 풍부하지 않고 강력한 탁월풍(卓越風)이 한 방향에서만 부는 지역에 발달한다.

모래가 풍부한 사막에서는 모래가 지표면 전체를 덮어 폭풍이 심할 때의 거친 바다를 연상케 하는 사구가 발달한다. '모래바다'에 비유되는 이러한 사구는 횡사구(橫砂丘, transverse dune)라고 하며, 사하라에서는 횡사구로 덮인 모래사막을 에르그(erg)라고 부른

그림 6-19. 종사구(縱砂丘)
오스트레일리아 중앙부의 심프슨사막에 발달한 종사구를 보여준다. 종사구는 비슷한 방향의 두 탁월풍에 의해 형성된다.

다. 사하라사막의 약 10%는 에르그로 덮여 있다. 횡사구는 바르한이 횡적으로 이어진 것이나 다름없다. 모래가 적은 주변부에서는 횡사구에서 바르한이 분리되기도 한다(그림 6-18).

바르한과 횡사구 이외에 또 하나의 기본적인 유형은 종사구(縱砂丘, longitudinal dune)이다. 종사구는 규모가 대단히 크다. 작은 것은 높이가 3m, 길이가 60m 정도에 불과하지만 리비아사막과 아라비아사막에는 높이가 100m, 길이가 100km를 넘는 것도 있다.

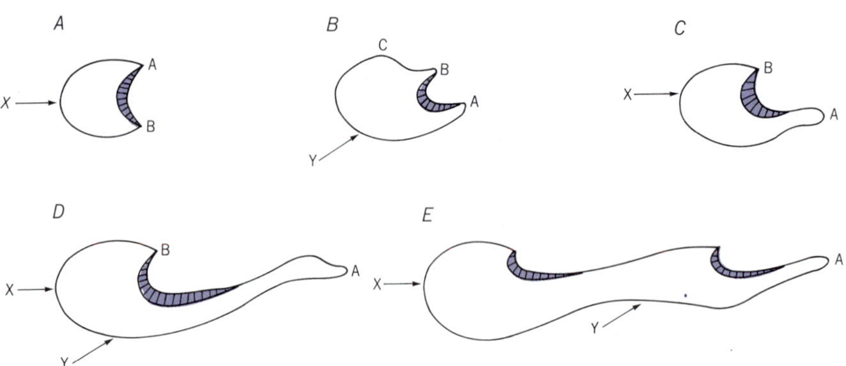

그림 6-20. 종사구(縱砂丘)의 발달

X는 1차적인 탁월풍, Y는 2차적인 탁월풍이다. 1차적인 탁월풍에 의해 바르한이 형성되고, 이에 2차적인 탁월풍이 작용하는 경우에 종사구가 어떻게 발달하는지 보여준다. (Bagnold)

세이프(seif)라고 불리우는 이와 같은 규모의 종사구는 오스트레일이아 북부의 심프손사막에서도 관찰된다. 영국의 지형학자 배그놀드(R. A. Bagnold)는 종사구의 발달과정을 그림 6-20에서와 같이 간결하게 설명했다. 즉 탁월풍이 일정한 방향에서만 불어오는 곳에는 바르한이 발달한다. 그러나 이보다 약한 2차적인 탁월풍이 약간 다른 방향에서 시기를 달리하여 불어오는 경우에는 바르한의 한쪽 날개가 길어진다. 그리고 1차적인 탁월풍이 강하게 불 때는 2차적인 탁월풍에 의해 길어진 한쪽 날개가 앞으로 뻗어나가면서 더욱 길어져 결국 종사구를 이루게 된다. 종사구는 1차적인 탁월풍과 2차적인 탁월풍이 번갈아 부는 지역에 발달하며, 그 단면은 소규모의 슬립페이스가 2차적인 탁월풍의 바람그늘쪽에 형성되어 약간 비대칭적이다.

앞에서 설명한 사구는 기본유형에 속하는 것이고, 주변상황에 따라 사구의 형태는 분류가 어려울 정도로 다양해진다. 그 중에서 특이한 것은 별처럼 생긴 성사구(星砂丘, star dune)이다. 성사구는 정상부에서 예리한 능선이 사방으로 뻗어나간 것이 특이하다. 이러한 모양은 비슷한 세력의 바람이 여러 방향에서 부는 경우에

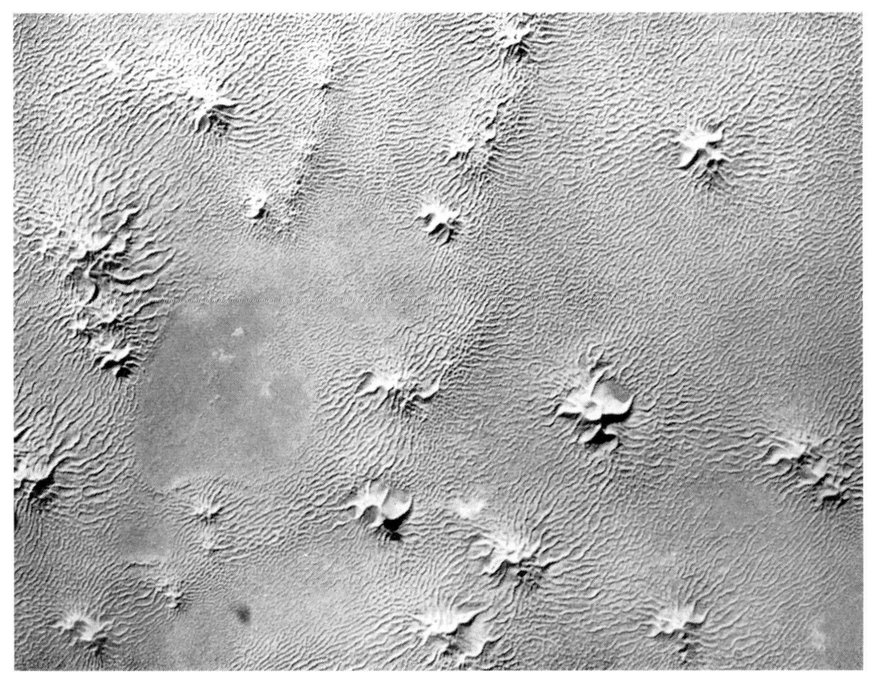

그림 6-21. 성사구(星砂丘)
별처럼 생긴 이러한 사구는 고정되어 있고, 특정한 탁월풍이 없이 바람이 여러 방향에서 부는 지역에 발달한다. 알제리의 사하라사막.

형성된다. 아라비아반도의 일부 성사구 중에는 높이가 100m에 이르는 것도 있다. 성사구는 한 곳에 머물러 있어서 어떤 것은 예로부터 대상(隊商)의 길잡이로 이용되어 왔다고 한다.

사구는 사막에서만 볼 수 있는 것이 아니다. 사빈의 뒤에는 해안사구(海岸砂丘, coastal dune)가 길게 발달한다. 해안사구는 사빈에서 불려오는 모래로 이루어지며, 사초(砂草)를 비롯한 각종 식생이 모래의 집적을 돕는다. 우리나라의 해안사구는 대부분 소나무숲으로 덮여 있다. 소나무숲은 모래가 사구 뒤의 농경지로 날려가는 것을 막아주는 방풍림(防風林)의 역할을 한다. 모래가 풍부한 해안에서는 해풍(海風)에 의해 내륙쪽으로 침투해 들어가는 머리핀사구(hairpin dune)가 발달하기도 한다. 이것은 바르한과는 반대로

그림 6-22. 석고모래 사구
사구가 순백색의 석고모래로 이루어졌다. 석고는 주변산지의 퇴적암층에서 다우기에 유입했다. 뉴멕시코주의 툴라로사밸리. -1997

앞부분이 볼록한데, 식생의 국지적인 파괴로 해안사구의 모래가 바람에 불려 내륙쪽으로 이동할 때 형성된다(그림 10-28, 338쪽).

사구사의 기원

사하라사막에는 에르그로 덮인 지역이 약 10%에 이를 만큼 엄청난 양의 모래가 쌓여 있다. 사막의 이러한 모래는 전부 기반암이 풍화작용을 받아 제자리에서 생산된 것이거나 바람에 의해 멀리서 운반되어 온 것이라고 보기가 어렵다. 넓은 지역의 많은 모래는 이미 집적되어 있던 것이 재운반·재퇴적된 것일 뿐일 수도 있다. 아라비아반도의 룹앨할리사막은 지질구조의 면에서 페르시아만과 관련이 깊으며, 이곳의 모래는 제3기 후기에 해저에서 쌓인 것으로 알려졌다.

사구는 캘리포니아주의 데스밸리와 같은 건조분지에도 제한적으로 발달되어 있다. 건조분지의 모래는 주변의 산지에서 유입하는 하천으로부터 공급된 것이다. 사막의 사구에서는 석영모래가 전체 모래의 대부분을 차지하는 것이 보통이다. 그래서 드물게 나타나는 순백색의 석고(gypsum, $CaSO_4 \cdot 2H_2O$) 모래로 이루어진 사구는 주목을 받게 된다. 뉴멕시코주의 건조분지인 툴라로사밸리(Tularosa Valley)의 사구가 그러한 예로 일찍부터 소개되어 왔다. 이곳의 석고 모래는 플라야의 석고퇴적층에서 공급된 것이고, 이 석고퇴적층은 다우기에 퇴적암의 주변산지에서 유입한 석고성분이 다우호(多雨湖)가 말라버릴 때 농축되면서 쌓인 것이다. 미국의 천연기념물(White Sands National Monument)인 이곳의 사구는 관광지로도 유명하다. 석고모래의 사구는 북알제리·오스트레일리아 등지에서도 관찰된다.

뢰 스

흔히 '황토(黃土)'라고 불리우는 뢰스(loess)는 바람에 운반되는 먼지가 쌓여 이루어진 담황색의 퇴적층을 가리키는 것이고, 이의 대표적인 분포지역으로 황하 중상류의 황토고원(黃土高原)이 소개된다. 뢰스는 빙기에 빙상(氷床)의 주변에 속했던 유럽과 북아메리카의 일부지역 뿐만 아니라 중앙아시아를 비롯한 그밖의 지역에도 분포한다. 중국의 황토고원은 산시성·싼시성·간쑤성·낭샤후이족자치구에 걸친 해발 1,000∼2,000m, 면적 31.7만km^2의 지역으로서 뢰스층의 두께는 지표의 기복에 따라 다르지만 보통 30m 이상이고, 70m를 넘는 곳도 있다. 아이오와주·일리노이주·미주리주 등 미국 중서부에서도 그 두께가 20∼30m에 이르는 곳이 적지 않다. 뢰스층의 토양은 대단히 비옥하다.

뢰스는 주로 석영을 중심한 실트 크기의 입자들로 구성되었고, 무엇보다 주목을 끄는 점은 일반적으로 $CaCO_3$나 $MgCO_3$와 같은

그림 6-23. 황토고원의 혈거생활
뢰스층은 지탱력이 크고 절벽을 잘 이루며 굴을 파기 쉬워서 화북지방의 황토고원에는 혈거생활이 널리 보급되었다.

가용성 염류가 적지 않게 포함되어 있다는 것이다. 이 점은 뢰스의 기원지가 기후의 면에서 화학적 풍화작용에 적합하지 않은 곳일 수 있음을 암시한다.

뢰스는 균질·다공질이어서 충격을 받으면 부서지기 쉽다. 그러나 층리가 없고 지탱력이 크며 수직적인 벽개(劈開, cleavage)의 발달이 탁월하다. 그래서 뢰스층에는 수직적인 절벽이 잘 형성·유지된다. 황토고원의 주민들이 예로부터 황토층에 굴을 파고 혈거생활을 하여 온 것은 뢰스의 이러한 성질 때문이다(그림 6-23). 오스트리아의 혈거생활도 일찍이 소개된 바 있다. 벽개란 광물의 특성을 기술할 때 쓰이는 용어로서 보이지는 않지만 특정한 면을 따라 쉽게 쪼개지는 성질을 가리킨다.

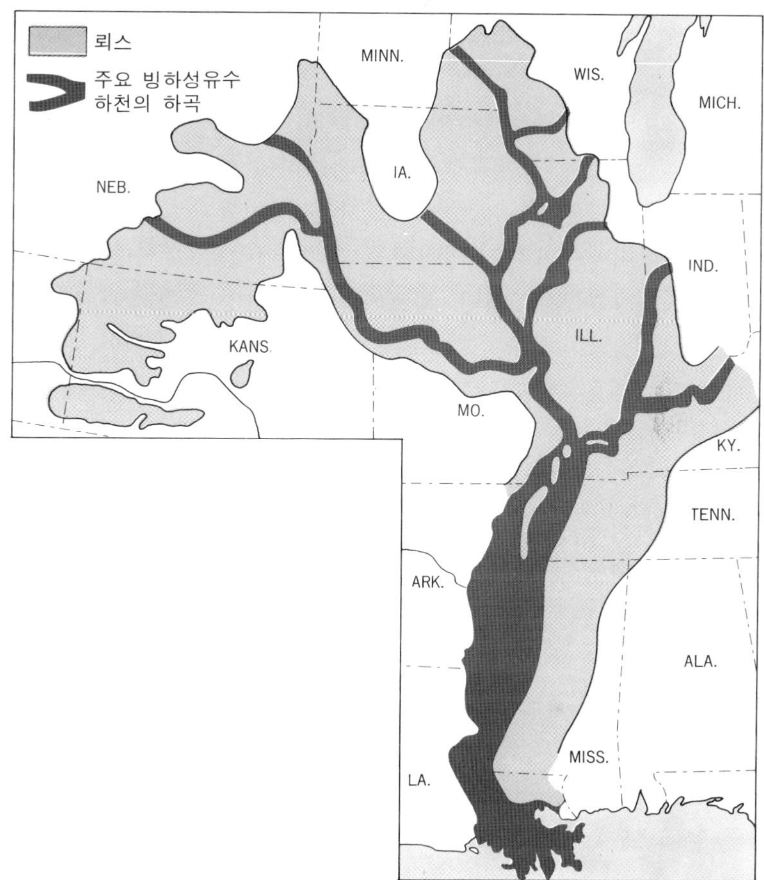

그림 6-24. 미국의 뢰스(loess)의 분포

빙하에서 흘러내리는 융빙수하천의 범람원 주변에 뢰스가 주로 분포한다. 빙하가 녹은 물은 미시시피강으로도 많이 흘러내렸다. 융빙수하천에서 멀리 떨어진 캔자스주의 뢰스는 이 지역이나 또는 좀더 건조한 그 서쪽 지역에서 기원한 것으로 추측된다.

뢰스는 대부분 빙기(氷期)에 쌓였다. 두꺼운 뢰스층은 대개 한 번 이상의 빙기에 쌓인 것이고, 이러한 뢰스층에는 고토양(古土壤)도 묻혀 있다. 미국의 뢰스는 빙하가 녹은 물이 흐르던 융빙수하천(融氷水河川)의 주변에 주로 분포한다(그림 6-24). 이러한 곳의 뢰스는 빙하의 퇴적물, 즉 퇴석(堆石)를 다량으로 운반하면서 망류하던 융빙수하천의 범람원에서 불려온 것이다. 퇴석에는 암설이 빙하 밑에서 짓눌리면서 운반될 때 생긴 미립물질(岩紛)이 많이 포함되어 있다(제8장 참조). 그리고 기온이 낮아 이러한 곳의 범람원에는 식생이 정착하지 못했고, 빙하에서는 강력한 중력풍(重力風)이 불어내렸다. 뢰스는 미시시피강 하류의 동쪽 구릉지에도 분포한다. 미시시피강도 빙기에는 퇴석 기원의 토사를 다량으로 운반하면서 망류(網流)했다. 뢰스가 미시시피강 동쪽에만 쌓인 것은 서풍이 탁월했기 때문이다. 유럽의 경우에는 라인강과 다뉴브강의 범람원이 주요 공급원이었고, 오스트리아·헝가리·구 체코슬로바키아에 특히 집중적으로 분포한다.

모든 뢰스가 빙하의 퇴석에서 기원한 것은 아니다. 황토고원의 뢰스는 고비사막에서 불려왔다고 일찍부터 알려졌다. 미국 중서부에서도 빙하성유수하천에서 멀리 떨어진 캔자스주의 뢰스는 서쪽의 더 건조한 지역에서 불려온 것으로 추정된다(그림 6-24). 아프리카의 수단 동부지방의 목화재배지역에 분포하는 뢰스는 기원지가 사하라사막이라고 한다.

제 7 장 카르스트지형

1. 석회암과 카르스트지형
2. 주요 지표지형
3. 석회동굴
4. 카르스트윤회

이 장의 개요

석회암에 발달하는 독특한 지형들을 총칭하여 Karst라고 한다. 카르스트는 슬라브어의 Krs를 독일어로 옮긴 것인데, 이 말은 원래 바위가 널려 있는 황량한 땅을 뜻하지만 구 유고슬라비아에 속했던 슬로베니아와 크로아티아의 석회암지역을 가리키는 명칭으로도 사용된다.

탄산칼슘이 주성분인 석회암은 비교적 흔한 퇴적암으로 탄산가스를 많이 포함한 물에 잘 용해되는 반면에, 물에 용해된 탄산칼슘은 물에 포함된 탄산가스가 줄어들면 다시 침전한다. 동굴은 석회암의 용해로, 종유석·석순·석회화단구 등 동굴 안의 스펠레오뎀은 탄산칼슘의 침전으로 형성된다.

석회암지역의 테라로사는 점토질 토양으로 비옥한 편이다. 그리고 돌리네는 비교적 평탄한 땅에서 대개 무리를 지어 발달하는데, 비가 내려도 물이 밑으로 잘 빠져서 주로 밭으로 이용된다. 우발라는 취락이 그 안에 들어설 만큼 규모가 큰 것이 보통이고, 빗물을 모아서 지하로 흘려보내는 배수구가 여러개 있다. 폴리에는 지질구조와 관련된 석회암지역의 분지로서 하천이 흐른다. 폴리에의 하천은 카르스트용천에서 발원하고, 포노르를 통해 바깥으로 빠져나간다.

석회동굴의 연대는 오랜 것도 수십만년에 불과하다. 구이린(桂林)의 탑카르스트는 경치가 빼어나 세계적인 관광지가 되었다.

▲ **스펠레오뎀** 작은 짚종유석이 동굴천정에 많이 매달려 있다. 일부 짚종유석은 종유석의 단계를 거쳐 석주로 성장했다. 미국 켄터키주의 Mammoth Cave의 것으로 동굴이 말라버려 성장을 멈춘 상태에 있다.

7.1 석회암과 카르스트지형

석회암 석회암(石灰岩, limestone)은 비교적 흔한 퇴적암이고, 석회암의 주성분은 탄산칼슘($CaCO_3$)이다. 그리고 카르스트(karst)는 탄산가스를 포함한 물에 탄산칼슘이 용해되기 때문에 발달하는 지형이다. 카르스트지형은 지상에도 형성되고 지하에도 형성된다.

석회암에는 비가용성 불순물(不純物)이 포함되어 있으며, 탄산칼슘을 50% 이상 포함한 퇴적암만 석회암으로 분류된다. 탄산칼슘의 함량은 중요하다. 카르스트지형이 주목할 만한 정도로 발달하려면 그것이 60%, 충분히 발달하려면 90%를 넘어야 한다. 물론 순도(純度)만 중요한 것은 아니다. 순도가 높아도 암석의 조직이 치밀하지 않거나 절리가 적어서 지하수의 순환이 원활하지 않은 석회암에는 카르스트지형이 잘 형성되지 않는다. 영국과 프랑스에 널리 분포하는 백악(白堊, chalk)은 탄산칼슘의 함량이 95%에 이른다.[1] 그러나 조직이 치밀하지 않고 투수성이 커서 이의 분포지역은 카르스트지형의 발달이 보잘 것 없다. 석회암의 불순물은 점토, 석영질 실트와 모래 등의 상태로 존재한다.

석회암 중에는 담수기원의 것도 있지만 대부분은 해저에 석회질 쇄설물·화학적 침전물·유기체 등이 쌓여 만들어진 것이다. 석회암 중에는 패각석회암·유공충석회암·산호석회암·석회조석회암과 같이 해양동식물의 석회질 유해로 이루어진 것도 있고, 깊은 해저에 석회질연니(石灰質軟泥)가 쌓여 이루어진 것도 있으나 가장 흔한 것은 석회질 쇄설물과 바닷물에 녹아 있는 탄산칼슘의 침

1) 백악은 작은 해양생물의 유해가 쌓여 이루어진 백색의 석회암으로 연약하고 투수성이 커서 카르스트지형의 발달에 적합하지 않다.

전물로 이루어진 것이다. 바닷물의 탄산칼슘은 해양생물의 활동과 관련하여 생성된 것이고, 이의 생성에 기여하는 각종 생물은 주로 수심이 얕은 열대해역에 서식한다. 오스트레일리아의 대보초(大堡礁, Great Barrier Reef)는 오늘날의 거대한 석회암공장이라고 일컬어진다.

영월·평창·정선·삼척 등 강원도 남동부와 제천·단양 등 충북 북동부에 분포하는 우리나라의 석회암은 거의 전부 고생대에 퇴적된 조선누층군의 대석회암층군에 속한 것이고, 주로 탄산칼슘의 화학적 침전물로 이루어졌다. 우리나라의 석회암에서도 수심이 얕은 열대해역에 서식하는 생물의 화석이 간혹 발견된다. 석회동굴을 포함한 일부 카르스트지형이 탁월하게 발달한 것은 석회암의 순도가 매우 높고 조직이 치밀하기 때문이다. 우리나라의 석회암은 시멘트의 원료로도 품질이 우수하다.

석회암의 용해와 침전

석회암은 순수한 물에도 용해된다. 순수한 물이 석회암을 용해시킬 수 있는 양은 수온(水溫)의 상승과 더불어 증가한다. 그러나 그 증가율이 아주 낮다. 포화상태에 이를 때 석회암의 용해량은 16℃의 물에서 13mg/l로 나타나는데, 수온이 25℃로 상승해도 그 양이 15mg/l로 증가하는 정도에 불과하다. 순수한 물에 용해된 석회암, 즉 탄산칼슘은 다음과 같이 이온의 상태로 존재한다.

$$CaCO_3 \rightleftharpoons Ca^{2+} + CO_3^{2-} \quad \cdots\cdots (1)$$

그런데 물에는 일반적으로 탄산가스가 녹아 있으며, 이러한 물은 순수한 물보다 석회암을 훨씬 많이 용해시킬 수 있다. 물이 포함할 수 있는 탄산가스의 양은 수면과 접한 공기의 탄산가스압에 비례하고 수온에 반비례한다. 주어진 용액이 탄산가스로 포화되어 있는 경우 수온이 0℃에서 35℃로 상승하면, 이 용액이 탄산가스를 포함할 수 있는 양은 1/3~2/3로 크게 줄어들고 나머지는 공기 중으로 방출된다. 물에 포함되는 탄산가스 중의 일부는 물과 반응하여 약한 탄산(炭酸)을 만든다.

$$\underset{\text{(용액 중의 탄산가스)}}{CO_2} + H_2O \rightleftharpoons H^+ + HCO_3^{2-} \quad \cdots\cdots(2)$$

(1)의 과정에서 석회암이 용해되어 생긴 탄산이온은 (2)의 과정에서 생긴 수소이온과 반응하여 중탄산이온을 만든다.

$$CO_3^{2-} + H^+ \rightleftharpoons HCO_3^{2-} \quad \cdots\cdots(3)$$

이 마지막 반응은 (1)과 (2)의 평형상태를 깨는 결과를 가져온다. 그래서 용액 중의 Ca^{2+}와 CO_3^{2-}의 양이 일정하게 유지되도록 하기 위해 석회암이 좀더 용해되고, 물에 포함된 탄산가스는 물과 반응하여 탄산을 좀더 만들게 된다. 그리고 마지막 (3)의 반응은 특히 물과 공기의 탄산가스압 사이에서 이루어지는 평형상태를 깨뜨리고, 공기 중의 탄산가스가 좀더 물에 흡수되게 함으로써 석회암의 용해를 촉진시키는 역할을 한다. 이상과 같은 석회암의 용해 과정은 다음과 같은 화학식으로 요약된다.

$$CaCO_3 + H_2O + \underset{\underset{\underset{\text{(공기 중의 탄산가스)}}{CO_2}}{\uparrow\downarrow}}{\overset{\text{(용액 중의 탄산가스)}}{CO_2}} \rightleftharpoons Ca^{2+} + 2HCO_3^-$$

결국 용액이 포화상태에 이를 때 탄산칼슘의 용해량은 공기의 탄산가스압에 비례하고, 이와 관련하여 수온에 반비례한다. 그러나 자연상태에서 수온의 직접적인 효과는 최고와 최저 사이의 범위가 3배수에 불과한 반면에 탄산가스압의 그것은 최소한 100배수에 이른다.

그림 7-1의 곡선들은 주어진 온도의 용액이 탄산칼슘의 용해에

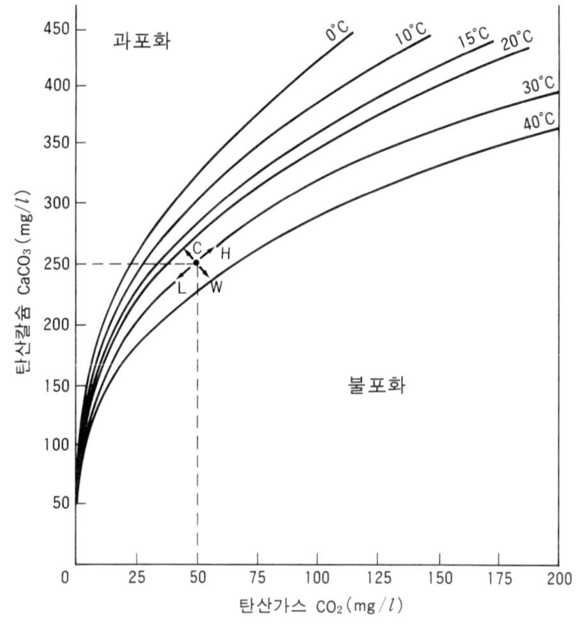

그림 7-1. 탄산칼슘의 용해와 수온 및 탄산가스의 관계

30℃에서 탄산칼슘 250mg/*l*, 탄산가스 50mg/*l*로 포화평형상태에 도달한 용액은 냉각되거나 가열되면 C와 W의 방향, 탄산가스를 더 많이 흡수하거나 잃어버리면 H와 L의 방향으로 작용하여 탄산칼슘을 더 용해하거나 용해된 탄산칼슘을 침전시키게 된다. 탄산칼슘의 용해와 침전은 주로 용액에 포함된 탄산가스의 양에 의해 좌우된다. (Jennings)

서 포화평형상태에 이르는 경우, 용액에 용해되는 탄산가스의 양에 따라 탄산칼슘의 양이 어떻게 달라지는지 보여준다. 30℃에서 탄산칼슘 250mg/*l*, 탄산가스 50mg/*l*로 포화평형상태에 도달한 용액이 냉각되면(C방향) 이 용액은 석회암을 더 용해시킬 수 있고, 가열되면(W방향) 탄산칼슘의 일부를 침전시키게 된다. 그리고 이 용액이 탄산가스압이 낮은 공기와 접하면(L방향) 탄산가스의 일부를 잃어버리는 동시에 탄산칼슘을 침전시키며, 탄산가스압이 높은 공기와 접하면(H방향) 탄산가스를 더 많이 수용하는 동시에 석회암을 더 용해시킬 수 있다.

석회암의 용식은 탄산가스가 주도한다. 그런데 탄산가스는 자유

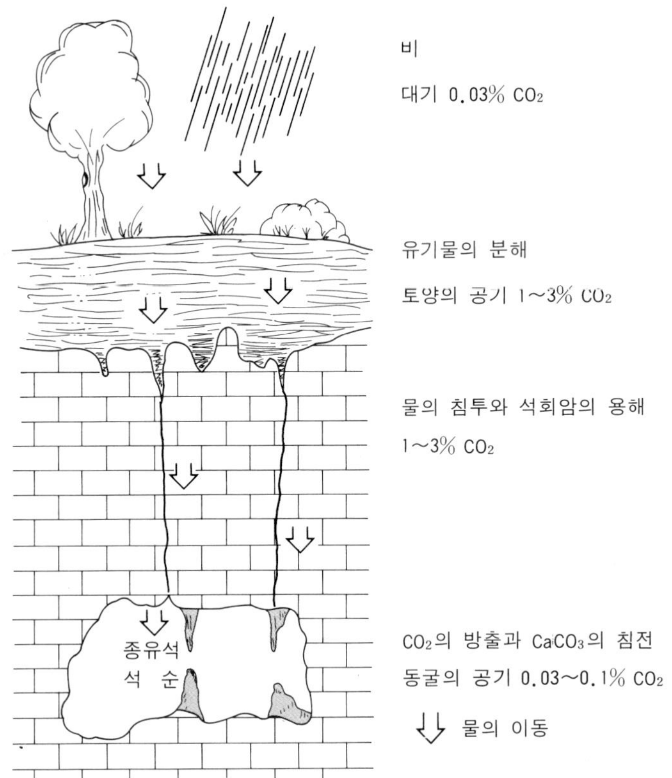

그림 7-2. 석회암의 용해와 탄산칼슘의 침전

토양층을 통과하는 빗물은 탄산가스를 많이 포함하여 석회암을 용해할 수 있는 용량이 크게 증가하며, 이와 관련하여 지하에 동굴이 뚫린다. 동굴로 흘러든 물에서는 탄산가스가 방출되며, 이로 인해 물에 용해된 탄산칼슘의 침전과 더불어 종유석·석순 등이 형성된다.

대기보다 토양층의 공기에 많이 포함되어 있다(그림 7-2). 자유대기의 탄산가스는 0.03%에 불과하다. 그러나 토양층의 공기는 식물뿌리가 호흡하고 유기물이 분해될 때 다량으로 방출되는 탄산가스를 포함하여 그 양이 보통 1~3%이고, 열대습윤지역에서는 20%를 넘기도 한다.

탄산가스·물·탄산칼슘 사이에서 일어나는 일련의 연쇄적인 화학반응은 반대방향으로 환원될 수 있는 것이어서 일부 카르스트지형의 발달을 이해하는 데 매우 중요하다. 석회암지역에서 토양층으로 스며드는 빗물은 탄산가스를 많이 흡수하며, 이 때문에 토양층 밑의 석회암을 많이 용해시킬 수 있다. 그리고 탄산가스와 탄산칼슘을 많이 포함한 빗물이 동굴로 스며들면, 이러한 빗물은 탄산가스압이 낮은 동굴의 공기와 접하게 되어 탄산가스의 일부를 잃어버리며, 빗물에 용해된 탄산칼슘의 일부는 침전하게 된다. 지하에 동굴이 뚫리고, 또 동굴의 공간이 종유석·석순 등의 성장으로 좁혀지는 현상은 이상에서와 같은 과정에 의해 일어나는 것이다.

7.2 주요 지표지형

테라로사 석회암이 용식을 받아 탄산칼슘이 제거되고 철·알루미늄의 산화물, 석영질 실트와 모래, 점토 등 비가용성 불순물이 잔류하여 이루어진 붉은 색의 토양을 테라로사(terra rossa)라고 한다. 테라로사의 붉은 정도는 우리나라 구릉지에 널리 분포하는 적색토(赤色土)와 비슷하다. 석회암은 회색이다. 따라서 테라로사는 석회암의 선명한 용식면(溶蝕面) 위에 얹혀 있는 상태로 나타난다.

테라로사는 기반암의 성질을 반영하는 토양이라고 간주하고 간대토양(間帶土壤)으로 분류해 왔다. 그러나 근래에는 구릉지의 적색토와 같이 과거의 아열대성 습윤기후와 관련된 성대토양(成帶土壤)으로 발달한 것이라는 견해가 제기되고 있다.[2)]

경사가 급해서 테라로사가 빗물에 씻겨내리는 사면에서는 석회암이 지표에 많이 노출되는 반면에, 경사가 완만한 사면이나 평평

2) 姜永福, 1992, "우리나라의 古生代 石灰岩地域의 카르스트지형과 土壤生成作用에 관한 연구," 한국지구과학회지, 13: 156~175.

한 곳에서는 테라로사가 지표의 대부분을 덮게 된다. 테라로사로 덮인 석회암지역의 경관은 피복카르스트(被覆－, Bedeckte Karst)라고 한다. 우리나라는 피복카르스트의 발달이 두드러진다. 피복카르스트는 농업에 이롭다. 일반적으로 석회암지역의 땅은 척박하다고 알려졌다. 그러나 지면이 비교적 평평하고 테라로사층이 두꺼운 석회암지역에서는 어떤 농작물이나 잘 재배된다. 테라로사는 점토질 토양이며, 강원도 동남부와 충북 북동부의 산간지방에서는 농민들이 이를 비옥한 토양으로 인식하고 있다.

라피에

테라로사 밑에 묻혀 있는 석회암의 용식면은 매우 들쭉날쭉하다.[3] 그래서 테라로사의 유실로 석회암이 많이 노출된 구릉지는 황량하게 보인다. 라피에(lapiẽ 또는 Karren)란 테라로사를 뚫고 머리를 드러낸 석회암의 암주(岩柱)를 가리킨다. 테라로사 밑의 석회암은 지표에 드러난 부분보다 용식을 빨리 받으며, 따라서 석회암의 암주는 계속 남아 있게 된다.

지중해 연안에는 석회암이 노출된 구릉지 또는 산지가 많다. 이러한 구릉지에서는 농작물을 원활하게 재배할 수 없다. 농작물을 재배하려면 밭을 계단식으로 조성해야 한다. 한편 일본의 아키요시다이(秋吉臺)는 라피에의 발달이 탁월하여 국립공원으로 지정되었다. 일본은 우리나라와는 달리 석산(石山)이 적어서 라피에가 널려있는 산지가 경승지로 받아들여졌다. 석회암 또는 라피에가 주도하는 석회암지역의 경관을 나출카르스트(裸出－, Nackte Karst)라고 한다. 나출카르스트는 농경이나 식생의 파괴로 토양의 유실이 심해도 발달한다. 지중해지방의 나출카르스트 중에는 토양침식에 의한 것이 적지 않은 것으로 생각된다. 우리나라는 나출카르스트의 발달이 저조하다.

3) 용식면의 요철이 매우 심해서 시멘트공장의 채석장에서는 테라로사를 걷어내는 데 상당한 인력과 시간을 소비한다.

그림 7-3. 나출(裸出)카르스트
석회암의 라피에가 온 산을 덮었다. 라피에는 희게 보이기 때문에 멀리서도 곧 알아 볼 수 있다. 일본의 아키요시다이(秋吉台).

돌리네와 우발라 돌리네(doline)는 석회암의 용식으로 지표에 형성되는 대접 모양의 와지(窪地)로서 가장 흔한 카르스트지형 중의 하나이다. 평면형태는 원형 내지 타원형이고, 큰 것은 지름이 100m를 넘지만 20m 내외의 것이 많다. 깊이도 1m 내외에서 10m를 넘을 정도로 다양하다. 돌리네는 빗물을 모아 땅 밑으로 흘려보내는 역할을 하며, 돌리네가 많은 땅은 떡을 찌는 '시루'에 비유된다. 돌리네의 가운데에는 주변에서 모여든 테라로사가 두껍게 쌓여 보이지 않지만 빗물이 빠지는 배수구가 있어서 장마철에도 물이 괴지 않는 것이 보통이다. 빗물이 잘 빠지는 것은 지하에 공동이 있기 때문이다. 돌리네가 성장하여 인접한 것들끼리 결합한 것은 복합돌리네(複合－, compound dolines)라고 한다. 단

그림 7-4. 돌리네(doline)
돌리네가 밭으로 이용되고 있다. 두 개의 돌리네가 합쳐졌다. 빗물은 가운데로 모여 밑으로 잘 빠진다. 단양군 지전리. -1983

순한 모양의 두 돌리네가 결합하면 땅콩처럼 가운데가 홀쭉한 복합돌리네가 형성된다(그림 7-4). 우리나라에서는 돌리네가 거의 예외없이 밭으로 이용된다.

돌리네는 무리를 지어 발달하는 것이 보통이다. 단양 · 제천 · 평창 · 영월 · 삼척 등지의 일부 1:5,000 국가기본도에는 돌리네가 비교적 자세하게 표시되어 있다.[4] 돌리네가 집단적으로 형성되려면 지하수위보다 높은 고도에 넓고 평평한 땅이 있어야 한다. 우리나라에서는 석회암이 산간지방에 주로 분포하기 때문에, 돌리네가 무

4) 이와 같은 대축척지도에도 모든 돌리네가 나타나 있는 것은 아니다. 실제 돌리네의 수는 지도에 표시된 것보다 훨씬 많고, 그 모양도 상당히 다르다. 姜永福(1992)의 앞의 논문 참조.

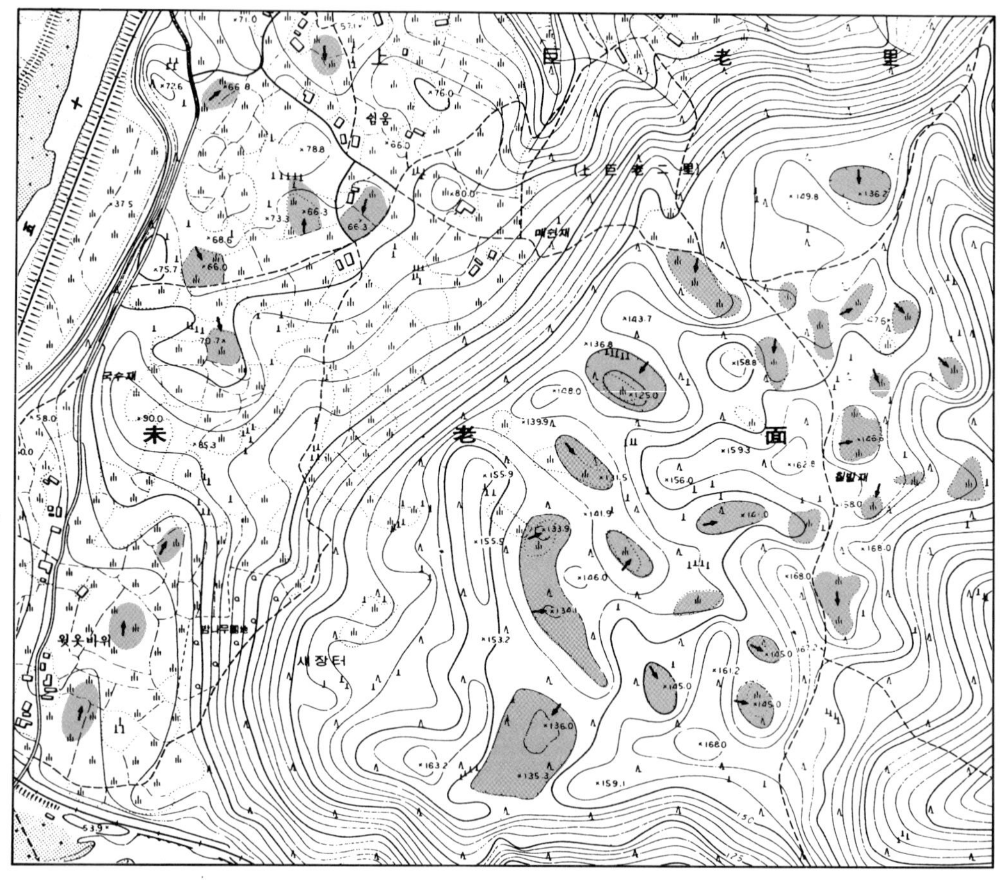

그림 7-5. 오십천(五十川) 동안의 하안단구와 돌리네

상하 두 단의 단구에 돌리네의 무리가 발달되어 있다. 돌리네가 무리지어 발달하려면 평평한 땅이 넓어야 한다. 하천 기원의 원력은 이곳의 밭 주변에서도 볼 수 있다. 1:5,000 국가기본도를 줄인 것임.

리로 발달할 수 있는 곳은 대개 하천 연안의 넓은 하안단구이다. 1980년대 중반 이후 시멘트공장의 석회석 채굴로 무참하게 파괴되었지만 남한에서 돌리네가 가장 많은 곳은 단양군 매포읍에 인접한 남한강 북안의 지전리(池田里)였다. 이곳에서는 돌리네가 '못밭(池田)'이라고 불리우는데, 돌리네의 무리를 볼 수 있던 곳은 기복이 작은 해발 230~250m의 넓은 땅이었다. 그림 7-5는 오십천(五

그림 7-6. 대화(大和)의 우발라(uvala)
'뱃골'이라고 불리우는 이곳은 폐쇄된 분지로 되어 있다. 바깥쪽을 향해 찍은 사진으로 안쪽에는 여러 채의 농가가 남아 있다. -1998

十川) 동안에 자리한 삼척시 미로면 상거노리(上巨老里)의 돌리네를 보여준다. 돌리네의 무리가 상하 2단의 하안단구에 형성되어 있음이 분명하다. 이곳에서는 돌리네의 밭 주변에 쌓아 놓은 원력(圓礫)의 돌무더기도 볼 수 있다.

돌리네는 성인상 용식돌리네(溶蝕－, solution doline)와 함몰돌리네(陷沒－, collapse doline)로 나뉜다. 용식돌리네는 석회암이 천천히 용식을 받아 형성되는 것으로 대부분의 돌리네가 이에 속한다. 함몰돌리네는 동굴의 천정이 갑자기 무너질 때 형성된다. 크기와 윤곽은 동굴천정이 어떤 모양으로 무너지느냐에 따라 달라지며, 일반적으로 측벽이 가파르다. 이것도 시간이 지나면 측벽이 침식을 받아 점차 완만해지고, 바닥이 토사로 매립되면 용식돌리네와 비슷해진다.

우발라(uvala)란 단순히 몇개의 돌리네가 합쳐진 것이 아니라 마을이 들어설 만큼 규모가 크고 모양이 불규칙한 와지를 가리킨다. 평창군 대화(大和) 바로 서쪽 언덕 위에서는 길이 약 700m, 너비 약 120m의 우발라를 볼 수 있다. 이곳에는 '배골'이란 마을이 들어섰다(그림 7-6). 집중호우가 내리면 며칠씩 호소가 괴기도 했으나, 1970년 후반에 배수용 터널을 뚫어 물이 언제나 바깥으로 잘 빠질 수 있게 되었다. 오십천 동쪽 산지의 삼척시 노곡면 여삼리(閭三里)의 우발라는 우리나라에서 가장 큰 것으로 알려졌다. 길이가 약 2km에 이르는 골짜기 모양의 이 우발라는 낮은 언덕을 사이에 두고 두 부분으로 나뉘는데, 큰 배수구만도 십여 개나 되며, 그 안에는 큰마을·봉촌·입시터 등의 마을이 들어섰다. 주변 산지의 고도는 해발 400m 내외, 바닥의 그것은 해발 270~300m이다. 바닥은 넓은 곳도 있고 좁은 곳도 있다.

폴리에

우발라보다 훨씬 큰 석회암지역의 폐쇄적인 분지를 폴리에(polje)라고 한다. 규모가 클 뿐만 아니라 그 내용이 우발라와는 전혀 다르다. 우발라는 원래 아드리아해 연안의 디나르알프스산맥에 속한 슬로베니아·크로아티아·보스니아 등의 산간지방에 형성된 폐쇄적인 분지의 평평한 '들'을 가리키는 말이다. 분지의 크기는 다양하나 모두 모양이 길고 좁으며 석회암의 가파른 산지로 둘러싸였는데, 가장 큰 것(크로아티아의 Livanjsko Polje)은 길이가 약 40km, 너비가 6~8km에 이른다. 그리고 우발라와 근본적으로 다른 점은 하천이 흐르고, 하천 연안에 충적지가 펼쳐진다는 것이다.

아드리아해 연안의 폴리에에서는 하천이 주변의 산지나 샘에서 발원하여 분지바닥의 곳곳에 뚫려 있는 배수구, 즉 포노르(ponor)를 통해 지하로 사라진다. 그림 7-7에서 보는 바와 같이 대규모의 폴리에는 포노르가 많으며, 큰 포노르는 동굴로 되어 있다. 아드리

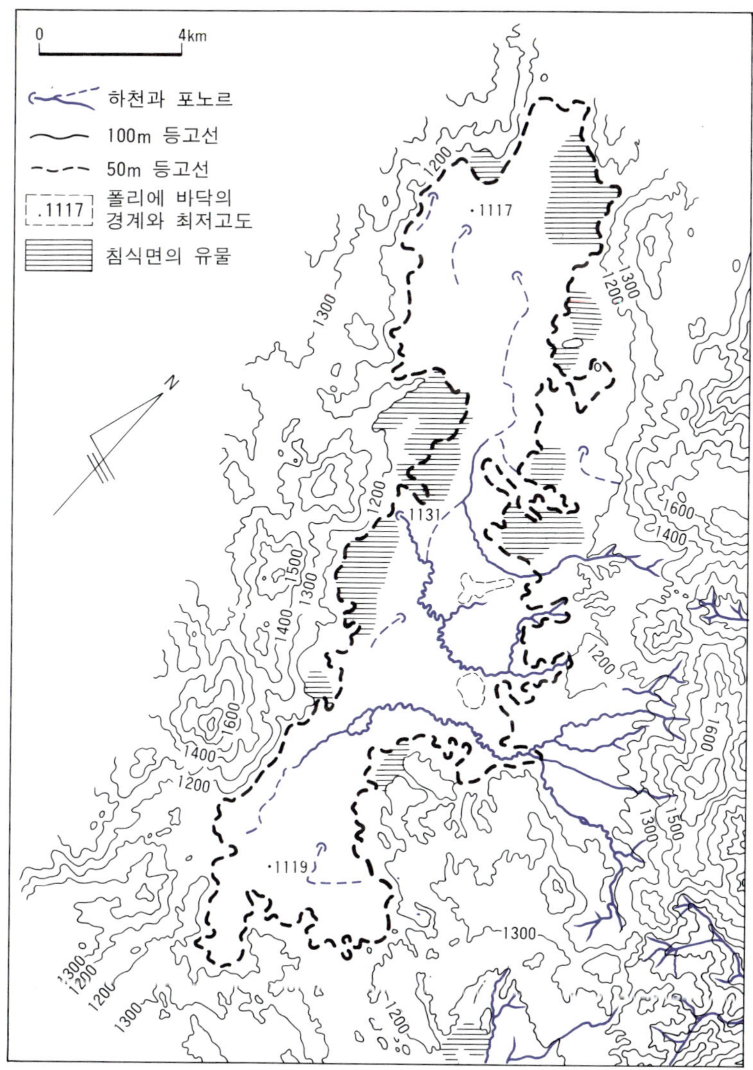

그림 7-7. 쿠프레스코 폴리에(Kupresko Polje)

굵은 파선은 폴리에의 바닥을 가리킨다. 포노르가 6개 표시되어 있다. 오른쪽 아래의 산지는 불투수성 암석으로 이루어졌으며, 여러 하천이 이곳에서 흘러내린다. 가느다란 실선은 물이 항상 흐르는 하천, 가느다란 파선은 비가 내릴 때만 물이 흐르는 하천이다. 그림 7-8의 여러 폴리에 중에서 가장 높은 곳에 자리한 것이다.

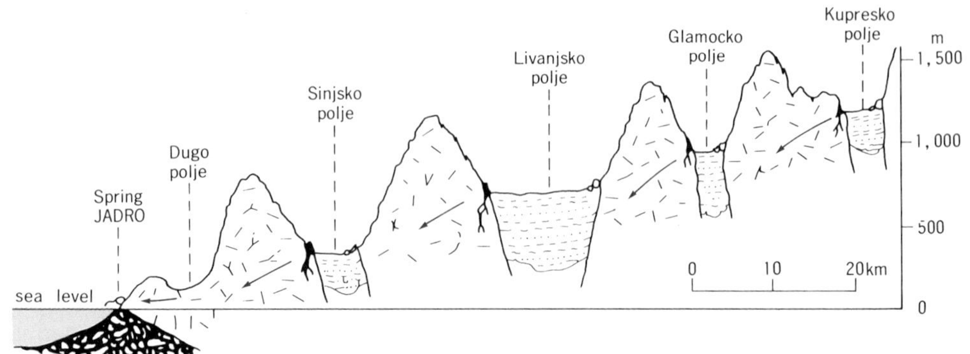

그림 7-8. 크로아티아지방의 폴리에(polje)

내륙의 산지에서 해안쪽으로 네 개의 폴리에가 계단상으로 형성되어 있다. 폴리에, 즉 지구대에 충적층이 두껍게 쌓였다. 화살표는 지하수의 흐름을 가리킨다. (White)

아해 연안은 강수량이 적지만 우기에는 하천이 자주 범람한다. 포노르를 통해 물이 잘 빠지지 않으면, 이를 중심으로 호소가 괴거나 폴리에가 물바다로 변하기도 한다. 그래서 폴리에의 취락들은 다소 높은 곳에 들어서게 되었고, 수자원개발과 더불어 홍수방지에도 상당한 노력이 기울여지고 있다.

배후의 높은 산지에서 해안에 이르는 아드리아해 연안지역의 폴리에는 지구대(地溝帶)에 형성되어 있다(그림 7-8). 높은 쪽의 폴리에에서 포노르로 흘러드는 물은 낮은 쪽의 폴리에로 흘러 나가다가 결국 해안에서 큰 샘으로 솟아난다. 이 지역의 폴리에와 유사한 지형은 자메이카·쿠바·보르네오 등지에서도 볼 수 있다. 폴리에는 근본적으로 지질구조에 의한 지형으로 지구대 이외의 지질구조와 관련해서도 발달한다.

단양군 어상천면 임현리의 무두리(水入里)에는 '무두리들'이라는 골짜기 모양의 작은 분지가 있다. 이 분지는 바닥의 길이가 약 800m, 너비가 50m 내외이며, 그 안에 무두리 마을이 들어섰다. 이곳에서는 작은 하천이 삼태산(876m) 기슭의 샘에서 발원하여 골짜기를 흐른 후 포노르에 해당하는 동굴을 통해 낮은 언덕 너머의

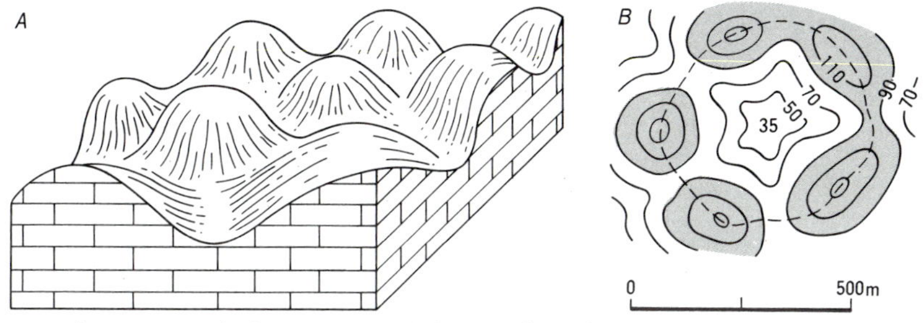

그림 7-9. 코크핏 카르스트(cockpit karst)**의 모형**

A) 반구형 잔구. B) 코크핏. 코크핏은 반구형 잔구로 둘러싸인 분지이지만 코크핏 카르스트에서는 잔구가 강조된다. 잔구의 높이는 30~70m로 한 지역에서는 상당히 균일하게 나타난다. (Jennings)

골짜기로 빠져나간다. 하천 연변에는 논이 있고, 물이 빠져나가는 동굴 주변에는 습지도 나타난다. 집중호우가 내릴 때는 물이 잘 빠지지 않아 논이 수해를 입기도 한다. '무두리들'은 작지만 내용의 면에서 폴리에와 아주 유사하다.

석회암 잔구 용식이 많이 진전된 지역에서는 앞에서 살펴본 것과 같은 '오목한' 지형보다 지표면 위로 솟아오른 '볼록한' 잔구(殘丘)가 경관을 주도한다. 아드리아해 연안지역에서는 평평한 땅 위에 솟아 있는 석회암의 잔구를 험(hum)이라고 부른다. 석회암의 잔구는 열대 및 아열대습윤지역에 다양한 모양으로 발달되어 있으며, 이를 포괄적으로 원추카르스트(圓錐－, cone karst)라고 한다. 원추카르스트 중에서 널리 소개된 것은 코크핏 카르스트와 탑카르스트이다.

코크핏카르스트(cockpit karst)는 자메이카, 푸에르토리코, 자바 중남부, 필리핀의 보홀섬 등지에서 볼 수 있다. 이 중에서도 자메이카와 푸에르토리코의 것이 유명한데, 코크핏이란 '투계장(鬪鷄場)'을 뜻하는 말로서 높이가 비슷비슷한 반구형(半球形)의 잔구들로 둘러싸인 폐쇄적인 분지에 붙여진 이름이다. 분지의 윤곽은 별(星)처럼 생겼거나 불규칙하다(그림 7-9). 그리고 반구형의 잔구는

그림 7-10. 코크핏 카르스트(cockpit karst)
잔구의 모양이 반구형에 가깝고 높이가 상당히 균일하다. 코크핏 카르스트는 지하수위가 낮은 지역에 발달한다. 필리핀의 보홀섬.

이 지역에서 페피노(pepino)라고 불리운다. 코크핏카르스트는 코크핏과 페피노를 통틀어 가리키는 것이지만, 움푹 파인 분지보다 이를 둘러싼 잔구가 더 인상적으로 눈에 들어오며, 따라서 이것을 원추카르스트에 포함시키게 되었다.

자바 중남부에는 페피노와 유사한 잔구가 1km^{2}에 약 30개씩이나 발달되어 있다. 잔구의 높이는 30～70m로서 한 지역에서는 상당히 균일하게 나타난다(그림 7-10). 코크핏카르스트는 다음에서 설명하는 탑카르스트와는 달리 지하수위가 지표면보다 상당히 낮은 지역에 발달한다.

탑카르스트(塔-, tower karst)는 중국 화남지방의 구이린, 베트남 북부의 하롱베이, 말레이반도의 킨타계곡, 사라와크, 쿠바 등지

그림 7-11. 탑카르스트

구이린(桂林)의 탑카르스트이다. 논으로 이용되고 있는 범람원 위로 석회암의 돌산들이 치솟아 있다. 돌산 밑에는 동굴도 뚫려 있다.

에 발달되어 있다. 중국의 광시좡족자치구(廣西壯族自治區)에 속한 구이린(桂林)의 탑카르스트는 특히 유명하다. 이곳의 탑카르스트는 하천변이나 논으로 이용되는 범람원 위로 가파르게 치솟은 석회암의 돌산으로 되어 있다(그림 7-11). 돌산 또는 탑(塔)의 높이는 100~130m 정도인데, 사면이 매우 가파른 것은 범람원과 접한 기저부에 용식이 가해지기 때문이다. 탑의 밑에는 석회동굴도 더러 뚫려 있다. 하천과 범람원은 지역적인 기복에 대한 침식기준면의 역할을 한다.

구이린의 탑카르스트는 당나라시대부터 많은 문인과 화가를 매혹시켜 왔다. 환상적인 돌산과 유유히 흐르는 이강(漓江)이 어우러진 비경은 넓은 중국에서도 으뜸으로 꼽히며, 중국이 개방된 이후

외국 관광객의 발길이 연중 끊이지 않는다.

베트남의 하롱베이(Ha Long Bay, 下龍)의 탑카르스트는 구이린의 것과 모양이 거의 같으나 바다에 솟아 있어 더욱 이색적이다. 3천여 개에 이르는 탑이 바다와 어우러진 경관이 출중하여 1995년에 유네스코는 이곳을 세계 7대 절경의 하나로 지정했다. 쿠바 서부의 탑카르스트는 높이가 300~400m이고, 이곳에서는 이것을 모고테(mogote)라고 부른다.

카르스트 수계 빗물을 모아 땅 밑으로 흘려보내는 돌리네와 석회동굴이 많은 석회암지역에서는 수계(水系)가 정상적으로 발달할 수 없다. 하천이 땅에서 솟아나는 샘, 즉 카르스트 용천(－湧泉, karst spring)에서 발원하기도 하고, 이쪽 골짜기에서 동굴로 자취를 감추는 하천이 저쪽 골짜기에서 큰 샘으로 솟아나기도 한다. 이러한 예는 단양군 어상천면의 무두리에서 볼 수 있다. 동굴로 들어가는 하천은 싱킹크리크(sinking creek)라고 한다. 미국 인디애나주의 로스트강(Lost River)은 석회동굴을 흐르는 구간이 약 13km에 이른다.

단양의 무두리(水入里) 주변의 작은 하천 중에는 비가 내릴 때만 물이 흐르는 것들도 있다. 나아가 아드리아해 배후의 산간지방에는 비가 내려도 물이 흐르지 않는 건곡(乾谷, dry valley)이 많다(그림 7-12). 하나의 골짜기를 흐르는 하천이 석회동굴로 유로를 옮기면, 동굴 전면의 골짜기는 물을 빼앗겨 말라 버리게 된다. 그리고 동굴을 흐르는 하천이 이를 확장시킨 다음 유로를 바꾸면 시원하게 뚫린 건조한 동굴이 뒤에 남는다.[5] 동굴천정이 무너져 그 자리에 좁은 골짜기가 형성되고, 천정의 일부가 다리 모양으로 그 위에 남아 있으면 이를 자연교(自然橋, natural bridge)라고 한다. 단양팔경의 하나인 석문(石門)도 자연교에 해당한다.

---

5) 미국 버지니아주의 Natural Tunnel은 대표적인 예로 길이가 약 300m, 높이가 약 25m, 너비가 약 40m인데, 철도가 지나간다는 점에서 특이하다.

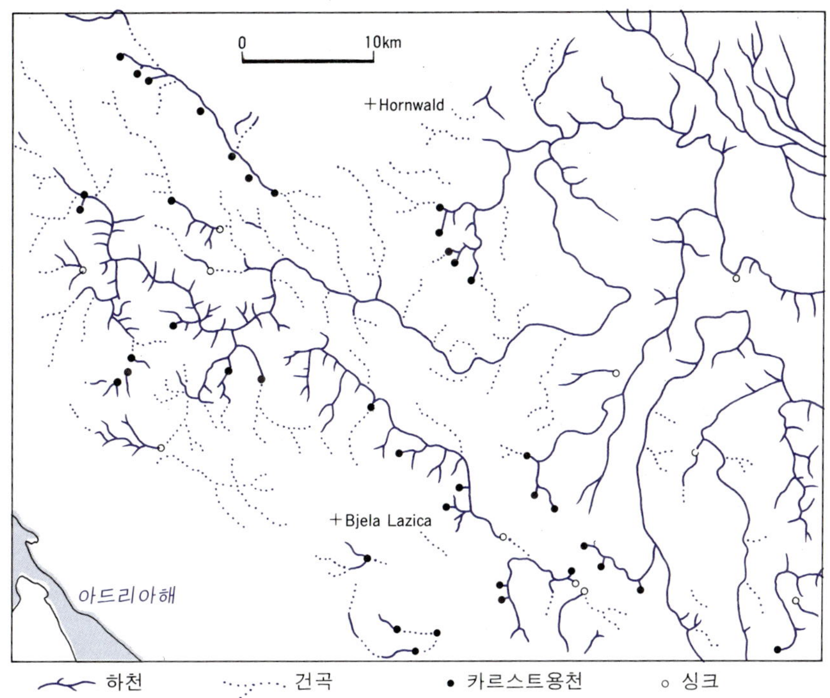

그림 7-12. 카르스트 수계
하천이 동굴로 들어가면 그 앞의 골짜기는 건곡(乾谷)으로 변하고, 큰 샘이 솟아오르는 곳에서는 하천이 발원한다. 크로아티아지방.

7.3 석회동굴

일반적 특성 석회동굴(石灰洞窟, limestone cave)은 가장 많이 알려진 카르스트지형으로서 규모와 내부구조가 매우 다양하다. 길이 수 미터의 것에서부터 100km 이상에 이르는 것이 있는가 하면, 어떤 것은 수직적으로 발달하여 깊이가 1,000m를 넘는다.[6] 그리고 단순한 모양의 석실과 통로로 이루어진 것도 있고, 다양한 크기와 모양의 석실·통로·수갱(竪坑) 등이 복잡하게 얽혀진 것도 있다. 석실(石室)이 큰 예로는 미국의 국립공원인 뉴멕시코주의 칼스바드동굴(Carlsbad Caverns)의 것이 유명하다. 이곳의 빅룸(Big Room)은 길이가 400m, 너비가 23m, 높이가 100m에 이른다.

석회동굴 중에는 수직적으로 뚫린 것도 있으나 수평적으로 뻗은 것이 훨씬 흔하다. 하천변의 동굴은 수평적으로, 골짜기 위의 동굴은 수직적으로 형성되는 것이 보통이다. 영월의 고씨굴(高氏窟)은 수평적 발달, 단양의 고수굴(古藪窟)은 수직적 발달이 양호한 편이다. 또한 석회동굴 중에는 습한 것도 있고, 건조한 것도 있다. 1997년부터 일반에 공개된 삼척의 환선굴(幻仙窟)은 동굴의 바닥을 흐르는 하천이 장관이다. 습하거나 하천이 흐르는 동굴에서는 여러 가지 변화가 계속 일어난다. 물기가 전혀 없는 동굴은 '죽은 동굴(dead cave)'로서 그 안에서는 변화가 일어나지 않는다. 국립공원으로 지정되어 세계에 널리 알려진 석회동굴 중의 하나인 미국 켄터키주의 맘모스동굴(Mammoth Cave)은 규모가 대단하지만 말라 있고 기다란 통로들로만 이루어져 신비감이 덜하다.

석회동굴의 발달 석회동굴은 간단히 말하면 지표수가 지하로 스며들고, 그 물이 낮은 위치의 출구를 통해 바깥으로 빠져나가는 통로로서 형성된 지형이다. 석회동굴은 최초에 지하수위(地下水位) 밑에서 발달하기 시작한다. 지하수는 절리와 그 밖의 균열이 많은 부분을 따라 흐르는데, 이러한 틈들이 넓어지면서 서로 결합하면 큰 구멍이 생기게 된다. 그리고 이러한 구멍을 채우고 있는 지하수는 극히 천천이 흐르면서 초기단계의 동굴을 뚫게 된다.

6) 미국 켄터키주의 Flint Ridge Cave와 스위스의 Hölloch 동굴은 길이가 100km를 넘고, 프랑스쪽의 피레네산맥에 있는 Gouffre St. Pierre Martin 동굴은 깊이가 1,311m나 된다. 영월의 고씨굴은 주굴의 길이가 1.6km, 지굴을 합한 전체 길이가 약 3km인 것으로 조사되었다.

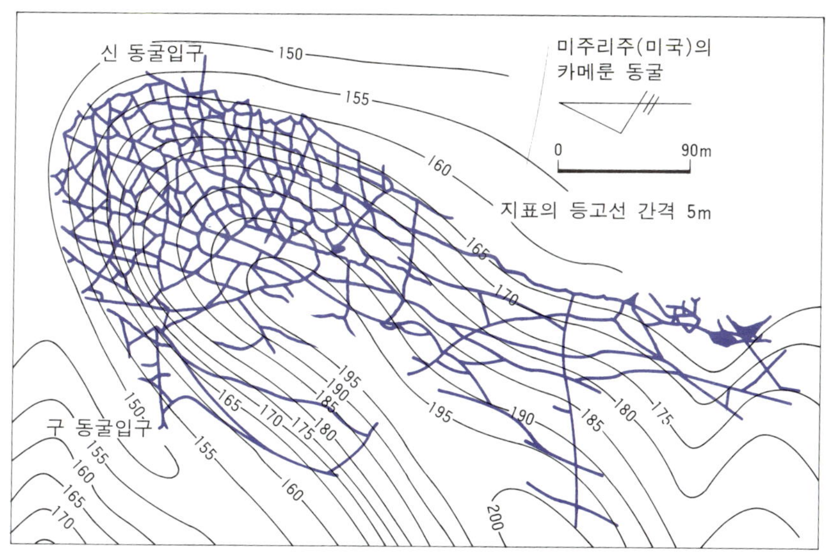

그림 7-13. 동굴망의 평면도
동굴망이 매우 복잡하다. 동굴은 절리를 따라 극히 느리게 흐르는 지하수에 의해 형성되기 시작한다. 미국 미주리주의 Cameron Cave.

지하수로 가득찬 초기단계(phreatic phase)의 동굴은 관찰이 불가능하여 확실히 알 수 없지만 단면이 대체로 원에 가까울 것이라고 생각된다. 원은 다른 어떤 모형보다도 넓은 면적을 포용한다. 그리고 주변의 골짜기가 하천의 하방침식으로 깊게 파임에 따라 지하수위가 낮아지면, 초기단계의 동굴 윗부분에는 빈 공간이 드러나게 된다. 석회동굴의 모습은 이러한 단계(vadose phase)부터 나타나기 시작하며, 시간이 경과하면 삼척의 환선굴에서처럼 지하수가 동굴하천(洞窟河川)을 이루면서 지상의 하천처럼 흐르게 된다. 동굴하천은 인접한 골짜기의 하천으로 흘러나간다. 동굴하천이 동굴바닥에 좁은 수로를 깊게 파 놓으면, 동굴의 단면이 열쇠구멍과 흡사해진다.

석회동굴은 동굴하천에 의하여 형성된 것이라는 견해도 있었다. 그러나 그림 7-13은 그것이 극히 느리게 흐르는 지하수에 의해 형성된 것임을 확실하게 보여준다. 지하수로 가득찬 초기단계에는 절

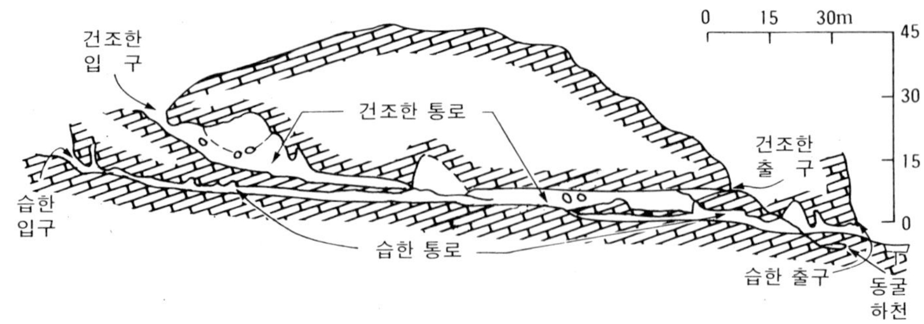

그림 7-14. 석회동굴의 단면
석회동굴은 대개 수평방향으로 형성되는데, 동굴하천이 기존 동굴 밑에 새로 형성된 동굴로 유로를 옮기면 기존 동굴은 '죽은 동굴'이 된다. 오스트레일리아 뉴사우스웨일즈주의 Barber Cave. (Jennings)

리(節理)를 따라 그물 모양의 복잡한 동굴망이 형성된다. 모든 통로는 크기가 서로 비슷하다. 그러나 후기단계에 접어들면 지하수 또는 동굴하천이 주요 절리를 따라 흐르면서 주굴(主窟)의 성장을 이끌고, 초기단계에 형성된 동굴망의 작은 통로는 주굴 주변에 부분적으로 남게 된다. 주굴 주변의 작은 지굴(支窟)은 대부분 초기단계에 형성된 것이다.

석회동굴은 물이 흐르는 한 계속 성장한다. 그러나 인접한 골짜기가 깊게 파이고 동굴하천이 그 밑에 형성된 다른 통로로 유로를 옮기면, 기존 통로는 건조해지면서 성장을 멈추게 된다. 그림 7-14는 말라버린 통로와 하천이 흐르는 통로가 위와 아래에 배열되어 있는 동굴의 예를 보여준다. 건조한 동굴 또는 '죽은 동굴'은 원형을 오랫동안 보존한다. 영월의 고씨굴에서는 관광객이 드나드는 통로는 대부분 말라 있고, 그 밑으로 파인 수로로 물이 흐르는 것을 볼 수 있다.

석회동굴의 연령은 관광객에게 외경감을 주려고 대개 수억년으로 부풀려 선전한다. 이 경우의 연령은 석회암의 것이지 동굴과는 무관하다. 오늘날 동굴의 연령을 추정하는 방법으로 석순의 연대측정법이 사용된다.[7] 동굴바닥에 물이 흐르는 동안에는 석순이 형성

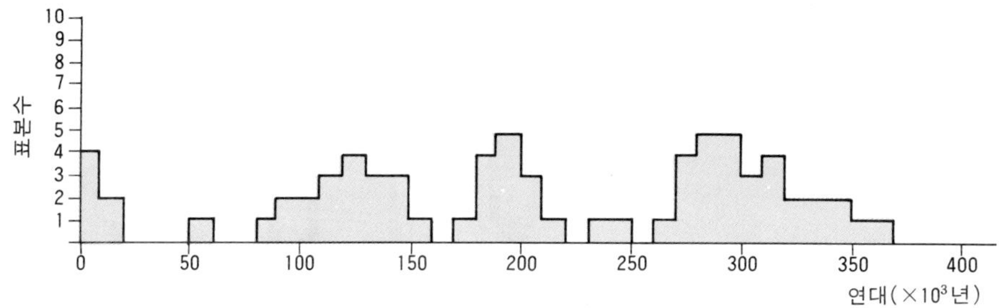

그림 7-15. 석순의 연대

캐나다에 속한 로키산지의 동굴들을 대상으로 측정한 석순의 연대를 보여준다. 가장 오랜 석순도 연대가 약 35만년에 불과하다. 관광지에서는 동굴의 형성년대를 과장되게 소개하는 것이 보통이다. (Trudgill)

되지 않으므로 석순의 연령은 동굴에서 물이 빠져나간 이후의 기간에 해당하는 것이지만, 영국에서 조사된 바에 의하면 그것이 17,000년전~현재, 약 60,000년전을 중심한 짧은 기간, 90,000~140,000년전, 그리고 170,000년전 이상의 네 집단으로 구분된다. 이들 연대는 대체로 간빙기(間氷期)와 일치하는 것으로 해석된다. 캐나다의 로키산맥의 석회동굴에서 측정된 자료도 유사한 경향을 보여준다(그림 7-15). 우라늄-토륨 연대측정법의 상한인 35만년을 넘는 연대는 동굴이 몇개의 층으로 이루어진 경우 최상위의 일부 지굴에서만 나타난다.

동굴의 연령은 동굴 주변에 분포하는 평탄면의 형성시기를 추정하여 간접적으로도 알 수 있다. 예를 들면 인디애나주의 로스트강의 동굴은 제3기(第三紀) 후기의 준평원이 융기한 후 제4기(第四紀) 초에 접어들면서 발달하기 시작한 것으로 알려졌다. 이러한 방법에 의한 연령도 500만년 이상으로 거슬러 올라가지 않는다. 석회암의 연령과 석회동굴의 그것은 별개의 것이다.

---

7) 석순의 연대는 우라늄 ^{234}U와 토륨 ^{230}Th의 비율로 측정할 수 있는데, 측정이 가능한 연대는 35만년 전까지이다.

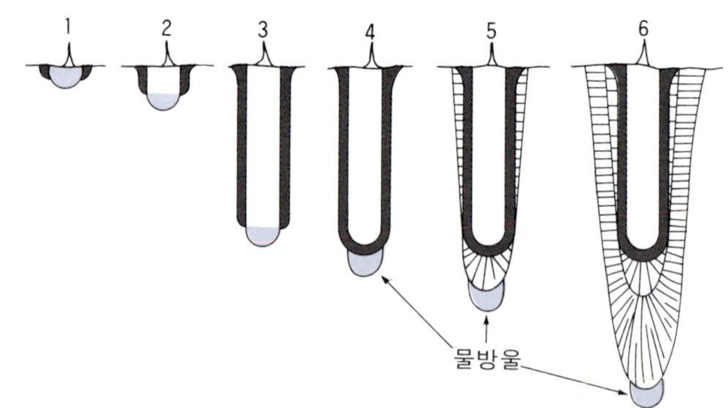

그림 7-16. 짚종유석과 종유석의 발달
짚종유석은 지름이 물방울 크기의 정도인데, 길이가 수 미터에 이르는 것도 있다. 짚종유석으로부터 종유석이 발달하는 예를 보여준다.

스펠레오뎀 동굴을 채우고 있던 물이 빠져나가면, 동굴은 탄산칼슘의 침전에 의한 2차적인 생성물로 좁혀지기 시작한다. 동굴천정에서 떨어지거나 동굴벽을 흘러내리는 물에는 탄산칼슘이 녹아 있으며, 이러한 물에 포함된 탄산칼슘의 침전으로 발달하는 각종 집적지형을 통틀어 스펠레오뎀(speleothem)이라고 한다. 동굴로 침투하는 물이 탄산가스를 방출함에 따라 물에 용해된 탄산칼슘이 결정체를 이루면서 침전하는 과정에 대해서는 앞에서 설명했다.

탄산칼슘은 물의 증발로 용액의 농도가 진해져서 침전할 수도 있다. 그러나 습한 동굴은 공기의 상대습도가 높다. 다만 반건조지역이나 건계가 길게 나타나는 지역에서만 물의 증발과 관련하여 탄산칼슘의 침전현상이 부분적으로 일어날 수 있다.

스펠레오뎀 중에서 가장 흔한 것은 점적석(點滴石, dripstone)과 유석(流石, flowstone)이다. 점적석은 동굴천정에서 떨어지는 물방울에 의해 형성된다. 물방울이 떨어지기 직전에 탄산가스의 방출과 탄산칼슘의 침전은 물방울의 표면에서 일어나며, 그 결과 형성되는 것이 가느다란 관 모양의 짚종유석(straw stalactite) 또는 관상종유석(管狀鍾乳石)이다. 동굴천정에 흔히 무리로 매달리는 짚종유석

그림 7-17. 석회동굴의 스펠레오뎀(영월의 고씨굴)
종유석·석순·석주가 다채롭게 형성되었다. 사진 중앙의 큰 석주의 표면이 울퉁불퉁하다. 작은 단(段)이 형성되었기 때문이다.

은 굵기가 물방울의 크기만 한데, 어떤 것은 길이가 수 미터에 이를 정도로 길다. 종유석(鍾乳石, stalactite)도 짚종유석으로부터 성장한다(그림 7-16).

종유석은 동굴천정에 매달린 체 아래로 뿐만 아니라 옆으로도 성장하여 점점 길어지는 동시에 굵어지고, 이로 인해 나무의 나이테와 유사한 환상구조(環狀構造)를 가지게 된다. 종유석에서 동굴바닥으로 떨어지는 물방울은 석순(石筍, stalagmite)을 만들고, 이것이 위로 성장하여 종유석과 맞닿으면 석주(石柱, column)가 된다. 석순은 일반적으로 종유석보다 굵고 뭉툭하다.

유석은 물이 넓게 퍼지면서 흘러내리는 동굴벽에 형성되는 것으로 산골짜기에 걸린 겨울철의 빙폭이나 창문의 커튼을 연상케

그림 7-18. 림스톤(rimstone)

국내 최대의 것으로 둑의 높이가 약 1m에 이른다. 전체적인 모양이 마치 층계논을 축소시켜 놓은 것 같다. 삼척시의 초당굴.

한다. 그리고 물이 솟아나는 동굴벽 밑의 샘을 중심으로 동굴바닥에 형성되는 일련의 림스톤(rimstone)도 경이롭다. 림스톤과 림스톤 사이에는 물이 괴어 있어서 전체적인 모양이 논을 축소시켜 놓은 것처럼 보이며(그림 7-18), 우리나라에서는 이것이 흔히 '선답(仙畓)' 또는 '신농답(神農畓)'이라고 소개된다. 동굴로 침투하는 물은 동굴의 공기와 접하게 됨으로써 흘러갈 때 탄산가스를 방출하며, 탄산가스가 방출되면 물에 녹아 있는 탄산칼슘의 일부가 침전한다. 때문에 물이 흘러가면서 탄산칼슘을 침전시킬 수 있을 만

그림 7-19. 석회화단구(石灰華段丘)
석회화단구의 발달이 화려하다. 림스톤과 석회화단구는 석회암지역에서 솟아오르는 온천 주위에도 형성된다. 미국의 옐로우스톤 국립공원.

큼 탄산가스를 방출하는 곳에는 하나의 림스톤이 형성된다. 탄산칼슘의 침전에 의해 일시적으로 묽어진 물이 또 일정한 거리를 흘러가면 앞에서와 동일한 과정이 반복된다. 림스톤 뒤의 부분이 물 대신 탄산칼슘의 침전물로 채워져 있으면, 이를 석회화단구(石灰華段丘, travertine terrace)라고 한다. 림스톤이나 석회화단구는 수원(水源)을 중심으로 둥글게 형성되며, 석회암층을 뚫고 솟아오르는 온천 주변에서도 볼 수 있다.[8)]

대부분의 점적석이나 유석은 황색 내지 갈색을 띤다. 스펠레오

8) 석회화단구와 유사한 단(段)은 산골짜기의 빙폭에도 나타난다. 물은 흐르면서 공기에 열을 빼앗겨 냉각되는데, 물이 얼 때는 융해잠열의 방출로 물이 약간 더워진다. 빙폭의 단은 물이 흐르면서 불연속적으로 냉각되기 때문에 형성된다.

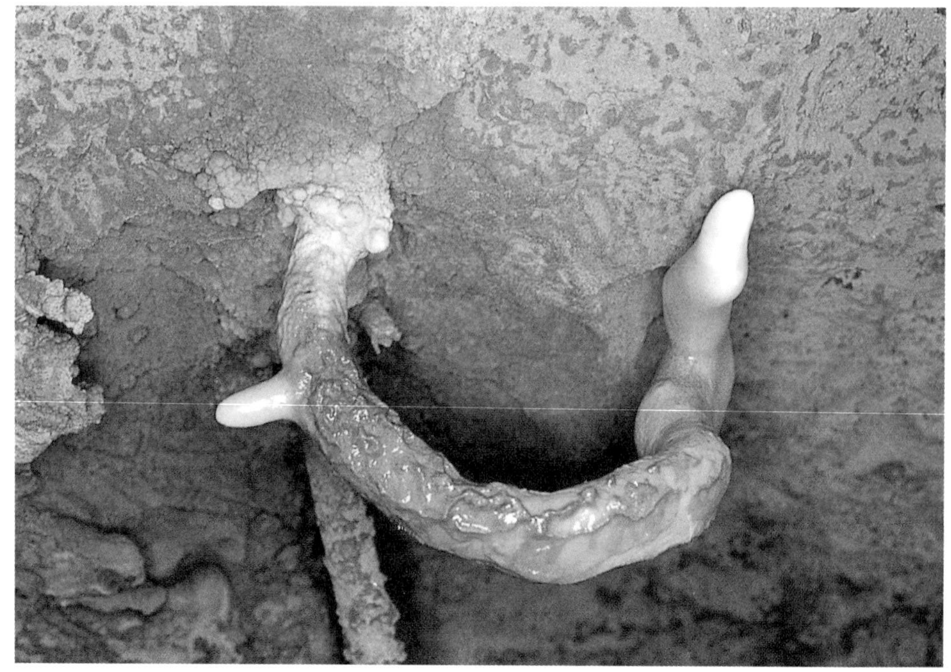

그림 7-20. 곡석(曲石)
곡석은 중력과는 관계없이 제멋대로 자란다. 공기 중의 습기에 포함된 탄산칼슘이 침전·집적됨으로써 형성된다. 삼척시의 관음굴.

뎀의 이러한 색은 지표로부터 물에 포함되어 들어온 부식산, 철과 망간의 산화물 등과 관련이 있다. 스펠레오뎀은 착색물질에 따라 여러 가지 색을 띤다.

공기 중의 수분으로부터 탄산칼슘 성분이 결정체를 이루면서 침전할 때는 곡석·석화·동굴산호 등 미세하지만 진기한 스펠레오뎀이 만들어진다. 곡석(曲石, helictite)은 물이 흘러내리지 않는 동굴천정, 석주와 종유석의 표면 또는 유석의 주름진 틈에서 중력 방향과는 관계없이 옆이나 위로 비틀어지고 뒤틀린 모양으로 길게 자라는 것이 특이하다(그림 7-20). 어떤 것은 굵지만 어떤 것은 바늘처럼 가늘다. 곡석은 공기유통이 원활하지 않은 곳에서 주로 볼 수 있다.

석화(石花, anthodite)는 하나의 점에서 서릿발처럼 생긴 결정체들이 사방으로 뻗어나가 그 모양이 마치 작은 꽃송이와 같다. 석화는 주로 애라고나이트(aragonite)로 이루어졌으며, 석화의 이러한 모양은 이의 성장습성과 관련이 있는 것으로 알려졌다.[9] 동굴 안에서는 이밖에도 동굴산호(cave coral)를 위시하여 성인이 분명하지 않은 것이 많다. 미세한 스펠레오뎀은 삼척시 도계읍의 관음굴(천연기념물 제178호)에 다채롭게 발달되어 있다.[10]

7.4 카르스트윤회

카르스트지형은 시비치(J. Cvijić, 1865~1927)이 1893년에 「카르스트현상(Karstphänomen)」이라는 제목의 논문[11]을 발표한 이후 주목을 받게 되었다. 카르스트(karst)란 용어도 그가 슬라브어의 Krs를 독일어로 옮긴 것이다. 이것은 원래 바위가 널려 있는 황량한 땅을 뜻하는 말이지만, 구 유고슬라비아에 속했던 슬로베니아와 크로아티아의 석회암지역을 가리키는 명칭으로도 사용된다. 그는 프랑스어로도 여러 편의 논문을 발표했다. 시비치 이후 오랫동안 유럽은 카르스트지형의 연구를 이끌었다.

카르스트윤회(karst cycle)의 틀 중에서 가장 간결한 것은 1914년에 발표된 그룬트(A. Grund)의 것이다. 그 내용은 다음과 같다.

두꺼운 석회암층이 지하수면 위로 융기하면 지표상에 돌리네가

9) 방해석과 애라고나이트는 성분이 다같이 $CaCO_3$로 되어 있는 동질이상광물(同質異像鑛物)로서 앞의 것은 3방정계(三方晶系), 뒤의 것은 사방정계(斜方晶系)에 속한다. 어떤 석화는 방해석으로 이루어졌는데, 이것은 애라고나이트가 방해석으로 변한 것이라고 한다.

10) 석동일, 1987, 한국의 동굴, 아카데미서적.

11) Civijić, J., 1893, "Das Karstphänomen," *Geogr. Abh.*, 5: 217~329.

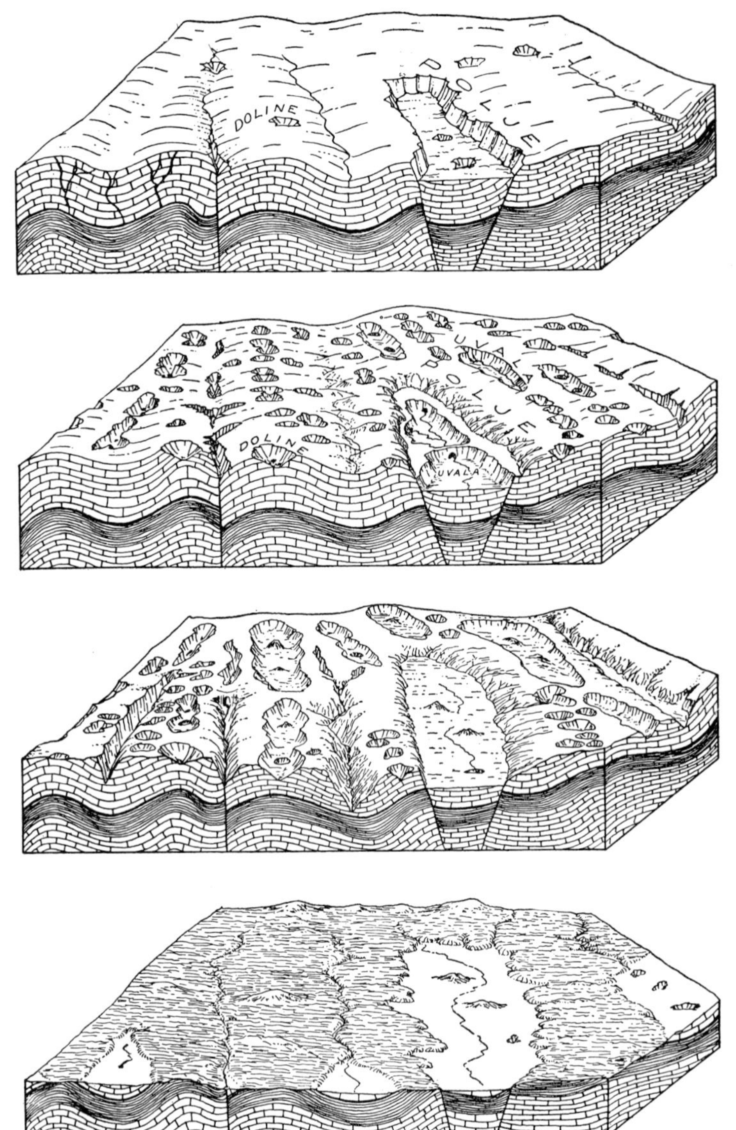

그림 7-21. 카르스트 윤회

최초에 지표를 흐르던 하천들은 돌리네가 발달함에 따라 사라지며, 석회암층이 제거된 후에는 하천이 다시 지표 위를 흐른다. 지구대에 자리한 폴리에가 보인다. 벽돌무늬의 부분이 석회암층이다. (Lobeck)

발달하기 시작한다. 유년기에는 원지형(原地形)의 여기 저기에 돌리네가 불규칙하게 파인다. 유럽의 카르스트지형은 대부분 이 단계에 속한다고 한다. 돌리네가 많이 발달·성장하여 원지형이 거의 사라지고, 돌리네들 사이의 부분이 낮은 산릉으로 변하면 유년기가 끝난다.

장년기에는 돌리네가 커져서 바닥이 넓어지고, 일부 돌리네는 서로 결합하여 우발라를 이룬다. 지하에서는 동굴의 발달이 절정에 이르며, 이것이 무너지는 곳에는 함몰돌리네가 형성된다. 또한 돌리네들 사이의 산릉이 낮아지고, 산릉의 일부는 원추형 구릉으로 변한다. 그리고 노년기에는 전체 지표면이 용식기준면(溶蝕基準面)인 지하수면에 가까워지며, 하천이 용식평원(溶蝕平原, corrosion plain)을 가로질러 흐르게 된다.

시비칙도 1918년에 카르스트윤회의 틀을 발표했다. 시비칙은 기본가설로 두꺼운 석회암층이 해면보다 상당히 높게 융기하고, 이 석회암층의 위와 아래에 불투수성 지층이 있는 경우를 내세웠다. 이 틀에 의하면, 석회암층을 덮고 있는 지표의 불투수성 지층이 제거되어도 원래의 하천은 당분간 존속한다. 석회암층의 용식이 진행되어 지표수가 지하로 침투할 수 있는 틈이 많이 생기면, 하천은 점차 지하로 사라지고 돌리네와 우발라가 발달하기 시작한다. 이때 지질구조와 관련된 폴리에가 형성될 수도 있다. 결국 카르스트지형이 절정에 이르는 장년기에는 지표의 하천이 모두 없어지고, 지하의 동굴이 확장된다.

이후 카르스트지형은 파괴단계에 들어간다. 동굴의 천정이 무너지고, 하천이 지표 위를 흐르게 되며, 폴리에의 바닥은 더욱 낮아지고 넓어진다. 돌리네와 우발라는 하천의 침식으로 파괴되어 없어지지만 폴리에는 존속한다. 마지막으로 불투수성 지층이 지표에 넓게 드러나면, 카르스트지형의 유물로 원추형 잔구만 곳곳에 남게 된다.

이밖에도 카르스트윤회는 여러 가지로 설명되고 있으나 모두 대동소이하다. 카르스트지형은 비교적 제한된 지역에만 발달되어 있다. 때문에 모든 지역에 보편적으로 적용될 수 있는 틀을 설정하기가 쉽지 않다.

제 8 장 빙하지형

1. 빙하의 발달과 종류
2. 빙하의 운동과 빙식지형
3. 빙하의 퇴적작용과 빙퇴적지형
4. 제4기의 편년

이 장의 개요

우리는 빙하시대(氷河時代)에 살고 있다. 신생대 제4기에는 빙하가 지금보다 훨씬 확장되었던 빙기(氷期)와 지금처럼 축소되었던 간빙기(間氷期)가 여러번 반복되었다. 빙기의 최성기에는 육지의 약 30%가 빙하로 덮였었고, 지금도 빙하는 육지의 약 10%를 덮고 있다. 오늘날 빙하의 대부분은 남극대륙(88%)과 그린란드(11%)에 분포하며, 담수의 약 75%가 빙하의 상태로 존재한다.

빙하는 설선 위에서 눈으로부터 만들어지며, 형태와 규모에 따라 권곡빙하·곡빙하·빙모·빙상 등으로 나뉜다. 빙기에 5대호 및 밴쿠버섬 이북의 북아메리카와 네덜란드, 독일 중부, 폴란드 이북의 북서유럽을 덮었던 빙하는 빙상(氷床)이었다. 이들 지역에서 최후빙기의 빙하가 사라진 것은 불과 약 1만년전의 일이었다. 이들 지역에는 각종 빙하지형이 생생하게 남아 있고, 과거에 빙기가 존재했었다는 사실도 빙하지형의 연구를 통해 밝혀지게 되었다.

지형학적으로 빙하의 발달은 두 가지 점에서 중요하다. 하나는 빙하가 각종 지형을 직접 형성한다는 것이고, 다른 하나는 해면승강운동을 일으켜서 빙하로 덮이지 않은 지역에도 지대한 영향을 미친다는 것이다. 빙하는 바다에서 증발한 수분이 눈으로 내린 후 얼음으로 변해서 육지에 갇혀 있는 것이다.

▲ **노르웨이의 피요르드** 깊게 파인 빙식곡으로 깊숙히 바닷물이 들어왔다. 잔잔한 물과 높은 산지가 어우러진 경치가 훌륭하다. 노르웨이에서는 피요르드가 관광자원으로 중요하게 이용된다.

8.1

빙하의 발달과 종류

설 선 빙하는 눈으로부터 형성된다. 눈이 쌓여서 얼음으로 변화하기에 알맞은 곳은 고산지대이다. 고산지대는 기온이 낮을 뿐 아니라 지형성강수가 많이 내린다. 눈이 얼음으로 변화하려면 우선 다년간에 걸쳐 눈이 많이 쌓여야 한다. 그리고 다년간에 걸쳐 눈이 많이 쌓이려면 강설량이 융설량보다 많아서 겨울에 내린 눈이 여름에 녹아 없어지지 않아야 한다.

빙하는 설선 위의 산지에서 형성된다. 설선(雪線, snow line)이란 여름에도 눈이 남아 있는 곳을 횡적으로 이은 선을 가리킨다. 설선은 기온을 반영하여 극지방에서 적도쪽으로 갈수록 높아지며, 이의 해발고도는 북위 78°의 스피츠베르겐에서 약 500m, 북위 65°의 아이슬란드에서 600~1,000m, 북위 60°의 노르웨이 남부에서 약 1,600m, 알프스에서 약 2,700m, 적도 부근의 킬리만자로산에서 약 5,200m로 나타난다.

설선고도는 강설량·바람·일사량·향(向) 등 여러 요인에 의해 결정된다. 이 중에서 비교적 좁은 지역의 경우 가장 중요한 것은 강설량이다. 알래스카만에 면한 세인트엘리아스산(5,489m)에서는 내륙쪽의 설선고도가 바다쪽의 그것보다 1,500m나 더 올라가 있다. 그림 8-1에서 보는 바와 같이 남·북위 30° 내외에서 설선고도가 가장 높게 나타나는 것도 아열대고기압의 영향으로 강설량이 적기 때문이다.

중국 및 일본과 관련지어 보면, 오늘날 우리나라의 설선고도는 해발 3,000~4,000m인 것으로 추정된다. 우리나라는 이처럼 높은 산지가 없다. 그러나 빙기(氷期)에는 함경북도의 관모봉 부근에 권곡(圈谷)이 형성될 만큼 설선고도가 낮았다. 빙기에 이 지역의 설

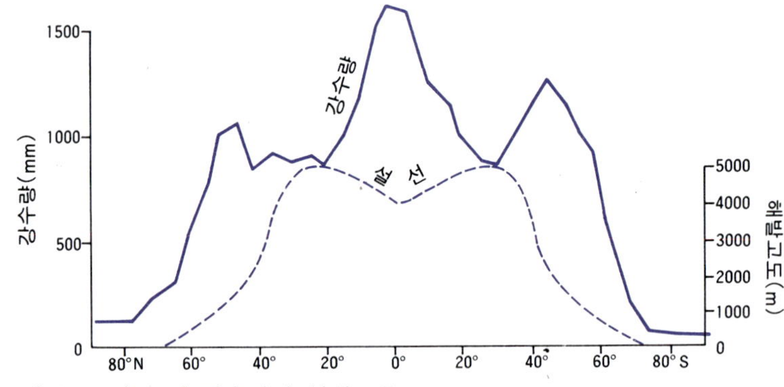

그림 8-1. 위도 및 강수량과 설선고도
설선고도가 남·북위 30° 부근에서 가장 높게 나타난다. 그 까닭은 아열대고기압과 관련하여 이 위도대의 강수량이 적기 때문이다.

선고도는 해발 약 2,000m였다.

만년설과 빙하의 발달

금방 내린 눈은 설편들 사이에 공기가 많이 포함되어 비중이 0.06～0.16에 불과하다. 이러한 눈은 시간이 지나면서 자체의 무게로 압축되는 한편 부분적으로 녹아 점점 치밀해진다. 기온이 0℃ 내외여서 눈이 부분적으로 녹는 곳에서는 불과 몇시간 또는 며칠만에 상당히 치밀해질 수 있다. 그러나 남극대륙과 같이 기온이 아주 낮은 곳에서는 눈이 그렇게 되기까지 여러 해가 걸린다. 온대지방에서는 여름을 지낸 눈, 즉 1년 묵은 눈은 만년설(萬年雪, firn 또는 névé)로 간주된다. 만년설은 대개 동글동글한 입자로 이루어져 있고, 비중이 0.5를 넘는다.

만년설이 빙하의 얼음, 즉 빙하빙(氷河氷, glacial ice)의 단계에 이르면 비중이 0.8 이상으로 증가한다. 만년설이 빙하빙으로 변화하는 데는 오랜 시간이 걸린다. 강설량이 많고 기온이 높은 중위도의 고산지방에서는 최소한 수십년, 기온과 습도가 매우 낮은 극지방에서는 수백년이 걸린다. 만년설이 빙하빙으로 변화하는 데 이처럼 오랜 시간이 걸리는 까닭은 만년설의 개별 입자가 더욱 치밀해

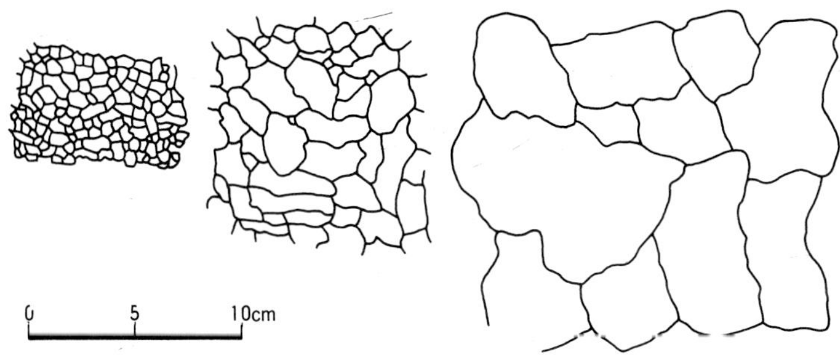

그림 8-2. 빙하빙의 빙정
만년설로부터 빙하빙이 형성된 후에도 그것은 재결정작용에 의해 계속 성장한다. 곡빙하 정상부의 빙정은 작고, 말단부의 그것은 크다.

지는 동시에 재결정작용(再結晶作用, recrystalization)이 일어나 입자들간의 틈이 거의 없어져야 하기 때문이다. 빙하빙은 불규칙한 모양의 빙정(氷晶)으로 이루어졌으며, 재결정작용은 빙하빙에서도 계속 일어난다. 즉 빙하빙의 빙정은 서로 결합하면서 성장하는데, 곡빙하의 경우 상단부에서는 1~2mm에 불과하던 빙정의 지름이 말단부로 내려가면 10cm 이상으로 커지기도 한다. 빙하빙이 재결정작용을 받으면서 더욱 치밀해지면 틈이 완전히 없어져서 비중이 거의 0.9에 이르게 된다. 빙하빙은 빙정으로 이루어졌다는 점에서 물이 얼은 유리질의 얼음과 다르다.

만년설은 어디서나 빙하빙으로 변화하는 것이 아니다. 빙하빙은 두꺼운 만년설층 밑에서만 형성된다. 빙하빙이 형성되는 만년설층의 깊이는 강설량이 많은 알래스카의 일부 빙하(Upper Seward Glacier)의 경우 13m 정도이지만, 남극대륙에서는 최소한 75m에 이르는 것으로 알려졌다. 따라서 고산지대에서 빙하가 발달하려면 눈이 두껍게 쌓이는 와지(窪地), 즉 우묵한 땅이 있어야 한다. 눈은 우선 지면이 주변보다 다소나마 낮은 곳에 많이 쌓이는데, 이러한 곳은 적설층 밑에서 일어나는 설식(雪蝕, nivation)에 의해 점점 깊어지고 넓어진다. 적설층 밑에서는 융설수의 동결·융해로 기반암이 기계적 풍화작용을 활발하게 받을 뿐 아니라 암설이 융설수에 의해 잘 제거된다. 빙하빙이 형성될 수 있을 만큼 만년설이 두껍게 쌓일 수 있는 최초의 와지는 설식에 의해 파인다. 우리나라의 고산지대에서도 오목한 땅에는 봄에 잔설(殘雪)이 늦게까지 남으며, 그 밑에서는 설식이 활발하게 일어나 대관령 부근의 삼양목장과 같은 곳에서는 목초지의 관리와 유지에 지장을 준다.

만년설층 밑에서 빙하빙이 많이 만들어지면, 그것은 빙체를 이루면서 자체의 무게로 서서히 움직이기 시작한다. 빙하(氷河, glacier)란 움직이고 있는 빙체를 가리킨다. 얼음은 고체이지만 빙하는 가소성(可塑性)을 가진 상태에서 유동한다.

권곡빙하와 곡빙하

산정부의 사면에서 설식에 의해 큰 와지가 파이고, 이곳에 만년설이 두껍게 쌓이면 권곡빙하(圈谷氷河, cirque glacier)가 발달한다. 권곡빙하는 잔설이 많은 북사면이나 바람그늘 사면에 잘 형성된다. 권곡빙하는 설식에 의한 와지를 반원극장 모양으로 크고 움푹하게 확장시켜 놓는데, 어떤 것은 권곡이라고 불리우는 이러한 와지 안에 머물러 있고, 어떤 것은 이로부터 혓바닥 모양으로 약간 흘러넘친 상태에 있다. 권곡빙하의 표면은 만년설이 쌓이는 설원(雪原, firn field 또는 névé field)으로서 횡단면이 오목하고 매끈하며, 권곡의 문턱은 대략 설선과 일치한다.

기온의 하강 또는 강설량의 증가로 설원의 적설량이 많아지면, 권곡빙하는 설선 아래로 흘러내리면서 곡빙하(谷氷河, valley glacier)를 이루게 된다. 알프스·히말라야·로키 산맥을 비롯한 고산지대의 곡빙하는 두께가 대개 300~600m인 것으로 알려졌다. 곡빙하의 표면에는 얼음이 깨져서 생긴 틈이 많으며, 높은 산을 오르는 산악인들은 이를 두려워한다. 크레바스(crevasse)라고 불리우는 이러한 틈은 곡빙하가 권곡의 문턱을 넘을 때나 골짜기의 모양에 따라 아래로 흘러내리면서 방향을 틀 때 생긴다. 설선 아래에서는 크레바스가 많은 데다가 겨울에 내린 눈이 얼음의 일부와 함께 여름

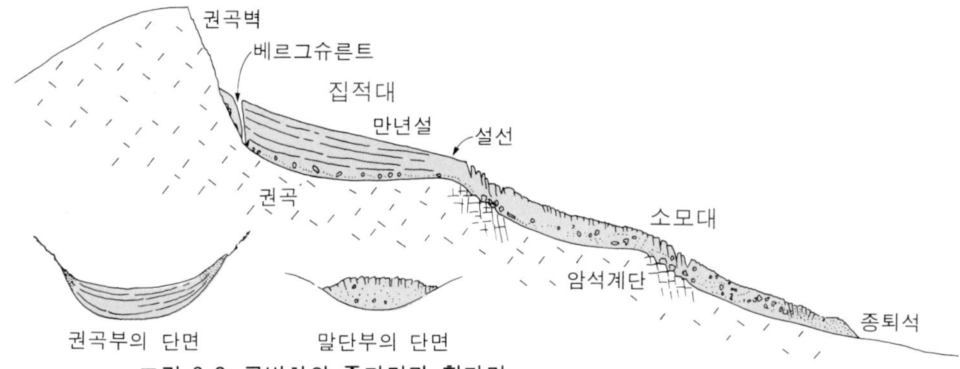

그림 8-3. 곡빙하의 종단면과 횡단면

곡빙하의 얼음은 설선 위의 집적대(권곡부)에서 형성된 후 소모대로 흘러내린다. 권곡부의 횡단면은 오목하고, 말단부의 그것은 볼록하다. 절리가 많은 부위에는 암석계단이 형성된다.

에 녹아버리기 때문에 빙하의 표면이 매우 거칠어지고, 횡단면이 볼록해진다(그림 8-3).

곡빙하는 설선을 경계로 얼음을 공급하는 권곡부의 집적대(集積帶, zone of accumulation)와 그 아래의 소모대(消耗帶, zone of ablation)로 나뉜다(그림 8-3). 빙하의 소모(ablation)란 융해·증발·승화에 의해 빙체가 축소되는 현상을 가리킨다. 빙하는 집적대에서 소모대로 계속 움직이지만 단기적으로는 말단부(snout 또는 terminus)가 대체로 한 자리에 고정되어 있다. 그 까닭은 집적대로부터 공급되는 얼음의 양과 소모대에서 녹아 없어지는 얼음의 양이 동일하게 유지되기 때문이다. 그러나 강설량의 증감, 기온의 승강 등 기후변동으로 얼음의 집적량과 소모량간의 균형이 깨지면, 빙하의 말단부는 선진하거나 후퇴한다. 빙하의 전진과 후퇴는 흔히 기후변동의 증거로 제시된다. 1450～1850년간의 소빙기(小氷期)에는 알프스산지의 곡빙하가 지금보다 훨씬 아래로 내려왔었다.

곡빙하는 중위도와 고위도의 고산지대에 주로 분포한다. 알래스카만에 면한 알래스카와 캐나다의 높은 산지는 강설량이 많아 곡빙하의 발달이 매우 탁월한데, 특히 캐나다의 로간산(6,050m)에서는 길이가 100km 내외에 이르는 거대한 허바드빙하와 로간빙하가

그림 8-4. 알래스카의 곡빙하(Barnard Glacier)
여러 지류빙하가 합류하여 하나의 거대한 본류빙하를 이루고 있다. 빙하 표면의 검은 띠는 측퇴석들이 합쳐져서 생긴 중앙퇴석이다.

흘러내린다. 이러한 곡빙하는 크고 작은 지류빙하를 많이 합하며, 전체적으로 집적대가 매우 넓다. 곡빙하의 크기는 집적대, 즉 설원의 규모에 비례한다.

대단히 큰 일련의 곡빙하가 험준한 산지에서 저지대로 흘러나오면서 옆으로 퍼지고 합쳐지면 산록빙하(山麓氷河, piedmont glacier)가 형성된다. 너비 50km, 길이 40km, 면적 2,000km^{2}의 광활한 빙원(氷原)인 말라스피나빙하(Malaspina Glacier)는 대표적인 산록빙하이다(그림 8-5). 이 산록빙하는 알래스카와 캐나다에 걸친 세인트엘리아스산(5,489m)을 중심한 알래스카만의 배후산지에서 해안으로 흘러내리는 여러 곡빙하에 의해 만들어진 것이다.

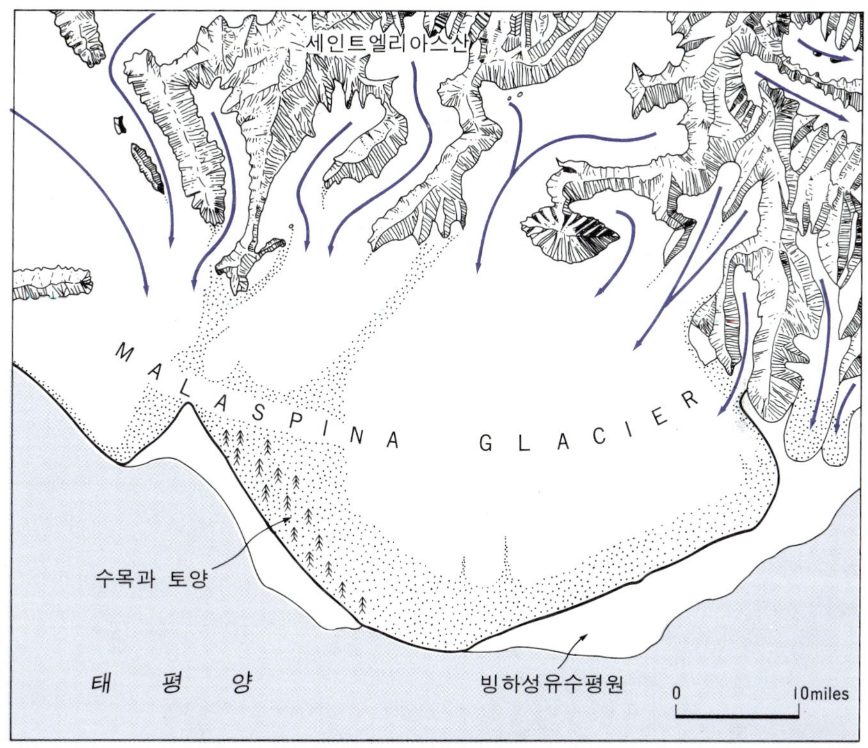

그림 8-5. 알래스카의 산록빙하(Malaspina Glacier)
여러 곡빙하가 해안으로 흘러나와 합쳐져서 넓은 빙원을 이루어 놓았다. 빙하의 말단부에 퇴석이 쌓였고, 그 위에서는 나무(전나무)도 자란다. 화살표는 곡빙하의 이동방향을 가리킨다.

빙모와 빙상 빙모(氷帽, ice cap)는 골짜기뿐만 아니라 전체 산지를 완전히 덮어버린 돔 모양의 빙하로서 북극해의 스피츠베르겐섬·노바야젬랴섬·세베르나야젬랴세도, 북아메리카와 그린란드 사이의 배핀섬, 그리고 아이슬란드와 노르웨이의 일부 지역에 발달되어 있다. 유럽에서 가장 큰 빙모는 노르웨이의 요스테달빙모(Jostedal Ice Cap)이다. 편서풍의 영향으로 지형성강수가 많이 내리는 북위 62° 내외의 스칸디나비아산지에 약 100km에 걸쳐 형성된 이 빙모는 정상부의 해발고도가 2,300m, 두께가 최대 600m이고, 작은 곡빙하가 여기서 많이 흘러나온다(그림 8-6). 배핀

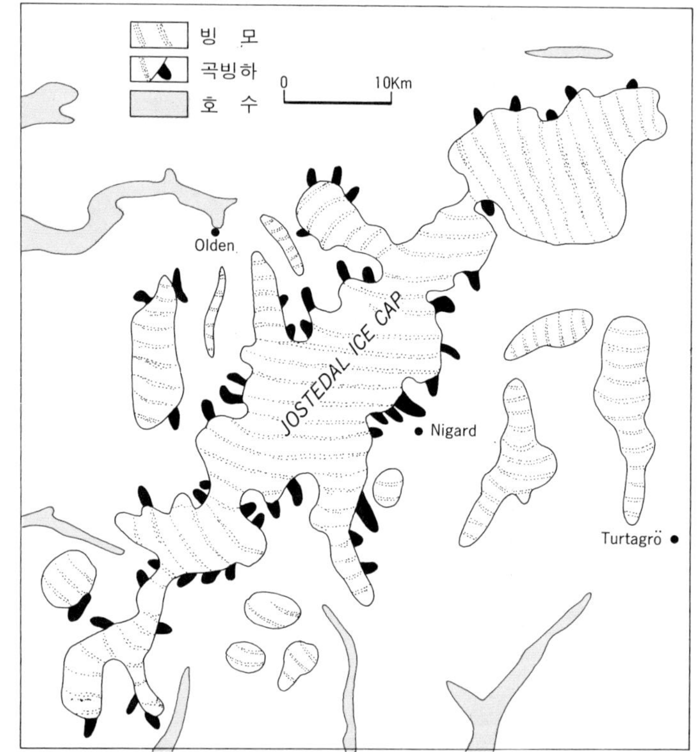

그림 8-6. 노르웨이의 요스테달빙모(Jostedal Ice Cap)
유럽 최대의 빙모로 높은 산정부의 기복을 완전히 덮었다. 빙모에서 작은 곡빙하가 많이 흘러나온다. 기다란 호소는 빙식곡에 괸 것이다.

섬의 바네스빙모(Barnes Ice Cap)는 면적이 5,900km^2, 길이가 165km, 너비가 22~62km에 이른다. 빙모는 곡빙하와는 달리 그 밑에 묻힌 지표의 기복과 관계없이 표면경사를 따라 높은 곳에서 낮은 곳을 향해 방사상으로 흐른다.

빙모보다 훨씬 큰 빙하는 빙상(氷床, ice sheet)이라 한다. 빙상은 대륙빙하(大陸氷河, continental glacier)라고도 불리운다.[1] 빙기에 유럽을 덮었던 스칸디나비아빙상과 북아메리카를 덮었던 로렌

1) 氷河란 글자의 뜻으로는 하천처럼 흐르는 얼음, 즉 곡빙하를 가리킨다. 영어의 glacier도 마찬가지이다. 대륙빙하란 용어는 과거에 많이 쓰였다.

그림 8-7. 빙산의 유형

위의 것은 그린랜드의 분출빙하에서 떨어져 나온 빙산이고, 아래의 것은 남극대륙의 빙붕(氷棚)에서 떨어져 나온 탁상빙산이다.

시아빙상은 규모가 엄청난 것이었고, 지금은 그린란드와 남극대륙에만 빙상이 남아 있다.

그린란드는 80%가 빙하로 덮여 있다. 전체 해안을 따라 산지가 솟아 있어서 빙상은 내륙의 거대한 분지를 채운 상태로 나타나는데, 면적은 180만km^2, 평균 두께는 1,500m, 부피는 259만km^3이다. 그린란드의 분지지형은 막대한 양의 얼음에 눌려 지반이 침강함으로써 형성된 것이다. 분지의 중앙에서는 빙하의 두께가 약 3,500m에 이르며, 지반이 해면보다 약 240m나 낮게 내려앉았다. 빙하의

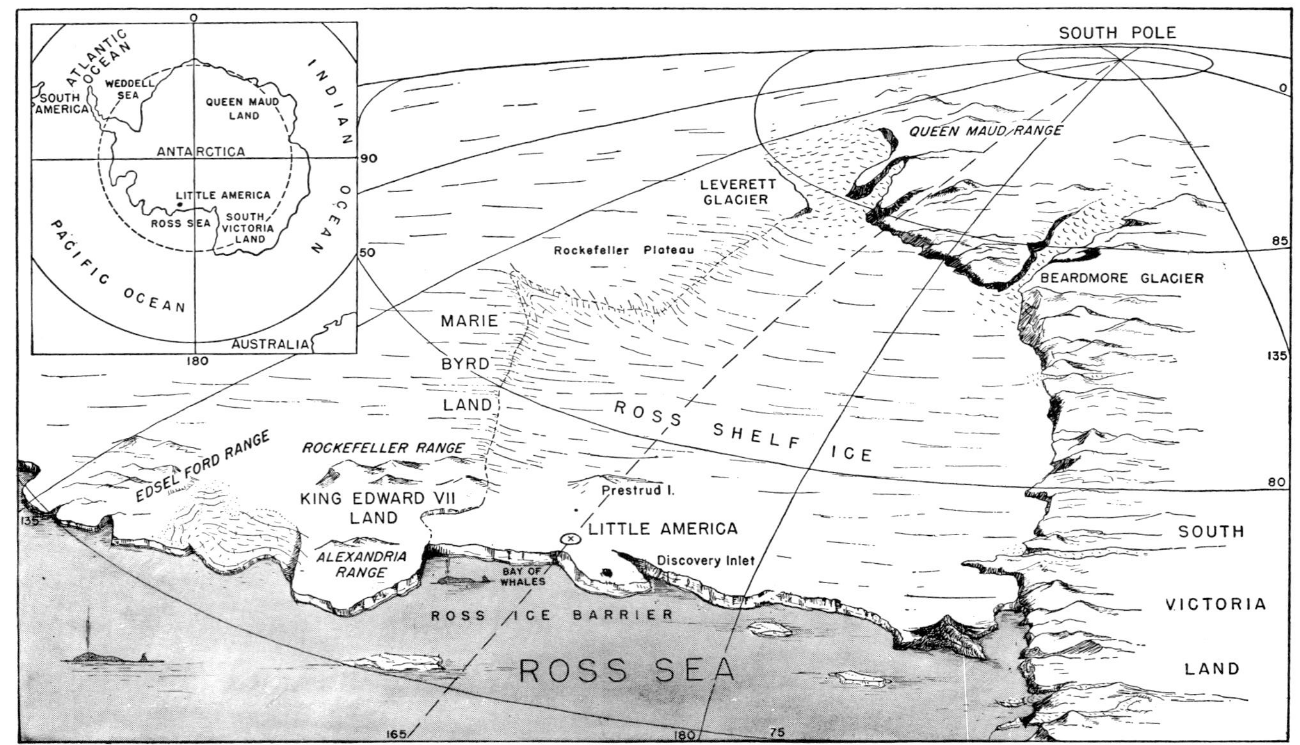

그림 8-8. 로스빙붕(Ross Ice Shelf)
면적이 51만km^2에 이를 정도로 넓은데, 평균 해발고도가 68m이다. 빙붕은 표면에서 빙상이나 다름없게 보인다. 이러한 곳에서는 엄청나게 큰 탁상빙산(卓狀氷山)이 떨어져 나온다.

해발고도는 중앙부가 약 3,300m, 주변부가 약 1,200m이어서 그 모양이 납작한 돔처럼 생겼다.

그린란드에서는 빙상의 얼음이 수많은 분출빙하(分出氷河, outlet glacier)를 이루면서 해안산지를 흘러넘는다. 분출빙하는 모양이 곡빙하와 같으나 거대한 빙상에서 다량의 얼음을 공급받기 때문에 빨리 흘러서 바다로 들어간다. 모양이 불규칙한 북대서양의 빙산(氷山, iceberg)은 전부 그린란드의 분출빙하에서 떨어져 나온 것으로 래브라도해류를 타고 북위 50° 이남의 뉴펀들랜드 근해까지 떠내려 온다. 한편 분출빙하가 형성되는 빙상의 주변에서는 마치 섬처럼 흰 얼음을 뚫고 솟은 바위 봉우리들을 볼 수 있다. 매우 인상적인 이러한 봉우리는 에스키모의 말에 따라 누나탁(nunatak)이라고 한다.

남극대륙은 거의 전체가 빙상으로 덮여 있다. 빙상의 넓이는 1,280만km², 평균 두께는 1,980m, 부피는 2,177만km³에 이른다. 남극대륙의 해안에는 산지가 없어서 빙하가 바다로 직접 흘러들어가며, 빙상에 붙은 채 바다에 떠 있는 얼음도 곳곳에 나타난다. 빙붕(氷棚, ice shelf)이라고 부르는 이러한 얼음 중에서 가장 큰 것은 면적이 51만km²이나 되는 로스빙붕(Ross Ice Shelf)이다(그림 8-8). 빙붕에서는 때때로 매우 크고 표면이 탁자처럼 평평한 빙산이 떨어져 나온다. 로스빙붕에서 1990년경에 떨어져 나온 한 빙산은 길이가 160km, 너비가 40km였다.

8.2

빙하의 운동과 빙식지형

빙하의 운동과 침식작용

빙하의 운동

빙하는 두 가지 형식으로 움직인다. 하나는 내부조직의 변화를 동반하는 소성적 유동(塑性的流動, plastic flow)이고, 다른 하나는 단순히 기반암 위에서 미끄러지는 활동성 운동(滑動性運動, basal slip)이다. 빙하는 빙하표면의 경사방향을 따라 흐르기 때문에, 그 밑에서는 낮은 곳에서 높은 곳으로 올라가는 현상도 일어나게 된다. 빙상의 경우가 특히 그러하다.

빙하의 운동은 얼음의 온도와 밀접한 관계가 있다. 빙하는 얼음의 온도에 따라 온난빙하(溫暖氷河, temperate glacier)와 한랭빙하(寒冷氷河, cold glacier) 또는 극빙하(極氷河, polar glacier)로 나뉜다. 온난빙하는 강설량이 많은 지역에 발달하는 빙하로서 겨울 이외의 기간에는 전체 얼음의 온도가 0℃에 가깝다. 이러한 빙하가 움직일 때는 높은 압력으로 인해 빙하 밑에서 생기는 밀리미터 단위의 엷은 수막(水膜)이 윤활제로 작용하여 빙하가 기반암 위에서 미끄러지는 것을 돕는다. 활동성 운동을 하는 온난빙하는 빨리 흐르면서 침식력을 크게 발휘한다. 한랭빙하는 남극대륙(南極大陸)이나 그린란드의 북부와 같이 기온이 극히 낮은 지역의 빙하로서 기반암에 밀착된 상태에서 주로 소성적 유동에 의해 천천히 움직인다. 활동성 운동이 최소한으로 억제되는 한랭빙하는 침식력을 발휘하지 못한다.

빙하가 움직이는 속도는 얼음의 온도 이외에 빙체의 형태와 경사, 설원의 규모 등에 따라서도 달라진다. 알프스산지의 일부 곡빙하는 온도가 높고 골짜기의 경사가 급해서 연간 40m 내외의 속도

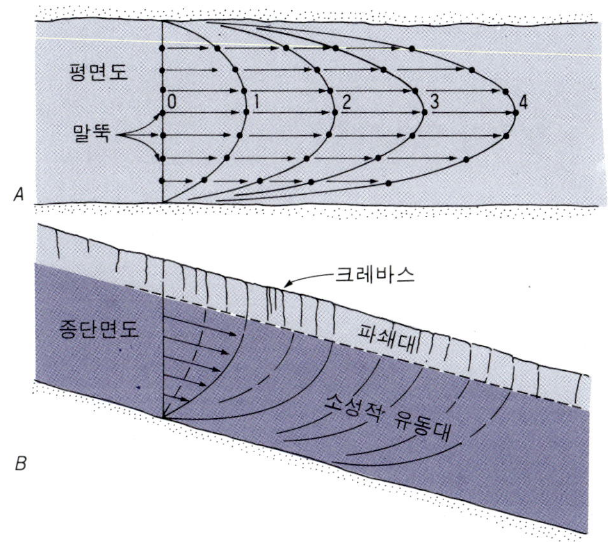

그림 8-9. 곡빙하의 운동

곡빙하는 속도가 느릴 뿐 움직이는 모양이 하천과 유사하다. 그러나 빙하의 표층(파쇄대)은 소성적 유동대에 얹힌 상태에서 움직이며, 크레바스도 자체의 봉압(封壓)이 낮은 표층에만 나타난다.

로 흐르는 반면에, 남극대륙의 빙상은 온도가 낮고 전반적으로 지면이 평평해서 연간 1～2m 정도밖에 움직이지 않는다. 남극대륙 중앙부의 얼음은 약 5만년 후에야 해안에 도달하는 것으로 추정된다. 그린란드 서안의 분출빙하 중에는 연간 1.5km씩이나 흘러내리는 것도 있다.

그림 8-9는 곡빙하가 일반적으로 어떻게 흐르는지 보여준다. '흐르는' 속도가 하천에서와 마찬가지로 중앙의 상층부가 가장 빠르고 기반암에 가까울수록 느리다. 소성적 유동대(塑性的流動帶)에서는 압력이 막대하여 얼음이 가소성(可塑性)을 가진 상태에서 유동한다. 온난빙하에서도 활동성 운동은 빙하의 밑바닥에서만 일어난다. 그리고 크레바스는 얼음이 압력을 적게 받아 강견한 상태를 유지하는 두께 30～60m의 파쇄대(破碎帶)에서만 나타난다. 봉압(封壓)이 낮아 얼음이 잘 깨지는 빙하의 표층, 즉 파쇄대의 얼음은

소성적 유동대의 얼음 위에 얹힌 상태에서 운반된다.

빙하의 침식작용 빙하도 하천처럼 기반암을 깎아내는 마식(磨蝕, abrasion)과 절리가 많은 기반암에서 암괴나 암편을 뜯어내는 굴식(掘蝕, plucking)을 한다. 마식은 미끄러지면서 움직이는 빙하가 암설을 운반하기 때문에, 굴식은 절리로 침투하는 수분이 동결하고 그 얼음이 빙하와 일체가 되기 쉽기 때문에 일어난다. 마식을 받은 기반암은 매끈하고, 굴식을 받은 기반암은 거칠다. 빙하 밑에 얼어붙은 채로 운반되는 암편 또는 자갈은 기반암에 가느다란 금, 즉 찰흔(擦痕, striation)을 긋거나 좁고 기다란 홈, 즉 그루브(groove)를 파 놓는다. 찰흔이나 그루브는 빙하가 없어진 후 그 이동방향을 알아내는 데 중요한 지표로 이용된다. 찰흔은 빙하 밑에서 운반되는 자갈에도 그어진다.

한편 빙하 밑에서 운반되는 암설은 엄청난 무게에 짓눌려서 미세한 돌가루로 잘 부서진다. 빙하 밑에서 다량으로 생산되는 미립물질은 암분(岩粉, rock flour)이라고 한다. 빙하가 직접 운반해다 쌓아 놓은 퇴석(堆石)은 분급이 매우 불량한 것이 특색이다. 퇴석은 빙력토(氷礫土, boulder clay)라고도 불리운다. 퇴석에는 굴식에 의한 조립물질(boulder)과 암분에 해당하는 미립물질(clay)이 많다는 것을 적절하게 표현하는 용어이다.

주요 빙식지형

빙식산지 빙기에 빙식(氷蝕)을 받은 산지에 널리 나타나는 지형 중의 하나는 권곡(圈谷, cirque 또는 Kar)이다. 권곡은 설선 바로 위의 산정부에서 권곡빙하가 움푹하게 파 놓은 지형으로 빙하가 흘러나간 아랫쪽만 트여 있고 나머지 부분은 암벽으로 둥글게 둘러싸여 그 모양이 반원극장에 비유된다(그림 8-10). 가파르게 치솟은 권곡의 암벽, 즉 권곡벽(圈谷壁, headwall)은 권곡빙

그림 8-10. 권곡(圈谷)
산정부의 빙식지형으로 반원극장에 비유된다. 권곡은 빙식곡의 최상단에 나타나며, 빙하를 함양하던 곳이다. 유타주의 Uinta Mountains.

하 상단부의 거대한 크레바스인 베르그슈른트(bergshrund)와 관련하여 형성되는 것으로 알려졌다(그림 8-11). 베르그슈른트는 아래로 움직이는 빙하와 권곡벽에 부분적으로 붙어 있는 얼음과의 사이에 생기는 크레바스로 권곡벽의 밑바닥까지 뻗어 있다. 그래서 그 밑에서는 여름에 흘러들어가는 융빙수의 동결과 융해에 의한 기계적 풍화작용이 활발하게 일어나고, 기반암에서 떨어져 나오는 암설이 빙하에 의해 빨리 제거된다.

한편 권곡 중에는 바닥이 깊게 파여 호소가 괸 것도 있다. 권곡 바닥의 이러한 모양은 권곡벽 쪽에서는 밑으로, 출구 쪽에서는 위로 향하는 빙체의 회전성 운동에 의해 형성된 것이다. 권곡에 괸 호소는 권곡호(圈谷湖, cirque lake 또는 tarn)라고 한다. 어떤 권

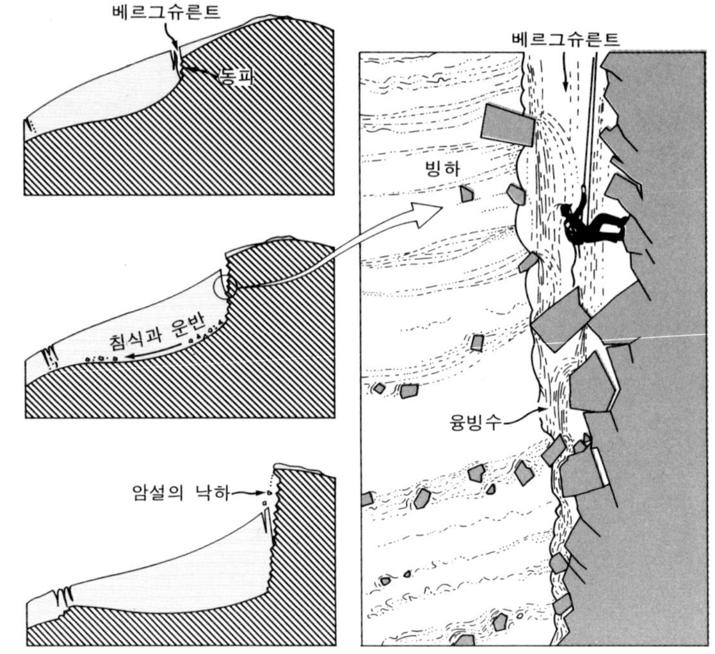

그림 8-11. 베르그슈룬트
권곡벽이 매우 가파르게 형성되는 것은 여름에 베르그슈룬트로 융빙수가 들어가고, 기계적 풍화작용에 의해 기반암에서 분리되는 암설을 빙하가 곧 제거하기 때문이다. 왼쪽의 세 그림은 권곡의 성장과정을 보여준다. 권곡의 문턱을 벗어나는 곳에 크레바스가 형성되어 있다.

곡호는 수심이 수십 미터에 이르며, 푸른 물이 주변의 숲과 어우러져 경치가 매우 아름답다. 험준한 산의 정상에서 호소를 만난다는 것은 예사로운 일이 아니다.

그림 8-12는 관모봉 부근의 여러 권곡을 보여준다. 주로 동해사면의 정상부에 형성된 이들 권곡은 독자적인 퇴석제(堆石堤, moraine ridge)도 갖추고 있다. 퇴석제의 높이는 최대 30m이고, 이의 해발고도 약 2,100m는 이것이 형성될 때 이 지역의 설선고도에 해당한다. 권곡 아래로 얼음이 흐른 흔적도 보이지만 곡빙하의 발달은 충실하지 못했던 것 같다. 권곡은 백두산 천지의 화구벽과 남포태산(2,435m)에서도 관찰된다.

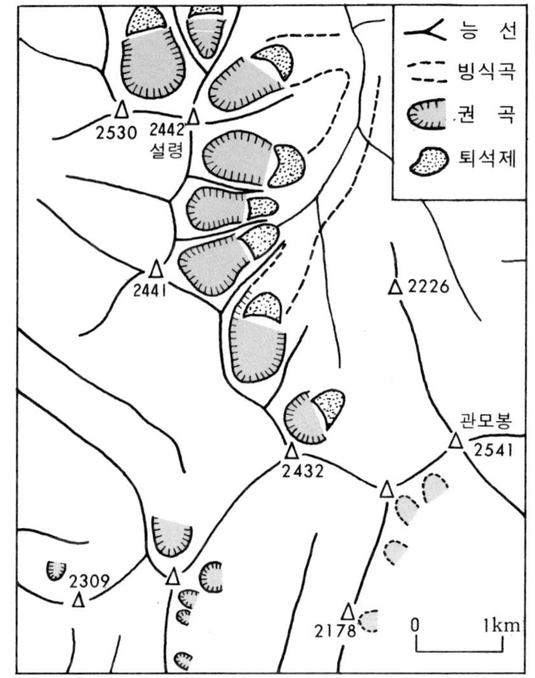

그림 8-12. 관모봉 부근의 권곡
퇴석제(堆石堤)를 갖춘 큰 권곡들이 동쪽을 향해 있다. 권곡 아래로 연장된 파선은 빙식을 받은 골짜기를 나타낸 것이고, 관모봉 남쪽에 파괴된 것처럼 보이는 네 개의 권곡이 표시되어 있다. (Lautensach)

빙식산지의 산릉은 톱니처럼 날카롭고 들쭉날쭉하여 대단히 험준하다. 즐형산릉(櫛形山稜, arête 또는 comb ridge)이라고 불리우는 이러한 지형은 산릉 양쪽에서 성장하는 권곡들이 서로 만날 때 형성된다. 여러 권곡이 하나의 높은 산봉우리를 여러 방향에서 침식해 들어가다가 그 정상에서 만나면 호른(horn)이라고 불리우는 뾰족한 바위 산봉우리가 형성된다. 알프스산지에는 호른이 무수하다. 스위스의 마테호른(Matterhorn, 4,478m)과 윌드호른(Wildhorn, 3,248m)이 그러한 예이다. 즐형산릉에서 고개에 해당하는 부분은 콜(col)이라고 한다.

그림 8-13. 호른(horn)
산봉우리가 뾰족하고 산릉이 매우 날카롭다. 알프스산지에서는 뾰족한 봉우리를 호른이라고 부른다. 스위스 알프스산지의 Bietschorn.

빙식곡 U자곡이라고도 불리우는 빙식곡(氷蝕谷, glacial trough)은 하식에 의해 형성된 골짜기가 곡빙하의 침식을 받아 변형된 것이라고 생각할 수 있다.[2] 빙식곡은, 서로 엇갈리면서 맞물리는 산각(山脚)들이 잘려나가 시원하게 트인 것이 특색이다. 양쪽 사면이 가파르게 치솟은 빙식곡의 U자형 단면은 곡빙하가 흐를 때 기반암과의 마찰로 인한 에너지 손실이 최소로 줄어들 수 있는 형태라는 점에서 주목할 만하다. 빙식곡의 곳곳에는 빙식계단(氷蝕階段, glacial stairway)이 나타난다(그림 8-3). 빙식계단은 절리가

2) 빙식곡은 하천에 의해 형성된 V자형의 골짜기와는 형태가 전혀 달라 영어의 용어로는 trough라고 한다. 빙식곡을 U자곡이라고 부르는 것은 양쪽 사면이 절벽이기 때문이다.

그림 8-14. 빙식곡(氷蝕谷)
골짜기가 곧바르게 트였고, 양쪽 사면이 가파르다. 골짜기 오른쪽으로 멀리 Half Dome이 보인다. 캘리포니아주의 요세미티국립공원.

많은 부위의 기반암이 굴식을 받아 낮게 파임으로써 형성된 지형인데, 굴식을 받은 부분은 거칠고 계단에 해당하는 그 위의 부분은 마식을 받아 매끈하다. 빙식계단에서는 하천이 급류를 이루면서 빨리 흐르거나 폭포를 이루면서 떨어진다.

지류빙하는 본류빙하보다 두께가 엷고 침식력이 약하다. 따라서 빙하가 없어지면, 여러 지류빙하의 빙식곡은 본류빙하의 빙식곡 위에 높이 걸려 있는 상태로 드러나게 된다. 지류빙하에 의한 이러한 빙식곡을 현곡(懸谷, hanging trough)이라 한다. 현곡에서는 간혹 대단히 높은 폭포가 떨어진다.

노르웨이의 남서해안은 내륙으로 길게 뻗은 피요르드(fjord)가 많기로 유명하다. 피요르드는 빙식곡에 바닷물이 들어와 생긴 것으로 수심이 깊어서 협만(峽灣)이라고도 불리운다. 피요르드는 물이 푸르고 잔잔하며, 양쪽에 높은 절벽이 치솟아 있고, 절벽에서는 폭포가 떨어지기도 하여 경치가 웅장하고 아름답다.

피요르드의 수심은 입구보다 내륙쪽이 훨씬 깊다. 노르웨이의 일부 피요르드는 길이가 약 200km에 이르는데, 수심이 입구 부분은 200m 내외이나 내륙쪽에서는 최대 1,000m 이상으로 깊어진다. 피요르드의 이처럼 깊은 수심은 한때 지반의 침강과 관련지워 설명하기도 했다. 그러나 그것은 곡빙하의 두께가 엄청난 경우 그 침식력이 얼마나 대단한가를 구체적으로 보여주는 것일 뿐이다. 입구부분의 수심이 상대적으로 얕은 것은 곡빙하가 대륙붕으로 흘러나갈 때 옆으로 퍼지고 두께가 얇아져서 침식력을 크게 발휘하지 못했기 때문인 것으로 생각된다.

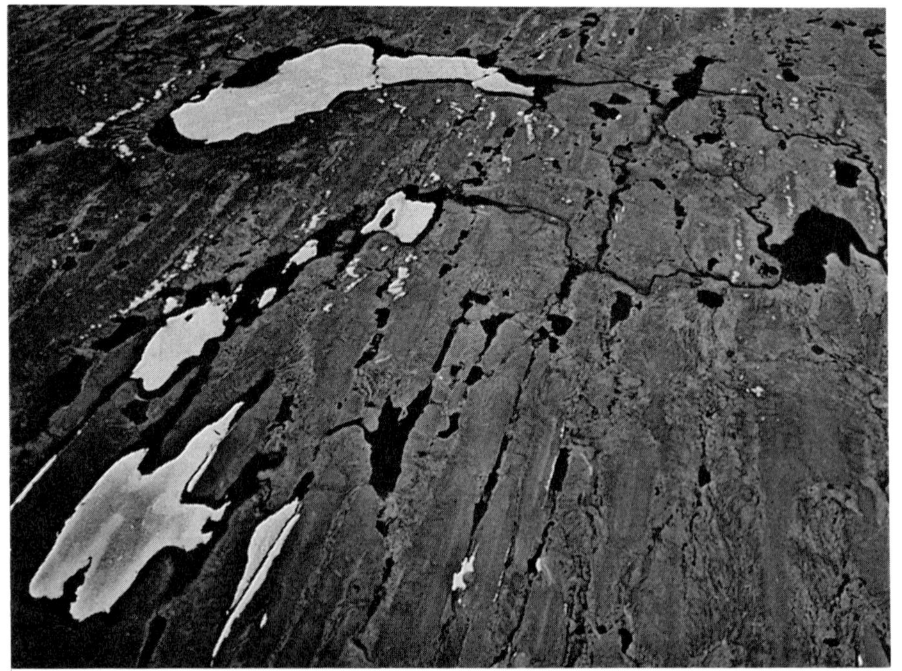

그림 8-15. 빙식평원

캐나다순상지의 빙식평원으로 기반암이 깎여나간 흔적이 뚜렷하다. 흰 부분은 여름에 덜 녹은 호소의 얼음이다. 캐나다의 노스웨스트주.

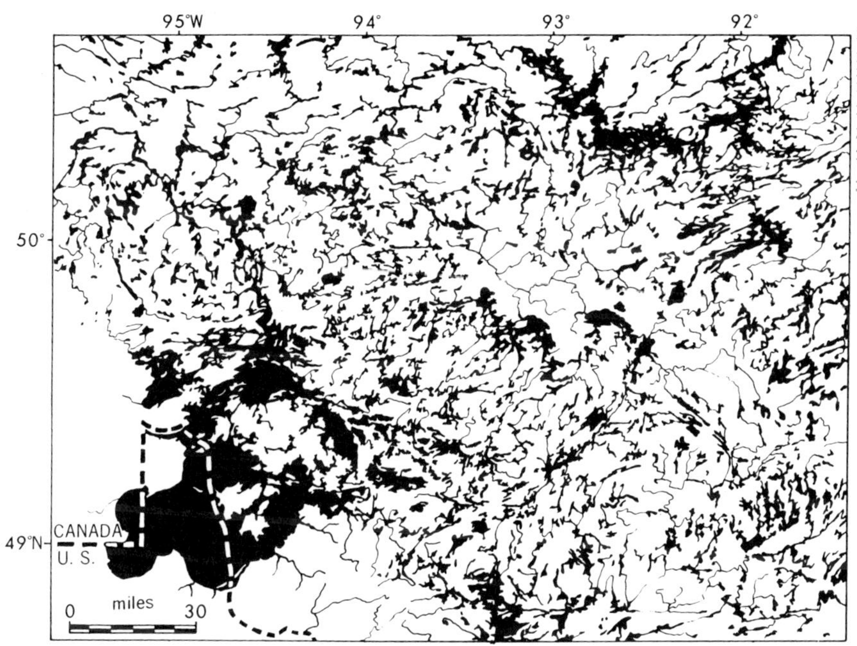

그림 8-16. 빙식평원의 호소와 하계(河系)
불규칙한 모양의 크고 작은 호소가 많다. 이들 호소는 기반암이 깊게 깎인 곳에 괴어 있다. 빙하가 사라진 후의 기간이 짧아서 하계망이 발달하지 못했다. 캐나다 온타리오주.

피요르드는 노르웨이의 남서해안 이외에 캐나다와 알래스카의 태평양 연안, 칠레의 남단부, 뉴질랜드 남섬의 서안 등지에도 발달되어 있다. 이들 지역은 모두 근해에 난류가 흐르고, 바다에서 편서풍이 불어오는 데다가 높은 산지가 해안에 다가서 있어 지형성 강수가 많이 내린다.

빙식평원 빙기에 북아메리카와 유럽에 발달했던 빙상의 중심부는 로렌시아대지와 스칸디나비아반도이다. 빙상의 중심부에서는 토양층과 기반암이 깎였고, 깎인 물질은 주변부로 운반되어 가서 쌓였다. 빙상으로 덮였던 지역에서는 침식대(侵蝕帶)와 퇴적대(堆積帶)가 구별되는데, 빙식평원(氷蝕平原, ice-scoured plain)

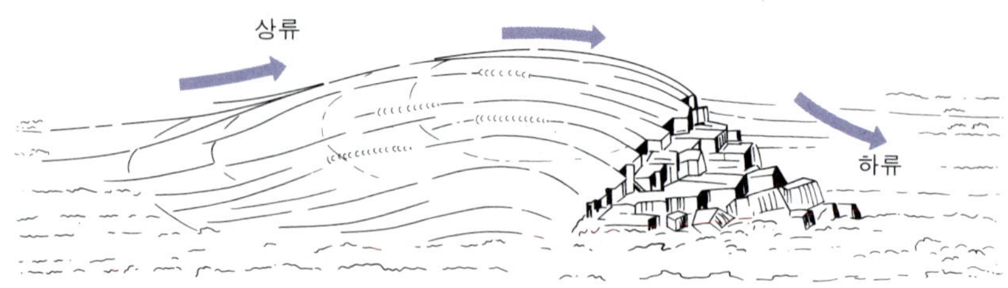

그림 8-17. 양배암(羊背岩)

빙하의 상류쪽은 마식을 받아 매끈하고 경사가 완만하며, 하류쪽은 굴식을 받아 경사가 급하고 거칠다. 마식을 받은 부분에 찰흔이 그어졌다. 찰흔에 곁들인 화살촉 모양의 무늬는 'chatter mark'라고 한다.

은 침식대에 나타나는 지형이다.

빙식평원에는 기반암이 많이 드러나 있다. 빙식평원의 분포지역은 로렌시아대지와 스칸디나비아반도의 순상지와 대체로 일치한다. 순상지(循狀地)는 선캄브리아이언의 변성암이 분포하는 지역으로 빙상의 침식을 받기 이전에도 기복이 크지 않았다. 빙상은 두께가 1,000～3,000m에 이를 만큼 두꺼웠으나 빙식평원에서 기반암을 많이 깎아내지 않은 것으로 추측된다.

빙식평원에는 빙하호(氷河湖, glacial lake)가 많다. 핀란드는 빙하호가 많기로 유명하다. 빙하호는 캐나다에도 많아 퀘벡주의 것만도 200만 개를 넘는다고 한다. 빙하호 중에는 퇴적물과 유기물로 매립되어 늪(bog)으로 변한 것도 있다. 빙식평원에는 빙상이 사라진 이후의 기간이 짧아서 하계망이 체계적으로 발달되어 있지 않다(그림 8-16).

빙식평원에는 또한 정상부가 둥글게 깎인 기반암의 돌기들이 널리 나타난다. 이러한 바위는 타이가지대의 검푸른 숲 사이로 흰 양떼처럼 보여 양군암(羊群岩) 또는 양배암(羊背岩, roches moutonées)이라고 불리운다. 전형적인 양배암은 그림 8-17이 보여주는 바와 같이 빙하의 상류쪽은 마식을 받아서 매끈하고 경사가 완만하며, 하류쪽은 굴식을 받아서 거칠고 경사가 급하다. 빙하가 움직일 때 작건 크건 하나의 돌기를 만나면 압력이 증가하는 상류쪽에서는 빙하 밑의 얼음이 녹아서 빙하의 활동성 운동이 원활해지고, 압력이 감소하는 하류쪽에서는 녹았던 물이 다시 얼어 빙하의 굴식이 촉진된다. 양배암의 크기는 다양하다. 어떤 것은 길이가 수 미터에 불과하고 어떤 것은 작은 언덕 만하다.

8.3 빙하의 퇴적작용과 빙퇴적지형

빙하의 운반 · 퇴적작용

빙하가 운반하거나 또는 운반해다 쌓아 놓은 퇴적물을 퇴석(堆石, moraine 또는 till)[3]이라고 한다. 빙하는 분급작용(分級作用)을 하지 않으며, 퇴석은 미세한 암분(岩粉)에서 암괴에 이르기까지 다양한 크기의 물질로 이루어졌다(그림 8-18).

퇴석은 빙하가 어떻게 운반하는가 또는 어디에 쌓이는가에 따라 여러 종류로 나뉜다. 빙상이나 곡빙하 밑에서 끌리고 밀려서 운반되는 것은 저퇴석(底堆石, ground moraine), 곡빙하의 경우 곡벽을 따라 양쪽 측면에서 운반되는 것은 측퇴석(側堆石, lateral moraine)이라고 한다. 측퇴석에는 빙하 위의 산사면에서 공급되는 암설이 많이 포함되며, 상당한 양은 빙하 위에 얹힌 상태로 운반된다. 그리고 지류빙하가 본류빙하로 유입하는 곳에서는 이들 빙하의 안쪽에서 운반되는 측퇴석들이 서로 합쳐져서 중앙퇴석(中央堆石, medial moraine)을 이루게 된다(그림 8-4). 중앙퇴석의 수는 하류

3) moraine이란 서부 알프스산지에서 사용되는 프랑스의 토속어로 '언덕(hill)' 또는 '돌더미(rubble heap)'와 함께 '돌(rubble)'을 가리킨다. 이 용어에는 원래 지형뿐만 아니라 퇴적물에 대한 뜻도 포함되어 있다. moraine은 엄격하게는 퇴석의 각종 지형에 적용되는 용어이지만 넓은 의미에서 빙하의 퇴적물 자체를 가리키는 till과 같은 의미로도 사용된다.

그림 8-18. 빙력토(氷礫土)
큰 돌이 많으며, 물질의 분급이 전혀 이루어지지 않았다. '빙력토'는 주로 조립물질(礫)과 미립물질(土)로 이루어졌다. 미국 몬태나주.

로 감에 따라 지류빙하의 수 만큼 늘어난다. 얼음은 희기 때문에 중앙퇴석은 검게 보이며, 중앙퇴석의 검은 밴드는 얼음과 뒤섞이지 않고 하류쪽으로 길게 연장된다. 빙상과 곡빙하 모두 얼음이 녹아 없어지는 말단부에는 퇴석이 집중적으로 쌓여 낮은 언덕이 형성된다. 이러한 언덕을 종퇴석(終堆石, end moraine 또는 terminal moraine)이라고 한다.

빙상(氷床)의 경우 저퇴석의 양이 지나치게 많아지면 그 중의 일부는 빙상의 밑에 쌓이기 시작한다. 처음에는 기반암의 틈이나 오목한 곳만 퇴석으로 메워지지만, 빙상이 침식대를 벗어나 퇴적대로 진입하면서부터는 저퇴석의 누적현상이 일어나며, 결국 빙상은 자신이 운반해다 쌓은 퇴석층 위를 흐르게 된다. 빙상의 종퇴석은

그림 8-19. 빙하가 운반한 바위
빙하는 집채보다 큰 바위도 운반한다. 콜럼비아고원의 것으로 오른쪽 아래에 서 있는 사람이 보인다. 워싱턴주의 Ellensburg. -1967

횡적으로 길게 이어진다. 빙상이 후퇴하다가 일시적으로 정지하면, 후퇴퇴석(後退堆石, recessional moraine)이라고 하는 소규모의 종퇴석이 또 형성된다.

빙하는 집채보다 큰 바위도 운반한다(그림 8-19). 이처럼 크지는 않아도 빙하에 의해 멀리 운반되어 이질적인 기반암 위에 놓인 암괴는 표석(漂石, erratic boulder)이라고 한다. 기원지가 알려진 표석은 빙하의 이동방향을 알아내는 데 중요한 자료로 쓰인다. 북부 독일평원에서는 스칸디나비아반도 기원의 표석들이 발견된다.

한편 빙하가 녹아서 생기는 융빙수는 하천을 이루며, 퇴석은 이에 의해 빙하의 전면으로 다시 운반된다. 빙하에서 흘러내리는 융빙수하천(融氷水河川)은 눈과 얼음이 녹는 여름에 유량이 증가하고, 일반적으로 토사 운반량이 많아 망류한다. 이러한 하천에 의한 빙하성유수퇴적층(氷河性流水堆積層, glaciofluvial deposits)은 퇴적물의 분급이 양호한 편이다.

주요 빙퇴적지형

빙력토평원 빙력토평원(氷礫土平原, till plain)은 빙상의 밑에서 저퇴석이 쌓여 이루어진 평원으로 모든 빙퇴적지형(氷堆積地形) 중에서 규모가 가장 크다. 빙상의 퇴적대에서는 지표의 웬만한 기복이 모두 퇴석으로 완전히 덮여버리며, 그 결과 빙하가 사라지면 아주 평평하고 광활한 빙력토평원이 모습을 드러내게

그림 8-20. **빙력토평원**(미국의 사우스다코타주)
지면이 전반적으로 매우 평평하다. 사진 가운데에 동그란 습지가 있고, 배수가 불량하여 농경지로 이용되지 않는 부분도 보인다.

된다. 캐나다 남부, 미국 북동부 및 중서부, 유럽 북서부 등이 빙력토평원의 주요 분포지역이다. 퇴석층의 두께는 기존 기복과 관련하여 장소마다 다르지만 미국의 5대호 주변지역의 경우 100m를 넘기도 한다. 이와 같이 두꺼운 퇴석층은 대개 여러번의 빙기에 걸쳐 쌓인 것이다.

최후빙기의 빙상이 사라진 이후의 기간이 짧아서 빙력토평원에는 하계망이 충분히 발달되어 있지 않고, 호소나 늪 또는 배수가 불량한 땅이 곳곳에 분포한다. 큰 호소는 퇴석층의 수축 및 침하에 의해 형성된 것으로 흔하지 않고, 지름 수십 미터 정도의 작은 호소는 일반적으로 빙하가 후퇴할 때 퇴석층에 묻혔던 빙괴(dead ice)가 녹은 자리에 괸 것이다. 얼음이 묻혔던 곳의 우묵한 땅은 케틀(kettle)이라고 한다(그림 8-20). 빙력토평원의 호소와 늪은 빙식평원에서처럼 많지 않을 뿐더러 비교적 빨리 퇴적물로 메워지거나 물이 빠져나간다.

빙력토평원은 막연하나마 척박하다고 알려진 것 같다. 그러나 토양에서 염기가 많이 용탈되지 않아 비옥한 편이다. 다만 북쪽으로 갈수록 기온이 낮아져서 농작물의 재배가 원활하지 않을 뿐이다. 빙력토평원은 미국 중서부의 비옥한 농업지대에서 넓은 면적을 차지한다.

종퇴석 빙하의 말단부가 오랫동안 한 곳에 머물러 있으면, 퇴석이 빙하의 말단부에 집중적으로 쌓여 종퇴석(終堆石)이 형성된다. 빙력토평원의 말단에 나타나는 빙상의 종퇴석은 너비가 수 킬로미터, 횡적으로 이어지는 길이가 수백 킬로미터에 이르기도 한다. 그리고 국지적인 기복이 30~60m에 이를 정도로 들쭉날쭉한데(그림 8-21), 그 까닭은 빙상의 부위마다 퇴석의 운반량이 다르고, 또한 빙하에서 분리된 빙괴가 퇴석층에 묻혔다가 녹을 때 땅이 꺼져내리기 때문이다. 빙상의 종퇴석은 보존이 양호하며, 이의 들쭉날쭉한 지형은 '언덕과 분지 지형(knob and basin topography)'

그림 8-21. 빙상의 종퇴석
기복이 상당히 들쭉날쭉하다. 빙하가 사라진 이후의 기간이 짧아 보존이 양호하다. 이러한 지형을 'knob and basin topograpghy'라고 하며, 횡적으로 길게 이어진다. 미국의 매사추세츠주.

이라고 불리운다.

곡빙하의 종퇴석은 골짜기를 가로질러 초승달 모양으로 형성된다. 하천의 침식에도 불구하고 전체적인 윤곽을 보유하고 있는 것이 많다.

드럼린

드럼린(drumlin)이란 종퇴석 가까이의 일부 빙력토평원에서 저퇴석이 쌓여 이루어진 언덕을 가리킨다. 전형적인 것은 마치 숟가락을 엎어 놓은 것처럼 생겼는데, 양배암과는 달리 빙하의 상류쪽은 경사가 급하고 뭉툭하며, 그 반대쪽은 경사가 완만하고 뾰족한 편이다. 규모는 길이가 1~2km, 너비가 400~600m, 높이가 5~50m이다. 드럼린은 분포지역이 한정되어 있으나 수십 내지 수백 개씩 무리지어 나타나는 것이 특색이다. 미국의 뉴

그림 8-22. 북아일랜드의 드럼린(drumlin)
드럼린은 마치 숟가락을 엎어 놓은 것처럼 생겼다. 드럼린은 농경지로 이용되고, 이들 사이의 낮은 곳은 습지로 남아 있다.

욕 서쪽 지역에는 약 1만개의 드럼린이 무리지어 있다. 이러한 경우에는 전체 지면이 드럼린으로 덮인 것처럼 보인다. 주변의 땅이 습하면 드럼린만 농경지로 이용되고 있어서 그 윤곽이 뚜렷하게 드러난다(그림 8-22).

드럼린이 어떻게 형성되는 지는 밝혀지지 않았다. 어떤 드럼린에는 크기가 다양한 기반암의 핵이 묻혀 있다. 이와 관련하여 빙하 밑에서 저퇴석의 운반을 가로막는 어떤 요인에 의해 드럼린이 형성된다는 견해가 제시되기도 했다. 퇴석층이 얇고 기반암이 그 윤곽을 이루고 있는 것은 암석드럼린(rock drumlin)이라고 한다.

에스커 빙상 밑으로는 얼음 녹은 물이 모이고, 이러한 물은 하천을 이루면서 얼음터널을 뚫는다. 에스커(esker)란 이러

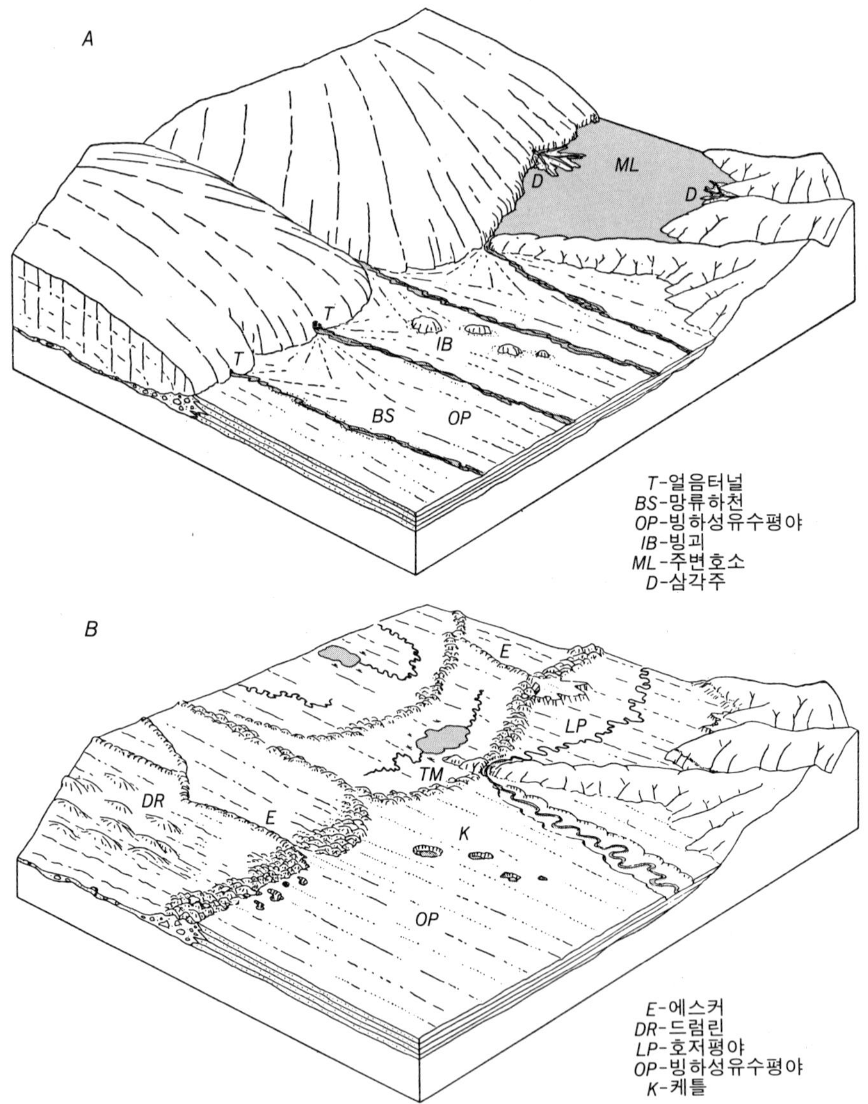

그림 8-23. 빙상 말단부의 여러 지형

위의 그림은 빙상이 최대로 전진했을 때의 상황, 아래의 그림은 빙상이 사라진 후의 여러 지형을 보여준다. 퇴적층의 단면에서 종퇴석 전면의 빙하성유수평원은 층구조가 그려져 있으나 빙력토평원은 퇴적물의 분급이 이루어지지 않은 것으로 나타나 있다. (Strahler)

그림 8-24. 에스커(esker)
둑처럼 길게 뻗어 있는 것이 에스커이다. 에스커는 빙하가 움직이지 않는 상태에서 후퇴할 때 형성된 것이다. 캐나다의 Boyd Lake 부근.

한 얼음터널에 하천의 토사가 쌓여서 형성된 둑 모양의 지형이다(그림 8-24). 에스커의 퇴적층은 분급이 비교적 양호한 사력층으로 이루어졌으며, 지역에 따라서는 모래와 자갈의 골재원(骨材源)으로 중요하게 이용된다. 하천은 얼음터널에서도 곡류하여 에스커 중에는 미앤더처럼 구불구불한 것도 있다. 규모는 높이가 5~50m, 너비가 10~200m, 길이가 0.5~50km일 정도로 다양하다. 빙상으로 덮였던 스칸디나비아에서는 에스커가 수백 개씩 관찰되며, 어떤 것은 길이가 500km에 이른다. 에스커의 토사는 빙하가 움직이지 않는 상태에서 후퇴·소멸할 때 쌓인 것이다.

에스커 중에는 빙하의 이동방향을 따라 생긴 크레바스에 퇴적물이 들어가서 형성된 것도 있다. 이러한 에스커는 일반적으로 짧고 반듯하다.

빙하성유수퇴적평야 빙하에서는 융빙수하천이 흘러내리며, 퇴석은 이에 의해 빙하 전면으로 다시 운반되어 가서 쌓인다. 융빙수하천은 눈과 얼음이 녹는 여름에 유량이 증가하며, 토사 운반량이 많아 망류하는 것이 보통이다.

빙하성유수퇴적평야(氷河性流水堆積平野, outwash plain)는 빙상의 융빙수하천들이 종퇴석 전면에 토사를 쌓아 형성한 2차적인 빙퇴적지형이다. 얼음터널에서 흘러나오는 하천은 출구를 중심으로 토사를 집중적으로 쌓아 경사가 극히 완만한 선상지를 형성한다. 빙하성유수퇴적평야는 이와 같은 선상지들이 횡적으로 결합하여 이루어진 평야로서 아주 평평하며, 종퇴석의 전면으로 50km 이상씩 펼쳐지기도 한다. 빙하성유수퇴적평야의 퇴적물은 빙력토평원의 그것과는 달리 분급이 양호하다(그림 8-23). 얼음이 묻혔던 자리에 생기는 케틀은 빙하성유수퇴적평야에서도 볼 수 있다.

곡빙하의 경우에는 곡벽의 제약 때문에 빙하의 전면에 범람원 모양의 지형이 형성된다. 이러한 지형은 밸리트레인(valley train)이라고 한다. 밸리트레인은 빙하가 없어진 후 하도가 깊게 파여 단구(段丘)로 나타나는 것이 보통이다.

빙하성호소퇴적평야 지면이 높은 곳을 향해 빙상이 전진할 때는 물이 바깥으로 빠져나가지 못해서 그 전면에 주변호소(周邊湖沼, marginal lake 또는 proglacial lake)라고 불리우는 호소가 괴게 된다. 이러한 호소로 운반되는 하천의 토사 중에서 조립물질은 하구를 중심으로 쌓여 작은 삼각주를 형성하고(그림 8-23), 미립물질은 널리 퍼지면서 호소 바닥에 쌓인다. 빙하성호소퇴적평야(氷河性湖沼堆積平野, glaciolacustrine plain)는 주변호소의 바닥이었던 곳이며, 실트와 점토로 이루어졌다.

주변호소의 바닥에 점토와 실트가 쌓일 때는 따로 분리되어 빙호(氷縞, varve)라고 불리우는 얇은 층이 형성된다. 두께가 대개 수 센티미터 미만이나 단면상에서 실트층은 밝은 색, 점토층은 어

그림 8-25. 빙호점토(氷縞粘土)

검은 띠는 겨울에 쌓인 점토층, 흰 띠는 여름에 쌓인 실트~모래층이다. 7년분의 빙호점토로 그림에 나타난 빙호점토의 두께는 13cm이다.

두운 색을 띠어 서로 뚜렷하게 구분된다(그림 8-25). 실트층은 토사공급이 많은 여름에 쌓인 것이고, 점토층은 호소가 얼어붙어 물이 잔잔한 겨울에 쌓인 것이다. 빙호는 나무의 나이테와 같으며, 빙호구조를 가진 주변호소의 퇴적층은 빙호섬도(氷縞粘土, varved clay)라고 한다.

빙호도 나무의 나이테처럼 퇴적 당시의 기후와 관련하여 두껍거나 얇게 형성된다. 즉 기온이 높은 해에는 융빙수와 토사가 호소로 많이 흘러들어 두껍게, 기온이 낮은 해에는 반대 이유로 얇게 형성된다. 빙호점토는 한때 후빙기의 편년연구(編年硏究)에 효과적으로 활용되었다. 호소는 빙하가 후퇴할 때도 그 전면에 계속 생기며, 이들 호소의 빙호점토를 비교·분석하면 빙하가 후퇴하는 데 걸린 기간을 알아낼 수 있다. 독일 북부까지 진출했던 스칸디나비아 빙상이 약 1만년 전에 스칸디나비아반도로 후퇴했다는 사실도 빙호점토의 연구를 통해서 처음으로 밝혀졌다.

8.4 제4기의 편년

우리는 지금 빙하시대(氷河時代, Ice Age)에 살고 있다. 빙기(氷期)에는 육지의 약 30%가 빙하로 덮였었고, 지금도 빙하는 육지의 약 10%를 덮고 있다. 현재 빙하의 88%는 남극대륙, 11%는 그린란드에 분포하며, 담수(淡水)의 약 75%가 빙하의 상태로 존재한다. 육지상의 빙하가 전부 녹으면 해면이 지금보다 약 60m 상승할 것으로 추정된다. 남극대륙과 그린란드의 빙상은 간빙기(間氷期)에도 지금과 같은 규모로 유지되었던 것 같다.

빙하는 고생대의 페름기에도 출현한 흔적이 남아 있으나, 중생대에 이어 신생대 제3기(第三紀, Tertiary)에 들어와서도 세계의 기후는 계속 온난했다(그림 8-26). 그린란드와 남극대륙은 온대성 삼림으로 덮였었고, 영국의 남부지방은 열대림이 무성했다. 동식물의 화석을 통해 추정한 바에 따르면, 제3기 초의 연평균 기온이 미국 서부지방은 약 20℃, 서유럽은 약 12℃였다. 기온의 계절적 변동이 크지 않아 고위도지방도 겨울이 따뜻했다.

세계의 기온은 약 500만년전부터 시작된 제3기 말의 플라이오세(Pliocene)에 들어와서 현저히 낮아지기 시작했다. 기온이 낮았던 시기에는 아이슬란드, 알래스카, 미국의 시에라네바다산맥 등지에 빙하가 출현했고, 남극대륙과 그린란드에는 빙상까지 발달했을 것으로 추측된다. 약 200만년전부터 시작된 제4기(第四紀, Quaternary) 플라이스토세(Pleistocene)[4]에 들어와서도 처음의 약 100만

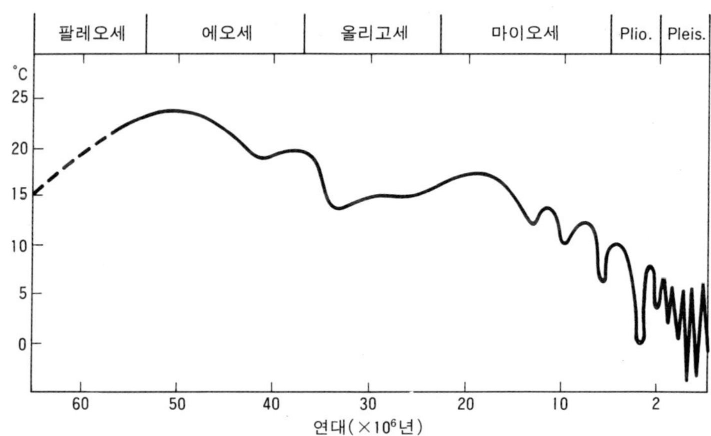

그림 8-26. 중위도에 있어서 신생대의 기온변동

신생대 제3기에는 세계의 기후가 전반적으로 지금보다 훨씬 따뜻했다. 제4기에는 기온이 낮아졌을 뿐만 아니라 주기적으로 크게 오르내렸다. 제3기의 플라이오세(Plio.)와 제4기의 플라이스토세(Pleis.)는 그림에서 연대 축척이 크게 과장되어 있다. (Butzer)

년 동안은 비교적 따뜻했다고 알려졌다. 다만 여러 차례의 한랭기에는 고산지대의 빙하가 크게 확장되었을 가능성이 높고, 점차 열대성 및 아열대성 식생이 중위도지방에서 사라진 것으로 보인다. 그리고 90~70만년전까지의 기간에는 스칸디나비아반도와 캐나다에 대규모의 빙상이 3~4회 발달하지 않았나 생각된다. 이어서 70만년~12.5만년전의 기간에도 빙하가 크게 확장되었던 빙기(氷期, glacial stage)와 위축되었던 간빙기(間氷期, interglacial stage)가 최소한 4회 이상 반복되었다는 견해가 있다. 그러나 이 때까지의 빙하의 확장과 위축에 관한 내용은 학자들간의 견해차가 매우 클 만큼 불확실한 상태에 있다.

---

4) 플라이스토세는 과거에 홍적세(洪積世, Diluvial epoch)라고 불리웠다. 우리나라와 일본에서는 홍적세라는 용어가 지금도 사용된다. 그러나 홍적세는 유럽의 빙하퇴적물이 성경에 나오는 노아의 홍수가 운반해다 쌓은 것이라고 믿던 19세기 전반에 만들어진 용어로 歐美의 지질학계에서는 사용하지 않은지 오래다. 충적세(沖積世, Alluvial epoch)는 홍적세에 대응하는 용어이며, 이것 역시 현세·홀로세 등으로 대치되었다.

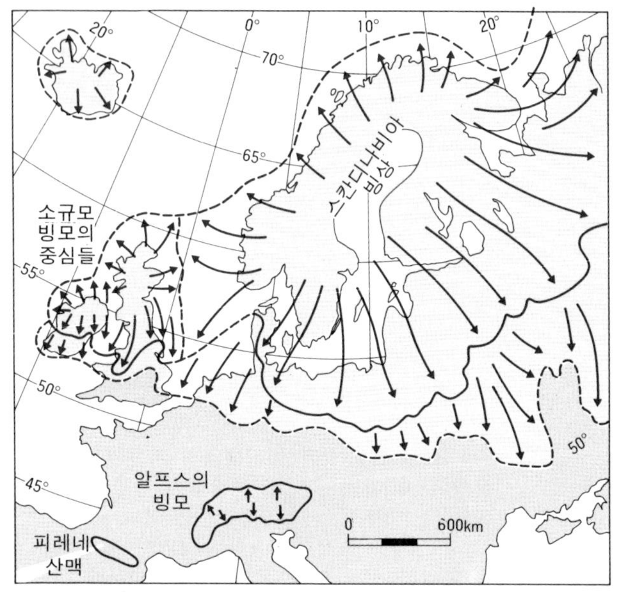

그림 8-27. 빙기의 유럽의 빙상
스칸디나비아빙상이 확장되었던 범위를 보여준다. 육지부의 실선은 최후빙기, 파선은 플라이스토세에 확장되었던 범위를 가리킨다.

12.5만년전 이후의 기간에 관한 내용도 연대가 오랜 것은 확실하지 않다. 다만 오늘날 대략 알려진 바로는 최후간빙기(最後間氷期)는 12.5만년전에 시작되었고, 이 때의 기후와 식생은 오늘날과 대체로 비슷했다는 것이다. 그리고 11.5만년전과 9.5만년전에는 기온이 내려가고 빙하가 일시적으로 확장되었던 것 같다.

뷔름(Würm) 또는 위스콘신(Wisconsin)으로 불리우는 최후빙기(最後氷期) 이후의 내용은 비교적 잘 알려진 편이다. 최후빙기가 시작된 것은 약 7.5만년전이었는데, 6만년전까지는 로렌시아빙상이 미국까지 내려오고, 스칸디나비아빙상이 발트해를 건넜다. 4만년전부터는 기온이 상승하여 빙상이 후퇴했다가 약 2.5만년전에 다시 절정에 이르러 북아메리카에서는 북위 39°, 유럽에서는 북위 52°까지 진출했다. 이처럼 빙하가 크게 확장되었을 때는 전체 육지의 약 30%가 빙하로 덮였었다. 최후빙기는 전기 위스콘신(Early Wis-

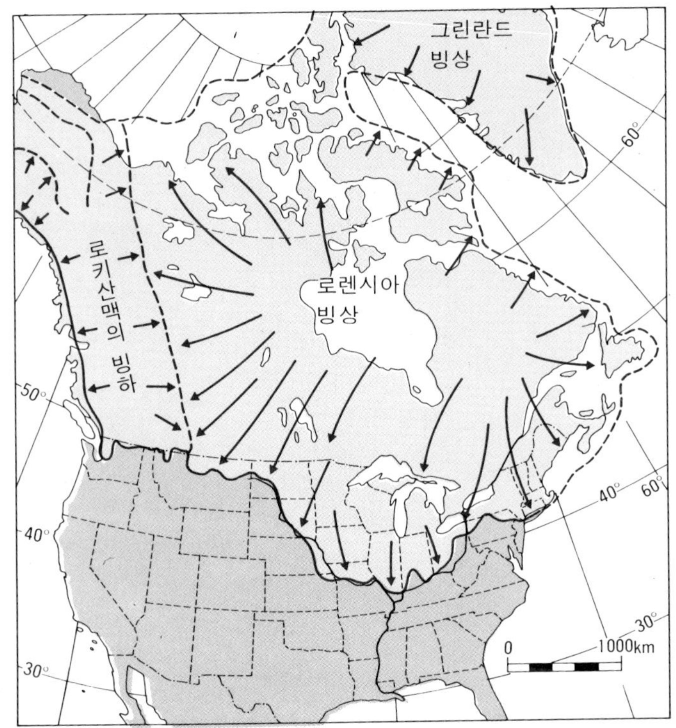

그림 8-28. 빙기의 북아메리카의 빙상

로렌시아빙상이 5대호 남쪽까지 내려왔었다. 플라이스토세의 여러 빙기를 통해서 빙하가 최대로 확장되었던 범위를 보여준다.

consin)과 후기 위스콘신(Late Wisconsin)으로 나뉜다. 그리고 약 1.8만년전부터는 빙하가 빨리 후퇴하기 시작하여 약 1만년전에는 빙기가 끝났다고 보는 것이 일반적인 견해이다.

약 1만년전에 최후빙기가 끝난 후 현재까지의 기간은 후빙기(後氷期, postglacial stage), 홀로세(Holocene), 현세(現世, Recent) 등으로 불리운다. 후빙기는 스칸디나비아빙상이 스칸디나비아반도로 후퇴한 시점에 기준을 두고 설정한 기간이다(그림 8-29). 그러나 스칸디나비아빙상이 거의 사라진 것은 약 8,500년전의 일이었고, 로렌시아빙상이 없어지기까지는 약 2,500년이 더 걸렸다.

후빙기에 들어와서도 기온이 오르내림에 따라 고산지대의 곡빙

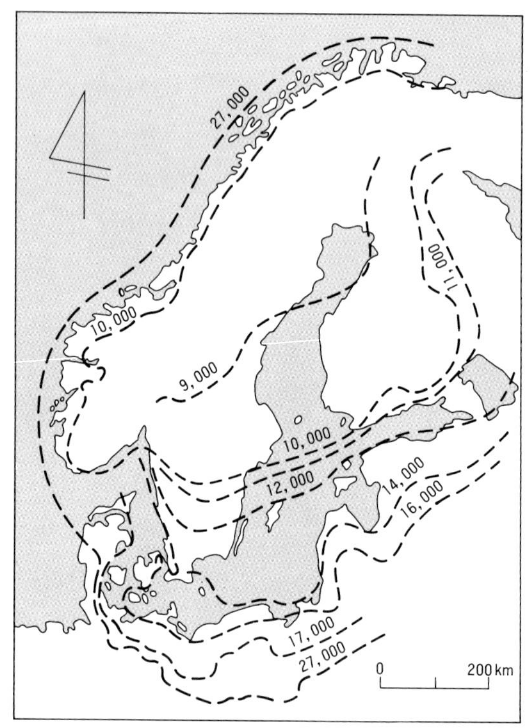

그림 8-29. 스칸디나비아빙상의 후퇴

숫자은 현재를 기준하여 과거로 소급되는 연대이다. 이 빙상의 후퇴에 의거하여 후빙기의 기간을 약 1만년으로 잡게 되었다. (Davies)

하는 소규모로나마 전진과 후퇴를 반복했다. 토탄층의 화분분석과 방사성탄소 연대측정에 의해 밝혀진 내용을 보면, 특히 약 6,000년 전을 정점으로 하는 기간에는 세계의 기후가 지금보다 따뜻했던 것 같다. 유럽에서는 연평균 기온이 지금보다 2°～3℃ 높았고, 그 영향은 해면의 높이에 미친 것으로도 해석된다. 가까운 과거의 기후변동으로는 1450～1850년간의 소빙기(小氷期, Little Ice Age)가 널리 언급된다. 소빙기에는 알프스산지의 곡빙하들이 지금보다 훨씬 아래로 내려왔다.

독일 지리학자 펜크(A. Penck)는 20세기 초에 알프스산지의 퇴석층, 특히 종퇴석에 대한 연구를 통해서 대략 같은 규모의 빙기

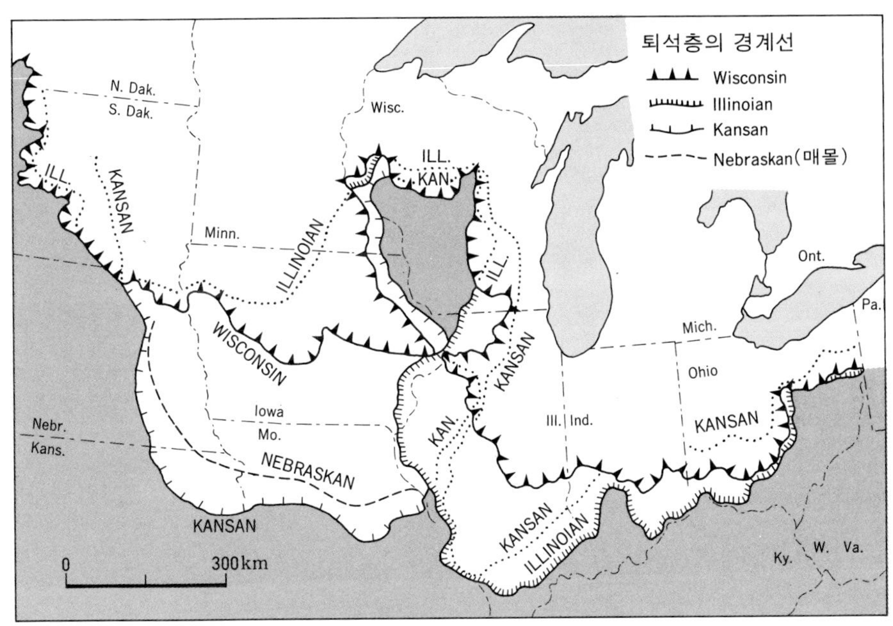

그림 8-30. 5대호지방의 빙기별 빙상의 진출

네 번의 빙기에 빙상이 어디까지 진출했는지 보여준다. 네브라스칸(Nebraskan)빙기의 퇴석층은 캔잔(Kansan)빙기와 그밖의 빙기에 쌓인 퇴석층 밑에 묻혀 있다. 위스콘신(Wisconsin)빙기의 빙상은 그 이전의 것들 만큼 전진하지 않은 것으로 나타나 있다.

가 네번 있었음을 확인하고, 이들 빙기를 연대가 오랜 것부터 시작하여 귄츠(Günz), 민델(Mindel), 리스(Riss), 뷔름(Würm)이라고 명명했다. 그후 플라이스토세의 시대구분에 있어서 이와 같은 틀은 금과옥조처럼 받아들여지면서 다른 지역에도 적용되어 왔다. 지역에 따라서는 빙기의 명칭이 다르게 붙여졌으나 내용은 모두 알프스산지의 그것과 대비되도록 짜여졌다. 북아메이카에서는 이들 빙기가 네브라스칸(Nebraskan), 캔잔(Kansan), 일리노이안(Illinoian), 위스콘신(Wisconsin)으로 명명되었다(그림 8-30). 그러나 이와 같은 틀은 더 이상 사용할 것이 아니라 애초부터 없었던 것으로 하는 것이 바람직한 것 같다. 그 흔적이 뚜렷한 최후빙기와 바로 직전의 최후간빙기만 지역간의 대비가 가능할 뿐 그 이전의 것들은 시기가 매우 불확실하고, 빙기의 횟수도 더 많았다는 사실이 밝혀지고 있기 때문이다. 이 틀에서는 제4기가 최초의 빙기와 더불어 시작된다는 점도 유의할 만하다.

육지상에 퇴석층으로 남아 있는 빙하의 흔적은 다른 빙하가 이를 휩쓸고 지나갈 때 지워져버리기 쉽다. 또한 퇴석층은 유기물이 일반적으로 결핍되어 있고, 오늘날 널리 쓰이는 방사성탄소 연대측정도 약 3만년 전까지 유효하다. 그래서 제4기에 들어와서 출현한 여러 빙기와 간빙기의 흔적을 심해의 퇴적층에서 찾고자 하는 움직임이 1960년대부터 활발하게 일어나기 시작했고, 이로써 제4기의 편년(編年)에 관한 개념이 근본적으로 바뀌게 되었다. 간접적이기는 하나 기온은 수온에 영향을 미치고, 수온은 해양의 유공충(foraminifera)에 영향을 미치므로 심해의 퇴적물에 포함된 유공충의 유해를 분석하여 과거의 기후변동을 알아낼 수도 있다. 이러한 방법에 의해 전체 플라이스토세의 기간에 출현했을 것으로 예상되는 빙기와 간빙기를 추적해 온 결과, 제4기의 편년이 펜크가 제시한 것처럼 그렇게 단순하지 않은 것만은 분명해졌다. 제4기의 편년을 확립하고자 하는 노력은 꾸준히 계속되고 있으나 누구나 인정할 수 있는 틀은 마련되지 않았다.

제 9 장 주빙하지형

1. 주빙하기후와 주빙하지형
2. 영구동토층과 토빙에 의한 지형
3. 구 조 토
4. 주빙하성 매스무브먼트와 크리오플래네이션

이 장의 개요

기후가 매우 한랭한 지역에서는 동결과 융해의 반복에 의한 기계적 풍화작용이 활발하게 일어나고, 매스무브먼트와 토양수의 순환이 특이하게 펼쳐져 주빙하지형이라고 총칭되는 지형들이 발달한다. 구조토(構造土)는 가장 보편적인 주빙하지형에 속한다.

주빙하(周氷河)란 빙하의 주변을 가리킨다. 그러나 주빙하지형의 발달에 요구되는 기후, 즉 주빙하기후는 빙하의 주변보다 빙하와 관계가 없는 지역에 훨씬 광범하게 분포한다. 영구동토층이 형성되어 있는 북극해 연안의 툰드라와 수목선 위의 고산지대는 대표적인 주빙하지역이다. 주빙하지역은 육지의 약 25%를 차지하고 있다. 그리고 극지방의 자원개발이 활발하게 추진되고, 극지방의 중요성이 날로 강조됨에 따라 주빙하지형에 관한 이해의 요구가 과거에 비해 크게 늘어났다.

세계의 기후가 지금보다 한랭하고 빙하가 크게 확장되었던 빙기에는 주빙하지역이 육지의 약 50%를 차지할 만큼 넓었다. 빙기에 형성된 각종 주빙하지형은 북서유럽과 같이 빙상의 주변에 속했던 지역뿐만 아니라 그밖의 온대지방에도 광범하게 분포한다. 우리나라도 예외가 아니며, 산간지방의 애추·암괴류 등은 빙기에 형성된 후 화석상태로 보존되어 있는 것이다.

▲ **호상구조토** 빙기의 주빙하지역에 속했던 콜럼비아고원의 것으로 지면의 경사가 완만한 데도 현무암의 암괴들이 길게 열을 지어 있다. 호상구조토는 독립적으로도 발달한다. 지금은 활동을 멈춘 상태에 있다. -1967

9.1

주빙하기후와 주빙하지형

주빙하지형(周氷河地形, periglacial landforms)은 기후가 매우 한랭하거나 동결과 융해가 자주 반복되는 지역에서 발달하며, 주빙하지형을 발달시키는 기후를 주빙하기후(周氷河氣候, periglacial climate)라고 한다. 동결과 융해는 하루의 기온이 0℃를 오르내리는 이른봄과 늦가을에 자주 반복되며, 그 빈도는 기후가 한랭할수록 높게 나타난다.

오늘날 주빙하지역은 육지의 약 25%를 차지한다. 영구동토층이 분포하는 툰드라는 대표적인 주빙하지역이다. 그러나 주빙하지형은 툰드라에서만 형성되는 것이 아니고, 주빙하기후는 기후학적으로 규정되는 기후가 아니기 때문에, 그 범위를 객관적으로 설정하기가 쉽지 않다.

독일 지리학자 트롤(C. Troll)은 구조토(構造土)를 지표로 삼아 주빙하지역의 범위를 설정하고자 했다. 그러나 구조토는 주빙하지형의 전부가 아니다. 식생이 빈약한 환경에서는 동결·융해의 빈도가 높아진다. 삼림은 기온의 일교차를 줄여 준다. 그래서 수목선(樹木線, tree line)을 주빙하지역의 경계로 채택하는 것이 현실적이라는 견해도 있다. 고산지대에서는 수목선과 주빙하지역의 경계가 대체로 일치한다. 그러나 고위도지방의 상황은 전혀 다르다. 영구동토층과 함께 주빙하지형은 시베리아와 북아메리카의 타이가지대에도 분포한다.

빙상(氷床)이 크게 발달하고 세계의 기온이 낮았던 빙기에는 육지의 약 50%가 주빙하지역이었다. 이때 유럽에서는 알프스산맥과 피레네산맥 남쪽의 지중해지방을 제외한 전역이, 북아메리카에서는 로키산맥과 애팔래치아산맥 사이의 넓은 저지대의 경우 대략 북위 40° 이북의 전역이 주빙하지역에 속했다. 함경북도의 관모봉 부근에 여러 권곡이 형성되어 있는 것으로 미루어, 우리나라도 주빙하지역이 광범했을 것이라고 짐작할 수 있다.

9.2

영구동토층과 토빙에 의한 지형

영구동토층과 활동층 북극해 연안의 툰드라에는 지온(地溫)이 연중 0℃ 이하로 유지되는 층이 두껍게 형성되어 있다. 이러한 층을 영구동토층(永久凍土層, permafrost)이라고 한다. 연평균 기온이 0℃ 이하인 곳에서는 땅이 겨울에 어는 두께가 여름에 녹는 두께보다 두꺼우며, 이로 인해 해가 거듭될수록 영구동토층이 점점 두꺼워질 수 있다. 그러나 지하로 내려가면 지온이 상승하기 때문에, 기온과 지온간에 균형이 이루어지면 영구동토층은 성장을 멈추게 된다.

영구동토층은 기반암에도 형성되고 퇴적층에도 형성되나, 주빙하지형의 발달과 관계가 깊고 일반적으로 언급되는 영구동토층은 퇴적층의 것이다. 퇴적층의 영구동토층은 여러 가지 형태의 얼음을 많이 포함하고 있는 것이 특색이다. 그리고 영구동토층은 활동층(活動層, active layer)으로 덮여 있다. 활동층이란 여름에 녹고 겨울에 어는 지표면의 얇은 층을 가리킨다.

영구동토층은 러시아와 캐나다의 약 50%, 알래스카의 약 85%를 차지할 만큼 분포면적이 넓다. 남반구에는 영구동토층이 극히 한정되어 있다. 빙하로 덮인 남극대륙 이외에는 육지가 아주 좁기 때문이다. 북반구의 영구동토층은 발달상황에 따라 북쪽에서 남쪽으로 연속대(連續帶, continuous zone), 단속대(斷續帶, discontinuous zone), 분산대(分散帶, sporadic zone)로 나뉜다(그림 9-1).

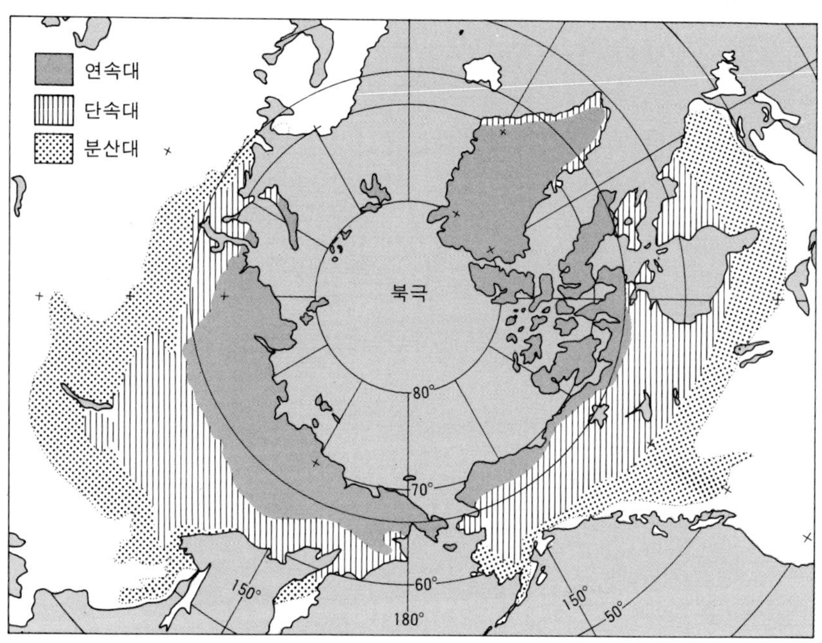

그림 9-1. 영구동토층의 분포

남쪽에서부터 분산대·단속대·연속대가 차례로 분포한다. 분산대의 영구동토층은 대부분 현재의 기후와 평형을 이루고 있지 않다.

연속대의 영구동토층은 매우 두껍다. 그 두께가 캐나다와 알래스카에서는 300~600m로 나타나며, 시베리아 북부(Schalagonzy, 66°N, 111°E)에서는 최대 1,500m에 이르는 것으로 알려졌다. 시베리아에서는 넓은 지역이 빙기에 빙하로 덮이지 않아 냉기(冷氣)가 지하로 깊게 침투할 수 있었던 것 같다. 연속대에서도 넓은 호소와 큰 하천 밑에는 비동토층, 즉 탈리크(talik)가 분포한다. 툰드라와 타이가의 경계선은 연속대의 남한계선과 대체로 일치한다.

단속대에서는 영구동토층의 두께가 60~120m로 얇아지며, 비동토층이 섬처럼 곳곳에 분포한다. 그리고 기후와 동토층간에 미묘한 균형이 이루어져 있어서 기후가 조금만 따뜻해져도 동토층이 큰 영향을 받는다. 분산대에서는 영구동토층이 오히려 산발적으로 분포하며, 그 두께가 30m 내외로 줄어든다. 그리고 저지대의 동토층

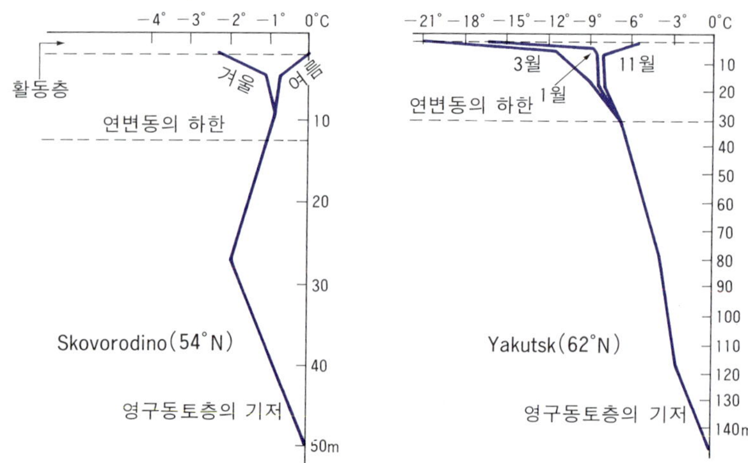

그림 9-2. 영구동토층의 온도

야쿠츠크에서는 계절적 온도변화가 30m까지 미치며, 그 밑에서는 온도가 계속 올라간다. 이러한 동토층은 현재의 기후와 조화를 이루는 정규영구동토층이다. 스코보로디노에서는 계절적 온도변화가 지하 13m까지 미치며, 그 밑에서는 27m까지 온도가 내려가다가 다시 올라간다. 27m까지 온도가 내려가는 까닭은 기후의 온난화로 지표면에서부터 동토층이 더워져 내려갔기 때문이다. 이와 같은 현상은 화석영구동토층에서 나타난다. (Tricart)

은 대개 과거의 한랭기후와 관련하여 형성된 것이라고 알려졌다. 한편 영구동토층은 티베트고원·로키산맥·애팔래치아산맥 등과 같은 저위도와 중위도의 고산지대에도 나타난다.

영구동토층은 찬 공기가 지온(地溫)을 빼앗기 때문에 발달한다. 그래서 영구동토층의 온도는 계절적으로 변동하는 최상층의 바로 밑에서부터 아래로 내려갈수록 높아지는 것이 정상이다. 그림 9-2를 보면 북위 62°의 레나강 연변에 자리한 야쿠츠크(Yakutsk)의 영구동토층에서는 아래로 내려갈수록 온도가 일정한 율로 올라간다. 이러한 영구동토층은 현재의 기후와 평형을 이루고 있는 것이다. 이와는 달리 북위 54°의 헤이룽강(黑龍江) 연변에 자리한 극동러시아의 스코보로디노(Skovorodino)의 영구동토층에서는 지하 약 27m까지 온도가 점점 내려가다가 그 밑에서 다시 올라간다. 이러

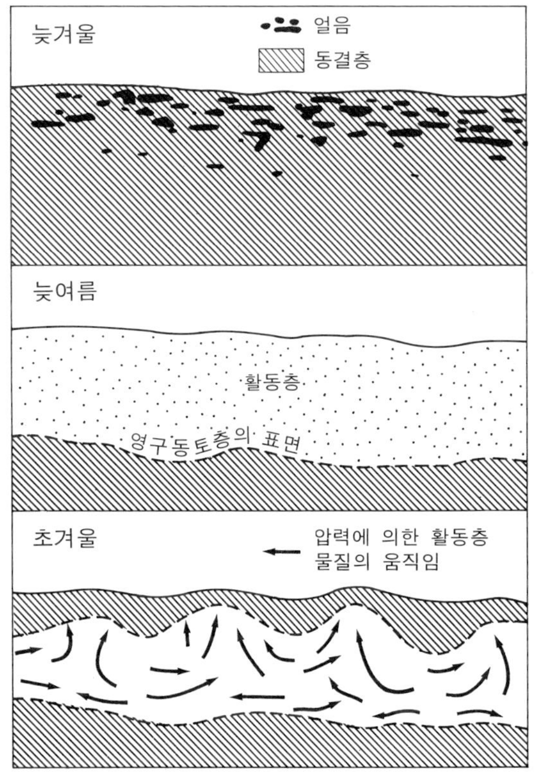

그림 9-3. 활동층의 요동

상) 겨울에는 활동층이 얼음을 많이 포함한다. 중) 여름에는 활동층이 녹아 수분을 많이 함유한다. 하) 초겨울에 위에서 밑으로 활동층이 얼어 내려갈 때는 구성물질이 심하게 요동된다.

한 현상은 영구동토층이 기온의 상승으로 열을 받아 더워지고 있기 때문에 일어나게 된 것이다. 온도가 올라가는 아랫부분은 과거의 기후환경에서 형성된 것이고, 이러한 동토층은 화석영구동토층(化石永久凍土層, fossil permafrost)이라고 불리운다.

활동층(活動層)은 북쪽에서 남쪽으로 갈수록 두꺼워진다. 두께의 범위는 수십 센티미터 내지 3m 내외이다. 활동층은 여름에 녹으면 우리나라에서 이른봄의 해토기(解土期)에 일시적으로 땅이 질퍽해지는 것처럼 매우 유연해진다. 얼음이 녹아서 생긴 수분이

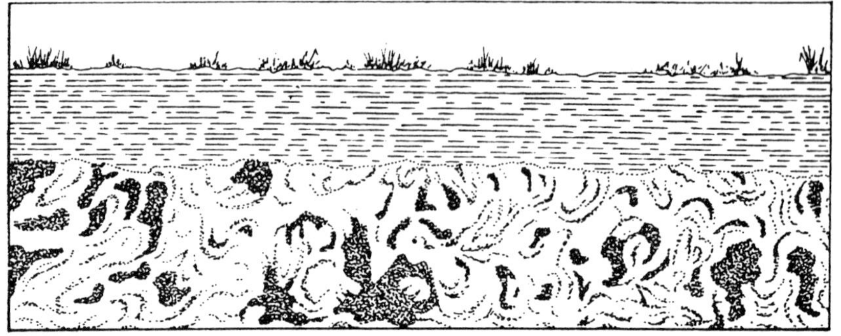

그림 9-4. 인볼루션(involution)
짧은 횡선으로 표시된 표층은 뢰스층이고, 그 밑에 심하게 요동된 퇴적층의 인볼루션이 나타난다. 뢰스층은 인볼루션이 형성된 다음에 쌓인 것이다. 검은 부분은 빙기의 백악질(百堊質) 암설, 흰 부분은 간빙기의 점토이다. 프랑스 북부의 Aisne 지방.

활동층 밑의 동토층으로 빠지지 못하기 때문이다. 그래서 활동층의 물질은 경사가 극히 완만한 사면에서도 쉽게 흘러내릴 수 있게 된다. 활동층은 겨울에 얼 때 얼음을 많이 포함한다.

한편 활동층이 겨울에 얼 때는 구성물질이 심하게 요동된다. 겨울이 다가오면 활동층은 지표면에서부터 얼어 내려간다. 그래서 녹은 상태에 있는 물질은 위에서 밑으로 작용하는 압력(cryostatic pressure)을 받아 옆으로 밀리기도 하고, 약한 부위의 동결층 쪽으로 밀려 올라가기도 한다(그림 9-3). 활동층에서 이와 같은 요동현상(cryoturbation)에 의해 형성되는 복잡한 파상구조(波狀構造)를 인볼루션(involution)이라고 한다(그림 9-4). 영국·프랑스·독일·폴란드 등 북서유럽의 토양층에는 인볼루션이 많이 보존되어 있다. 우리나라에서는 강릉시 안인 부근의 해안단구 퇴적층에서 그것이 관찰된 바 있다.[1] 이곳의 인볼루션은 빙기에 형성된 것임은 분명하지만 국소적으로 나타나므로 영구동토층과 관련된 것인 지는 확실하지 않다.

1) 崔成吉, 1995, "韓半島 中部東海岸 低位海成段丘의 對比와 編年," 대한지리학회지, 30: 103~119.

그림 9-5. 영구동토층의 보호
집을 지으려고 말뚝을 많이 박아 놓았다. 상·하수도관도 지면에서 떨어지도록 설치한다. 맥켄지강 하류의 Inuvik. -1967

툰드라의 각종 토목공사에서는 영구동토층의 보호에 세심한 주의를 기울인다. 온대지방에서와 같이 가옥이나 그밖의 건물을 지표면에 붙여서 지으면, 그 열이 땅속으로 침투하여 영구동토층이 녹는 관계로 건물이 쓰러지기 쉬워진다. 영구동토층은 바위처럼 단단하지만 녹으면 유연해진다. 그래서 툰드라에서는 말뚝을 많이 박고 건물을 그 위에 세우는 공법이 널리 채택된다(그림 9-5). 즉 건물을 지표면에서 띄워 놓고 그 사이의 공간이 외기(外氣)에 노출되도록 하는 것이다. 송유관이나 상·하수도관도 지표면에서 떨어지도록 설치한다. 도로와 비행장의 활주로를 건설할 때는 자갈과 같은 단열재를 두껍게 깐다.

그림 9-6. 얼음쐐기
하천변에 드러난 범람원의 얼음쐐기이다. 얼음쐐기는 활동층 밑의 영구동토층에 형성된다. 알래스카의 Kivengood 부근.

토빙과 얼음쐐기 토빙(土氷, ground ice)이란 토양층 또는 퇴적층에 형성되어 있는 각종 형태의 얼음을 가리킨다. 토빙은 활동층과 영구동토층에 두루 나타나지만 이에 국한된 것은 아니다.

우리나라와 같은 온대지방에서 겨울에 집단적으로 발달하는 토양층의 서릿발도 토빙에 속한다. 서릿발은 순수한 빙정(氷晶)으로 이루어졌으며, 주변에서 수분을 끌어들이면서 열손실이 가장 많은 쪽으로, 즉 지표면에 대하여 직각방향으로 성장한다. 서릿발이 성장할 때는 토양의 표층이 들어올려지는 동상(凍上, frost heaving) 현상이 일어난다.

영구동토층에는 다양한 크기와 모양의 얼음 덩어리가 많이 묻

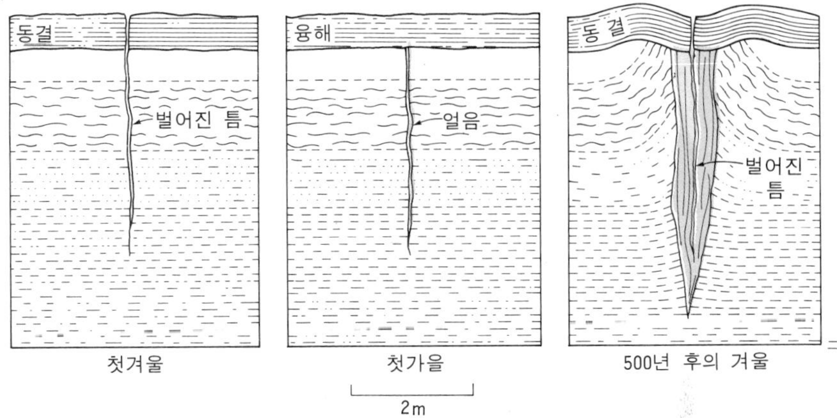

그림 9-7. 얼음쐐기의 발달

얼음쐐기는 가느다란 맥빙(脈氷)으로부터 수백년에 걸쳐 형성된다. 겨울에 지표면이 심하게 냉각될 때는 수축현상이 일어나며, 맥빙은 이 때 생기는 균열에 수분이 들어가 동결한 것이다.

혀 있다. 활동층의 얼음은 여름에 녹는다. 그러나 영구동토층의 얼음은 여름에 녹지 않으므로 엄청난 크기로까지 성장한다. 토양층이나 퇴적층 중에서 주변의 수분을 끌어들이면서 성장하는 얼음을 분리빙(分離氷, segregated ice)이라고 한다. 분리빙은 실트질 퇴적층에서 잘 형성된다. 사질 또는 점토질 퇴적층에서는 입자들간의 공극이 너무 크거나 작아 수분이 원활하게 이동하지 못한다.

영구동토층의 토빙 중에서 가장 두드러지는 것은 얼음쐐기(ice wedge)이다. 얼음쐐기는 땅속으로 깊게 박힌 얼음 덩어리로서 윗쪽은 두껍고 아랫쪽은 뾰족하여 마치 쐐기처럼 생겼다(그림 9-6). 규모가 큰 것은 깊이가 5～8m, 윗쪽의 너비가 2～3m에 이른다.

얼음쐐기는 지표면이 냉각·수축될 때 생기는 균열에 수분이 들어가서 어는 얼음으로부터 발달한다(그림 9-7). 지표면이 겨울에 -30°～-40℃로 냉각되면, 규모가 다르지만 가뭄이 들 때의 논바닥처럼 갈라진다. 처음 생기는 균열은 깊이가 5m, 너비가 1cm 정도이다. 활동층의 균열은 여름에 메워진다. 그러나 그 밑으로 뻗은 영구동토층의 균열은 남아 있으며, 이곳으로 침투하는 수분은 얼어

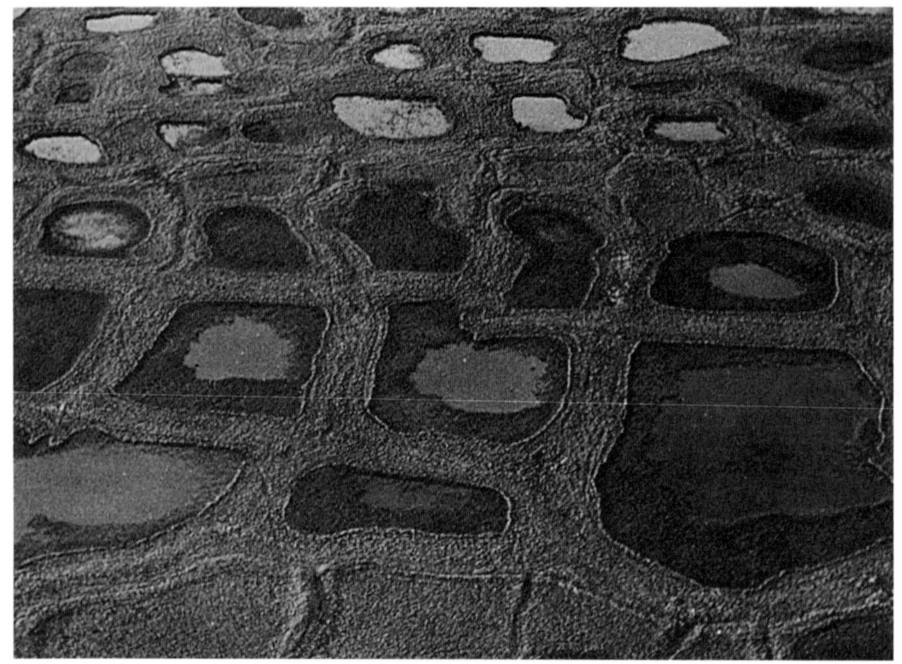

그림 9-8. 얼음쐐기의 다각구조토

얼음쐐기가 지나가는 부분은 땅이 약간 솟구쳤고, 얼음쐐기로 둘러싸인 낮은 부분에는 물이 괴어 있다. 알래스카의 Point Barrow 부근.

서 가느다란 맥빙(脈氷, vein ice)을 이루게 된다. 맥빙은 일단 형성되면 주변에서 수분을 끌어들이면서 성장하고, 시간이 경과함에 따라 점차 얼음쐐기의 모양을 갖추어 나간다. 얼음쐐기가 두꺼워지는 율은 연간 0.5~1.0mm인 것으로 알려졌다. 활발히 성장하는 얼음쐐기는 영구동토층의 연속대에 한정되어 있고, 단속대의 것은 대개 비활동적이다.

얼음쐐기는 활동층 밑의 영구동토층에 박혀 있으나 그것이 지나가는 부분은 지표면에서도 확인할 수 있다. 얼음쐐기가 성장할 때 양쪽의 퇴적물이 옆으로 밀려나서 얼음쐐기가 지나가는 부분은 약간 낮아지고 그 주변부는 약간 높아지는데, 얼음쐐기로 둘러싸인 중앙부에 물이 괴면 전체 윤곽이 뚜렷이 드러난다(그림 9-8). 얼음

그림 9-9. 핑고(pingo)
맥켄지강 삼각주의 핑고로 정상부가 약간 갈라진 것으로 보아 성숙단계에 있음을 알 수 있다. 얕은 호소로 둘러싸였다.

쐐기가 지표면에 만들어 놓는 그물 모양의 구조토를 얼음쐐기 다각구조토(ice-wedge polygon)라고 한다. 쐐기와 쐐기 사이의 간격은 2~3m에서 20~30m에 이를 정도로 다양하나 한 지역내에서는 비교적 균일하게 나타난다.

얼음쐐기는 영구동토층이 녹은 후 화석상태로 보존되기도 한다. 얼음쐐기가 이물질로 대치되면 그 모양이 퇴적층 중에 남아 있는다. 화석얼음쐐기는 빙기의 기후를 파악하는 데 도움을 준다.

핑 고

핑고(pingo)는 캐나다의 맥켄지강 삼각주에 많이 분포하는, 작은 기생화산처럼 생긴 언덕을 가리키는 에스키모의 말이다. 맥켄지강은 북극해로 유입하는 세계적인 대하천이다.

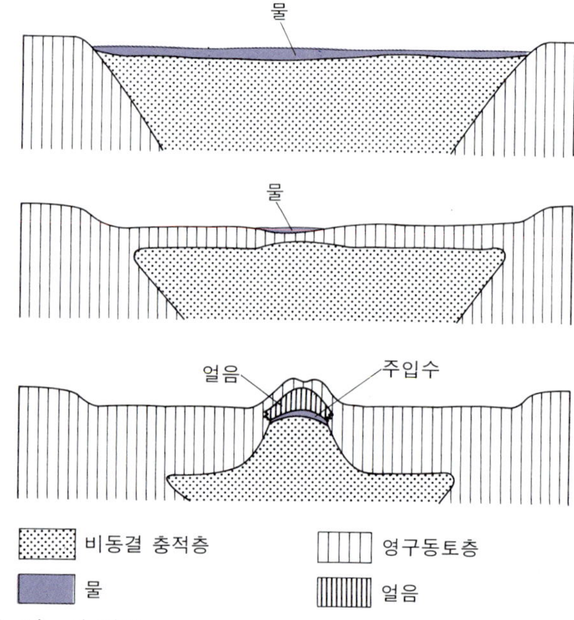

그림 9-10. 핑고의 발달
호소가 매립·축소되고 영구동토층이 비동결층을 완전히 둘러싼 상태에서 이에 압력을 가할 때는 퇴적층의 피압수가 천천이 동토층으로 올라온다. 동토층으로 올라온 물은 얼어서 얼음덩어리를 만들며, 이 얼음덩어리는 점차 성장하면서 그 위의 퇴적층을 밀어올린다.

핑고는 영구동토층에서 렌즈 모양의 얼음 덩어리가 오랜 세월에 걸쳐 크게 성장하고, 이에 따라 그 위의 퇴적층이 들어올려짐으로써 형성되는 지형이다(그림 9-9).

대부분의 핑고는 높이가 20m 이하, 밑바닥의 지름이 30~600m, 얼음을 덮고 있는 퇴적층의 두께가 수 미터 정도이다. 아직까지 관측된 핑고 중에서 가장 큰 맥켄지강 삼각주의 이뷰크핑고(Ibyuk Pingo)는 높이가 48m, 퇴적층의 두께가 14m인데, 지금도 성장하고 있다. 그러나 핑고는 성장하는 데 한계가 있다. 고도가 높아져서 정상부의 퇴적층이 갈라지고 침식을 받아 제거되면, 얼음이 대기에 노출되면서 녹아버리기 때문이다. 얼음이 처음 녹을 때는 정상부가 오목하게 꺼져내린다. 그리고 얼음이 녹아 없어지면

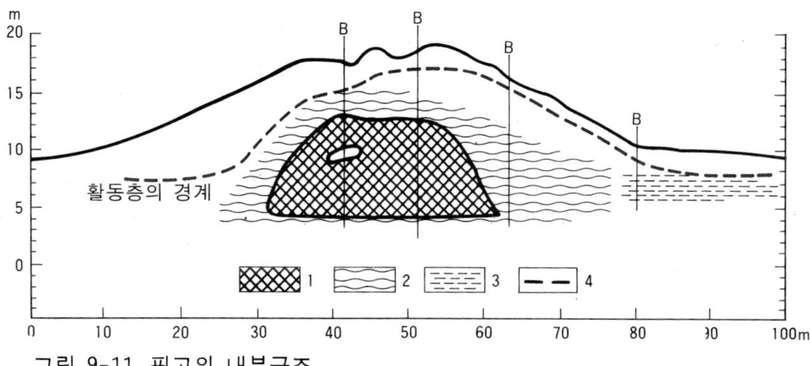

그림 9-11. 핑고의 내부구조

1) 순수한 얼음핵. 2) 얼음렌즈(얼음의 비율 40~70%). 3) 얼음렌즈(얼음의 비율 25~40%). 4) 영구동토층의 경계. 얼음핵은 주입빙(注入氷), 얼음렌즈는 분리빙(分離氷)으로 이루어졌다. 핑고는 주로 주입빙에 의해 형성된다. B는 시추공이다.

핑고가 자리하던 곳에는 작은 호소가 괴고, 이로써 핑고의 일생은 끝난다. 큰 핑고는 연령이 수천년 또는 1만년씩이나 되는 것으로 알려졌다. 맥켄지강 삼각주의 핑고는 1,400여개이고, 북극해 연안의 알래스카의 것도 1,000개를 넘는다. 핑고는 그린란드와 시베리아에서도 관찰된다.

핑고의 발달과정은 두 종류로 나뉜다. 대규모의 삼각주에는 일반적으로 크고 작은 호소가 많은데, 맥켄지강 삼각주의 핑고는 호소가 토사로 메워지는 과정에서 형성된 것이다. 북극해 연안의 툰드라에서도 큰 호소 밑의 퇴적층은 얼지 않는다. 그러나 호소가 메워져서 작아지고 얕아지면, 지표면이 영구동토층으로 완전히 덮이게 되고, 그 밑에 남아 있는 비동결층의 지하수는 주변에서 영구동토층이 확장되어 들어옴에 따라 압축되기 시작한다(그림 9-10). 때문에 이 지하수는 피압수로 변하면서 위로 밀려 올라오다가 압력이 낮아 영구동토층을 뚫지는 못하고, 그 안에 갇힌 채 얼어서 큰 얼음 덩어리, 즉 얼음핵을 이루게 된다.

활동 중인 핑고에서 관측되는 고도의 증가율은 연간 수 센티미터로 유지되다가 때로는 30cm 내지 1m 이상씩 갑자기 증가한다.

이와 같은 현상은 비동결층의 피압수가 주기적으로 솟구칠 때 일어나는 것이다. 핑고의 얼음렌즈에서는 주입빙(注入氷, injection ice)과 분리빙(分離氷)이 구별된다. 주입빙은 피압수가 주기적으로 솟구칠 때 형성·추가되는 것으로 순수한 하나의 큰 얼음핵을 이루고 있으며, 분리빙은 퇴적층 안에서 생긴 작은 얼음들이 주변에서 수분을 끌어들이면서 천천히 성장하는 것으로 퇴적물과 섞여 있다(그림 9-11).

핑고는 호소와 무관하게 골짜기나 사면의 말단부에서도 발달한다. 영구동토층 밑의 비동결층을 따라 사면 아래로 흘러내리는 지하수는 피압수로 변하기 쉬우며, 핑고는 이러한 피압수에 의해서도 형성된다. 이 유형의 핑고는 많지 않으며, 같은 자리에 몇번이고 반복해서 발달할 수 있다. 피압수의 압력이 높은 곳에서는 피압수가 영구동토층을 뚫고 솟아올라 지표면이 두꺼운 얼음층으로 덮이게 된다.

열카르스트 영구동토층이 녹으면 이에 포함된 얼음의 형태에 따라 작은 구덩이나 골 또는 그밖에 여러 가지 모양으로 땅이 꺼져 내려앉는다. 토빙이 녹아 형성되는 이러한 지형들을 석회암지역의 지형에 비유하여 열 카르스트(thermokarst)라고 한다. 지난 100년 동안 시베리아에서는 영구동토대의 남한계가 북상하는 추세를 보여 왔다고 한다. 현재의 기후와 평형상태에 있지 않는 동토층, 즉 빙기에 형성된 후 현재 위축되고 있는 화석영구동토층이 넓게 분포하는 분산대에서는 열 카르스트가 지역적인 현상으로서 발달할 가능성이 높다.

얼음을 많이 포함한 영구동토층이 국지적으로 녹아서 땅이 꺼져내리는 곳에는 흔히 수심이 얕은 호소가 괴며, 이를 융해호소(融解湖沼, thaw lake)라고 한다. 융해호소는 어떤 원인에 의해서든 일단 형성되면 주변의 영구동토층을 녹이면서 성장한다(그림 9-12). 여름에 호소가 녹고 물이 더워지면 주변의 영구동토층이 열침식

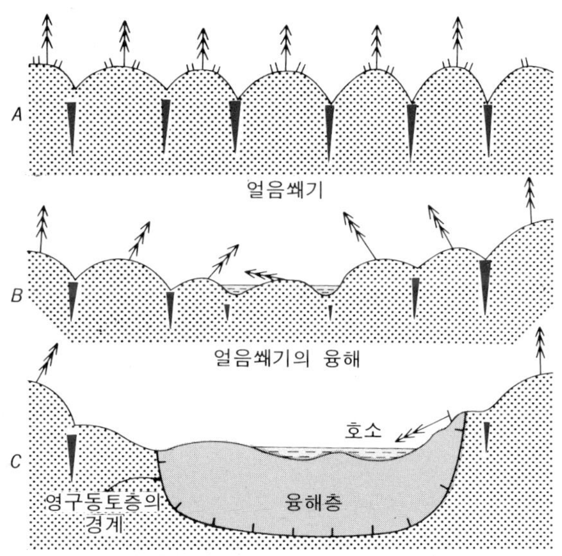

그림 9-12. 융해호소의 발달

얼음쐐기가 많이 발달되어 있는 영구동토층이 국지적으로 녹을 때는 땅이 밑으로 꺼져내리며, 이러한 곳에는 호소가 괸다. 융해호소는 영구동토층이 녹음에 따라 점점 넓어진다.

(熱侵蝕, thermal erosion)을 받기 때문이다. 호소의 크기 및 성장률과 토빙의 양 사이에는 밀접한 관계가 있다. 북알래스카의 영구동토층에서 조사된 바에 따르면, 부피에 대한 얼음의 비율이 자갈층에서는 16~18%, 모래층에서는 9~40%, 실트층에서는 13~65%, 점토질 및 실트질 토탄층에서는 75~90%에 이르며, 이와 별도로 얼음쐐기가 포함되어 있다. 얼음을 많이 포함한 영구동토층의 융해호소는 성장속도가 빠르다. 알래스카의 일부 큰 융해호소에서는 호안(湖岸)이 연간 약 20cm씩이나 붕괴되면서 후퇴한다. 열침식은 하천변에서도 일어난다. 하천의 열침식은 여름이 다가와서 융설수가 홍수를 이루면서 흘러내릴 때 진행된다.

북극해 연안의 일부 해안평야에서는 모두 일정한 방향으로 길게 형성된 크고 작은 호소(oriented lakes)의 무리를 볼 수 있다. 호소의 이러한 모양은 여름철에 탁월풍이 일으키는 물결(파랑)에 의해 형성되는 것으로 알려졌다. 물결에 의한 열침식은 탁월풍을 받아들이는 쪽의 호안에서 주로 일어난다. 호소의 규모는 장축의 길이가 수십 미터에서 수백 미터에 이를 만큼 다양하다. 융해호소는 주변의 얼음쐐기가 선택적으로 녹아서 골이 파이고, 물이 빠지면 성장을 멈추고 바닥을 드러내게 된다.

열 카르스트는 타이가의 식생이 인위적으로 파괴되거나 삼림이 불에 타서 기온과 지온간의 균형이 깨질 때도 발달한다. 동토층 위의 활동층에서 자라는 나무는 뿌리가 밑으로 내리지 못하고 옆으로 뻗는다. 그래서 동토층이 녹아 내려가면 나무가 반듯하게 서있지 못하고 이쪽 저쪽으로 기울어진다. 나무가 무질서하게 기울어져 있는 숲을 '술취한 숲(drunken forest)'이라고 부른다.

9.3 구 조 토

구조토(構造土, patterned ground)에는 여러 종류가 있다. 영구동토층의 얼음쐐기다각구조토도 그 중의 하나이다. 그림 9-13은 큰 돌과 세립암설이 따로 분리되어 일정한 문양을 이루고 있는 구조토를 보여준다. 이와 같은 구조토는 툰드라뿐만 아니라 중위도와 저위도의 고산지대에도 널리 형성되어 있다.

암설의 분급을 동반한 구조토는 식생이 없는 나지(裸地)에서 형성되며, 그것은 환상·다각상·호상 등으로 나뉜다. 환상구조토(環狀構造土, stone circle)는 조립암설이 세립암설을 둥글게 둘러싸고 있는 것으로 개별적으로나 집단적으로 발달한다. 이의 발달이 탁월한 스피츠베르겐섬의 경우 세립암설이 쌓인 부분은 약간 오목하고, 지름이 0.8~3.0m로 나타난다. 다각구조토(多角構造土, stone polygon)는 큰 돌들이 다각형으로 배열된 상태에서 세립암설을 둘

그림 9-13. 환상구조토(環狀構造土)
조립암설이 세립암설을 동그랗게 둘러싸고 있다. 세립암설로 이루어진 부분이 약간 오목하다. 조립암설도 크지 않다. 스피츠베르겐.

러싸고 있는 것으로 가운데가 약간 볼록하며, 변의 수가 4~6개이고, 지름이 10m 이상인 것도 있으나 대개 1~2m이다. 돌이 놓인 방향, 즉 장축의 방향은 변의 방향과 일치하는 경향이 있다. 그리고 돌의 크기는 지표면에서 밑으로 갈수록 작아지며, 암설의 분급은 약 1m 깊이까지만 나타난다.

환상구조토와 다각구조토는 지표면이 평평한 곳에서 발달한다. 그러나 사면에서는 이들 구조토의 모양이 길어지다가 큰 돌들이 사면의 경사방향을 따라 좁고 길게 배열되는 호상구조토(縞狀構造土, stone stripe)로 변한다. 호상구조토는 8°~26°의 사면에서 독립적으로도 발달한다.

고산지대의 구조토의 예로 프랑스쪽 피레네산지에서 조사된 바에 따르면, 기반암 내지 토양층의 특성이 구조토의 발달에 영향을

그림 9-14. 다각구조토(多角構造土)
큰 돌들이 따로 모여 그물 모양의 망을 이루고 있다. 암설의 분급을 동반한 이러한 구조토는 고산지대에도 널리 나타난다. 알래스카.

크게 미친다. 피레네산지에서는 구조토가 주로 편마암지역에 형성되어 있고, 화강암지역에는 나타나지 않는다. 그 이유로는 화강암의 풍화산물은 점토나 실트와 같은 미립물질이 부족하여 수분이 토양층에서 잘 빠져나가는 반면에, 편마암의 풍화산물은 미립물질이 풍부하여 수분을 많이 함유할 수 있다는 점이 지적된다. 동결과 융해의 효과는 미립물질이 풍부해야 극대화된다. 그리고 구조토는 해발 2,700m 이상의 고도에만 분포하는데, 피레네산지의 설선고도는 약 3,000m이다. 구조토의 크기에 영향을 미치는 요인으로는 고도, 토양층의 두께, 돌의 크기 등도 중요하다. 고도는 증가할수록, 토양층은 얇을수록, 돌은 작을수록 그 크기가 작아진다.

암설의 분급을 동반한 구조토는 성인이 분명하지 않다. 기본형

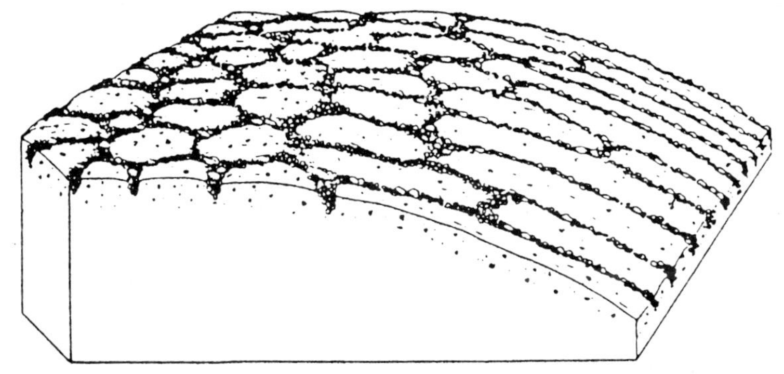

그림 9-15. 사면의 경사와 구조토의 형태
다각구조토는 평평한 지면에서 발달한다. 사면에서는 전체가 천천히 아래로 움직여서 모양이 길어지며, 결국 호상구조토로 변한다.

인 다각구조토를 중심으로 일찍부터 성인을 밝히려고 시도해 온 결과 많은 가설이 제시되기는 했다. 가설이 많다는 것은 곧 성인이 밝혀지지 않았음을 뜻한다. 20세기 초에 제시된 한 가설에서는 수분의 대류현상을 중요시한다. 물의 비중은 4℃에서 가장 커지므로 토양층이 녹을 때 표층의 토양수는 빨리 4℃에 도달하여 아래로 가라앉고, 온도가 이보다 낮은 그 밑의 토양수는 위로 솟아올라 수분의 대류현상이 일시적으로 일어날 수 있다. 그래서 수분이 올라오는 상승대류가 일어나는 부분은 암설이 들어올려져서 볼록해지고, 지표면으로 올라온 암설 중에서 큰 돌은 수분의 횡적대류에 의해 주변으로 이동하여 다각구조토가 형성된다는 것이다. 내용이 간단하고 명료하다. 그러나 수분의 대류현상이 일어난다 하더라도 그것이 큰 돌을 지표면에서 옆으로 움직일 수 있을 만큼 큰 힘을 발휘할 것이라고 믿기는 어렵다.

어떤 가설에서는 다양한 크기의 암설이 널려 있는 곳에서만 구조토가 발달한다는 것을 강조한다. 토양층 밑에 묻힌 큰 돌은 서릿발에 의해 조금씩 들어올려져서 결국 지표면 위에 놓이게 된다. 그리고 수분을 많이 포함한 그 밑의 미립물질이 동결·팽창하여 볼록한 돔을 이루면, 지표면의 돌이 경사방향을 따라 이동하여 분리된다는 것이다. 그러나 큰 돌이 옆으로 움직일 수 있을 만큼 돔의 경사가 급하게 형성되지는 않는다.

또 다른 가설에서는 큰 돌이 모인 주변부는 찬 공기가 쉽게 침투할 수 있고, 이로 인해 수분이 빨리 동결하면 미립물질이 모인 중심부가 압력을 받아 솟아오르게 될 것이라는 점을 내세운다. 미립물질로 이루어진 부분보다 조립물질로 이루어진 부분에서 수분이 일찍 동결한다는 생각은 실험에 의해서도 옳은 것으로 확인되었다. 그러나 이러한 가설은 이미 형성된 구조토를 설명하는 데는 적절할 수 있어도 암설이 최초에 어떻게 크기별로 나뉘는 지에 대한 의문은 풀어줄 수 없다.

진정한 성인이 어떻든 모든 가설에서는 수분이 얼 때 부피의 팽창으로 압력이 발생하고, 얼음이 녹을 때 그 압력이 소산된다는 점을 중요시한다. 압력의 이와 같은 발생과 소산은 암설의 요동(cryoturbation)과 분급을 이끌어낼 수 있고, 구조토는 이로 인해 발달하는 것임에 틀림없다. 가설은 근래에도 제시되고 있으나 모두 세부상황에 대한 설명이 미흡하다.

유상구조토 유상구조토(瘤狀構造土, earth hummock)는 초본식물이 자라는 툰드라의 일반 토양층에서 가장 탁월하게 발달하는 구조토로서 물질의 분급을 동반하지 않는다. 유상구조토에도 여러 모양의 것이 있으나 보편적인 것은 공동묘지의 무덤을 축소시켜 놓은 것처럼 생겼으며, 높이는 20~100cm, 바닥의 지름은 50~150cm이다. 유상구조토도 경사 5° 이상의 사면에서는 모양이 길어진다.

전형적인 툰드라는 초본식물이 자라는 초지(草地)로 되어 있고, 이러한 툰드라는 거의 전체가 유상구조토로 덮여 있다(그림 9-16). 툰드라에서는 기온이 낮아 유기물이 완전히 분해되지 않은 채 토양층에 많이 쌓인다. 툰드라의 지표면은 울퉁불퉁한 데다가 푸석푸석해서 걷기가 힘들다.

그림 9-16. 툰드라의 유상구조토(瘤狀構造土)
유상구조토는 초본식물로 덮인 전형적인 툰드라에 널리 나타난다. 툰드라는 지면이 울퉁불퉁하고 푸석푸석해서 걷기가 힘들다. -1967

유상구조토도 동결과 융해의 반복으로 토양층이 활발하게 요동되는 환경에서 잘 발달한다. 그림 9-17은 툰드라에서 조사된 유상구조토의 토양단면을 보여준다. 토양의 표면이 유기물로 이루어진 A층으로 덮였고, B층과 C층이 극심하게 교란되어 있다. 특히 왼쪽 단면에서는 A층이 B층과 C층을 완전히 둘러쌌다. 토층(土層)은 위에서부터 A층, B층, C층의 순서로 배열되는 것이 정상이다.

유상구조토는 중위도와 저위도의 고산지대에서도 발달한다. 우리나라에서는 한라산의 백록담 남서쪽 화구원의 초지에 지름 50～100cm, 높이 20～30cm의 유상구조토가 10～20cm의 간격으로 수백 개나 형성되어 있음이 확인되었다.[2] 이곳은 일사량이 적고 기온

2) 金道貞, 1970, "漢拏山의 構造土 考察," 낙산지리, 1 : 3～10.

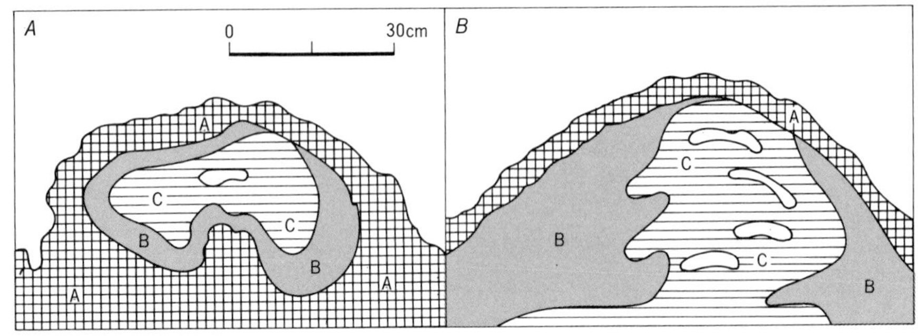

그림 9-17. 유상구조토의 단면
A, B, C의 토층(土層)이 순서대로 배열되어 있지 않고 극심하게 요동되었다. 유상구조토도 사면에서는 모양이 길어진다. (Davies)

역전현상이 잘 일어나며 미립물질과 수분이 풍부하여 유상구조토가 발달하기에 적합한 것으로 보인다.

유상구조토의 성인도 불확실하다. 다만 토양층이 얼 때 동결중심점들을 향해 일어나는 수분의 이동이 중요한 요인으로 작용할 것이라는 의견이 제시되고 있을 뿐이다. 식생으로 덮이지 않은 미립물질의 퇴적층에서는 동결중심점들이 일정한 간격을 두고 규칙적으로 배열되는 것이 보통이며, 수분이 이동할 때는 점토와 같은 미립물질이 운반될 수 있다. 동결중심점 또는 동상점(凍上點)이 불규칙하게 흩어져 있어도 이러한 지점으로는 수분과 함께 점토가 모여들어 유상구조토의 초보적인 돌기가 형성되고, 빈 공간에도 후에 그러한 지점들이 생겨나서 돌기의 분포가 균일해질 수 있다.

초보적인 유상구조토가 일단 형성되면, 돌기부와 그 주변부는 수분조건이 서로 달라 식생의 정착과, 동결 및 융해에 대한 반응에서 차이를 보이기 시작하며, 이로 인해 유상구조토의 발달이 촉진될 수 있다. 즉 돌기부는 배수가 다소 양호해서 단열역할을 하는 식생이 두껍게 들어서기 때문에 얼 때는 주변보다 천천히 열을 잃어버리게 된다. 반면에 식생이 얇은 주변부는 빨리 얼면서 돌기부에 압력을 가하게 되고, 이로 인해 물질의 이동이 일어나 성숙된 모양의 유상구조토가 발달할 수 있다.

9.4

주빙하성 매스무브먼트와 크리오플래네이션

젤리플럭션과 동상포행 활동층의 토양은 여름에 녹아서 수분을 과다하게 함유하면 경사가 완만한 사면에서도 잘 흘러내린다. 수분을 많이 함유한 토양이 사면에서 집단적으로 흘러내리는 것을 솔리플럭션(solifluction)이라고 한다. 솔리플럭션은 특정한 기후지역에서만 일어나는 것이 아니며, 이 용어는 지금도 포괄적인 의미로 널리 쓰인다. 그러나 주빙하지역에서 동결·융해와 관련하여 토양이 흘러내리는 것을 가리킬 때는 솔리플럭션 대신 젤리플럭션(gelifluction)이란 용어가 주로 사용된다.[3)] 젤리플럭션이 활발하게 일어나는 경사의 범위는 5°~20°이다. 경사가 이보다 급한 사면에서는 수분이 활동층에서 쉽게 빠져나간다. 활동층이 국지적으로 매우 유연한 경우에는 마치 혓바닥과 같은 형체를 이루면서 한 해 여름에 수 미터씩 흘러내리는데, 이것을 젤리플럭션 로브(gelifluction lobe)라고 한다(그림 9-18).

젤리플럭션은 활동층을 꼭 필요로 하는 것이 아니다. 그것은 겨울에 동결층이 두껍게 형성되고, 봄에 그것이 지표면에서부터 녹아 내려가는 데 상당한 시간이 걸리는 곳에서도 활발하게 일어날 수 있다. 알프스산지에서는 오늘날 젤리플럭션이 일어나는 고도가 해발 약 2,000m 이상인 것으로 알려졌다. 그러나 빙기에는 북서유럽의 경우 해발고도와 관계없이 어디서나 젤리플럭션이 활발했고, 우리나라를 포함한 그밖의 온대지방의 산지나 구릉지의 사면에서도 이에 의한 퇴적층이 널리 관찰된다.

우리나라의 도로변의 절개지에서 볼 수 있는 사면의 녹설층(麓

---

3) solifluction은 1906년에 미국 지질학자 J. E. Anderson, gelifluction은 1956년에 프랑스 지형학자 H. Baulig가 만든 용어로 sol은 토양, gel은 얼음을 뜻한다.

그림 9-18. 젤리플럭션 로브(gelifluction lobe)
사면의 암설이 혓바닥 모양으로 흘러내렸다. 이동속도를 측정하려고 박아 놓은 말뚝이 윗쪽과 아랫쪽에 보인다. 캐나다의 빅토리아섬.

屑層, colluvium) 중에는 각력과 같은 조립물질과 점토와 같은 미립물질이 혼합되어 있고, 기반암과의 경계가 선명하여 위에서 흘러내려온 것임에 틀림없으나 지금은 활동을 멈춘 상태에 있는 것이 많다. 젤리플럭션에 의한 것으로 보이는 이러한 녹설층은 해안의 구릉지에서도 관찰된다. 청주·동래·김해 등지의 화강암의 풍화층에 보존된 결빙구조(結氷構造)의 조사를 통해 빙기에는 결빙전선(結氷前線)이 최대 지하 25m까지 침투했고, 이로 미루어 일시적 내지 불연속적 영구동토층이 발달했을 가능성이 있다는 견해가 제시된 바 있다.[4] 결빙전선의 이와 같은 깊이는 동토층이 여름에 완

4) 權純植, 1987, 韓半島 花崗岩風化層에 발달된 第4紀 後半의 周氷河性 結氷構造에 관한 연구, 지리학논총, 별호 4.

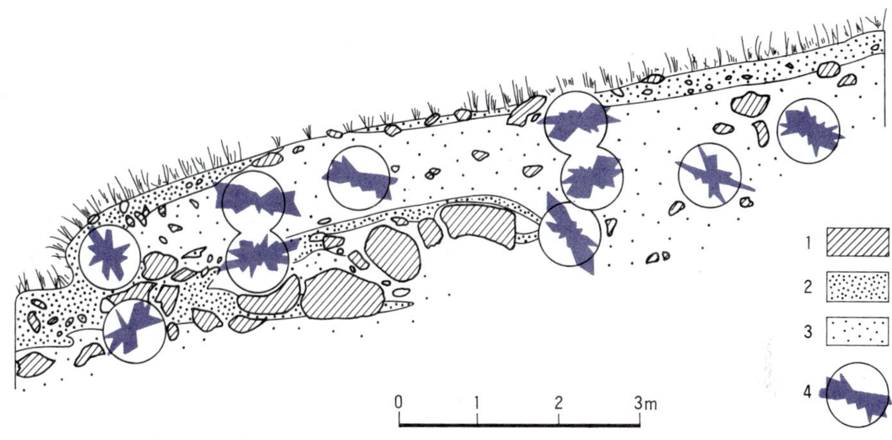

그림 9-19. 젤리플럭션 로브의 토양단면

1) 돌. 2) 암갈색~회갈색 사력질양토. 3) 회갈색~황갈색 사질양토. 4) 긴 모래알의 장축의 방향을 보여주는 다이어그램(원은 빈도 10%, 표본수는 200개임). 로브의 말단에 단(段)이 형성되었다. 미국의 콜로라도주에 속한 로키산맥의 Colorado Front Range. (Benedict)

전히 녹을 수 있는 범위를 벗어난다.

젤리플럭션 로브에서는 암설의 장축(長軸)이 전체적으로 이동방향을 따라 놓이는 것이 보통이다. 다만 말단부에 형성되는 단(段)에서만은 그것이 이동방향에 대하여 대략 직각으로 놓이는 경향이 있다(그림 9-19). 그리고 암설의 크기는 사면의 아랫쪽으로 감에 따라 작아진다. 암설이 이동하는 중에 부서지는 한편 큰 것은 뒤로 쳐지기 때문이다.

동상포행(凍上匍行, frost creep)이란 사면의 토양이 동결과 융해가 반복될 때마다 조금씩 아래로 움직이는 것을 가리키는데, 온대지방에서도 보편적으로 일어난다. 토양이 동결할 때는 전체적으로 냉각면에 직각방향으로 부풀어 오른다. 지표면 가까이에서 5~30mm의 길이로 성장하는 서릿발도 토양의 동상(凍上)을 돕는다. 부풀어 오르거나 솟구친 토양은 녹을 때 수직방향으로 내려앉는다. 그래서 사면의 토양은 동결과 융해가 반복될 때마다 조금씩 아래로 움직이게 된다.

동상포행이 활발한 곳에서는 그 속도가 연간 최대 수십 센티미터나 되고, 땅에 박아 놓은 말뚝이나 전주가 불과 몇년 후에 이리저리 기울어진다. 이와 같은 현상은 대관령(大關嶺) 부근의 삼양목장에서도 관찰된다. 동상포행은 수분의 이동 및 분리빙(分離氷)의 형성과 관련하여 실트와 같은 미립물질이 풍부한 토양층에서 활발히 진행된다.

애추 · 암괴원 · 암석빙하

애추(崖錐, talus 또는 scree)는 제3장에서 살펴본 바와 같이 동결과 융해에 의한 기계적 풍화작용이 활발한 지역에 발달한다. 애추는 노암의 단애 또는 절벽에서 분리되는 크고 작은 암괴나 암설이 낙하(落下)하여 그 밑에 쌓임으로써 형성되는 지형이기 때문에, 그 경사는 구성물질의 안식각(安息角, angle of repose)에 의해 결정되며, 대개 35°를 그리 벗어나지 않는다. 오늘날 활동 중에 있는 스웨덴 북부의 애추에서는 경사가 최대 38°까지 나타나는 것으로 관측되는 한편 표면의 암괴가 연간 최대 10cm 정도 포행(匍行)하는 것으로 측정된다. 애추의 암괴가 포행하는 까닭은 암괴들 사이에서 반복되는 동결 · 융해 이외에 세립물질이 빗물에 씻겨나가 암괴가 조금씩 아래로 내려앉기 때문이다. 암괴나 암설은 동결 · 융해가 자주 반복될수록 절벽에서 잘 떨어져 나온다. 스피츠베르겐섬에서는 봄과 가을에 5.5℃의 폭으로 0℃를 오르내리는 일수가 연평균 약 60일이나 된다.

우리나라를 포함한 온대지방의 애추는 대부분 빙기(氷期)에 형성된 것으로 지금은 활동을 멈춘 상태에 있다. 이러한 애추는 표면의 암괴가 이끼로 덮여 있거나 암괴를 공급한 절벽의 노두가 신선하지 않으며, 식생의 침입을 받기도 한다.

암괴원(岩塊原, block field)은 경사가 비교적 완만한 사면을 많은 암괴가 넓게 덮어 이루어 놓은 지형이다. 암괴원의 암괴는 기반암에서 떨어져나온 후 주로 동상포행 또는 젤리플럭션에 의해 이

그림 9-20. 암괴류

암괴류의 경사가 약 5°이고, 전면의 암괴는 지름이 3~4m이다. 암괴가 모나지 않고 둥글다. 펜실베이니아주의 애팔래치아산맥.

동해 온 것이어서 암괴원의 경사는 애추의 그것과는 달리 일정하지 않다. 경사의 범위는 3°~12°이다. 그리고 암괴가 좁고 길게 널려 있는 것은 암괴류(岩塊流, block stream)라고 한다.

온대지방의 암괴원이나 암괴류는 애추와 같이 대부분 비활동적이다. 우리나라에서 여행할 때 차창을 통해 멀리 보이는 산복 또는 그 위의 암괴지형은 비활동적인 암괴원이라고 보면 틀림없다. 암괴원 중에는 처음부터 암괴원으로 형성된 것도 있으나, 우리나라에는 젤리플럭션 퇴적층에서 미립물질의 매트릭스(matrix)가 제거됨으로써 암괴만 남게 된 것이 많은 것 같다. 이러한 암괴원에서는 일반적으로 암괴가 모나지 않고, 암괴의 장축이 사면의 경사방향과 일치하는 경향이 있는 것으로 관찰된다.

부산시 북단에 자리한 범어사 주변의 금정산에는 동글동글한 암괴들로 이루어진 암괴원이 너비 500m, 길이 750m의 규모로 발달되어 있다.[5] 이곳의 암괴원은 간빙기에 두꺼운 풍화층이 발달한 후 빙기에 그것이 젤리플럭션에 의해 흘러내려 와서 쌓인 퇴적층으로부터 형성된 것이고, 동글동글한 암괴는 기반암의 심층풍화에 의한 핵석(核石)인 것으로 해석되었다.

암괴류 내지 암괴원은 광주의 무등산에도 널리 나타난다[6] 이곳의 암괴원들도 빙기의 젤리플럭션과 관련이 깊은 것으로 추정되었는데, 그 중에는 암괴가 미립물질의 매트릭스와 혼합된 것도 있고, 암괴로만 이루어진 것도 있다. 젤리플럭션과의 관련성에 대한 증거로는, 암괴로만 이루어진 전형적인 암괴원의 경우, 암괴의 장축(長軸)이 사면의 경사방향과 대체로 일치하고, 암괴의 표면에 지중풍화(地中風化)의 흔적이 남아 있으며, 기반암이 심층풍화를 받은 상태에 있다는 등의 내용들이 제시되었다.

암석빙하(岩石氷河, rock glacier)는 절벽에서 공급되는 다량의 암괴가 집단적으로 마치 빙하처럼 흘러내리는 혓바닥 모양의 지형이다(그림 9-21). 현재 활동 중인 암석빙하는 극~아극지방뿐만 아니라 중위도의 고산지대에서도 볼 수 있으며, 국지적인 상황에 따라 연간 수 센티미터에서 약 1m의 속도로 움직인다. 암석빙하는 빙하처럼 유동하며, 선단부에 잡혀 있는 주름이 특징적이다. 암석빙하는 두 유형으로 나뉜다. 하나는 수 미터 정도의 암괴층 밑에 얼음이 두껍게 깔려 있는 것이고, 다른 하나는 암괴들 사이의 틈이 얼음으로 채워진 것으로 두께가 15~50m이다. 암괴가 집단적으로 유동하는 것은 암괴와 얼음이 한 덩어리로 뭉쳐 있기 때문이다.

---

5) 權純植, 1978, "釜山市 梵魚寺 주변의 block field에 관하여," 지리학논총, 5: 49~54.

6) 박승필, 1996, "무등산지역의 지형특성에 관한 연구," 한국지형학회지, 3: 115~134.

그림 9-21. 암석빙하

산정의 암벽에서 공급되는 암설이 암석빙하를 이루면서 흘러내린다. 표면에 주름이 잡혀 있다. 알래스카 남부의 Wrangell Mountains.

크리오플래네이션

주빙하지역의 사면에서는 동결과 융해에 의한 기계적 풍화작용으로 모나는 암설이 다량으로 생산되며, 사면의 암설은 매스무브먼트에 의해 아래로 활발하게 제거된다. 그리고 사면의 발달은 이와 같은 현상에 의해 주도된다. 유수는 큰 하천 연안을 제외하면 일반적으로 2차적 내지 종속적 역할을 수행할 뿐이다.

주빙하성 매스무브먼트로는 젤리플럭션과 동상포행이 중요하다. 이것들은 영구동토층을 반드시 필요로 하는 것은 아니지만 특히 앞의 것은 영구동토대의 사면에서 활발하게 일어난다. 영구동토층 위의 활동층은 여름에 녹으면 수분을 과다하게 함유하여 2°～3°의 사면에서도 유동성을 발휘한다.

젤리플럭션과 동상포행이 활발한 사면에서는 암설이 잘 제거되기 때문에 산정부가 빨리 낮아지는 한편 볼록사면(凸形斜面)이 산정부를 중심으로 탁월하게 발달한다. 그리고 작은 골짜기의 하천은 유량이 적은 데다가 결빙기간이 길어서 사면에서 흘러내리는 암설을 효율적으로 제거하지 못한다. 따라서 이러한 골짜기에는 퇴적물이 많이 쌓이며, 오목사면(凹形斜面)이 산록을 중심으로 탁월하게 발달한다.

동결·융해에 의한 기계적 풍화작용과 주빙하성 매스무브먼트의 영향을 장기간 받은 사면은 기반암의 국지적인 요철들이 모두 없어져서 지면이 아주 고르고 경사가 완만하다. 이러한 사면은 젤리플럭션 사면(gelifluction slope)이라고 한다. 그리고 암설로 두껍게 매립된 하곡들 사이의 분수계에는 경사가 1°~5°에 불과한 최종단계의 평탄면이 형성된다. 주빙하지역에서 진행되는 이와 같은 평탄화작용을 크리오플래네이션(cryoplanation)이라고 한다. 크리오플래네이션에 의한 평탄면은 프랑스 샹파뉴지방의 백악층에 발달되어 있다고 한다. 백악층은 조직이 치밀하지 않아서 주빙하작용을 잘 받는다.

제10장 해안지형

1. 파랑과 조석
2. 지반과 해면의 승강운동
3. 해안침식지형
4. 해인퇴적지형
5. 산호초
6. 해안선의 분류

이 장의 개요

해안지형은 주로 파랑과 조석에 의해 해면을 기준으로 형성된다. 서해안의 조차는 세계적이고, 사리 중에서 조차가 가장 큰 사리는 '백중사리'이다. 해면은 빙기와 간빙기가 반복될 때 큰 폭으로 오르내렸다. 대부분의 해안단구는 해면의 이러한 운동과 관련하여 형성되었으며, 이밖에도 오늘날의 해안지형 중에는 최후간빙기로 기원이 소급되는 것이 적지 않다. 동해안을 이수해안, 서해안을 침수해안이라고 하는 식의 해안분류는 의미가 별로 없다.

사빈은 모래공급이 많고 적음에 따라 전진하기도 하고 후퇴하기도 한다. 하천으로부터 모래를 많이 공급받는 동해안의 사빈은 안정성을 띠는 반면에, 서해안의 사빈은 전반적으로 모래가 부족하여 침식을 받아 후퇴하고 있다. 해안사구는 사빈과 결부된 지형이며, 서해안에서는 사빈과 함께 북서풍을 정면으로 받는 해안에 주로 발달되어 있다. 서해안은 간석지의 발달이 또한 세계적이다. 간석지는 어장으로는 물론 생태계의 일환으로 중요하다. 근래에는 무분별한 간척사업으로 극심하게 파괴되고 있다.

국제적으로는 실용적인 면과 관련하여 해안지형의 연구가 활발하다. 그러나 우리나라는 3면이 바다로 둘러싸였고, 해안지형에 관한 정보가 해안의 이용과 개발에 필요한 데도 이에 대한 관심이 적다.

▲ **해식애** 백령도의 두무진해안으로 해식애가 가파르게 형성되어 있다. 수직적인 해식애는 깊은 바다의 작은 돌섬에서 자주 볼 수 있다. 큰 파랑을 받아들이는 이러한 해식애는 파식에 대한 저항력이 크고, 안정성을 띤다.

10. 1

파랑과 조석

파랑과 연안류

파 랑 육지와 바다와 대기가 서로 만나면서 영향을 주고 받는 띠 모양의 좁은 지대를 해안(海岸, coast), 육지와 바다가 만나는 경계선을 해안선(海岸線, shoreline)이라고 한다. 해안지형(海岸地形, coastal landform)은 파랑과 조석의 주도하에 해안선을 기준으로 형성되며, 바람도 이에 큰 영향을 미친다.

해안으로는 끊임없이 파랑(波浪, wave)이 밀려온다. 파랑은 바람이 해수면에 일으키는 파동현상으로서 일단 생기면 앞으로 계속 전진한다. 강풍이 불 때는 파랑이 크게 일면서 바다가 거칠어지는데, 바람의 영향권 안에서 발생하는 불규칙한 모양의 파랑을 풍파(風波, wind wave)라고 한다. 풍파는 풍속이 빠를수록, 바람이 오래 불수록, 바람이 먼 거리를 불수록 커진다. 파랑의 규모는 파고·파장·주기로 표시한다. 파고는 파정(波頂)과 파저(波底)간의 높이, 파장은 한 파정과 다음 파정간의 거리, 주기는 한 파정이 다음 파정의 위치로 전진하는 데 걸리는 시간이다. 바람이 먼 거리를 오랫동안 불면, 파랑은 결국 주어진 풍속이 허용하는 최대 규모로까지 성장한다.

풍파가 바람의 에너지를 흡수하면서 성장할 때는 파고가 점점 높아지고, 파장이 상대적으로 짧아지며, 파랑의 경사(steepness)가 급해진다. 파랑의 경사는 파고와 파장의 비율로 나타내는데, 약 1:7이 한계라고 알려졌다. 즉 파장이 7m인 파랑은 파고가 1m 이상 높아질 수 없다. 풍파는 파고가 높아서 바람에 밀리며, 바람이 한 방향으로 계속 불면 해류(海流)가 흐르게 된다.

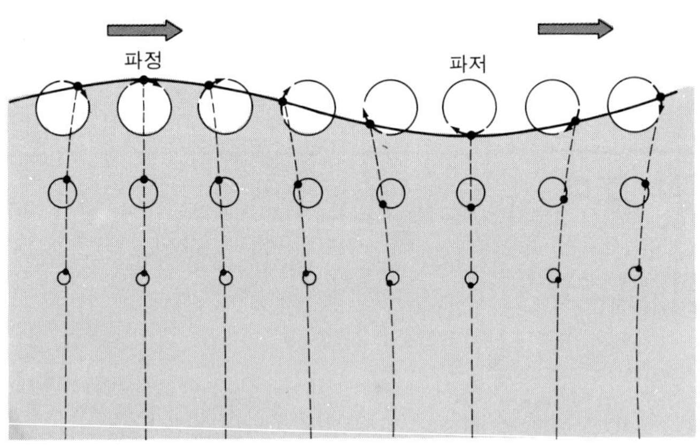

그림 10-1. 파랑(스웰)의 운동
물의 입자가 원운동을 하는데, 파정에서는 앞으로, 파저에서는 뒤로 움직인다. 수심이 파장의 1/2보다 깊은 곳에서는 물이 움직이지 않는다.

풍파가 바람의 영향권을 벗어나면 점차 그 모양에 변화가 일어난다. 즉 모양이 매우 불규칙하던 풍파는 파고가 낮아지고 파장과 주기가 길어지며, 대체로 사인곡선(sine curve)을 그리면서 전진하는 스웰(swell)로 변한다. 맑은 날에 해안으로 밀려오는 파랑은 스웰이다. 스웰도 전진함에 따라 파고가 낮아지고 파장과 주기가 길어진다. 파고가 낮아진다는 것은 파랑의 에너지가 줄어든다는 것을 뜻한다.

스웰은 원에 가까운 물의 궤도운동으로 성립한다. 이 궤도는 수면에서 가장 크고 밑으로 내려갈수록 급격히 작아지며, 수심이 파장의 1/2보다 깊은 곳에서는 물의 궤도운동이 일어나지 않는다(그림 10-1). 그래서 스웰이 파장의 1/2보다 얕은 해안 가까이의 바다로 진입할 때는 해저의 간섭을 받아 파장·파고·파속에 변화가 일어나기 시작한다. 얕은 바다에서 전진하는 이러한 파랑을 천해파(淺海波, shallow-water wave)라고 한다.

천해파는 수심이 얕아짐에 따라 전진속도가 점점 느려지고, 파장이 짧아지는 동시에 파고가 높아진다. 해안선 가까이에서는 파고가 더욱 높아지며, 파랑의 전체적인 전진속도보다 파정의 그것이

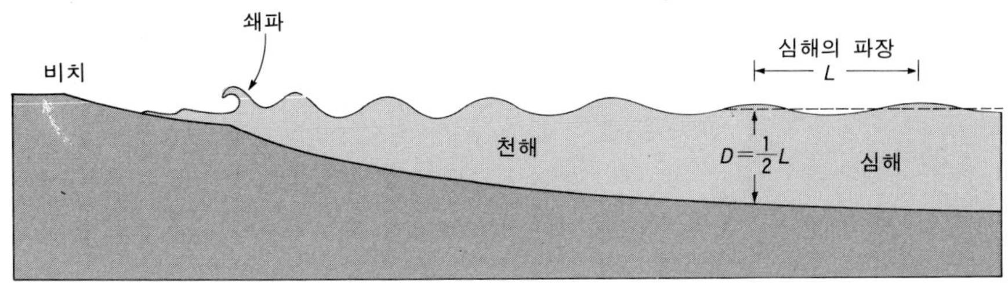

그림 10-2. 천해파와 쇄파의 형성
스웰이 파장의 1/2 미만인 얕은 바다로 진입하면 천해파로 변하면서 점차 파장이 짧아지고 파고가 높아지다가 결국 쇄파로 부서진다.

빨라진다. 그리고 파정은 결국 앞으로 구부러지면서 쇄파(碎波, breaker)를 이루게 된다(그림 10-2).

파랑이 사빈으로 접근하는 경우, 파정이 쇄파로 부서진 후 앞으로 밀려가는 바닷물은 사빈으로 기어올라갔다가 다시 내려오는데, 기어올라가는 물을 스워시(swash), 흘러내려오는 물을 백워시(backwash)라고 한다(그림 10-3). 스워시가 사빈으로 기어올라가

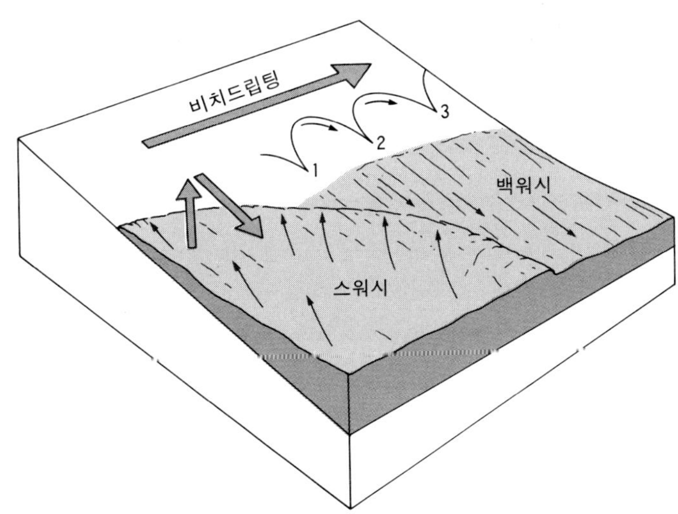

그림 10-3. 스워시(swash)와 백워시(backwash)
파랑이 해안으로 비스듬히 접근하면 스워시는 사빈을 비스듬히 기어올라가고, 백워시는 경사방향으로 흘러내린다. 스워시와 백워시가 반복될 때마다 사빈의 모래는 해안선을 따라 조금씩 이동한다.

는 방향은 파랑의 접근방향과 같다. 즉 스웰이 비스듬히 사빈으로 접근하면 스워시도 비스듬하게 사빈으로 기어올라간다. 그러나 백워시는 곧바로 흘러내린다. 사빈이 길게 뻗어 있는 해안에서는 스워시와 백워시가 반복될 때마다 모래가 지그재그 운동을 하면서 해안선을 따라 조금씩 이동한다. 해안선을 따라 모래가 이와 같이 이동하는 것을 비치드립팅(beach drifting)이라고 한다.

파랑의 굴절

깊은 바다에서 전진하는 스웰은 파정들간의 간격이 대체로 일정하고, 파정선(波頂線)이 직선에 가깝다. 그러나 스웰이 파장의 1/2 미만인 얕은 바다로 진입하면, 해저의 간섭으로 인해 천해파로 변하면서 수심 또는 해저지형에 따라 부위별로 전진속도에서 차이를 보이기 시작한다. 그림 10-4에서와 같이 출입이 심한 해안으로 파랑이 접근하는 경우, 돌출부인 곶 또는 헤드랜드(headland)의 전면에서는 일찍부터 속도가 느려지고, 수심이 깊은 만에서는 늦게까지 속도에 변화가 일어나지 않는다. 그래서 직선을 유지하던 파정선은 대체로 수심선과 조화를 이루면서 구부러지게 되는데, 이러한 현상을 파랑의 굴절(wave refraction)이라고 한다. 파랑의 굴절현상은 파랑이 직선상의 해안으로 비스듬히 접근할 때도 일어난다.

파랑은 에너지를 가지고 있다. 파고가 높은 파랑은 에너지가 많고, 파고가 낮은 파랑은 에너지가 적다. 그런데 파랑의 굴절현상은 균일하게 유지되던 파랑의 횡적인 에너지 분포에 변화를 일으킨다. 그림 10-4는 일련의 만과 헤드랜드로 이루어진 해안으로 파랑이 접근할 때 파랑의 에너지 분포에 어떤 변화가 일어나는지 보여준다. 심해의 파정선에 직각으로 등간격의 선을 많이 긋고, 모든 선을 해안쪽으로 각 파정선에 직각이 되도록 연장해 나가면, 이들 선의 간격이 헤드랜드에서는 좁혀지고 만에서는 벌어진다. 이 그림에서 이들 선의 간격은 곧 일정한 양의 에너지 분포와 일치하며, 파랑의 파고는 이들 선의 간격에 따라 높아지기도 하고 낮아지기도

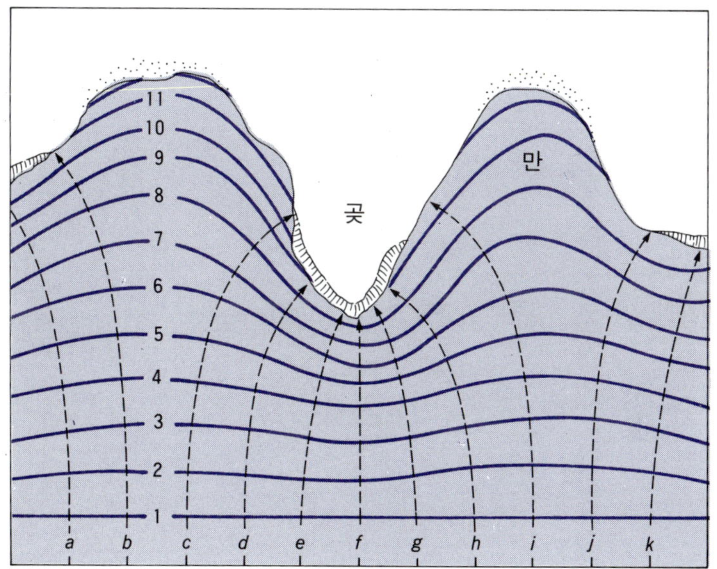

그림 10-4. 파랑의 굴절

1∼11의 실선은 파정선이고, a∼k의 파선은 에너지의 분포를 보여준다. 파선으로 나뉘는 파정선의 각 구간에는 동일한 양의 에너지가 분포한다. 에너지가 모여 파고가 높아지는 곶 또는 헤드랜드에는 해식애, 에너지가 분산되어 파고가 낮아지는 만에는 사빈이 발달한다.

한다.

파랑의 에너지는 곶 또는 헤드랜드에서는 집중되고, 만에서는 분산된다. 헤드랜드에 해식애가 형성되는 것은 큰 파랑이 밀려와 파식이 활발하게 일어나기 때문이고, 만에 사빈이 발달하는 것은 수면이 잔잔해서 모래가 쌓일 수 있기 때문이다.

연안류 파랑은 물의 궤도운동으로 성립하지만 바닷물은 앞으로 밀리는 경향이 있다. 그래서 쇄파대 안쪽에서는 수면이 약간 상승하는 동시에 바닷물이 연안류(沿岸流, longshore current)를 이루면서 해안선과 평행하게 옆으로 흘러가게 된다(그림 10-5). 연안류는 해안선이 직선상으로 길게 뻗어 있는 해안으로 파랑이 비스듬히 접근할 때 탁월하게 발달하며, 유속이 1∼2노트에 이르는

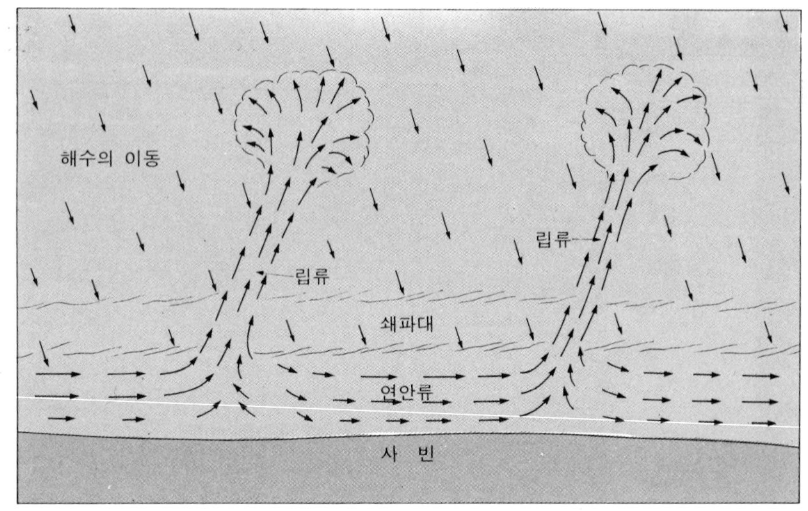

그림 10-5. 연안류와 립류(rip current)
쇄파대 안쪽에서는 수면이 약간 높아지며, 물이 연안류를 이루면서 옆으로 흘러간다. 연안류도 사빈의 모래를 운반한다. 쇄파대 안쪽의 물은 또한 립류를 이루면서 쇄파대 바깥으로 흘러나간다.

것은 보통이다.

사빈의 쇄파대에서는 파랑이 부서질 때 해저의 모래가 물에 뜨거나 요동되기 때문에, 연안류가 이를 쉽게 운반할 수 있게 된다. 연안류에 의해 퇴적물이 이동하는 것을 롱쇼어드립팅(longshore drifting)이라고 하며, 그 방향은 비치드립팅과 같다. 장기적으로 볼 때 해안선이 비교적 단조로운 해안에서는 모래가 비치드립팅과 롱쇼어드립팅에 의해 한 방향으로 흐른다. 이것을 하천에 비유하여 퇴적물류(堆積物流, sediment stream)라고 부르기도 한다.[1] 파랑의 접근방향은 수시로 변하지만 일년을 통해 분석해 보면 지배적인 방향의 파랑이 드러난다. 우리나라 동해안의 경우에는 북동쪽에서 밀려오는 파랑이 연중 가장 우세하며, 전반적으로 퇴적물이 해안선을 따라 남쪽으로 흐른다. 퇴적물류는 특히 사빈의 발달에 지대한 영향을 미친다.

1) Zenkovich, V. P., 1967, *Processes of Coastal Development*, Wiley, pp. 16~19.

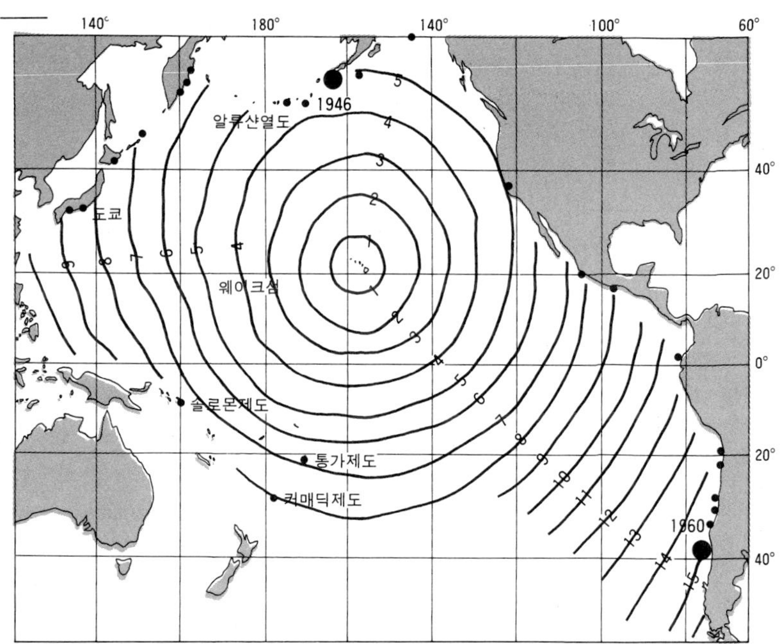

그림 10-6. 진파(津波)
태평양 주변에서 발생한 진파가 오아우섬까지 도달하는 데 걸리는 시간을 보여준다. 원은 하와이에 영향을 미친 진파의 근원지이다. 원 중에서 큰 것은 1946년과 1960년에 하와이를 강타한 진파의 근원지이다.

모래가 요동되는 쇄파대를 따라서는 좁고 기다란 바(bar)가 형성되며, 쇄파대 안쪽에 집적되는 바닷물은 이러한 바에 막혀 쉽게 바다쪽으로 되돌아가지 못한다. 그러나 수면이 충분히 높아지면 과다한 물이 바를 가로질러 좁은 수로를 파면서 바깥으로 흘러나가는데, 이것을 립류(rip current)라고 한다(그림 10-5). 립류는 일단 형성되면 연안류로부터 물을 공급받는 정도에 따라 불과 몇분 동안 흐르기도 하고, 1시간 이상 계속되기도 한다.

진 파 해안에 막대한 재해를 입히는 것으로 유명한 진파(津波, tsunami 또는 seismic sea wave)는 주로 해저지진에 의해 발생한다. 연못에 돌을 던질 때와 같이 진파는 발생지점을 중심으로 동심원을 그리면서 사방으로 퍼져나가는데, 파고가 0.3~0.6m에 불과한 반면에 파장이 100~200km에 이른다. 주기는 10~17분이고, 전진속도는 시속 500km를 넘는다. 대양을 항해하는 선박에서는 진파가 지나가도 이를 인식할 수 없다. 그러나 진파는 파장이 매우 길기 때문에 깊은 바다에서부터 파장이 짧아지는 동시에 파고가 높아지기 시작한다. 그리고 이것이 해안으로 밀려오면, 해면이 높아지면서 바닷물이 부두나 육지로 흘러넘치며, 그 다음에는 바닷물이 빠져나가 평소에 볼 수 없던 바다 밑바닥이 드러난다. 이와 같은 현상은 십여번 반복된다.

1933년 3월 3일에 태평양에서 발생한 한 진파는 대단히 파괴적이었던 것으로 유명하다. 도쿄 북동쪽 약 480km(북위 39°, 동경 144°) 지점에서 일어난 이 진파는 2시간 후에는 요코하마, 7.5시간 후에는 호놀룰루, 10시간 후에는 샌프란시스코, 22시간 후에는 칠레의 이퀴크에 도달했다. 그리고 태평양 쪽의 일본 해안에서는 해면이 약 10m나 올라와서 해안의 많은 저지대가 바닷물에 휩쓸렸다. 지각변동이 활발한 태평양 주변에서는 진파가 자주 발생하며, 하와이는 그 영향을 많이 받는다(그림 10-6). 오늘날 하와이에서는 진파에 대한 예보체제를 갖추고 있으며, 조기경보를 통해 피해를 줄여나가고 있다.

표 10-1에는 1983년 5월 26일에 일본 혼슈 북단의 아오모리에

[표 10-1] 진파에 의한 동해안의 해일(1983년 5월 26일)

관측지점	거 리 (km)	도착시간	시 속 (km)	조위(cm)			주 기
				최고	최저	조차	
울릉도	981.6	13 : 18	806.8	57	-71	128	5분
속 초	—	13 : 42	—	96.5	-92	188.5	9분
묵 호	1,177.8	14 : 00	614.5	158	-132	290	10분 10초
포 항	1,192.7	14 : 18	538.1	32	-29	61	—
울 산	1,239.0	14 : 20	550.7	21	-22	43	—

자료: 수로국 묵호지국

진앙지: 일본 아오모리(青林)

지진발생 일시: 1983년 5월 26일 12시 05분

서 발생한 지진이 어떤 규모의 진파를 우리나라 동해안에 가져다 주었는지 그 내용이 기재되어 있다. 이때 해일로 인한 선박피해가 가장 컸던 곳은 묵호항이다. 이곳에서는 해면이 최대로 오르내린 정도, 즉 조차가 평시의 10배를 넘는 2.9m로 기록되었으며, 부두에 정박한 어선들이 바닷물이 오르내릴 때 이리저리 나뒹굴어 심하게 부서졌다.

조석과 감조하천

조 석 우리나라 서해안과 남해안에서는 밀물과 썰물이 하루에 두번씩 규칙적으로 반복된다. 달과 태양의 중력에 의해 일어나는 바닷물의 이러한 운동을 조석(潮汐, tide)이라고 한다.[2)] 그리고 밀물이 들어와 해면이 높아지면 그것을 고조(高潮, high tide) 또는 만조(滿潮, flood tide), 들어왔던 물이 써서 해면이 낮아지면 그것을 저조(低潮, low tide) 또는 간조(干潮, ebb tide)라고 한다. 태양은 대단히 크지만 멀리 떨어져 있어서 지구에 미치는 중력, 즉 기조력(起潮力)이 달의 약 45%에 불과하다. 달이 지구를 한번 도는 데 걸리는 시간은 24시간 50분이고, 만조와 간조의 출현시간은 하루에 50분씩 늦어진다. 조차(潮差, tidal range)란 고조와 저조의 수위차를 가리킨다.

지구와 달과 태양이 일직선상에 놓이는 보름(望) 및 그믐(朔) 중심의 기간에는 달과 태양의 기조력이 지구에 대해 같은 방향으로 작용하기 때문에 조차가 최고에 이르며, 이를 대조(大潮, spring tide) 또는 '사리'라고 한다. 그리고 달과 태양이 지구에 대해 직각으로 놓이는 반월(半月) 중심의 기간에는 조차가 가장 작아지며, 이를 소조(小潮, neap tide) 또는 '조금'이라고 한다(그림 10-7). 대조차는 평균조차보다 20% 정도 크다. 조차는 또한 달과 지구간의

---

2) 우리말의 *潮汐*은 아주 적절한 의미를 지니고 있다. 하루에 두번씩 반복되는 밀물 중에서 潮는 아침의 밀물, *汐*은 저녁의 밀물을 가리킨다.

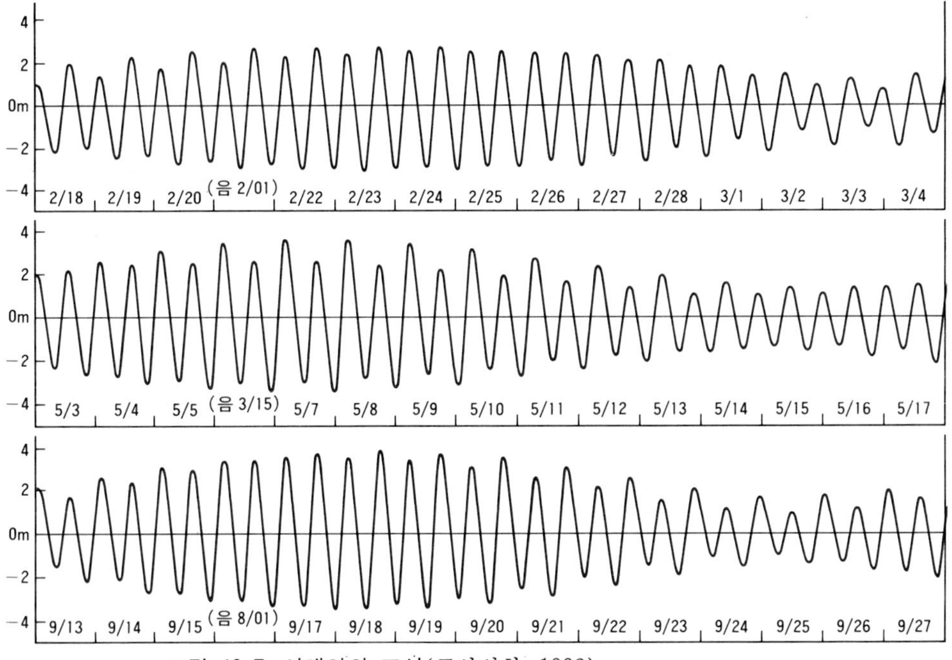

그림 10-7. 서해안의 조석(군산외항, 1993)
사리를 중심으로 조금까지의 조위변동을 보여준다. 2월과 9월의 사리는 그믐, 5월의 사리는 보름의 것이다. 그리고 2월의 것은 '쪽사리', 9월의 것은 '백중사리'이다. 쪽사리의 최고고조위는 645cm, 백중사리의 그것은 760cm로 그 차가 115cm에 이른다.

거리에 따라 변동한다. 근지점(近地點)과 보름 또는 그믐이 겹칠 때는 대조차가 예외적으로 커지고, 반대로 원지점(遠地點)과 반월이 겹칠 때는 소조차가 예외적으로 작아진다.[3] 근지점과 원지점은 27.5일마다 돌아오므로 양자의 관계는 계속 변동한다. 태양과 지구 간의 거리도 물론 조차에 영향을 미친다.

우리나라에서는 8월이나 9월에 대조차가 절정에 이르며, 일년을 통해 물이 가장 많이 들어오는 이 때의 사리를 '백중사리'라고 한다. 백중(百中)은 음력 7월 15일로 불교의 명일(名日)인데, 최대조

3) 달의 기조력이 근지점에서는 평균치보다 15~20% 증가하고, 원지점에서는 약 20% 감소한다.

그림 10-8. 법성포의 백중사리
백중 무렵에는 일년 중에서 물이 가장 많이 들어온다. 1993년 9월 27일(음력 9월 2일)의 사리로 밀물이 시가지로 흘러넘쳤다. -1993

차의 출현시기가 매년 백중과 일치하지는 않는다. 서해안의 경우 백중사리 때는 방조제가 터지기도 하고, 어항 또는 항구도시에서는 하수(下水)가 역류하거나 바닷물이 시가지로 넘치기도 한다(그림 10-8). 백중사리 때 태풍이 지나가면 바닷물이 예외적으로 많이 들어온다. 1997년 8월 19일의 백중사리가 그러한 예로서 이 때에는 중국으로 상륙한 태풍 '위니'의 영향이 겹쳐 특히 전라남·북도의 해안이 해일(海溢)로 인한 피해를 심하게 입었다.[4] 한편 2월에는

4) 이 때에는 해일이 전남의 신안군에서 경기도의 화성군과 옹진군에 이르기까지 광범하게 발생했는데, 280여개소의 방조제가 10km 이상이나 유실되어 약 1,800ha의 농경지가 바닷물에 잠겼다. 그리고 목포·군산 등지에서는 도로는 물론 주택가로도 바닷물이 넘쳐 이로 인한 피해가 극심했다. 19일 새벽의 밀물 높이가 목포의 경우 예측치는 5.03m였으나 관측치는 5.35m였다. 1997년의 백중은 8월 17일이었다.

조차가 가장 작아진다. 물이 조금 들어오고 조금 나가가는 이 때의 사리는 '쪽사리'라고 한다(그림 10-7).

조차가 큰 서해안에서는 어로활동이 사리를 중심으로 활발하게 펼쳐지며, 어민들은 표 10-2에서 보는 바와 같이 음력날짜에 맞추어 매일 같이 물이 들어오고 나가는 정도, 즉 '물때'를 예측해 왔다. 사리는 여덟물(八水)에서 열물(十水)까지를 가리키며, 보름 및 그믐과 약간의 시차를 두고 나타난다. 그리고 서해안의 작은 어항에서는 어선들이 만조 때 바다로 나가거나 바다에서 들어온다.

[표 10-2] 물때와 음력 날짜의 관계

음력 날짜	1 16	2 17	3 18	4 19	5 20	6 21	7 22	8 23	9 24	10 25	11 26	12 27	13 28	14 29	15 30
물 때	일곱물(七水)	여덟물(八水)	아홉물(九水)	열물(十水)	한꺾기(一折)	두꺾기(二折)	아치조금(亞潮)	조금(潮禁)	무시(水深)	한물(一水)	두물(二水)	세물(三水)	네물(四水)	다섯물(五水)	여섯물(六水)

세계에서 조차가 가장 큰 곳은 캐나다의 노바스코샤와 뉴브런즈윅 사이의 펀디만(Bay of Fundy)으로 평균대조차가 13.6m에 이른다. 일반적으로 조차는 수심이 얕은 나팔 모양의 만에서 특히 증가하며, 유럽의 북해 연안의 여러 만도 조차가 크기로 유명하다. 우리나라 서해안의 조차도 세계적이다. 황해는 태평양과 연결된 거대한 만과 유사한 바다로 수심이 가장 깊은 곳도 80m 정도에 불과하다. 평균대조차는 아산만이 8.5m로 가장 크고, 이곳에서 북쪽과 남쪽으로 갈수록 감소하여 인천 8.1m, 남포 6.2m, 용암포 4.9m, 그리고 군산 6.2m, 목포 3.2m의 순으로 나타난다. 남해안에서는 여수 2.5m, 부산 1.2m로서 서쪽에서 동쪽으로 갈수록 감소한다. 동해안의 조차는 0.2～0.3m에 불과하다. 동해나 유럽의 지중해와 같이 섬이나 육지로 둘러싸여 대양과 거의 단절된 바다의 조차는 극히

그림 10-9. 울돌목(명량해협)
사리 때의 썰물로 물살이 대단히 거세며, 물흐르는 소리가 요란하다. 진도대교가 보인다. 사리 때는 유속이 13노트에 이른다. -1994

작다.

조석이 오르내릴 때는 조류(潮流, tidal current)가 흐른다. 좁은 해협이나 하구에서는 왕복성 조류가 흐르며, 들어오는 물을 '밀물' 또는 창조류(漲潮流, flood current), 나가는 물을 '썰물' 또는 낙조류(落潮流, ebb current)라고 한다. 조류는 조차가 클수록 빠르고, 좁은 해협을 통과할 때는 유속이 크게 증가한다. 진도와 화원반도 사이의 울돌목(명량해협)에서는 조류가 조금 때는 7노트, 사리 때는 13노트의 속도로 흐른다(그림 10-9). 하동과 남해도 사이의 노량해협과 김포와 강화도 사이의 염하(鹽河)도 조류가 상당히 빠르기로 유명하다.

평균해면(平均海面, mean sea level)은 중등조위(中等潮位)를

그림 10-10. 해소(海嘯)(캐나다 뉴브런즈윅주의 Petitcodiac River)
펀디만으로 유입하는 하천이다. 밀물이 부서지면서 거슬러 올라가고 있다. 강가에서 출렁거리는 물이 요란한 소리를 낸다.

기준으로 설정되고, 조차가 큰 해안의 지형도에서는 해안선(海岸線, shoreline)이 최고고조위, 즉 바닷물이 가장 많이 들어오는 곳을 따라 그어진다. 조위의 예측치는 1~2년의 관측으로도 정확하게 얻을 수 있으며, 우리나라 국립해양조사원에서는 매년 주요 지점의 조위를 예보하는 조석표(潮汐表)를 발간한다.

해소와 감조하천 조차가 큰 해안에서는 밀물이 하천을 거슬러 올라간다. 하구가 나팔처럼 생겨서 밀물을 많이 모을 수 있으면 그 세력이 강력해진다. 하천의 밀물은 일반적으로 썰물보다 빠르다. 대조시에는 밀물이 평시보다 2~3배나 빨라지며, 큰 강에서는 심한 경우 하천의 수면보다 수 미터씩이나 높게

그림 10-11. 한강의 성엣장

수위가 오르내리기 때문에 강물이 매끈하게 얼지 못한다. 강가에 널린 얼음을 성엣장이라고 한다. 고양시의 송포동. -1974

형성되는 밀물이 요란한 소리를 내면서 거슬러 올라간다. 하천에서 일어나는 이러한 현상을 해소(海嘯, tidal bore)라고 한다.

해소의 요란한 소리는 주로 밀물의 최선단부가 지나갈 때 강가의 물이 심하게 출렁거리기 때문에 난다(그림 10-10). 일부 하천에서는 해소가 만조 후에 약 반시간 동안이나 계속된다. 프랑스의 센강 하류, 즉 북해의 하구와 루앙 사이에서 나타나는 해소는 위력적이다. 이곳에서는 이것을 '마스까레(Mascaret)'라고 부른다. 이밖에 아마존강·콜로라도강·양쯔강·엘베강·베제르강 등의 해소도 유명하다.

서해로 유입하는 우리나라의 하천들은 대부분 하구둑으로 막혀 버렸지만, 빠르게 하천을 거슬러 올라가던 밀물은 홍수를 연상케

했다. 이와 같이 조석의 영향을 많이 받는 하천을 감조하천(感潮河川)이라고 한다. 하천의 감조구간에서는 수위가 매일 규칙적으로 오르내린다. 하구둑으로 막히기 전에 금강에서는 부여 부근까지, 낙동강에서는 삼랑진까지 강물이 역류했다. 한강에서는 김포에 수중보가 건설된 이후에도 난지도 상류까지 역류현상이 일어난다. 그러나 이러한 곳까지 바닷물이 들어오는 것은 아니다. 과거에 어선과 그밖의 선박들은 밀물과 썰물을 이용하여 강을 오르내렸다.

10. 2 지반과 해면의 승강운동

해안지형은 해안선을 기준으로 형성된다. 해안선(海岸線)은 지반이 침강하거나 해면이 상승할 때 육지쪽으로 들어오고, 지반이 융기하거나 해면이 하강할 때 바다쪽으로 나간다. 세계 어디에나 지반이 완전히 안정한 곳이란 있을 수 없고, 해면은 특히 제4기에 들어와서 빙기와 간빙기가 반복될 때마다 큰 폭으로 오르내렸다. 해안선의 이동, 즉 해진(海進)과 해퇴(海退)는 지반과 해면의 상대적인 수준차로 나타나는 현상이다.

지반운동과 해안지형

육지는 일반적으로 기복이 커서 지반이 침강하면 해안선이 복잡해진다. 구릉지는 반도로 돌출하거나 섬으로 떨어져 나가고, 골짜기는 바닷물이 들어와 만(灣, bay) 또는 하구가 나팔 모양으로 벌어진 익곡(溺谷, drowned valley)으로 변한다. 우리나라 서해안이나 남해안과 같이 해안선의 출입이 특히 심한 침강해안(沈降海岸, submerged coast)은 리아스식 해안(ria coast)이라고 한다. 전라남도의 해안을 중심한 다도해(多島海)는 리아스식 해안의 세계적인 예로 꼽힌다.

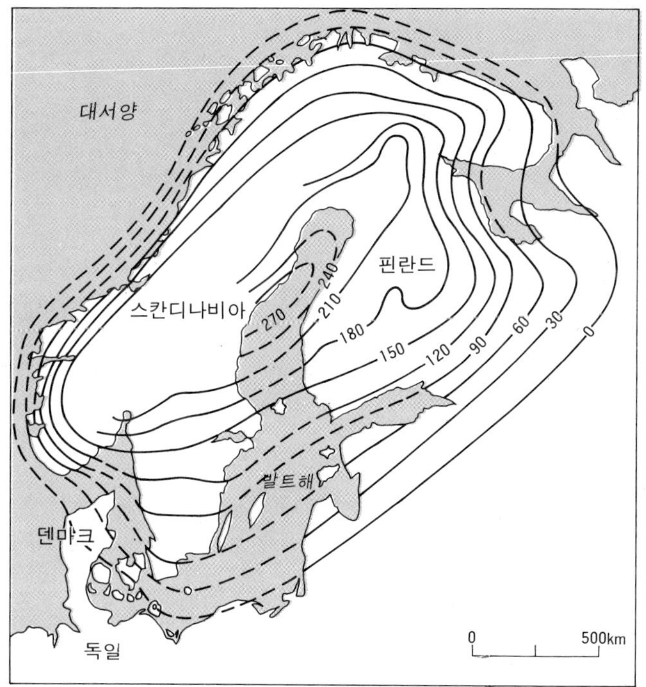

그림 10-12. 스칸디나비아반도와 발트해 주변지역의 융기
등치선은 과거의 해안선을 연결한 것으로 단위는 미터이다. 스칸디나비아빙상의 중심부에 속했던 지역에서는 100년간에 약 1m의 율로 융기하고 있다. 빙상의 말단부에 속했던 지역은 융기하지 않는다.

육지에 인접한 대륙붕의 지형은 상당히 평평하다. 그래서 지반이 융기하여 대륙붕의 일부가 육지로 드러나는 해안, 즉 융기해안(隆起海岸, emerged coast)은 단조로운 편이다. 동해안이 비교적 단조로운 것은 태백산맥과 함경산맥이 해안에 나란서 있고 또 지반이 융기했기 때문이다. 융기해안의 보편적인 지형은 해안단구(海岸段丘)이다. 해안단구는 환태평양조산대·알프스-히말라야조산대 등 지각변동이 활발한 지역의 해안에 여러 단씩 발달되어 있다.

지반은 빙기에 두꺼운 빙상(氷床)으로 덮였던 지역에서도 활발히 융기하고 있다. 수천 미터 두께의 빙상은 무게가 대단하여 중심부에서는 그 두께의 1/3 만큼이나 지반을 침하시켰던 것으로 알려

그림 10-13. 지반의 융기와 해안선의 이동
과거의 해안선의 흔적이 선상으로 쌓인 비치퇴적물로 많이 남아 있다. 흰 띠는 스웨일(swale)에 쌓인 눈이다. 허드슨만 연안.

졌다. 이러한 지역은 빙하가 사라진 후 지금까지 지각평형(地殼平衡, isostasy)의 원리에 따라 계속 융기해 왔다.

스칸디나비아빙상의 중심부에 속했던 지역의 해안에는 고도를 달리하는 비치 퇴적물이 열을 지어 무수히 쌓여 있다. 이러한 퇴적물은 지반의 융기가 주춤할 때 해안선을 따라 쌓인 것으로 약 1만년전의 것이 해발 270m의 고도에서도 발견된다(그림 10-12). 오늘날 보스니아만 안쪽에서는 지반이 100년에 약 1m의 율로 융기하고 있으며, 그 율은 빙상의 중심부였던 곳에서 주변부로 갈수록 감소한다. 로렌시아빙상의 중심부였던 허드슨만지역에서는 6,000~8,000년전에 빙하가 사라진 후 지반이 70~100m 융기했고, 이 지역에서도 현재 100년간의 융기율이 평균 1m에 이른다. 허드슨만과 북극해 연안에도 과거의 해안선이 남겨 놓은 흔적들이 무수히 나타난다(그림 10-13).

해면운동과 해안지형

세계의 해면은 신생대 제4기(第四紀)에 들어와서 빙기와 간빙기가 반복될 때 큰 폭으로 오르내렸다. 빙하가 크게 확장되었던 시대가 있었다는 사실은 19세기부터 알려지기 시작했다. 그러나 빙하성 해면운동(氷河性海面運動, glacio-eustatic movement of sea level)이 해안지형의 발달에 미친 영향이 충분히 평가되기 시작한 것은 1930년대부터였다. 앞에서 언급한 침강해안과 융기해안의 개념만 하더라도 해면은 고정되어 있는 것이라고 막연히 믿던 20세기 초에 정립된 것으로[5] 해안의 이와 같은 분류는 현실적으로 큰 의미가 없다. 융기해안과 침강해안 대신 이수해안(離水海岸)과 침수해안(浸水海岸)이란 용어가 사용되나 이들 용어의 의미는 대동소이하다.

빙기와 간빙기가 반복될 때 큰 폭으로 오르내린 과거의 여러 해면 중에서도 최후간빙기(最後間氷期)의 해면이 오늘날의 것과 비교하여 어느 높이에 있었는지 아는 것은 중요하다. 오늘날의 해안지형 중에는 최후간빙기의 해안선을 기준으로 형성된 후 계승되거나 약간 변형된 것에 불과한 것이 많을 수 있기 때문이다. 그러나 지반이 고정된 곳이란 있을 수 없고, 해면운동은 지반운동과 결부된 상태에서 일어나는 것이므로 특정한 해안에서의 그 수준을 알아내는 것은 쉬운 일이 아니다. 다만 지반이 극히 안정한 것처럼 보이는 해안에서 조사된 바에 따라 최후간빙기에 해당하는 12~13만년전의 해면이 현재보다 3~10m 정도 높았을 것이라고 추정되고 있을 뿐이다.

최후빙기(最後氷期) 이후의 해면변동에 대한 내용은 1950년대

---

5) 융기해안과 침강해안이란 용어 또는 이에 의한 해안분류는 미국의 해안지형학자 D. W. Johnson의 *Shore Processes and Shoreline Development*(1919)가 출판되면서 널리 소개되었다.

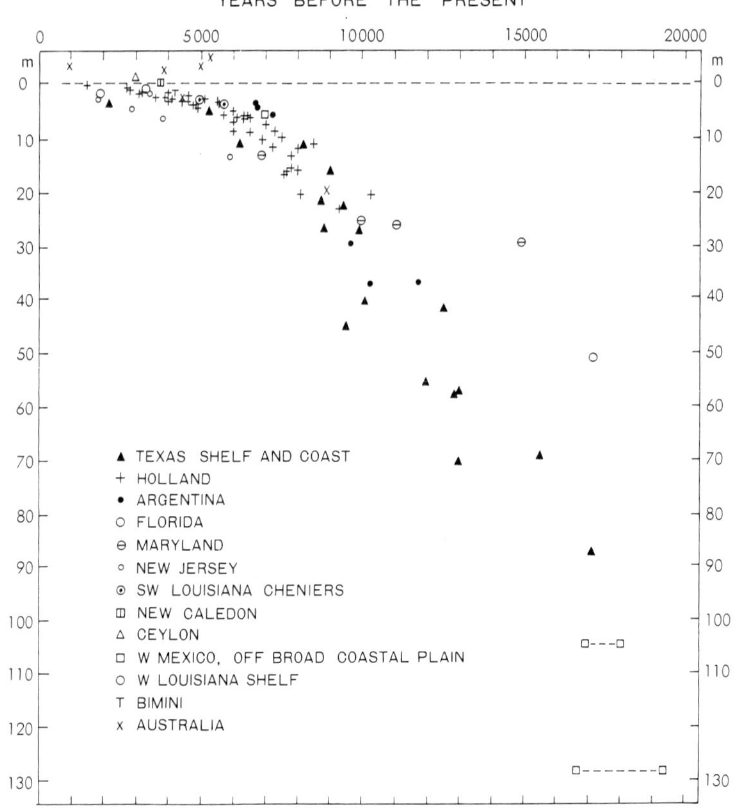

그림 10-14. 후빙기의 해면상승

세계 각지의 해안퇴적층에 묻혀 있는 토탄층의 연대측정치(年代測定値)를 보여준다. 각 기호는 토탄층의 깊이(퇴적 당시의 해면고도)와 유기물의 연대에 따라 배열한 것이다. (Shepard)

이후 방사성탄소 연대측정법이 널리 보급되면서 비교적 잘 알려진 편이다. 최후빙기의 절정기에는 해면이 지금보다 100m 이상 낮았다. 이처럼 낮았던 해면은 18,000년전부터 급격히 상승하기 시작했고, 현재의 높이에 근접한 약 6,000년전까지는 1세기의 상승률이 약 1m였다. 이 때까지의 해면상승에 대해서는 대체로 큰 이견이 없다. 그러나 6,000년전부터 현재까지의 해면변동에 대해서는 학자들간의 견해차가 크다. 이 기간의 해면변동은 사빈을 중심한 해안지형의 발달과 관련이 깊기 때문에 많은 관심을 끌어 왔다. 이에 대한 견해는 셋으로 크게 나뉜다. 하나는 과거 6,000년 동안에 해면이 계속 올라와 현재의 높이에 도달했다는 것이고, 다른 하나는 약 4,000년전에 해면이 현재의 높이에 도달했다는 것이며, 또 하나는 6,000년~5,000년전에 해면이 지금보다 최소한 1m 정도 높게 올라갔다가 다시 낮아졌다는 것이다. 이 중에서 특히 마지막 견해는 지지와 반박을 동시에 받아왔다.

세계 각지에서 조사된 해면변동의 내용은 적지 않은 지역차를 보인다. 이러한 차이는 자료의 분석 및 해석방법과 관련하여 생길 수도 있지만, 지반운동에 기인하는 것일 가능성이 클 수도 있다. 그러나 지반이 절대적으로 안정한 곳이란 있을 수 없고, 지반운동도 해면과의 상대적인 수준차로 나타나는 것이므로 그 내용을 객관적으로 밝히기가 어렵다.

이와 같은 상황하에서 관점을 전혀 달리하는 견해, 즉 후빙기의 해면변동은 세계적으로 똑 같이 일어난 것이 아니라 지역에 따라서는 지금보다 높았던 때가 있었을 것이라는 주장이 등장하여 주목된다. 이에 의하면, 지반이 융기하는 해안과 침강하는 해안에서는 해면변동이 정반대로 나타날 수 있으며, 지반이 움직이지 않는다고 가정하더라도 해면이 오르내린 내용은 해안에 따라 다를 수 있다. 그림 10-15는 지구의 실제 모양을 결정짓는 해면 또는 지오이드(geoid)가 지역적으로 어떻게 들쭉날쭉한지 보여준다. 이 그림에 의하면 높은 곳과 낮은 곳 사이의 고도차가 100m 이상에 이른다. 이와 같은 지오이드도 고정되어 있지 않고, 대양분지·대양의 수분수지(水分收支)·기압배치 등에 변화가 일어나면 이에 상응하여 모양이 달라질 수 있다. 그래서 해면변동을 전세계의 해안에 일률적으로 적용하는 것이 불합리할 수 있다는 것이다.

앞으로 세계의 해면이 어떤 움직임을 보일 것인가의 문제도 관심을 많이 끌어 왔다. 오늘날 화석연료의 사용과 관련하여 세계의 기온이 올라가고 있고, 이로 인해 극지방의 빙하가 축소되는 동시

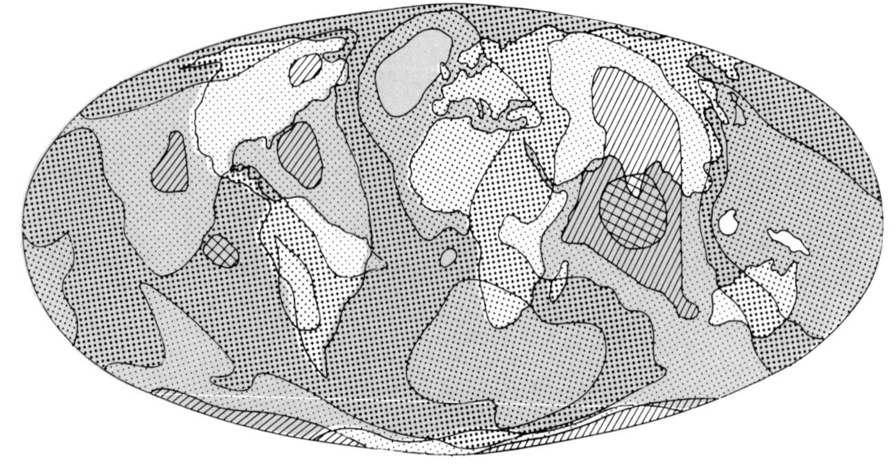

그림 10-15. 지오이드(geoid)
지구타원체를 기준으로 하는 경우 해면이 지역적으로 얼마나 높고 낮은지 보여준다. 세계의 해면은 후빙기 해면상승의 최후단계에 어디서나 똑같이 오르내리지 않았을 수도 있음을 암시한다. (Carey)

에 해면이 상승하고 있는 것으로 널리 알려졌다. 현재의 추세가 계속되면, 해면이 2050년에는 7.5~10.5cm, 2100년에는 12.0~18.0cm 상승하며, 인구증가와 화석연료의 소비 등 기온에 영향을 미치는 여러 요인의 동향을 고려하면 2050년에는 52.6~78.9cm, 2100년에는 144.4~216.6cm 상승할 것이라는 예측도 있다.[6)]

그러나 최근에는 기온이 도시에서만 열섬현상과 관련하여 올라가지 세계의 기온은 그렇지 않다는 주장이 강력하게 제기되고 있다. 이러한 주장은 인공위성영상에 바탕을 둔 것인데, 극지방의 빙하도 이 영상에서는 축소되는 것으로 나타나지 않는다. 앞으로 해면이 어떤 움직임을 보일는지 알 수 없다. 다만 그린란드와 남극대륙의 빙하가 전부 녹으면, 해면이 약 60m 상승할 것이라고 일찍부터 알려졌을 뿐이다.

6) Hoffman, J. S., et al, 1983, *Projecting Future Sea Rise,* EPA 230-09-007, U. S. Environmental Projection Agency.

해안단구 좁건 넓건 과거의 해면과 관련하여 형성된 해안의 평평한 땅을 해안단구(海岸段丘, coastal terrace)라고 한다. 넓은 해안단구는 밭이나 논으로 이용된다. 해안단구는 침식지형일 수도 있고 퇴적지형일 수도 있다. 파랑의 침식작용으로 형성된 기반암의 침식면(파식대)으로 이루어졌으면 침식지형이고, 해면을 기준으로 쌓인 토사로 이루어졌으면 퇴적지형이다. 해안단구는 지반의 간헐적인 융기로만 형성되는 것이 아니다. 세계의 많은 해안에서는 해면승강운동과 관련된 단구가 여러 단씩 관찰된다.

해면이 높았던 간빙기에 형성된 해안의 침식면이나 퇴적층은 빙기에 해면이 낮아지면 단구로 변한다. 지반이 느리지만 계속 융기하는 경우, 새로운 간빙기가 다가와서 해면이 과거의 수준으로 다시 상승해도 시간이 경과한 만큼의 융기로 인해 그것은 단구로 계속 남게 된다. 지각변동이 격심하지 않은 지역에서는 간헐적인 융기보다 계속적인 융기가 보편적이고, 단구들간의 고도차는 지반운동이 활발한 해안일수록 크게 나타난다.

해안단구는 동해안에도 여러 단씩 발달되어 있으며, 이들 단구에 관한 연구가 활발한 편이다. 동해안의 해안단구는 대개 두꺼운 퇴적층으로 덮여 있고, 고도가 낮은 것들은 보존이 양호하나(그림 10-16), 높은 것들은 보존이 불량하고 자갈을 포함한 퇴적물이 풍화작용을 심하게 받은 상태로 나타난다. 강릉과 포항 주변의 해안에 분포하는 단구 중에서는 해발 10m와 18m의 구정선고도(舊汀線高度)와 관련된 최하위의 두 단구가 최후간빙기에 형성된 것으로 추정되었다.[7] 이들 단구의 퇴적층에서는 최후빙기의 주빙하성 결빙구조가 발견되며, 솔리플럭션 퇴적물이 이들 단구의 표면을 덮고 있다.[8] 그리고 두 단구 중에서 상위단구는 최후간빙기의 최성기, 하위단구는 최후간빙기의 후기에 형성된 것으로 해석되었는데, 상

7) 崔成吉, 1995, "韓半島 中部東海岸 低位海成段丘의 對比와 編年," 대한지리학회지, 30: 103~119; 1996, "한국 東南部海岸 포항 주변지역 後期更新世 海成段丘의 對比와 編年," 한국지형학회지, 3: 29~44.

8) 崔成吉, 1996, 앞의 논문.

그림 10-16. 동해안의 해안단구
밭으로 이용되고 있는 부분이 해안단구이다. 최후간빙기의 해안단구인데, 두꺼운 해성퇴적물로 이루어졌다. 경북 감포읍. -1989

위의 것은 하위의 것보다 훨씬 넓으며, 퇴적물이 풍화작용을 더 받은 것으로 나타난다. 상위의 단구는 동해안에 보편적으로 분포하여 그밖의 여러 단구를 고찰하는 데 기준시간면(基準時間面)으로 채택할 수 있다는 의견이 또한 제시되었다.

10.3

해안침식지형

해식애 파랑의 침식작용을 간단히 파식(波蝕)이라고 하며, 바다로 돌출하여 파랑의 에너지가 집중되는 산지나 구릉지의 말단부는 파식을 활발하게 받는다. 해식애는 파식대와 함께 대표적인 해안침식지형으로 산지를 끼고 있는 암석해안(岩石海岸, rocky coast)에 모식적으로 발달한다.

파식에 의해 형성·유지되는 해안의 급사면은 높건 낮건 모두 해식애(海蝕崖, sea cliff)에 포함된다. 그리고 해식애가 파식을 받아 후퇴할 때 암석의 단단한 부분은 암초, 즉 시스택(sea stack)으로 떨어져 남으며(그림 10-17), 약한 부위에는 해식동(海蝕洞, sea cave)이 뚫린다. 시아치(sea arch)도 암석해안에서 볼 수 있는 경이로운 지형이다.

웅장한 해식애는 부산의 태종대, 거제도의 해금강 등지에서와 같이 큰 파랑이 밀려와서 부서지는 산지성 해안에 발달한다. 울릉도·홍도·흑산도 등의 섬에서는 해식애와 간혹 그 밑에 뚫린 해식동이 중요한 관광자원으로 이용된다. 동해안은 산지가 바다에 바짝 다가선 곳이 많고 바다가 깊어서 해식애의 발달이 탁월하다. 동해안과 외딴 섬의 해식애는 끊임없이 파랑이 밀려와서 부서지는데도 불구하고 안정한 상태를 유지하고 있다.

해식애는 노년기의 구릉성 지형이 바다로 돌출한 서해안에도 널리 형성되어 있다. 다만 웅장하지 않을 뿐이다. 그런데 서해안의 해식애 중에는 큰 조차로 인해 사리 때만 파식을 받는 데도 불안정한 것이 많다. 해식애가 후퇴하면 그 위의 농경지나 건물이 무너져 내린다. 변산반도의 채석강에서와 같이 바다로 돌출한 구릉의 말단부, 즉 큰 파랑을 직접 받아들이는 헤드랜드의 해식애는 단단

그림 10-17. 서해안의 시스택(sea stack)
시스택 주변에 파식대가 형성되어 있다. 사리의 밀물 때는 바닷물이 산 밑에까지 들어온다. 충남 비인만의 도둔리. -1972

한 기반암으로 이루어져서 안정하다. 불안정한 해식애는 기반암의 풍화층에 형성되어 있다. 풍화를 많이 받은 기반암은 헤드랜드와 헤드랜드 사이의 만입에 면한 부위나 다소 후미져서 큰 파랑이 밀려오지 않는 해안에 널리 나타난다. 해식애의 풍화층은 후빙기 해면상승 이후 아직 제거되지 않은 채 남아 있는 것이다.[9]

파식대 파식에 의해 형성되는 기반암의 평평한 침식면을 파식대(波蝕臺, wave-cut terrace 또는 shore platform)라고 한다. 파식대와 해식애는 변산반도의 격포(채석강)에서처럼 흔히 결부되어 나타난다(그림 10-19). 파식대는 해식애 밑에 형성되며, 해

9) 權赫在, 1993, "西海岸의 海岸侵蝕," 고려대 사대 사대논집, 18: 137~155.

그림 10-18. 서해안의 해식애
기반암의 풍화층에는 수직적인 해식애가 형성된다. 해식애 밑에까지는 사리 때만 물이 들어온다. 안면도의 방포. -1990

식해가 후퇴하면 파식대가 넓혀진다. 그러나 울릉도나 홍도와 같이 깊은 바다의 산지성 섬 주변의 해식애 밑에서는 파식대가 보이지 않는다. 반면에 육지의 고도가 아주 낮은 해안에서는 파식대만 넓게 나타나기도 한다. 화강암과 같은 등질적인 암석의 파식대는 좁지만 표면이 매끈하고, 기울어진 퇴적암층의 파식대는 보행이 어려울 정도로 거치른 것이 보통이다. 파식대는 파식에 의해서만 형성되는 것이 아니다. 파식대가 수면 위로 노출될 때는 풍화작용을 받으며, 석회암지역의 해안에서는 용식이 또한 가세한다.

파식대는 동해안보다 서해안에 널리 그리고 넓게 발달되어 있다. 서해안에서는 썰물 때 전체 파식대가 수면 위로 드러난다. 관광객이 많은 채석강의 파식대는 해식애와 어우러진 경치가 훌륭하

그림 10-19. 격포의 파식대

해식애 밑에 파식대가 형성되었다. 썰물 때의 상황으로 밀물 때는 전체가 물에 잠긴다. 백악기의 유천층군에 형성되었다. -1991

지만 좁은 편이다. 넓은 파식대는 너비가 200m를 넘는다. 서해안의 파식대는 넓건 좁건 전적으로 후빙기 해면상승 이후에 형성된 것이라고 보기 어렵다. 서해안에서는 파식대나 해식애가 사리 중심의 만조(滿潮) 때만 파식을 받는다. 서해안의 파식대는 최후간빙기(最後間氷期)의 해면과도 관련되어 있음이 분명하다. 최후간빙기는 후빙기보다 훨씬 오래 계속되었다. 최후간빙기의 파식대는 최후빙기(最後氷期)에 해면이 하강했을 때 보존되었을 것이고, 오늘날의 파식대 중에는 후빙기 해면상승 이후 최후간빙기의 파식대에서 풍화층이 제거된 정도에 불과한 것이 많은 것 같다. 일부 파식대에서는 기반암의 풍화층이 완전히 제거되지 않은 채 남아 있는 것도 볼 수 있다.

10.4 해안퇴적지형

비치와 해안사구

비 치 하나의 해안에서도 파랑의 에너지 수준이 상대적으로 높은 헤드랜드에는 해식애, 낮은 만에는 비치가 발달한다. 만으로는 하천이 유입하고, 하천은 토사를 운반한다.

비치(beach)란 파랑이 모래나 자갈을 해안으로 밀어붙여 형성한 퇴적지형으로 파랑의 영향을 직접 받는 부분을 가리킨다. 우리나라는 비치가 많은 데도 이에 해당하는 우리말이 없다. 해빈(海濱)이라고 번역되지만 적절한 것 같지 않고, 사빈(砂濱, sandy beach)이란 용어가 널리 쓰일 뿐이다. 모래로 이루어진 비치를 사빈이라고 하면, 자갈로 이루어진 것(gravel beach)은 역빈(礫濱)이라고 해야 마땅하다. 그러나 역빈이라는 용어는 생소하다.

사빈은 해수욕장으로 이용되어 우리에게 낯익다. 사빈은 배후에 해안사구(海岸砂丘)를 끼고 있다. 전형적인 사빈은 평상시에 스워시와 백워시가 오르내리는 급경사의 비치페이스(beach face)와 해안사구 전면의 평평한 비치플래트(beach flat)로 구성되어 있다(그림 10-20). 이 두 부분은 범(berm)을 경계로 나뉜다. 폭풍시에 큰 파랑이 밀려올 때는 스워시가 강력하게 형성되면서 비치플래트로 흘러넘치는데, 범이란 스워시가 비치페이스의 모래를 그 위로 밀어 올려 만들어 놓는 턱을 가리킨다(그림 10-21). 동해안의 사빈은 대부분 범과 비치플래트를 갖추고 있다.

비치의 단면은 파랑의 에너지 수준에 따라 수시로 변동한다. 바다가 거칠 때는 모래가 사빈에서 깎여나가고, 잔잔해지면 깎여나갔던 모래가 다시 사빈으로 밀려와 쌓인다. 바다가 거칠 때 사빈에서

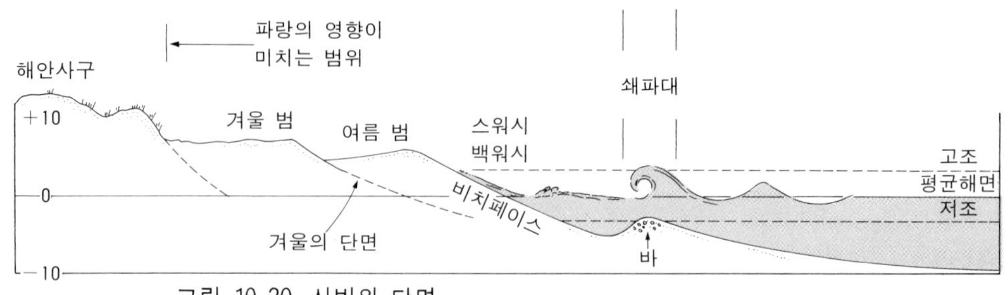

그림 10-20. 사빈의 단면

바다가 거친 겨울에는 사빈의 모래가 깎여나가는 동시에 범이 높게, 그리고 바다가 덜 거친 여름에는 깎여나갔던 모래가 사빈으로 밀려와 원래 대로 쌓이며 범이 다소 낮게 형성된다. 모래를 풍부하게 공급받는 사빈에서 기대할 수 있는 단면이다.

모래가 깎여나가는 것은 '파괴적인' 백워시, 바다가 잔잔할 때 사빈이 살찌는 것은 '건설적인' 스워시의 발달이 탁월하기 때문이다. 파고가 겨울에 높고 여름에 낮은 해안에서는 사빈의 단면이 계절적으로도 변동한다. 이러한 해안에서는 범이 겨울에는 높게, 여름에는 낮게 형성된다(그림 10-20).

규모가 큰 사빈은 모래의 공급이 많고 파랑의 작용이 활발한 해안에 발달한다. 동해안은 해안선이 비교적 단조롭고 파랑의 작용이 활발한 데다가 여러 하천이 토사를 많이 공급하는 관계로 사빈의 발달이 탁월한 편이다. 해수욕장으로 이용되는 사빈도 동해안에 많다. 양양～강릉 사이에 거의 연속적으로 펼쳐지는 일련의 사빈은 태백산맥에서 흘러내리는 양양 남대천, 연곡천, 강릉 남대천 등으로부터 모래를 공급받는다. 홍수시에 집중적으로 유출되는 이들 하천의 토사는 삼각주를 형성하는 대신 연안류를 따라 남쪽으로 이동하면서 사빈에 쌓인다. 때문에 하구 부근의 모래는 굵고 거칠며, 남쪽으로 멀리 이동한 모래는 원마작용을 많이 받아 원형도(圓形度)가 높다(그림 10-22).[11]

서해안에도 해수욕장으로 이용되는 사빈이 적지 않다. 서해안의

11) 權赫在, 1977, "注文津～江陵간의 海岸地形과 海濱堆積物質," 고려대 교육논총, 7: 45～58.

그림 10-21. 스워시와 범(berm)
스워시가 비치페이스를 기어올라가 범을 흘러넘치고 있다. 파고가 높은 파랑이 밀려올 때 일어나는 현상이다. 강릉시의 안목 -1997

사빈은 태안반도·안면도·변산반도 등과 같이 바다로 돌출하여 외해(外海)의 큰 파랑이 밀려오는 해안에 분포한다. 이들 해안으로는 하천이 유입하지 않거나 하천이 있어도 아주 작다. 서해안의 사빈은 주로 연안의 침식물질로 이루어졌고, 모래가 부족하여 대개 헤드랜드와 헤드랜드 사이의 만입에 초승달 모양으로 발달되어 있다. 이러한 사빈을 포켓비치(pocket beach)라고 한다.

서해안의 사빈에는 일반적으로 범과 비치프래트가 형성되어 있지 않고, 대조시에는 파랑이 해안사구까지 밀려오며, 대부분의 사빈과 해안사구는 침식을 받아 후퇴하고 있다. 그리고 서해안의 사빈은 경사가 극히 완만하고, 대조시에는 밀물과 썰물이 오르내리는 그 너비가 수백 미터에 이르기도 한다(그림 10-23). 밀물 때 물에

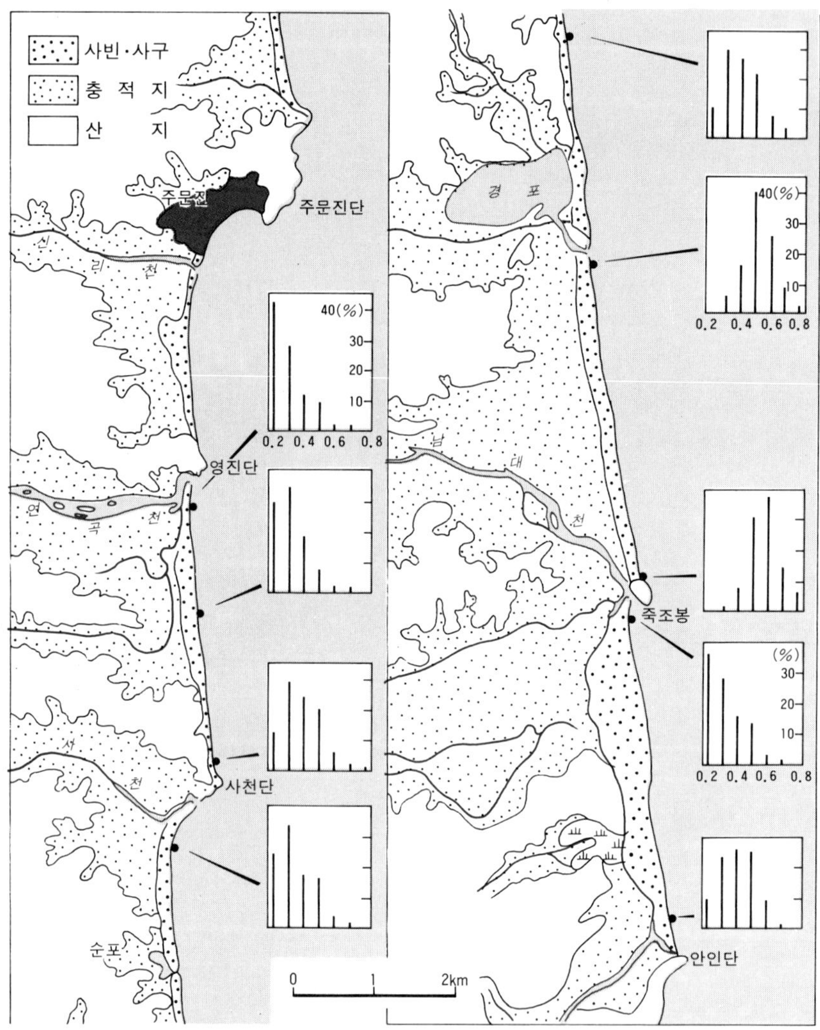

그림 10-22. 주문진~강릉간의 사빈과 해안사구(1977)

사빈과 해안사구가 하천 하류의 충적지 전면에 발달되어 있다. 하천에서 바다로 유출되는 모래는 연안류를 따라 남쪽으로 이동하면서 사빈에 쌓인다. 하구 부근의 모래는 입경이 크고, 하구에서 남쪽으로 갈수록 모래의 원형도(圓形度)가 높아진다. 막대그래프는 모래의 원형도를 보여주는 것인데, 원형도는 0이 가장 낮고 1이 가장 높다. 오른쪽 지도는 왼쪽 지도 밑으로 이어진다.

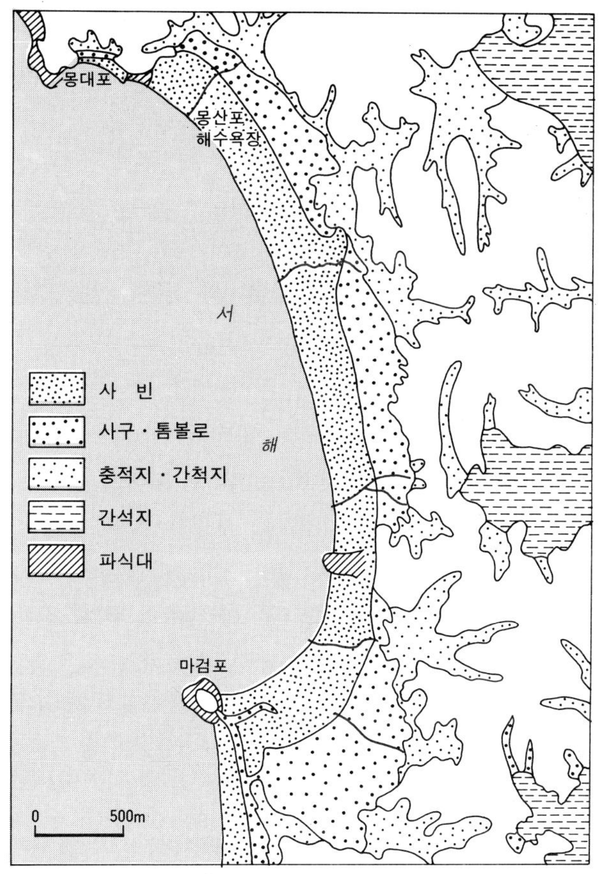

그림 10-23. 몽산포 해안의 사빈과 해안사구(1981)

사빈이 넓다. 사빈이 만조시에는 물에 잠기고, 간조시에는 물 위로 드러난다. 사구까지는 사리 때만 물이 들어온다. 북서계절풍의 영향을 많이 받는 마검포 남동쪽 해안에 모래가 많이 쌓였다. 논으로 이용되는 사구 뒤의 부분은 석호 단계를 거친 충적지이다. 마검포는 육계도이다.

잠기고, 썰물 때 물 위로 드러나는 부분이 간석지가 아니라 사빈으로 간주되는 까닭은 물이 들어올 때나 나갈 때 쇄파가 부서지며, 뻘이 쌓이지 않기 때문이다. 간석지는 지면의 경사가 수평에 가까워서 물이 조용히 흘러 들어왔다가 조용히 빠져 나간다.

남해안은 사빈의 발달이 극히 저조하다. 많은 섬이 파랑을 가로

막기 때문이다. 남해안에서는 상주해수욕장의 것이 비교적 크다. 상주해수욕장은 남해도에 있고, 남해도는 외해의 큰 파랑을 직접 받아들인다.

비치의 구성물질은 기원에 따라 다양하다. 화강암의 유역분지에서 유출되는 모래로 이루어진 사빈은 경포해수욕장의 경우처럼 일반적으로 모래알이 굵고, 석영과 장석 입자가 많아 '백사장'으로 보인다. 안면도와 같이 기반암이 편마암과 편암인 지역의 사빈은 모래알이 아주 작고 석영의 비율이 상당히 높다. 화강암은 조정질 암석이고, 편마암과 편암은 미정질 암석이다. 한편 여수의 만성리해수욕장은 '검은 모래'로 유명하다. 이곳의 비치는 경상누층군의 퇴적암이 부서져서 생긴 자갈과 모래로 이루어졌으며, 규모가 아주 작지만 모래찜질을 즐기는 사람들에게 인기가 있다. 원형도가 대단히 높은 원력(圓礫)으로 이루어진 비치(gravel beach)는 거제도의 '몽돌해변'과 완도의 '구계등'에서처럼 외해에 노출된 해안 중에서도 출입의 정도가 낮은 만입에 발달되어 있다.

사빈의 모래는 연안의 해저에서도 밀려온다. 대천해수욕장의 사빈에서는 패사(貝砂)가 70% 이상을 차지한다. 패사로만 이루어진 사빈은 중문・표선・협재 등 제주도의 해수욕장에서 볼 수 있다. 패사는 희고 현무암은 검어서 색깔이 대조적이다. 성산포 동쪽의 우도(牛島)에서는 아주 소규모이지만 흰색의 산호(珊瑚) 비치를 볼 수 있다.

사빈의 침식

세계적으로 사빈 중에는 침식을 받아 좁아지거나 후퇴하는 것이 많으며, 사빈이 관광자원으로 중요한 지역에서는 이의 보호와 관리에 힘쓰고 있다. 파랑 에너지의 일시적인 변동으로 인한 소규모의 침식은 곧 복구된다. 그러나 침식이 장기간에 걸쳐 계속되어 사빈이 좁아지거나 얇어지고 후퇴하는 경우에는 심각한 문제가 발생한다. 해수욕장으로서의 환경이 열악해질 뿐만 아니라 해안의 각종 시설물이 파괴되기 때문이다.

그림 10-24. 사빈의 침식
해안사구의 소나무들이 쓰러졌다. 사빈의 후퇴는 고도가 낮은 사구의 해안에서 특히 활발하게 일어난다. 태안반도의 몽산포해안. -1993

동해안의 사빈 중에서 규모가 큰 것들은 하천으로부터 모래를 풍부하게 공급받아 안정한 상태를 유지한다. 반면에 서해안의 사빈은 거의 전부 침식을 받아 후퇴하고 있다(그림 10-24). 태안반도·안면도·변산반도 등지의 사빈은 주로 연안의 침식물질로 이루어졌고, 하천으로부터 모래를 공급받지 않는다. 후빙기의 해면이 현재의 수준에 거의 도달한 직후에는 이러한 사빈도 모래가 비교적 풍부했을 것으로 추측된다. 해면상승과 더불어 바다쪽에서 모래가 밀려온 데다가 기반암의 풍화층과 최후간빙기의 해안퇴적층으로부터도 모래가 공급되었기 때문이다. 그러나 이러한 공급원은 해면상승이 최종단계에 이르고 해안선이 한 자리에 고정됨에 따라 곧 한계를 드러내게 된 것이다. 사빈의 침식은 하천에 댐을 건설하여 모

그림 10-25. 대광해수욕장의 방호벽(임자도)
서해안의 주요 해수욕장에는 사빈과 사구의 보호를 위한 방호벽이 설치되어 있다. 방호벽까지는 사리 때만 물이 들어온다. -1991

래의 공급이 차단될 때도 발생한다.

모래를 풍부하게 공급받는 동해안의 사빈에는 범이 형성되어 있다. 그러나 서해안의 사빈에서는 그것을 볼 수 없고, 대조시에 파랑이 해안사구까지 밀려와서 부서지며, 사빈과 함께 해안사구가 침식을 많이 받는다. 서해안의 해수욕장에서는 모두 시멘트구조물로 된 방호벽(sea wall)을 설치하여 사빈과 해안사구의 후퇴를 막고 있다(그림 10-25).

사빈의 침식을 막는 데 널리 쓰이는 구조물은 그로인(groin)이다. 그로인이란 일정한 간격을 두고 비치에서 바깥쪽으로 설치한 둑 모양의 구조물로서 비치드립팅과 롱쇼어드립팅에 의해 모래가 횡적으로 이동하는 것을 막아준다. 그로인의 소재로서는 자연석이

그림 10-26. 그로인(groin)
사빈의 침식은 모래의 횡적인 이동을 막으면 지연시킬 수 있다. 플로리다주 마이애미의 해변으로 그로인이 많이 설치되어 있다.

나 나무말뚝이 보편적으로 쓰인다. 그로인은 미국 플로리다주의 마이애미에도 많이 설치되어 있고(그림 10-26), 우리나라에서는 포항의 송도해수욕장에서 볼 수 있다. 해수욕장에서는 그로인이 거추장스러울 수밖에 없다.

해안사구 사빈의 뒤에는 사빈에서 바람에 불려오는 모래로 이루어진 해안사구(海岸砂丘, coastal dune)가 나타난다. 바닷물이 미치지 않는 곳에는 최초에 사초(砂草)가 정착하며, 사초는 사빈에서 불려오는 모래를 고정시키는 역할을 함으로써 사구의 성장을 돕는다. 사구가 충분히 성장하면 사초가 나무숲으로 대치된다. 해안사구의 모래, 즉 사구사(砂丘砂)는 분급이 매우 양호하다.

동해안에서 사빈과 해안사구가 연속적으로 길게 발달한 곳은 하천 하류의 충적지 전면이며(그림 10-22), 모래가 풍부한 이와 같은 해안의 사구는 사빈과 함께 안정성을 띠고 있다. 그러나 모래가 부족한 서해안에서는 사빈과 함께 해안사구가 침식을 받아 후퇴하고 있다. 해수욕장의 방호벽은 일차적으로 해안사구에 들어서는 각종 시설물을 보호하기 위해 설치하는 것이다. 서해안의 해안사구는 사빈과 함께 북서계절풍(北西季節風)을 정면으로 받아들이는 해안에 두드러지게 발달되어 있다.

우리나라의 해안사구는 대개 소나무숲으로 덮여 있다. 사구의 소나무숲은 사초의 단계를 지나 자연식생으로도 정착하지만 인공림으로 가꾼 것이 대부분이다. 사구의 소나무는 대부분 해송(海松)이라고도 불리우는 곰솔 또는 흑송(黑松)이다. 식생이 파괴되면 사구의 모래가 해풍(海風)에 의해 그 뒤의 농경지로 날려간다. 이러한 경우 사구를 안정시키기 위해 심는 나무로 널리 채택되는 것이 해송이다. 사구의 소나무숲은 방풍림(防風林) 이외에 과거에는 연료림의 구실을 했다.

대부분의 해안에는 사빈의 뒤에 사구가 일렬로 길게 형성되어 있다. 그러나 어떤 해안에는 이러한 사구가 여러 열씩 나타난다. 비치리즈(beach ridge)라고 불리우는 이러한 사구열(砂丘列)은 모래공급이 많은 해안에 발달하며, 그것은 과거의 해안선과 관련된 지형으로서 해안선이 바다쪽으로 전진했음을 보여준다. 우리나라에서는 함경남도 흥남 남쪽의 광포(廣浦) 전면의 해안에서 전형적인 예를 볼 수 있다(그림 10-27). 이곳 해안은 북쪽의 성천강으로부터 모래를 공급받는다. 비치리즈들 사이의 낮은 곳은 스웨일(swale)이라고 한다.

바다가 거칠고 해풍이 강하게 부는 해안에서는 모래공급이 많아도 내륙쪽으로 모래가 활발히 이동하여 비치리즈가 발달하지 않는다. 이러한 해안에서는 사구가 내륙으로 침입해 들어가는 것을 종종 볼 수 있다. U자형사구(U-shaped dune)는 식생의 파괴로 해

그림 10-27. 동해안의 비치리즈

비치리즈(beach ridge)와 스웨일(swale)이 뚜렷하게 구분된다. 비치리즈를 따라서는 침엽수(소나무), 스웨일을 따라서는 논·습지·호소 등이 분포한다. 이곳 해안에서는 북쪽의 성천강으로부터 모래를 공급받는다. 비치리즈는 해안선이 전진했음을 보여주는 지형이다.

그림 10-28. 머리핀사구
사구가 내륙으로 침투해 들어간다. 화살표는 식생의 정착으로 안정화된 머리핀사구를 가리킨다. 캘리포니아주의 San Luis Obispo Bay.

안사구가 국지적으로 침식을 받을 때 형성되며, 머리핀사구(hairpin dune)는 U자형사구로부터 발달한다(그림 10-28).

사취 · 연안사주 · 석호

사취와 연안사주

사취(砂嘴, spit)는 주로 연안류에 의해 형성되는 좁고 기다란 해안퇴적지형으로 모래를 공급받는 쪽이 육지에 붙어 있다(그림 10-29). 사취는 침식이 용이한 제4기층의 해안에서 잘 발달한다. 사취는 연안류가 흐르는 방향을 따라 성장하기 때문에, 선단부가 새의 부리처럼 육지쪽으로 구부러져 있고, 또 비치리즈로 이루어진 몇개의 가닥으로 갈라져 있

그림 10-29. 분기사취(펜실베이니아주의 이리호 연안)
사취는 연안류에 의해 운반되는 모래로 이루어진다. 그로인이 보인다. 그로인에 쌓인 모래로도 연안류가 어느쪽으로 흐르는지 알 수 있다.

는 것이 보통이다. 이러한 사취를 분기사취(分岐砂嘴, recurved spit)라고 한다.

사취가 성장하여 작은 만을 완전히 가로막으면, 이를 만구사주(灣口砂洲, bay-mouth bar) 또는 단순히 사주(砂洲), 사취나 사주 뒤에 생기는 호소를 석호(潟湖)라고 한다. 석호는 동해안에 많다. 그리고 육지에서 뻗어나간 사취가 섬과 연결되면, 이를 육계사주(陸繫砂洲, tombolo), 육지와 이어진 섬을 육계도(陸繫島, land-tied island)라고 한다. 제주도의 성산 일출봉은 전형적인 육계도이다.

파랑을 가로막아 주는 작은 섬이 사빈의 전면에 있으면, 이러한 부위의 사빈은 모래가 다소 많이 쌓여 섬을 향해 약간 돌출하게 된다. 그리고 섬이 가까이에 있으면, 모래가 사빈에서 섬을 향해

그림 10-30. 동해안의 육계도

작은 돌섬이 육지와 연결되었다. 동해안의 육계도 중에는 첨상사취의 발달로 육지와 이어진 것이 많다. 동해시의 추암. -1991

쌓여 나가서 기저부가 넓고 선단부가 뾰족한 사취가 형성된다. 이러한 사취를 첨상사취(尖狀砂嘴, cuspate spit)라고 한다. 첨상사취의 발달로 육지와 이어진 암초나 섬은 동해안의 곳곳에서 볼 수 있다(그림 10-30).

연안사주(沿岸砂洲, offshore island 또는 barrier island)란 사취와는 달리 양쪽 끝이 육지로부터 완전히 분리된 모래섬을 가리킨다. 전형적인 연안사주는 지역적인 해안선과 나란하게 뻗어 있으며, 바닷물이 드나드는 그 뒤의 석호가 좁고 길다. 미국의 지형학자 존슨(D. W. Johnson)의 영향으로 연안사주는 오랫동안 융기해안 또는 이수해안에 발달하는 것으로 알려졌었다. 존슨은 지반의 융기로 바다의 수심이 얕아지고 해저경사가 아주 완만해진 해안의 경우, 쇄파(碎波)가 해안선에서 멀리 떨어진 곳에서 부서진다고 생각했다. 그리고 연안사주는 쇄파대 바깥쪽 해저의 모래가 파랑의 침식을 받아 쇄파대로 운반·집적됨으로써 발달한다고 믿었다.

연안사주는 세계 각지의 해안에서 널리 관찰된다. 그 중에서도 그 발달이 탁월한 곳은 미국의 텍사스주에서 플로리다주에 이르는 멕시코만 연안이다. 특히 텍사스주의 해안평야 전면에는 석호와 바다를 잇는 수로(tidal inlet)로 떨어져 있을 뿐 일련의 연안사주가 300km 이상에 걸쳐 거의 연속적으로 나타난다. 파드르섬·매타고르다섬 등 텍사스주의 연안사주는 후빙기 해면상승과 밀접한 관계가 있는 지형으로 리오그란데강과 콜로라도-브라조스강의 두 삼각주 사이에 형성되어 있다. 이들 하천에서 유출되는 모래는 후빙기의 해면이 상승하는 동안에도 연안류를 따라 수렴·이동하면서 사빈을 이루어 왔다.[12] 그런데 해면상승률이 높게 유지되는 동안에는 사빈이 육지에 계속 붙어 있다가 그것이 크게 낮아진 약 6,000년 전부터는 사빈이 수직적으로 성장해 올라와 섬을 이루게 되었다. 하천의 토사유출량이 일정하게 유지되는 경우, 해면상승률이 낮아지면 사빈으로 공급되는 토사의 양이 증가하는 효과가 발생한다. 그래서 사빈은 해안사구와 함께 제자리를 지키면서 위로 성장, 육지에서 떨어지게 된 것이다.

모든 연안사주의 발달과정이 동일한 것은 아니다. 플로리다주에 속한 멕시코만 연안의 연안사주인 산타로자섬은 후빙기 해면상승이 최후단계에 접어들 때 형성되기 시작했다는 점에서는 텍사스주의 그것과 동일하지만 발달과정이 사취와 유사하다. 산타로자섬의 동쪽 해안에는 플라이스토세층의 해안단구가 길게 노출되어 있으며, 이곳에서 침식된 모래는 연안류를 따라 서쪽으로 흘러가 길이 약 80km의 산타로자섬을 만들어 놓게 되었다. 산타로자섬과 해안

---

12) Kwon, H. J., 1969, *Barrier Islands of the Northern Gulf of Mexico: Sediment Source and Development,* LSU Press, Baton Rouge, Coastal Studies Series, No. 24.

단구 사이에는 멕시코만과 섬 뒤의 석호를 연결하는 수로가 있으나, 이러한 수로는 연안류에 의한 모래의 흐름에 큰 지장을 주지 않는다.

낙동강삼각주 전면의 여러 '등'도 전형적인 연안사주에 속한다(그림 4-34, 125쪽). 이곳의 연안사주는 낙동강에서 유출된 모래를 파랑이 육지쪽으로 밀어붙임으로써 형성된 것인데, 삼각주의 성장과 관련되어 있다.

석 호 강원도의 동해안에는 강릉의 경포, 속초의 청초호와 영랑호, 고성의 화진포를 비롯하여 크고 작은 석호(潟湖, lagoon)가 많다. 이들 석호도 후빙기 해면상승으로 해안이 침수되는 과정에서 형성되었다. 즉 해안이 침수됨에 따라 하곡 중심의 낮은 곳이 만으로 변하고, 만의 전면에 사취 또는 사주가 발달하여 석호가 생기게 된 것이다. 석호로 유입하는 하천은 일반적으로 극히 작다. 따라서 석호는 빨리 매립되지 않고 오래 유지될 수 있다. 강릉 남대천, 연곡천 등과 같은 비교적 큰 하천의 하류에는 충적지의 발달로 처음부터 석호가 생길 수 없었다.

동해안의 석호는 거의 담수호(淡水湖)이다. 속초의 청초호는 어항의 관리를 위해 수로를 넓게 터 놓아 바닷물이 들어와 있다. 동해안의 석호는 좁은 수로를 통해 물이 바다로 흘러 나가기만 하는데, 파랑이 모래를 밀어붙여 수로의 입구가 자주 막혀버린다. 석호의 수위가 높아지면 수로가 다시 뚫리지만 우기에 들어서도 물이 잘 빠지지 않으면, 석호 주변의 농경지는 수해를 면치 못한다. 경포에서는 수로가 막히지 않도록 이를 넓히고 해안에서 바다로 내다 설치해 놓은 둑과 같은 구조물(jetty)을 볼 수 있다.

석호는 안면도와 그밖의 서해안에서도 볼 수 있다. 서해안은 조차가 커서 석호의 형태가 동해안의 것과는 전혀 다르다. 밀물 때는 바닷물이 들어오지만 썰물 때는 바닥이 드러나 우리 눈에 호소로 들어오지 않는다. 그러나 수로의 입구에 사취가 형성되어 있어 석

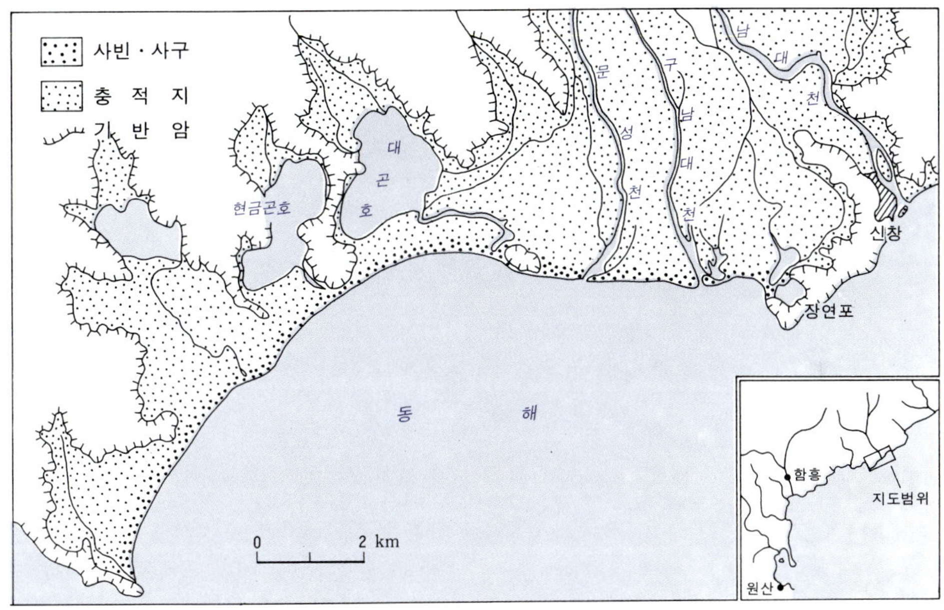

그림 10-31. 동해안의 해안충적평야와 석호

남대천 · 문성천과 같은 큰 하천의 하류에는 충적평야가 발달했다. 대곤호 · 현금곤호 등의 석호로 유입하는 하천은 작다. 석호와 바다를 연결하는 수로의 입구가 막혀 있다.

호의 조건을 충분히 갖추었다. 이러한 석호는 간척하기가 쉬워서 근래 대부분 농경지로 개발되었다. 서해안에서는 간척과 관계없이 오래 전에 자연상태에서 매립된 석호 자리들도 볼 수 있다. 해안사구 뒤에 나타나는 이러한 곳은 논으로 이용되며, 논 밑에는 '개흙'이 묻혀 있다.

간 석 지

단순히 '갯벌'이라고도 불리우는 간석지(干潟地, tidal mud-flat)는 조차가 큰 해안에 넓게 형성되는 해안퇴적지형으로서 밀물 때는 물에 잠기고 썰물 때는 물 위로 드러난다. 서해안과 남해안에는 뻘(mud)로 이루어진 전형적인 갯벌이 많다. 이러한 갯벌은 지면이

그림 10-32. 간석지와 갯골
하도를 겸하는 갯골로 썰물 때의 상황이다. 검게 보이는 지면이 염생습지이다. 이곳의 간석지는 바깥에서 들어온 '뻘'로 이루어졌다. 시화방조제의 건설로 바닷물이 드나들지 않게 되었다. 화성군 야목. -1972

극히 평평하며, 밀물과 썰물이 교체될 때 물이 조용히 흘러 들어왔다가 빠져 나간다. 뻘은 조류(潮流)에 의해 운반되다가 수면이 잔잔한 해안에 주로 쌓인다. 전형적인 갯벌은 섬 뒤의 해안이나 육지로 깊숙하게 들어온 만에 분포한다.

모든 간석지가 뻘로만 이루어진 것은 아니다. 간석지 중에는 모래와 자갈에 뻘이 섞인 것도 있다. 파랑의 작용이 다소 활발한 해안 또는 뻘의 유입이 적은 해안의 간석지 퇴적물에는 일반적으로 모래와 자갈이 많이 포함되어 있다. 이러한 간석지는 넓지 않고, 대개 바지락과 굴의 어장이나 양식장으로 이용된다.

우리나라에서 간석지가 가장 넓게 발달한 곳은 경기만이다. 경기만은 해안선의 출입이 심하고 섬이 많은 데다가 한강·임진강·예성강 등 큰 강이 유입한다. 금강~변산반도 사이의 해안과 영산강 하구 일대의 해안에도 간석지가 광범하게 분포한다. 이들 하천은 홍수시에 다량의 토사를 운반하는데, 그 중에서 모래와 같은 조립물질은 하구를 중심으로 쌓여 사질(砂質) 간석지, 뻘과 같은 미립물질은 조류에 의해 운반되다가 수면이 비교적 잔잔한 해안에 쌓여 점토질(粘土質) 간석지를 이루어 놓는다.

경기만에서도 작은 하천의 하구에는 조류를 따라 바다에서 들어오는 뻘이 하천이 유출하는 토사보다 훨씬 많아 점토질 간석지가 발달한다. 이러한 경우 간석지에 뚫려 있는 물길은 유역분지의 지표수 유출로로서보다는 바닷물이 드나드는 갯골(tidal channel)의 역할을 주로 한다(그림 10-32). 황해(黃海)는 글자의 의미 대로 누런 바다라고 알기 쉽다. 그러나 조류가 활발하게 드나드는 만이나 하구 중심의 얕은 바다만 물이 누렇고, 태안반도나 변산반도와 같이 바다로 돌출한 해안이나 육지에서 멀리 떨어진 섬의 바닷물은 맑은 편이다.

만이나 후미진 해안의 점토질 간석지는 뻘이 쌓임에 따라 점점 넓어지는 동시에 높아진다. 그래서 어선이 드나들던 갯골이 뻘의 퇴적으로 좁혀지고 얕아져서 어항이 쇠퇴하거나 폐쇄되기도 한다. 줄포만의 줄포(茁浦)와 곰소에서 그러한 예를 볼 수 있다. 일반적으로 간석지의 지면은 안쪽이 높고 바깥쪽이 낮다. 지면이 높아져서 바닷물의 침입횟수가 줄어들면, 퉁퉁마디·나문재·수송나물·해송나물 등 염생식물(鹽生植物)이 정착하기 시작하고, 사리 때만 바닷물이 들어올 정도로 높아지면, 염생식물이 밀생하게 된다. 이러한 갯벌을 염생습지(鹽生濕地, salt marsh)라고 한다. 염생습지는 서해안과 남해안에 넓게 발달되어 있었으나(그림 10-33), 일제강점기부터 대대적인 간척사업이 곳곳에서 추진되어 지금은 거의 사라졌다. 염생습지는 간척의 최적지이다.

농경지의 개발을 목적으로 간척사업을 계획할 때 과거에는 충

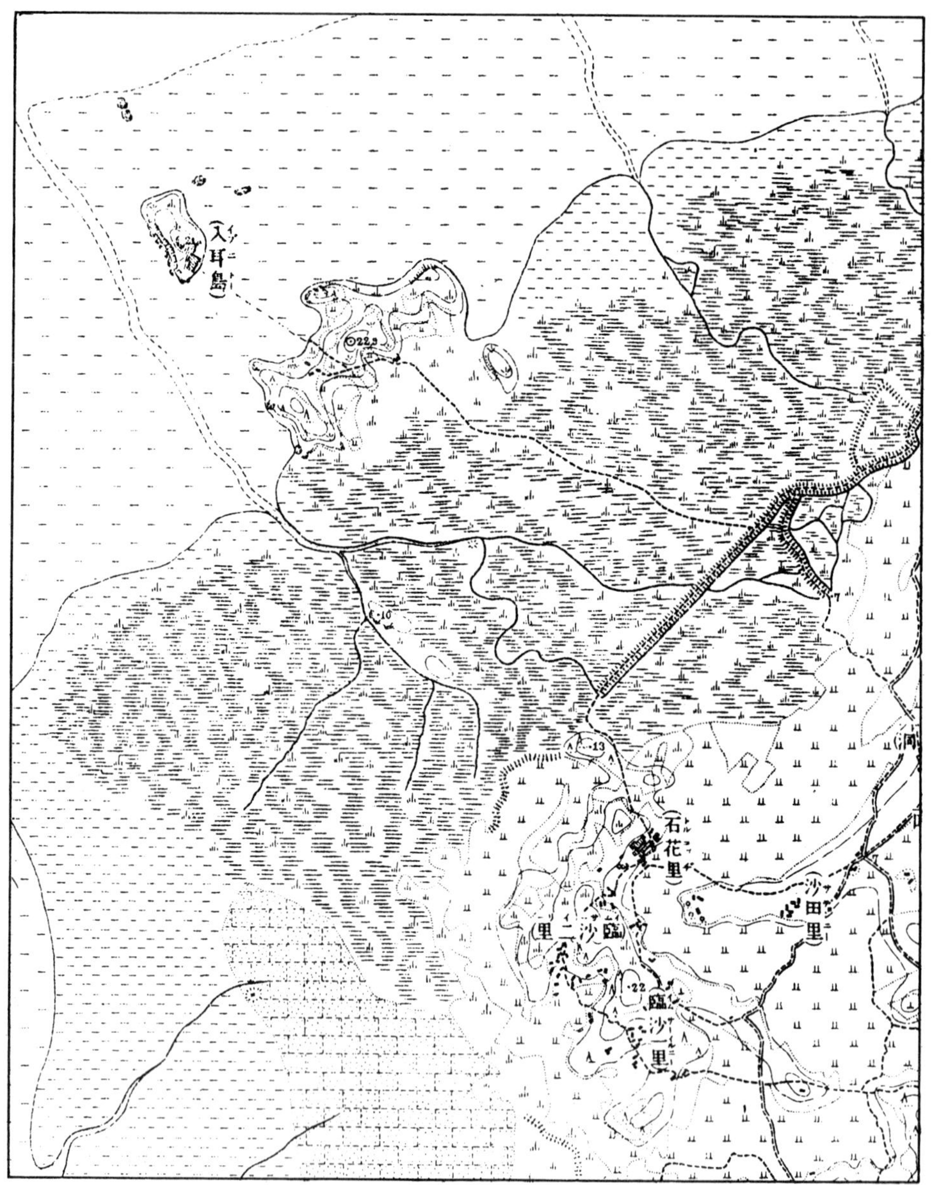

그림 10-33. 금강하구 남쪽 해안의 간석지

그림의 간석지는 1920년대 초에 거의 전부 논으로 간척되었다. 염생습지(습지 기호)와 염전(벽돌무늬 기호)이 넓게 분포한다. 그밖의 두 부분은 높이에 따라 다르게 표시되었다. 1916년 측도 1 : 50,000 지형도.

분한 농업용수의 확보가 필수적 조건으로 존중되었다. 그러나 특히 1980년대 이후에는 세계에서 유례가 없을 만큼 간척사업이 초대형화하여 천수만·시화지구·영암만·새만금 등에서 보는 것처럼 심지어 썰물 때 바닥이 드러나지 않는 바다까지도 간척의 대상이 되어 왔다. 이러한 간척사업은 막강한 중장비의 동원으로 가능하게 되었는데, 이들 지역에서는 모두 용수문제를 간척지 안에 거대한 담수호(淡水湖)를 조성하여 해결하고 있거나 그렇게 하려고 시도하고 있다. 그러나 하천으로부터 유입되는 담수가 극히 적거나 그 확보가 어렵기 때문에, 이들 간척지의 담수호는 생활하수와 공장폐수가 유입하지 않는다고 하더라도 썩기 쉽다.

간석지는 바다의 각종 생물이 서식·번식하는 장소로서 어민들에게는 중요한 생활터전이다. 간석지는 농토로 개발·이용할 때보다 어장으로 놓아 두어야 생산성이 훨씬 높다는 주장도 끊임없이 제기되고 있다. 뿐만 아니라 동식물을 포함한 간석지의 생물은 오염된 수질을 정화하는 기능이 출중하다. 네덜란드는 바다보다 낮은 땅이 많기로 유명하다. 이러한 땅은 일반적으로 간척사업에 의해 조성되었다고 알려진 것 같다. 그러나 네덜란드인들은 인위적으로 땅을 조성하지 않았다는 것을 자랑으로 내세운다. 중세부터 라인강과 이보다 작은 여러 하천에 의한 삼각주의 습지에 제방을 쌓고 농사를 짓다보니 땅이 점차 낮아졌다는 것이다. 폴더(polder)의 땅은 삼각주의 습지를 이용하는 과정에서 퇴적층의 치밀화와 지반의 침하에 의해 해면보다 낮아지게 된 것이다.

10. 5
산 호 초

산호초(珊瑚礁, coral reef)는 태평양의 열대해역에 많다. 산호는 바닷물에 서식하는 산호충의 유해가 쌓여 만들어진 것이고, 산호로 이루어진 암초인 산호초 중에는 숲이 우거지고 인간이 거주하는 섬도 있다. 산호충 이외에 석회조류·복족류·극피동물·유공충·연체동물 등도 산호초의 형성에 기여한다. 그러나 산호초의 골격을 구성하는 것은 산호이고, 산호와 산호 사이의 공간만 다른 유기물이나 비유기물 기원의 쇄설물로 채워져 있다.

산호충은 광선을 필요로 하여 수심 10m 미만의 맑은 바닷물에서 왕성하게 번식한다. 그리고 산소를 필요로 하여 바닷물이 요동하는 해안이 서식장소로 적합하다. 또 산호초가 성장하려면 암반이 있어야 한다. 이러한 조건들이 갖추어진 곳은 섬 또는 헤드랜드의

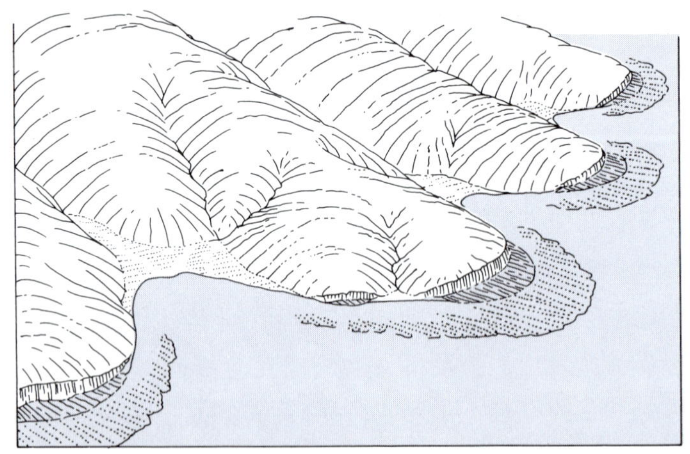

그림 10-34. 안초
안초는 열대지방의 해안 중에서도 맑은 바닷물이 요동하는 해안에 발달한다. 만조시에는 물에 잠기고 간조시에는 물 위로 드러난다.

그림 10-35. 보초
산호초 뒤로 섬(화산도)이 보인다. 산호초에 작은 섬들이 형성되어 있고, 이들 섬은 숲으로 덮여 있다.

해안이다(그림 10-34).

산호초의 기본유형은 안초·보초·환초의 세 종류로 나뉜다. 안초(岸礁, fringing reef)는 육지의 암반에 선반처럼 붙어 있는 산호초이다. 만조와 간조가 교체될 때 바닷물에 잠겼다가 노출되는 부분은 표면이 거칠지만 아주 평평하며, 이를 초원(礁原, reef flat)이라고 한다. 초원의 너비가 수백 미터에 이르는 것도 있다.

보초(堡礁, barrier reef)는 석호를 사이에 두고 육지에서 떨어진 산호초이다(그림 10-35). 석호의 너비는 수십 미터에 불과한 것도 있고 10km를 넘는 것도 있으며, 수심은 산호충이 정착할 수 없을 만큼 깊다. 열대 태평양에는 타히티를 비롯하여 보초로 에워싸인 섬이 많다. 오스트레일리아 북동해안의 대보초(大堡礁, Great

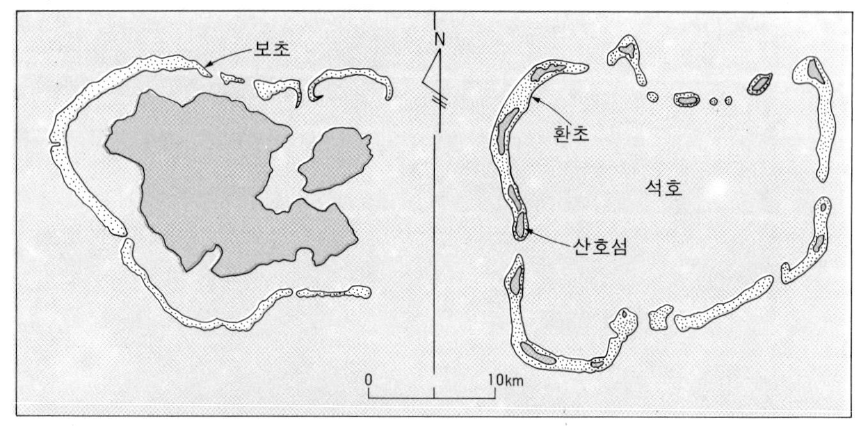

그림 10-36. 보초와 환초

보초와 환초의 실제 모습을 보여준다. 왼쪽 그림은 남태평양의 캐롤라인제도에 속한 보초(Vanikoro Island)이고, 오른쪽 그림은 인도양의 샤고스제도에 속한 환초(Peros Banhos Atoll)이다.

Barrier Reef)는 길이가 2,000km에 이르며, 초원의 너비가 1km나 되는 곳도 있다. 환초(環礁, atoll)는 가운데에 육지가 없고 석호만 있는 것이다. 환초는 동그란 반지에 비유되나 실제 모양은 상당히 불규칙하다(그림 10-36).

이밖에 산호초 중에는 환초에 가깝지만 석호 안에 화산 기원의 작은 섬이 있는 것, 석호가 없이 거대한 산호초의 덩어리로 나타나는 것, 바다 밑에 깊이 잠겨 있는 것 등 여러 가지가 있다.

안초 · 보초 · 환초의 모양을 서로 비교하면, 이것들 사이에 어떤 관계가 있는 것처럼 보인다. 이 점에 착안하여 화산도(火山島)를 중심으로 그 발달과정을 설명한 사람은 비글호로 세계를 일주하고 진화론을 제창한 다윈(C. Darwin)이다. 침강설(沈降說)이라고 알려진 그의 학설에 의하면 화산도의 해안에 처음 발달하는 것은 안초이다. 태평양에는 화산도가 많으며, 대양의 화산도는 일반적으로 서서히 침강한다. 산호충은 화산도가 침강하는 동안에도 번식한다. 때문에 산호초는 해면 높이를 유지하면서 수직적으로 성장하고, 결국 안초는 화산도에서 점차 분리되어 보초로 변한다. 그리고 보초

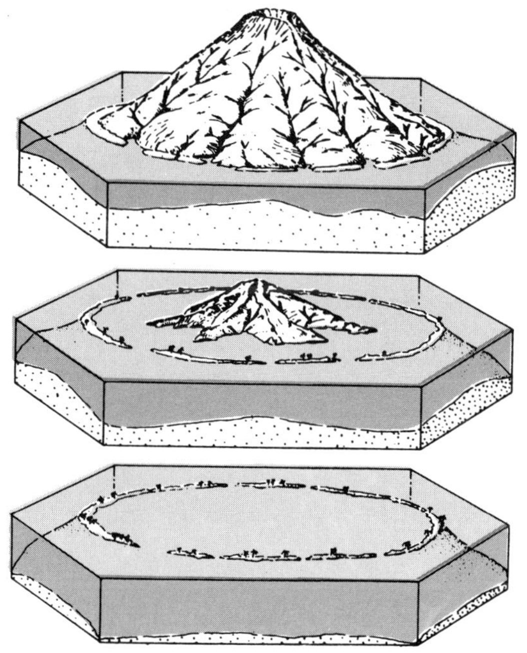

그림 10-37. 침강설에 의한 환초의 발달
화산도의 주변해안에 최초로 발달하는 안초는 화산체가 침강함에 따라 보초를 거쳐 환초로 변한다. 다윈의 침강설을 그림으로 나타낸 것이다. 환초는 남태평양에 많다.

안의 섬이 완전히 물 밑으로 가라앉으면 환초만 남게 된다.

보초 뒤의 섬에 해식애가 형성되어 있지 않고, 섬의 해안선에 출입이 나타난다는 점은 다윈의 침강설을 뒷받침해 준다. 나아가 일부 산호초는 뿌리가 대단히 깊다는 사실이 밝혀짐에 따라 그의 학설은 더욱 지지를 받게 되었다. 호놀루루 부근에서는 약 390m의 깊이에서 산호암석이 채취되고, 마샬군도의 에니웨토크환초(Eniwetok Atoll)에서는 화산체의 암석이 1,500m 이상의 깊이에 있음이 확인되기도 했다. 그러나 이러한 증거에도 불구하고 침강설만으로는 오스트레일리아 북동 해안의 대보초가 어떻게 형성되었는지 설명하기가 어렵다.

다윈의 침강설에 반대되는 학설로는 1930년대에 제기된 댈리

(R. A. Daly)의 빙하제약설(氷河制約說)이 있다. 펜크(A. Penck)가 19세기 말에 제시한 하나의 간접적인 가설에 기초한 이 학설에서는 산호초의 발달을 빙하성 해면운동과 관련지워 설명했다. 펜크는 많은 석호의 수심이 상당히 균일한 것으로 보고, 이것을 빙기에 해면이 지금보다 100～200m 낮았을 것이라는 데 대한 증거로 제시한 바 있다. 빙하제약설의 주요 내용은 ① 환초와 보초의 석호는 수심이 80～90m를 넘는 경우가 드물 정도로 상당히 균일하며, ② 빙기에는 세계적으로 해수의 온도가 낮아진 동시에 해면의 하강으로 과거에 파랑이 닿지 않던 해저의 뻘이 요동되고 해수가 혼탁해져서 산호충이 죽었고, ③ 또한 빙기에는 산호초가 붙어 있던 해안이 파식을 받음에 따라 낮아진 해면을 기준으로 많은 섬의 정상부가 절단되거나 섬 주변에 파식대가 형성되었으며, ④ 간빙기 또는 후빙기에는 해면이 상승하는 동시에 해수가 따뜻해지고 맑아져서 수면 밑에 잠긴 파식대의 형태에 따라 환초나 보초가 형성되었다는 것 등이다. 즉 산호충은 파식대의 가장자리에 정착하며, 해면상승과 더불어 산호초가 위로 성장하여 정상부가 절단되어 전체가 파식대로 변한 섬에는 환초, 파식대로 둘러싸인 섬에는 보초가 발달하게 되었다는 것이다.

실제로 산호초가 빙하성 해면운동의 영향을 받은 흔적은 여러 면에서 관찰된다. 그러나 댈리의 빙하제약설은 반박을 많이 받는다. 반론의 주요 내용은 ① 파식대 중에는 빙기에 파식만으로 형성되었다고 보기에 너무 넓은 것들이 있으며, ② 석호의 수심이 그가 주장한 것처럼 그렇게 균일하지 않고, ③ 빙기에 바닷물의 수온과 혼탁도가 그가 생각한 것처럼 열대해역에서는 효과적일 수 없었다는 것 등이다. 오늘날 다윈의 침강설은 정설로 인정을 받는다. 그럼에도 불구하고 특히 환초의 발달과정은 그렇게 간단하지 않을 것이라는 견해도 만만치 않은 것 같다.

10.6
해안선의 분류

해안 또는 해안선의 분류방법에는 여러 가지가 있지만 어느 것이나 그렇게 만족스럽지는 못하다. 현재의 해안 중에는 단순한 형태의 것이 적고, 더욱이 대부분의 해안은 제4기의 해면승강운동으로 복합적 성격을 띠게 되었기 때문이다.

미국의 지형학자 존슨(D. W. Johnson)의 분류는 처음으로 제시되고, 내용 또한 간단하여 오랫동안 많이 인용되었다. 이에 따르면 해안선은 다음과 같이 네 유형으로 나뉜다.

(1) 침수해안선(浸水海岸線, shorelines of submergence)
(2) 이수해안선(離水海岸線, shorelines of emergence)
(3) 중성해안선(中性海岸線, neutral shorelines)
(4) 복합해안선(複合海岸線, compound shorelines)

이 분류에 따르면 침수해안선은 지반의 침강에 의해 형성된 것이고, 리아스식 해안선(ria shoreline)과 피요르드해안선이 이에 속한다. 그리고 이수해안선은 지반의 융기로 해저가 해면 위로 올라옴으로써 발달하며, 그 특색은 침수해안선과는 달리 해안선이 극히 단조롭다는 것이다. 중성해안선은 지반의 침강이나 융기와 관계가 없는 것으로 삼각주해안선, 충적평야해안선, 빙하성유수평야해안선, 화산해안선, 산호초해안선, 단층해안선이 이에 포함된다. 복합해안선은 지반의 침강과 융기에 기인하는 지형적 특색을 함께 보여주는 해안선이다.

우리나라에서는 오랫동안 존슨의 분류방법에 따라 동해안을 이수해안, 서해안을 침수해안이라고 일컬어 왔다. 그러나 존슨의 분류를 실제의 해안에 적용하는 데는 많은 어려움이 있다. 동해안과 마찬가지로 세계 대부분의 해안은 이수에 의한 지형과 침수에 의한 지형을 함께 갖추고 있으며, 존슨이 지적한 대로 가장 특징적인 지형을 중요시한다고 하더라도 후빙기 해면상승에 의한 침수해안에 속한다. 존슨의 분류는 해면이 고정되어 있다는 전제하에서 고안된 것이기 때문에 근본적인 결함을 지니고 있다.

뉴질랜드의 지형학자 코튼(C. A. Cotton)은 지각변동이 해안지형의 발달에 미치는 영향을 중요시하여 해안을 안정지역(stable region)의 것과 불안정지역(unstable region)의 것으로 크게 구분했다. 안정지역이란 제4기에 지각변동의 영향을 받지 않은 지역, 불안정지역이란 이 기간에 그 영향을 받았거나 아직 받고 있는 지역을 가리킨다. 이 두 지역의 해안은 모두 후빙기 해면상승의 영향을 받았다는 점을 그는 인정했다. 그러나 2차분류에서는 국지적인 지각변동에 의해 그 영향이 증폭되거나 상쇄될 수 있다는 점을 지적하면서 그는 다음과 같이 분류했다.

(1) 안정지역의 해안: 이들 해안은 모두 후빙기에 침수되었다.
  ① 후빙기의 침수에 의한 지형이 탁월한 해안
  ② 과거의 이수현상과 관련된 지형이 탁월한 해안
  ③ 기타 해안(피요르드해안, 화산해안 등)

(2) 불안정지역의 해안: 이들 해안은 후빙기 해면상승 이외에 지반의 융기 또는 침강의 영향을 받았다.
  ① 침수의 영향이 지반의 융기에 의해 상쇄되지 않은 해안
  ② 근래의 지반운동으로 이수현상이 나타나는 해안
  ③ 요곡 및 단층해안
  ④ 기타 해안(피요르드해안, 화산해안)

이상과 같은 코튼의 분류는 존슨의 복합해안선에 중점을 두고 시각적으로 우세하게 나타나는 지형에 의거하여 이수해안과 침수해안을 구분한 것이 특색이다.

미국의 해양지질학자 셰퍼드(F. P. Shepard)는 비해양성기구

(non-marine agencies)와 해양성기구(marine agencies)에 의해 형성된 지형 중에서 어느 것이 탁월한가에 따라 해안을 분류했다. 앞의 것은 1차적 해안, 뒤의 것은 2차적 해안이라고 규정한 다음 그 밑에 다수의 하위분류를 두었는데, 그 내용은 다음과 같다.

(1) 주로 비해양성기구에 의해 그 형태가 결정된 해안
  ① 육상침식에 의해 형성된 후 침수된 해안(리아스식 해안, 피요르드해안, 침수카르스트해안)
  ② 육상퇴적에 의해 형성된 해안(삼각주해안, 선상지해안, 퇴석해안, 사구해안)
  ③ 화산활동에 의해 형성된 해안(용암류해안, 화산폭발에 의한 凹형해안)
  ④ 지각변동에 의해 형성된 해안(단층해안, 요곡해안)
(2) 주로 해양성기구에 의해 그 형태가 결정된 해안
  ① 해양성 침식에 의해 형성된 해안(절벽해안)
  ② 해양성 퇴적에 의해 형성된 해안(사주해안, 사빈평야해안, 갯벌해안)
  ③ 동식물에 의해 형성된 해안(산호초해안, 패각초해안, 맹그로우브해안, 마시(marsh)해안)

셰퍼드의 분류에서 가장 문제가 되는 점은 1차적 해안이 해양성기구에 의해 얼마나 변형되어야 2차적 해안이 되는지 분명하지 않다는 것이다. 그리고 많은 해안은 하나 이상의 하위분류에 속할 뿐만 아니라 기본분류에서도 겹칠 수 있다. 예를 들면 사주해안의 경우 사주는 파랑이나 연안류와 같은 해양성기구에 의해 형성되는 것으로 설명하고 있지만 그 표면은 바람에 의해 형성된 사구로 덮여 있다. 그리고 사빈의 전면에 갯벌이 분포하는 해안도 있다. 따라서 셰퍼드의 분류는 세밀하지만 하나의 해안을 분류할 때는 주관이 개입되기 쉽다.

이밖에도 여러 분류방법이 있다. 그러나 점이적인 지형이 자연

상태에서는 수없이 나타나므로 분류의 기준과 방법이 아무리 세밀할지라도 만족스럽지 못한 부분이 있게 마련이다. 뿐만 아니라 분류방법이 너무 세밀하면 원래의 목적에서 벗어나기 쉽다.

제11장 퇴적암층의 지형

이 장의 개요

제10장까지에서는 풍화작용과 매스무브먼트를 위시하여 유수·빙하·바람·파랑·조석 등의 기구에 의해 형성되는 지형들을 살펴보았다. 이 장에서부터는 퇴적암층의 구조를 반영하는 지형과 단층·화산활동 등에 의해 형성되는 지형들을 다루었다. 이러한 지형들은 구조지형(構造地形)으로 구분되기도 한다.

알프스·히말라야·로키·안데스 등 세계적인 대산맥은 모두 습곡산맥이다. 이들 습곡산맥은 모두 지향사(地向斜)에 쌓인 두꺼운 퇴적암층이 두 지판(地板) 사이에서 강력한 압축작용을 받아 형성된 것이다. 퇴적암층이 압축작용을 적게 받으면 정습곡, 최대로 받으면 횡와습곡이 형성된다. 습곡산지의 중심부에서는 횡와습곡에 의해 거대한 암체가 횡적으로 수십 킬로미터씩이나 멀리 이동한 것을 볼 수도 있다. 그리고 습곡산지가 침식을 받아 해체될 때는 격자상 하계망이 발달하는 한편 기복의 역전현상이 일어난다.

습곡산지의 주변에는 수평상태를 유지하거나 완만하게 한쪽으로 기울어진 지층이 나타나며, 메사·뷰트·케스타 등은 지층의 암석들이 풍화와 침식에 대한 저항력에서 차이를 보이기 때문에 발달하는 지형이다.

사암·석회암·셰일은 가장 흔한 퇴적암이다. 일반적으로 사암층에는 급경사의 사면 또는 절벽, 셰일층에는 완경사의 사면이 형성된다. 건조지역에서는 특히 지층의 구조가 지표의 기복에 예민하게 반영된다.

▲ **침니록** 뷰트가 침식을 더욱 받으면 굴뚝 모양의 돌기둥인 침니록(chimney rock)으로 변한다. 미국 유타주에 속한 모뉴먼트밸리(Monument Valley)의 것으로 '토템폴'이라는 이름이 붙여졌다.

11. 1

퇴 적 암

퇴적암(堆積岩, sedimentary rock)은 대부분 토사가 바다나 호소에 쌓여 이루어진 암석이다. 그래서 한때는 이를 수성암(水成岩)이라고 불렀다. 퇴적암 중에는 육지에서 형성된 것도 있다. 두꺼운 퇴적암층은 수많은 지층(地層, strata)으로 이루어졌고, 각 지층을 나누는 경계면을 성층면(成層面, bedding plane)이라고 한다. 일련의 지층이 서로 구분되는 것은 퇴적물이 쌓인 시기와 퇴적물의 성질이 다르기 때문이다.

퇴적암은 퇴적물의 성질에 따라 여러 종류로 나뉘는데, 풍화와 침식에 대한 저항력이 각기 다르다. 퇴적암의 저항력은 퇴적암을 구성하고 있는 암설 또는 광물의 성질, 교결물질, 절리 등에 의해 결정된다. 광물의 경도는 퇴적암의 저항력과 밀접한 관계가 있으나 항상 그러한 것은 아니다. 석회암(石灰岩)은 주로 모스경도(Mohs scale)[1]가 3에 불과한 방해석으로 이루어져서 약하다. 그러나 침식에 대한 암석의 저항력은 상대적이어서 석회암은 사암(砂岩)보다 약하지만 셰일(shale)보다는 강하다.

사암 · 석회암 · 셰일은 가장 흔한 퇴적암이다. 사암은 주로 석영질 모래로 이루어졌고, 모든 퇴적암 중에서 침식에 가장 강하다. 석영은 모스경도가 7이고, 화학적으로도 안정한 광물이다. 사암은 또한 공극률이 높아 빗물의 지표유출에 의한 침식을 지연시킬 수도 있다. 사암층은 어떤 환경에서나 경암층으로 작용한다. 그러나 사암 중에서도 어떤 것은 침식에 약하다. 석회성분의 물질로 교결

---

1) 광물의 단단한 정도, 즉 경도(硬度)를 측정하는 하나의 기준으로 그 등급은 1 활석, 2 석고, 3 방해석, 4 형석, 5 인회석, 6 정장석, 7 석영, 8 황옥, 9 강옥, 10 다이아몬드로 되어 있다.

된 사암이나 장석 모래를 많이 포함한 사암이 그러하다.

석회암은 탄산가스를 포함한 물에 잘 용해되지만 습윤지역에서도 경암층의 구실을 하는 예가 흔하다. 파리분지 주변의 케스타나 나이애가라폭포가 바로 석회암층에 형성되어 있다. 셰일은 물리적으로 약해서 쉽게 부서지며, 투수율이 아주 낮아 빗물의 지표유출에 의한 침식을 잘 받는다.

두꺼운 퇴적암층에서는 일반적으로 침식에 강한 지층과 약한 지층이 번갈아 나타나며, 건조지역에서는 퇴적암층의 경연(硬軟)이 지형에 예민하게 반영된다.

11.2 습곡과 습곡산지

습곡산지 퇴적암층 또는 지층은 퇴적물이 쌓여 만들어지는 암석이므로 애초에는 수평구조를 가지게 된다. 습곡(褶曲, folding)이란 이러한 지층에 잡힌 주름을 가리키고, 지층에 주름을 잡아 놓은 힘을 횡압력(橫壓力)이라고 부른다. 주름의 정도는 횡압력의 강도를 보여주는 것인데, 판구조론(板構造論)이 확립되기 이전까지는 지각의 표층에서 횡적으로 작용하는 그와 같은 힘이 어떻게 발생하는지 설명하기가 어려웠다.

알프스·히말라야·로키·안데스 등 세계적인 대산맥은 모두 습곡산맥으로 지금도 지각변동을 활발하게 겪고 있다. 이들 산맥은 신생대(新生代)에 들어와 형성되어 신기습곡산맥(新期褶曲山脈)이라고 불리운다. 미국의 애팔래치아산맥이나 러시아의 우랄산맥도 습곡산맥이지만 앞의 것들보다는 고도가 낮고 험준하지도 않다. 이들 산맥은 고생대(古生代)에 형성된 이후 침식을 많이 받았으며, 고기습곡산맥(古期褶曲山脈)이라고 불리운다.

그림 11-1. 지층의 습곡(횡와습곡)
습곡은 지향사가 조산운동을 받을 때 형성된다. 압축작용을 심하게 받아 습곡축이 가로눕게 되었다. 펜실베이니아주의 애팔래치아산맥.

습곡산지의 퇴적암층은 해저의 지향사(地向斜)에서 쌓인 것으로 두께가 보통 수천 미터에 이른다. 지각은 각기 다른 방향으로 천천히 움직이고 있는 여러 개의 지판(地板)으로 갈라져 있다. 이들 지판은 분열되기도 하고 충돌하기도 하는데, 습곡산지는 서로 충돌하는 두 지판 사이에서 지향사가 압축작용을 강력하게 받음으로써 형성된 것이다(제14장 참조). 신기습곡산맥은 오늘날의 조산대(造山帶)로서 현재 두 지판이 충돌하는 곳을 따라 솟아 있고, 지층의 주름은 두 지판이 충돌하는 과정에서 발생하는 횡압력에 의해 잡힌 것이다.

습곡의 종류 지층의 주름에서 위로 올라간 부분은 배사(背斜, anticline), 아래로 내려간 부분은 향사(向斜,

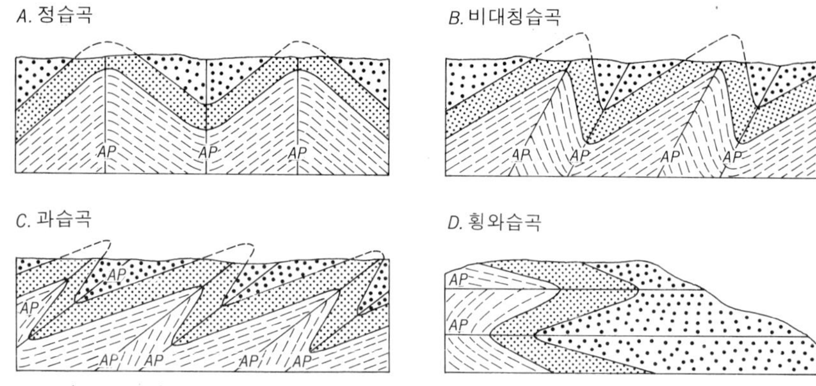

그림 11-2. 습곡의 종류

습곡은 압축작용을 받은 정도에 따라 여러 종류로 나뉜다. 습곡현상은 퇴적암층에서 주로 일어나며, 퇴적암층은 조산대의 중심부에 가까울수록 압축작용을 강력하게 받아 주름이 심하게 잡힌다.

syncline)라고 부른다. 석유는 배사구조를 가진 사암층에 매장되어 있다. 배사와 향사는 이어져 있으며, 그 사이의 경사진 부분을 윙(wing 또는 limb), 배사와 향사에서 일련의 지층이 가장 많이 구부러진 부분을 연결한 면을 습곡축면(褶曲軸面)이라고 한다. 습곡축(褶曲軸)은 습곡축면과 어느 한 지층이 교차하는 선이다.

습곡은 습곡축면의 경사에 따라 몇가지로 구분된다. 정습곡(正褶曲, normal fold) 또는 대칭습곡(對稱褶曲, symmetrical fold)은 습곡축면이 수직이고 배사부 양쪽 윙의 지층이 동일한 정도로 기울어진 것을 가리킨다. 이것은 횡압력을 강력하게 받지 않은 지역, 즉 조산대의 중심부에서 벗어난 지역에 나타난다. 알프스산맥 바로 북서쪽의 쥐라산맥에서 전형적인 예를 볼 수 있다. 이와는 달리 습곡축면이 한쪽으로 기울어지고, 배사부 양쪽 윙의 지층이 서로 반대쪽을 향해 있으나 경사가 다른 것은 비대칭습곡(非對稱褶曲, asymmetrical fold)이라고 한다.

습곡축면이 이보다 더 많이 기울어지면, 과습곡(過褶曲, overturned fold)이나 횡와습곡(橫臥褶曲, recumbent fold)이 된다. 과습곡이란 배사부 양쪽 윙의 지층이 동일한 방향으로 기울어진 습

그림 11-3. 침강습곡지층의 산릉
산릉이 Z자 모양으로 형성되어 있다. 습곡축이 오른쪽으로 완만하게 기울어졌다. 펜실베이니아주 Hollidaysburg 남쪽의 Loop Mountain.

곡, 횡와습곡이란 습곡축면이 아예 수평으로 가로누운 습곡을 가리킨다. 과습곡과 횡와습곡은 압축작용을 강력하게 받은 조산대의 중심부에서 형성된다.

횡와습곡 중에는 단층과 겹부되어 엄청난 규모로 발달하는 것이 있어 주목된다. 알프스산지에서는 횡와습곡에 의해 원래의 위치에서 1km 이상 횡적으로 이동한 암체(岩体)들을 볼 수 있는데, 이를 냅프(nappe)라고 한다(제12장 참조). 대규모의 횡와습곡에서는 암체의 수평적인 이동거리가 수십 킬로미터에 이르기도 한다. 냅프의 암체는 일반적으로 개석을 받아 근원부와 단절되어 있고, 냅프의 지층으로 이루어진 고립 산봉우리를 클립프(klippe)라고 한다(그림 12-5, 387쪽). 대표적인 예로 스위스의 마테호른(Matterhorn)

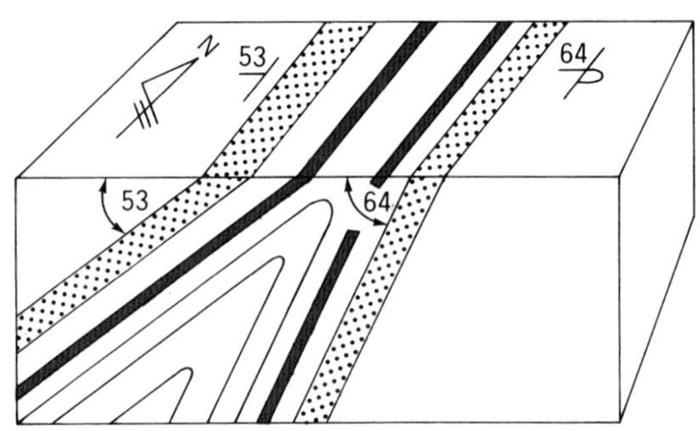

그림 11-4. 지층의 주향과 경사
지층의 주향(走向)과 경사를 기록하는 방법이 그림의 윗면에 나타나 있다. 지질도에서 이와 같은 방법이 사용된다.

이 꼽힌다. 지층의 순서가 뒤바뀌어 클립프의 암체 밑에는 대개 연대가 어린 지층이 깔려 있다.

습곡축이 수평을 유지하지 않고 한쪽으로 기울어진 것은 침강습곡(沈降褶曲, plunging fold)이라고 한다. 침강습곡구조가 침식을 받아 잘릴 때는 Z자 모양의 산릉이 발달한다. 그림 11-3이 보여주는 산릉은 애팔래치아산맥 연변의 사암층에 형성된 것으로 여기서는 습곡축이 오른쪽으로 완만하게 기울어졌다.

한편 습곡작용과는 관계가 없으나 한 지점을 중심으로 지층이 볼록하게 융기하면 돔(dome)이 형성된다. 수평지층은 마그마가 관입할 때 볼록하게 융기하는 것이 보통이다. 병반돔(餠盤—, laccolithic dome)이란 지하 깊은 곳에서 지표 가까이로 올라온 마그마가 지층과 지층 사이의 성층면을 따라 옆으로 퍼져 볼록렌즈 모양의 화성암체를 이룰 때 그 위에 있는 지층이 들어올려져 형성되는 돔을 가리킨다.

지층의 모습은 주향과 경사로 기술한다. 주향(走向, strike)은 지층과 수평면이 교차하는 선의 방향, 경사(傾斜, dip)는 지층과 수평면간의 각도로서 표시한다(그림 11-4).

11. 3

습곡산지의 개식

습곡지층의 절리와 침식 지층이 횡압력을 받아서 구부러질 때는 부위에 따라 팽창하거나 수축한다. 하나의 두꺼운 지층이 구부러질때 배사부의 표면에는 팽창현상이 일어나기 때문에 균열 또는 절리가 많이 발달한다. 보존이 양호한 배사부의 암석에서는 배사축과 평행한 절리군(節理群)과 이에 직각으로 교차하는 2차적인 절리군이 널리 관찰된다. 반면에 향사부의 표면에는 수축현상이 일어나기 때문에 암석의 조직이 치밀해진다. 이와 같은 이유로 정습곡과 같이 습곡구조가 단순한 경우에는 동일한 지층의 암석도 부위에 따라 풍화와 침식에 대한 저항력에서 큰 차이를 보이게 되며, 그 결과는 구체적인 지형으로 나타난다. 즉 절리가 많이 생긴 배사부는 침식을 빨리 받아 하곡으로 변하고, 암석의 조직이 치밀해진 향사부는 침식에 대한 저항력이 커서 산릉으로 남게 된다. 원래의 기복이 뒤바뀌는 이러한 현상을 기복의 역전(逆轉)이라고 한다. 기복이 역전되는 예는 신기습곡산지에서 볼 수 있다.

지층의 경사와 사면 사암층이나 석회암층과 같은 경암층과 셰일층과 같은 연암층이 번갈아 나타나는 정습곡구조의 두꺼운 퇴적암층이 개석될 때는 지층의 주향을 따라 산릉과 하곡이 평행하게 발달한다. 연암층에는 어디서나 골짜기가 파이고 완경사의 사면이 형성된다. 그리고 경암층은 산릉을 이루는데, 이의 경사는 사면의 그것에 큰 영향을 미친다(그림 11-5).

일반적으로 수평면에 대하여 기울어진 경암층의 산릉은 비대칭적인 단면을 보여준다. 배사부 양쪽 윙의 지층이 10°~30° 기울어

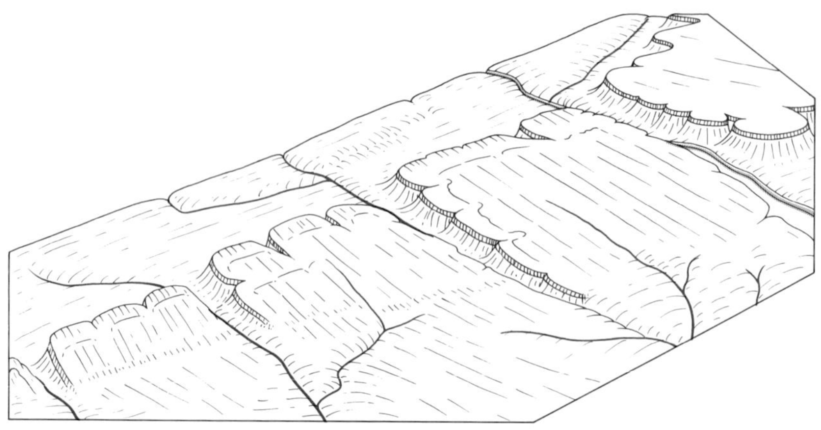

그림 11-5. 지층의 경사와 사면의 발달

왼쪽으로부터 호그백 · 동사산릉 · 케스타 · 메사가 차례로 도해되어 있다. 절벽을 이루는 지층은 사암층이나 석회암층이다. 지층의 경연이 사면의 형태에 예민하게 반영된다.

져 있으면, 산릉 한쪽의 경암층에 형성되는 사면의 경사는 대개 성층면(成層面)의 그것과 일치한다. 이러한 사면을 경사사면(傾斜斜面, dip slope)이라고 한다. 그리고 경사사면의 반대쪽에는 경암층의 상단부가 잘려나가 급경사의 사면이나 절벽, 즉 에스카프먼트(escarpment)가 형성된다. 경사사면과 에스카프먼트로 이루어진 이러한 비대칭적인 산릉은 동사산릉(同斜山稜, homoclinal ridge)이라고 불리운다. 케스타(cuesta)는 지층이 5° 내외로 극히 완만하게 기울어진 경우에 형성된다.

지층의 경사가 40°～45° 이상 기울어져 있으면, 연암층이 제거된 후 드러나는 경암층의 모양이 마치 화성암의 암맥을 연상케 한다. 호그백(hogback)이란 경암층의 이와 같은 지형을 가리킨다. 호그백은 양쪽 사면에 절벽이 형성되므로 단면이 대칭에 가깝다. 경사가 40° 이상인 사면은 단애(斷崖)로 분류되며, 단애에서는 지층의 경사와 사면의 그것이 일치하기가 어려워진다.

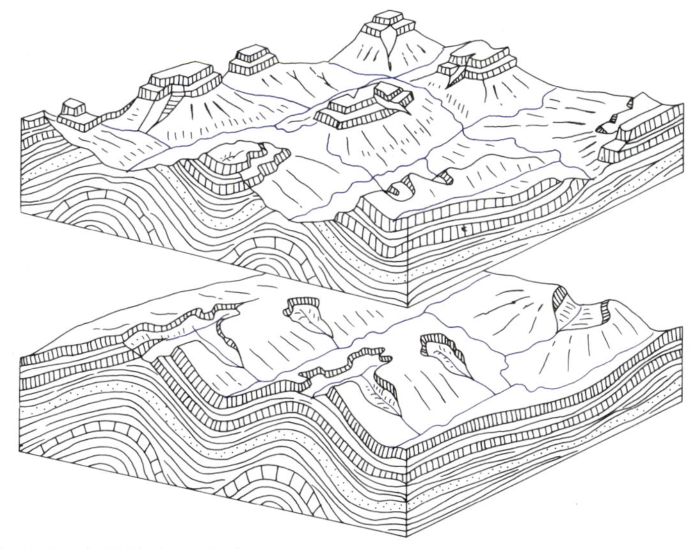

그림 11-6. 습곡산지의 개석
밑의 그림이 쥐라식이고, 위의 그림이 역전기복이다. 배사부의 지층에는 지층이 구부러지는 과정에서 절리가 많이 발달하며, 따라서 배사부는 침식을 빨리 받아 골짜기로 변한다.

습곡산지의 침식윤회 습곡산지의 침식윤회는 정습곡구조(正褶曲構造)의 산지가 개석을 받는 경우를 중심으로 틀이 짜여졌다. 정습곡은 구조가 단순하기 때문에, 습곡구조가 지형의 발달에 미치는 영향을 파악하기가 쉽다. 신기습곡산지인 알프스산맥 북서쪽 주변의 쥐라산맥은 압축작용을 심하게 받지 않아 습곡구조가 단순하다. 알프스와 더불어 쥐라산맥의 지질과 지형은 일찍부터 프랑스를 중심으로 많이 연구되어 왔고, 그 성과는 습곡산지에서 일어나리라고 예상되는 침식윤회의 틀을 짜는 데 기초가 되었다.

최초의 기복은 정습곡을 그대로 반영하여 배사부는 산릉, 향사부는 골짜기로 나타나는데, 이러한 산릉과 골짜기를 배사산릉(背斜山稜, anticlinal ridge) 및 향사곡(向斜谷, synclinal valley)이라고 한다(그림 11-6). 습곡구조와 조화를 이루는 이와 같은 기복은 지

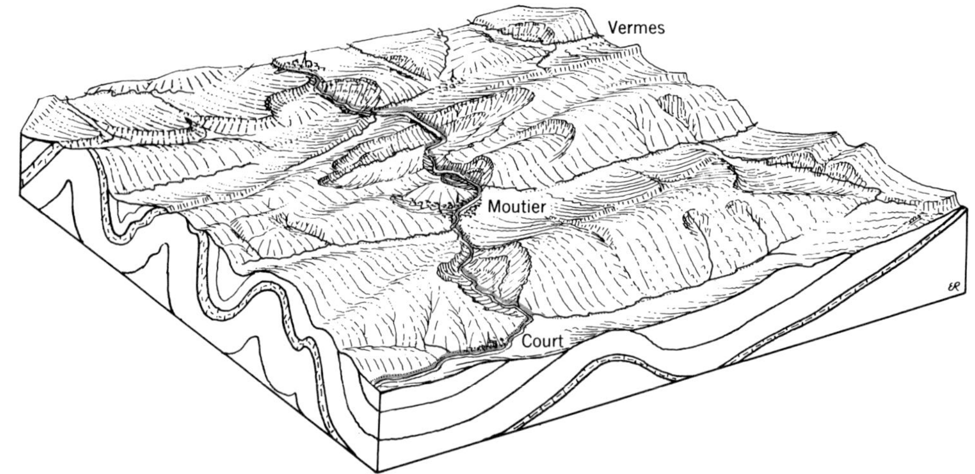

그림 11-7. 쥐라산맥의 지형

산릉과 하곡의 대부분이 배사 및 향사와 일치한다. 습곡산지를 가로질러 흐르는 그림의 하천은 이곳에서 가까운 스위스의 바젤에서 라인강으로 흘러든다. 쥐라산맥은 조산대의 주변부에 자리하여 남동쪽의 알프스산맥처럼 습곡작용을 강력하게 받지 않았다.

표면이 경암층으로 덮인 산지에서 실제로 관찰된다. 하천은 자연히 향사부를 따라 흐르며, 배사부 양쪽의 윙에서 흘러내리는 이의 지류는 뤼즈(ruz)라고 불리우는 급경사의 작은 골짜기를 판다. 향사곡과 뤼즈는 직각으로 만난다.

한편 길게 뻗은 배사부의 산릉은 지층이 구부러질 때 생긴 절리가 많아서 침식을 빨리 받는다. 그래서 경암층의 제거로 연암층이 노출되고 뤼즈의 하천이 이곳으로 연장되면, 배사부를 따라서 직선상의 골짜기가 파인다. 이러한 골짜기를 배사곡(背斜谷, anticlinal valley)이라고 한다. 그리고 지역적인 경사방향을 따라 전체 습곡구조를 가로질러 흐르는 큰 하천은 이들 배사곡과 향사곡의 하천들을 합하며, 이로써 하계망이 하나로 통일된다. 이상과 같은 일련의 지형은 쥐라산맥에 발달되어 있으며, 유년기에 해당하는 이와 같은 단계의 지형을 쥐라식 기복(Jura-type relief)이라고 한다.

침식이 진전되어도 향사곡의 지층은 침식에 대한 저항력을 발

그림 11-8. 배사부의 침식
배사부가 제거되고 그 자리에 골짜기가 형성되었다. 배사부는 지층이 구부러질 때 절리가 많이 발달하여 침식을 잘 받는다. 미국 유타주.

휘하면서 하천의 하방침식을 지연시킨다. 반면에 배사곡은 급속히 확장되는 동시에 향사곡보다 깊게 파인다. 그리고 향사부는 향사산릉(向斜山稜, synclinal ridge)을 이루게 되어 기복의 역전현상이 일어난다. 장년기에 해당하는 이와 같은 단계의 지형을 역전기복(逆轉起伏, inversed relief)이라고 한다.

이후에는 하천의 하상이 침식기준면에 가까워짐에 따라 기복이 점점 감소한다. 결국 습곡산지가 노년기를 거쳐 준평원 단계에 이르면 습곡구조와는 관계없이 개별적인 지층만 기복에 반영된다. 이와 같은 단계의 지형을 평탄화기복(平坦化起伏, planated relief)이라고 한다.

지반이 광범하게 융기하여 침식윤회가 다시 시작되면, 습곡구조보다는 지층의 배열이 산릉과 하곡의 발달을 주도하게 된다. 미국의 애팔래치아산맥에는 과거에 형성된 경암층의 평탄면이 산정부에 널리 남아 있다. 이러한 지형을 애팔래치아식 기복(Appalachian relief)이라고 한다. 애팔래치아산맥은 고생대 말경의 조산운동에 의해 형성된 이후 중생대 트라이아스기와 신생대 중기에 한번씩의 준평원화를 거쳤다.

앞에서 설명한 침식윤회의 틀은 정습곡구조의 산지를 대상으로 짜여진 것이다. 습곡산지는 융기하는 중에도 침식을 받지만 지표면이 경암층으로 덮인 경우에는 그림 11-7의 쥐라산지에서처럼 습곡구조를 직접 반영하는 배사산릉 및 향사곡과 같은 원지형(原地形)이 오래 남아 있으며, 습곡구조가 이후에 펼쳐지는 개석과정을 주도할 수 있는 것 같다. 그러나 조산대의 중심부에서 압축작용을 강력하게 받은 습곡산지에는 이러한 틀이 적용되리라고 보기가 어렵다. 과습곡·횡와습곡 등의 발달로 습곡구조가 대단히 복잡하게 펼쳐지기 때문이다.

습곡산지의 하계망 배사부와 향사부가 평행하게 규칙적으로 배열되어 있는 습곡산지에는 크고 작은 여러 하천이 서로 직각으로 만나 그 패턴이 문창살에 비유되는 격자상(格子狀, trellis pattern) 하계망이 발달한다(그림 4-19, 102쪽). 지역적인 경사방향을 따라 습곡산지를 가로질러 흐르는 하천은 필종하(必從河, consequent stream)라고 한다. 습곡산지의 개석이 진전되면 향사부뿐만 아니라 배사부나 연암층을 따라서도 골짜기가 직선상으로 길게 파이는데, 이러한 골짜기를 흐르는 하천을 적종하(適從河, subsequent stream)라고 한다. 적종하는 필종하와 대체로 직각으로 만난다. 그리고 적종곡(適從谷)의 양쪽 산지에서 흘러내리는 하천들도 적종하와 직각으로 만난다.

습곡산지를 가로질러 흐르는 하천 중에는 습곡산지가 높게 융기하기 이전부터 흐르던 것들이 있다. 습곡산지가 융기하는 중에도

그림 11-9. 경암층의 산릉을 횡단하는 하천
수직항공사진으로 하천이 경암층의 산릉을 절단하여 수극(水隙)을 만들어 놓았다. 하천이 '산맥'을 잘라 놓은 예이다. 북아프리카.

하천의 하방침식이 활발히 계속되면, 결과적으로 높은 산지 또는 산맥이 하천에 의해 잘리는 현상이 일어나게 된다. 선행하(先行河, antecedent stream)라고 불리우는 이러한 하천의 예는 캐시미르지방의 인더스강, 티베트에서 아샘지방으로 흘러나오는 브라마푸트라강 등에서 볼 수 있다.

습곡산지가 평탄화된 다음 두꺼운 퇴적층으로 덮이면, 이 퇴적층 위에서 새로 발달하는 하천은 퇴적층 밑에 묻힌 지층의 구조를 반영하지 않을 수 있다. 이러한 하천은 지반의 융기와 더불어 피복퇴적층이 제거된 후에도 원래의 유로를 유지하며, 표생하(表生河) 또는 적재하(積載河, superposed stream)라고 불리운다. 경암층의 산릉을 가로지르는 하천의 예는 애팔래치아산맥의 허드슨강·델라

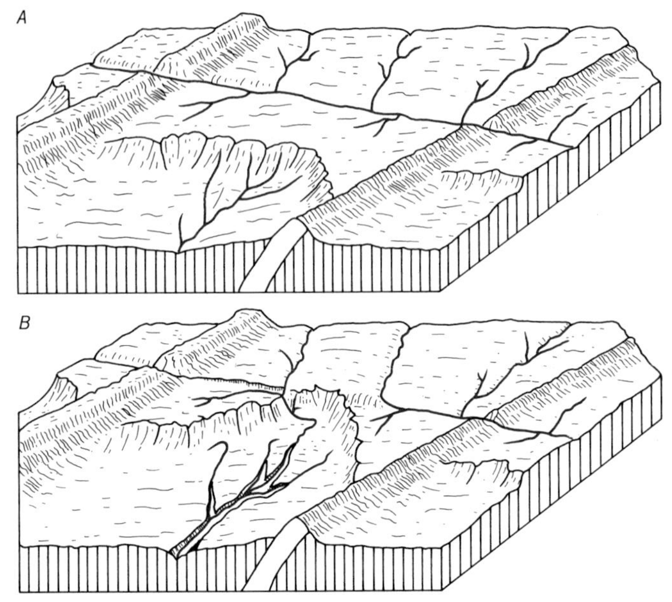

그림 11-10. 하천쟁탈
A) 경암층을 가로질러 흐르는 하천을 향해 연암층의 하천이 두부침식으로 유로를 연장해 나가고 있다. B) 연암층의 하천이 경암층을 가로지르는 하천의 상류부를 쟁탈했다.

웨어강·포토맥강 등에서 관찰된다. 하천이 경암층에 형성한 협곡은 수극(水隙, water gap)이라고 한다(그림 11-9).

습곡산지에서는 하천쟁탈(河川爭奪, stream piracy)이 잘 일어난다(그림 11-10). 애팔래치아산맥에서는 대부분의 하천이 지층의 주향과 평행하게 흐른다. 이러한 경우 경암층을 횡단하는 하천은 하방침식이 활발하지 않지만 연암층의 골짜기를 흐르는 하천은 하방침식을 활발히 하면서 유로를 연장해 나간다. 그래서 연암층의 골짜기를 흐르는 하천이 경암층을 횡단하는 하천을 만나는 곳에서는 쟁탈현상이 일어나게 된다. 이때 유로를 쟁탈당한 하천은 유량이 갑자기 줄어들며, 쟁탈 지점에서부터 하류쪽으로 상당한 구간은 물이 말라버린다. 그리고 경암층에 형성된 협곡인 수극은 물을 잃어버리면서 풍극(風隙, wind gap)으로 변한다. 반면에 다른 하천의 일부를 쟁탈한 하천은 유량이 증가하여 침식력을 크게 발휘하게 된다.

11.4

수평 및 완경사지층의 지형

수평지층의 지형 조산대의 주변에서 두꺼운 퇴적암층이 습곡운동을 동반하지 않고 수평상태를 유지한 채 높게 융기하면, 대지(臺地, plateau) 또는 고원(高原)이 형성된다. 이러한 대지에서는 연암층이 빨리 제거되고, 그 밑의 경암층이 지표에 드러나면서 점차 지역적인 기복을 주도해 나가게 된다. 미국의 애리조나주·뉴멕시코주·콜로라도주에 걸친 콜로라도고원은 수평지층의 대지로 세계에서 가장 유명하다.

콜로라도강이 관류하는 콜로라도고원에는 그랜드캐니언(Grand Canyon)과 같은 웅장한 협곡이 파여 있으며,[2] 이곳에서는 기후가 건조하고 식생이 빈약하여 퇴적암층의 암석경관이 탁월하게 나타난다. 협곡이 웅장하게 파이고 유지되는 것은 사암층이나 석회암층이 대지의 표면을 덮고 있기 때문이다. 협곡 양쪽에서는 지층의 경연(硬軟)을 반영하는 계단 모양의 사면도 볼 수 있다(그림 11-11). 사암층이나 석회암층과 같은 경암층은 단애, 셰일층과 같은 연암층은 완경사의 사면을 이루고 있다. 경암층에 단애가 형성·유지되는 것은 그 밑의 연암층에서 기저굴식(基底掘蝕, basal sapping)이 일

2) 세계적인 관광명소인 그랜드캐니언은 애리조나주와 유타주의 경계에서부터 하류로 450km의 구간에 형성되어 있다. 해발 1,700~3,000m의 콜로라도고원에 파인 이 협곡은 고원의 난간과 난간 사이의 너비가 좁은 곳은 10km에 못미치는 데도 깊이가 1.6km를 넘어 그 웅장함이 관광객을 압도한다. 작지만 여전히 웅장한 협곡은 지류로도 뻗어 나갔다. 침식윤회설의 토대가 된 침식기준면의 개념은 미국의 포웰(J. W. Powell, 1834~1902)이 콜로라도강을 탐험한 결과 나오게 된 것으로 그는 이 탐험에서 하천의 침식력이 얼마나 대단한가를 확인했다.

그림 11-11. 수평지층의 사면
그랜드캐니언 남벽의 사면으로 급사면과 완사면이 번갈아 나타난다. 급사면은 사암층과 석회암층, 완사면은 셰일층에 형성되어 있다.

어나기 때문이다.

그랜드캐니언에서는 수평지층의 대지 밑으로 파인 협곡이 경관을 압도하는 반면에, 이곳에서 조금 떨어진 유타주의 모뉴먼트밸리(Monument Valley)에서는 대지 위로 치솟은 메사(mesa)와 뷰트(butte)가 장관이다(그림 11-12). 대지 표면의 경암층이 침식을 받아 제거되면, 그 밑의 연암층은 오래 지탱하지 못하고 다시 경암층의 지표면이 넓게 펼쳐지게 되는데, 이때 침식을 덜 받은 부분은 경암층으로 덮여 있어서 정상부가 평평한 메사로 남는다. 메사는 대개 수십 미터 높이의 암벽으로 둘러싸였다. 메사의 정상부가 아주 좁아지면 이를 뷰트라고 부른다. 정상부의 너비가 언덕의 높이보다 넓으면 메사, 좁으면 뷰트라고 편의상 구분하기도 한다. 뷰트

그림 11-12. 모뉴먼트밸리의 뷰트
미국 서부영화에서 소개된 Monument Valley의 뷰트이다. 이 한쌍의 뷰트는 벙어리장갑처럼 생겨서 'Mitten Buttes'라고 불리운다. -1998

가 침식을 더욱 받으면, 그것은 결국 굴뚝 모양의 돌기둥(chimney rock)으로 변한다.

수평지층의 대지에 발달하는 하계망은 수지상(樹枝狀)이다. 수직적으로는 경암층과 연암층이 겹겹이 쌓여 있으나 수평적으로는 지층의 성질이 등질적이어서 지질구조가 하천의 유로에 반영되지 않는다.

수평지층이 적게 융기한 지역에는 극히 평평한 평원이 펼쳐진다. 이러한 평원은 지층의 구조에 의해 기복이 결정되므로 구조평야(構造平野, structural plain)라고 한다. 구조평야는 대부분 고생대층이나 중생대층으로 이루어졌고, 순상지(循狀地) 주변에 주로 분포한다. 수평지층 밑에는 준평원화한 침식면(侵蝕面), 즉 선캄브

그림 11-13. 케스타(영국의 버밍엄지역)
사면의 경사가 비대칭인 2열의 케스타를 보여준다. 에스카프먼트가 버밍엄 쪽을 향해 있다. 고생대의 석회암층에 형성되었다.

리아이언에 속한 변성암의 부정합면(不整合面)이 묻혀 있다. 따라서 이러한 지층의 분포지역은 오랜 지질시대를 통해서 지반이 비교적 안정했다는 것을 알 수 있다.

세계적인 대평원은 대개 구조평야로 되어 있다. 러시아에서 북부 독일에 걸친 유럽의 대평원은 고생대의 수평지층으로 이루어졌다. 다만 제4기 플라이스토세에 빙하가 운반해다 쌓은 퇴석으로 덮인 부분이 있을 뿐이다. 애팔래치아산맥과 로키산택 사이의 광활한 저지대에도 고생대의 수평지층이 널리 분포한다. 북쪽 부분이 빙하의 퇴석으로 덮여 있는 점은 유럽의 대평원과 유사하다.

완경사지층의 지형

습곡산지 주변이나 화성암의 관입으로 형성된 돔 주변의 퇴적암층은 수평면에 대한 경

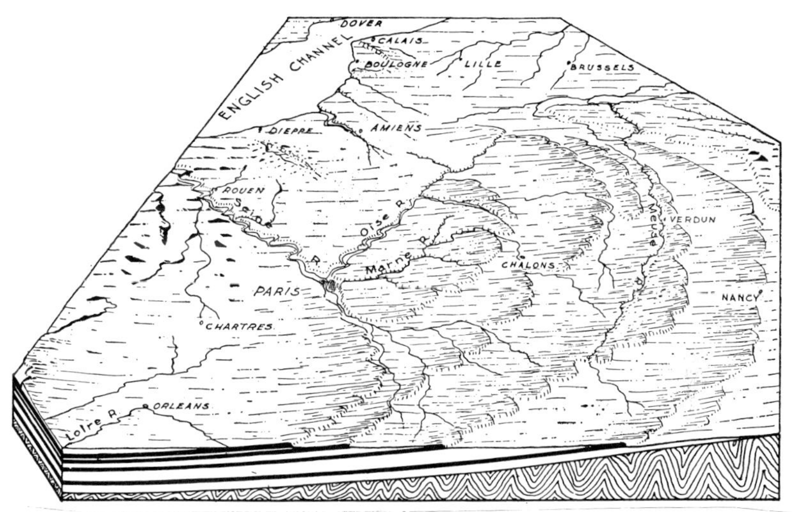

그림 11-14. 파리 주변의 케스타

에스카프먼트가 파리분지 바깥쪽을 향했고, 센강(Seine R.)으로 여러 적종하(適從河)가 흘러든다. 이곳의 케스타들은 백악층에 형성되었다.

사가 5° 내외로 극히 완만하게 기울어진 상태로 흔히 나타난다. 일련의 완경사지층이 침식을 받으면, 각 지층의 상단부가 잘려서 고도가 높은 곳에는 연대가 오랜 하부지층, 그 바깥쪽에는 연대가 어린 상부지층이 차례로 드러나게 된다. 이러한 경우 경암층에는 단면이 비대칭적인 산릉이 형성되는데, 이를 케스타(cuesta)라고 한다. 전형적인 케스타는 급경사의 좁은 에스카프먼트(escarpment)와 완경사의 넓은 경사사면(傾斜斜面, dip slope)으로 이루어졌다(그림 11-13). 지층의 경사가 증가하면 케스타는 동사산릉(同斜山稜)을 거쳐 호그백(hogback)으로 점이한다.

파리분지 주변의 케스타는 고전적인 예로 자주 소개된다. 중생대의 석회암층인 백악층(白堊層)에 형성된 이곳의 케스타들은 파리를 중심으로 그 동쪽에 환상으로 배열되어 있다. 에스카프먼트가 파리분지 바깥쪽을 향해 있어서 과거에 그것이 외적의 방어에 이용되었다고 한다(그림 11-14). 북아메리카의 로렌시아대지 남쪽에도 고생대의 석회암층에 형성된 네 열의 케스타가 나타난다. 이 지역의 지층은 경사가 대단히 완만하며, 에스카프먼트가 북쪽을 향해 있다. 온타리오호와 이리호는 두 열의 케스타 사이에 괸 호소이고, 나이애가라 폭포는 이들 호소 사이의 석회암층에 형성된 케스타의 에스카프먼트에 걸려 있는 것이다.

완경사지층이 개석될 때도 지질구조가 하계망의 패턴에 반영되며, 일반적으로 습곡산지에서와 같이 격자상 하계망이 발달한다.

제12장 단층지형

1. 절리와 단층
2. 단층의 종류
3. 단층애와 단층지괴

이 장의 개요

단층운동은 지각이 팽창하거나 압축되는 곳에서 일어나며, 단층은 두 지괴가 어긋나는 방향과 경사에 따라 여러 종류로 나뉜다. 대규모의 충상단층은 두 지판(地板) 사이에서 압축작용을 강력하게 받는 조산대(造山帶)에서 극적으로 발달한다.

단층운동은 일반적으로 지진을 동반하며, 이에 대한 연구는 지진의 예보에 도움을 준다. 환태평양조산대에 속해 있어서 지진이 자주 발생하는 일본이나 미국의 캘리포니아주에서는 일찍부터 지진과 함께 단층에 대한 연구가 활발하게 진행되어 왔다.

전형적인 단층지형은 정단층에 의해 형성된다. 미국의 태평양 연안에서 로키산맥에 걸친 지역에는 정단층에 의한 지구·지루·경동지괴 등의 단층지형이 모식적으로 그리고 집중적으로 발달되어 있다. 동아프리카지구대는 대륙이 갈라지기 시작한 초기단계의 거대한 단층지형으로 홍해지구대와 그밖의 지구내로 이어진다.

우리나라는 지반이 비교적 안정하여 단층지형의 발달이 빈약한 편이다. 그러나 단층선 또는 지질구조선을 따라서 형성된 직선상의 골짜기는 많다. 신생대 제4기에 들어와서 활동한 흔적을 보이는 단층은 활단층(活斷層)으로 분류되며, 양산단층(梁山斷層)이 이에 해당한다.

▲ **데스밸리의 단층애** 데스밸리는 지구대이고, 사진의 산지는 이 지구대의 동쪽에 솟아 있는 지루산지이다. 작은 선상지가 보인다. 단층애 밑은 선상지가 발달하기에 이상적인 곳이다. -1998

12. 1 절리와 단층

절 리 암석이 어떤 힘을 크게 받으면 지하 깊은 곳에서는 높은 압력 때문에 구부러지지만 지표에서는 쪼개진다. 절리(節理, joint)란 지표의 기반암이 제자리에서 쪼개져 생긴 틈을 가리킨다. 절리가 많은 기반암은 수분이 잘 침투할 수 있어서 풍화작용을 빨리 받는다. 특히 서로 교차하는 수직 및 수평방향의 절리들이 규칙적으로 발달하여 기반암이 많은 덩어리로 나뉘어 있으면, 이러한 기반암은 풍화작용 뿐만 아니라 침식에도 약하다. 규칙적인 절리는 기반암에 일정한 방향의 압력이나 장력이 가해질 때 발달한다. 화강암의 돔이나 구릉지에 광범하게 나타나는 판상절리(板狀節理)는 규칙적인 절리 중의 하나이며, 이에 대해서는 제2장에서 살펴보았다.

하천이 흐르는 골짜기는 대개 구불구불하게 나있지만 청평~양수리간의 북한강에서처럼 직선상으로 길게 뻗은 골짜기도 곳곳에서 볼 수 있다. 직선상의 이러한 골짜기는 일반적으로 단층이나 절리의 주도로 형성된다. 그러나 지표면에서의 관찰만으로는 단층과 절리 중에서 어느 것이 골짜기의 형성과 관계가 있는지 알 수 없다. 이와 같은 경우에 성인으로 언급되는 것이 지질구조선(地質構造線, tectolineament)이다. 골짜기의 발달을 이끌어가는 지질구조선 중에는 방향이 서로 다른 여러 조(組)의 절리 중에서도 두드러지는 주절리(主節理, master joint)와 관련된 것이 많은 것으로 알려졌다. 기반암의 주절리는 여러 원인에 의해 형성되는데, 격렬한 조산운동이 일어날 때 지각에 가해지는 압력은 그 중의 하나이다. 한반도의 조산운동 중에서는 중생대 쥐라기 말의 대보조산운동(大寶造山運動)이 가장 강력한 것이었다.

단 층

단층(斷層, fault)이란 퇴적암층에 국한된 것은 아니지만 지층이 잘리면서 양쪽의 지괴가 서로 어긋나는 현상을 가리킨다. 두 지괴는 상하방향으로 어긋나기도 하고, 수평방향으로 어긋나기도 한다. 또 이 두 방향의 운동이 결부되기도 한다.

단층의 주향(走向, strike)과 경사(傾斜, dip)는 지층에서와 같은 방법으로 기술한다. 단층은 단층면(斷層面, fault plane)을 경계로 일어나는데, 주향은 단층면과 수평면이 교차하는 선의 방향이고, 경사는 단층면과 수평면간의 각도로서 표시한다. 그리고 단층면이 기울어져 있는 경우 단층면 윗쪽의 지괴는 상반(上盤, hanging wall), 아랫쪽의 지괴는 하반(下盤, foot wall)이라고 한다. 단층선(斷層線, fault line)은 단층면이 지표면과 만나는 선이다.

지층이 선명하게 잘릴 때는 두 지괴 사이에서 일어나는 마찰로 단층면이 연마를 받는다. 연마를 받은 면은 거울처럼 광택이 나기도 하여 단층경면(斷層鏡面, slickenside)이라고 한다. 단층경면에서는 지괴가 움직인 방향을 따라 그어진 금과, 이에 대하여 직각으로 나있는 미세한 단(段, step)이 관찰된다(그림 12-1). 단의 높이는 보통 수 밀리미터 미만에 불과하나 단층경면상에서 일어난 두 지괴의 상대적인 운동방향을 식별하는 데 이용된다. 단이 너무 미세하여 눈으로 식별하기 어려운 경우에는 손가락으로 문질러보면 한

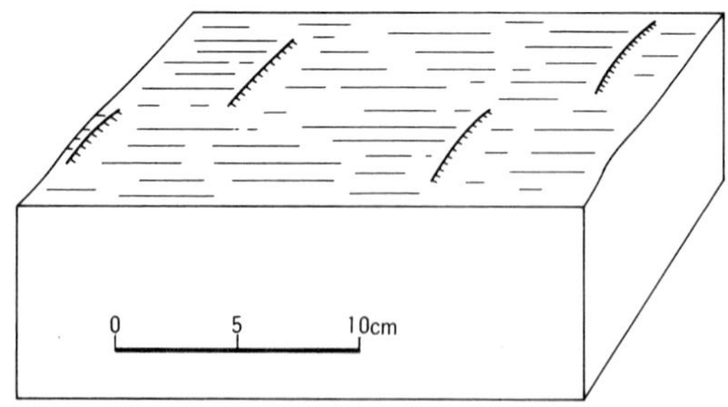

그림 12-1. 단층경면

매끈한 면에 많은 금이 평행하게 그어져 있고, 이에 직각으로 형성된 네 개의 작은 단(step)이 나타나 있다. 이 단층경면 위의 지괴는 왼쪽에서 오른쪽으로 움직였다.

그림 12-2. 단층과 드래그(drag)
단층이 선명하게 드러났다. 아랫쪽 지괴(하반)의 지층이 약간 위로 휘었다. 이 단층은 윗쪽 지괴(상반)가 밀려올라간 충상단층이다.

방향으로는 매끄럽게, 반대방향으로는 거칠게 느껴진다.

단층운동이 일어날 때 단층면 양쪽의 암석이 부서지면 단층파쇄대(斷層破碎帶)가 형성된다. 단층파쇄대를 따라서는 단층각력(斷層角礫, fault breccia)이나 단층점토(斷層粘土, fault clay 또는 gouge)가 분포한다. 단층각력은 다양한 크기의 암편으로 이루어졌으며, 일반적으로 점토질 내지 사질 파쇄물을 포함하고 있다. 단층점토는 단층각력이 풍화작용을 받아 생성된 것인데, 일본 남서부의 단층선인 '중앙구조선(中央構造線)'을 따라서는 점토대가 두껍게 발달되어 있다. 특히 오사카 남쪽 키이반도(紀伊半島) 중앙부에는 백악기의 사암층에 너비 수십 미터의 단층점토대가 나타난다. 단층의 규모가 클수록 단층각력과 단층점토의 양이 증가하는 경향이 있지만 항상 그러한 것은 아니다.

단층파쇄대는 지하수의 부존이 양호하여 우물을 파면 다량의 지하수를 얻을 수 있다. 단층선을 따라서는 흔히 샘이 솟아난다. 그러나 터널을 뚫을 때 이것을 만나면 누수가 많고 천정이 잘 무너져내려 공사가 어려워진다.

한편 단층면 양쪽의 지괴가 서로 막대한 압력을 가하면서 움직일 때는 지층이 국부적으로 구부러지는 드래그(drag) 현상이 일어난다(그림 12-2). 이것도 지괴간의 상대적인 운동방향을 식별하는 데 도움을 준다.

12.2 단층의 종류

정단층 정단층(正斷層, normal fault 또는 gravity fault)은 상반이 밑으로 내려가고, 하반이 위로 올라간 단층으로 지각이 양쪽에서 잡아당기는 장력에 의해 늘어날 때 발달한다. 정단층은 경사가 다양하지만 45° 이상의 것이 대부분이다. 정단층은 지반이 돔 모양으로 융기하여 지표면이 팽창할 때 흔히 발달한다. 그래서 단층의 경사가 돔의 중앙부에서는 수직에 가깝고, 주변으로 갈수록 조금씩 더 기울어지게 된다. 정단층은 지판(地板)의 운동과 관련하여 지각이 갈라지는 곳에도 나타난다.

두 지괴의 변위량이 수백 미터를 넘거나 수 킬로미터에 이르는 대규모의 정단층은 경동지괴·지구대·지루 등의 단층지형을 이루어 놓는다. 로키산맥과 시에라네바다 사이의 그레이트베이슨(Great Basin)은 정단층에 의한 단층지형이 많은 것으로도 유명하다.

정단층은 일반적으로 반듯하게 뻗어 있지만 간혹 주향이 급격하게 변하는 수도 있다. 그리고 여러 정단층이 서로 나란하게 발달

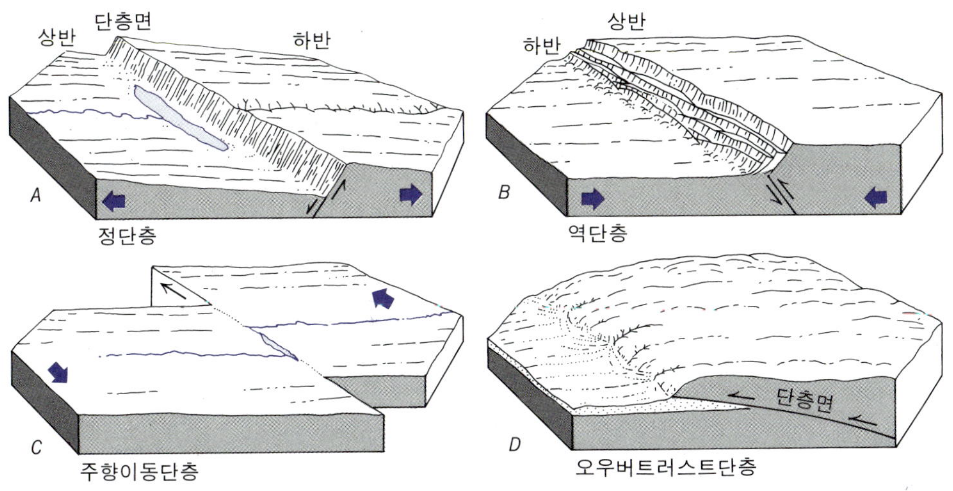

그림 12-3. 단층의 종류
정단층은 지각이 팽창하는 지역, 역단층과 오우버트러스트단층은 두 지판이 충돌하여 지각이 압축작용을 받는 조산대에 발달한다.

하여 일련의 지괴 또는 상반이 한쪽으로 내려앉으면 단층이 계단 모양으로 형성된다. 이러한 단층을 계단단층(階段斷層, step faults)이라고 한다.

역단층 상반이 하반 위로 밀려 올라가는 형식의 단층을 역단층(逆斷層, reverse fault)이라고 한다. 역단층은 정단층과는 반대로 지각이 압축되는 곳에 발달한다. 역단층 중에서 경사가 45° 이하인 것은 충상단층(衝上斷層, thrust fault), 10° 이하로서 대단히 완만한 것은 오우버트러스트단층(overthrust fault)이라고 구별한다. 이러한 단층은 조산대의 중심부에서 볼 수 있다.

조산운동(造山運動)의 절정기에 대규모의 횡와습곡과 함께 발달하는 오우버트러스트단층은 거대한 암체를 수평에 가까운 단층면을 따라 멀리 옮겨 놓는 극적인 지질현상의 하나이다. 알프스산지의 경우 이에 의해 멀리 이동한 암체(岩體)는 개석을 많이 받아 흔히 고립산봉우리로 나타나는데, 이것을 클립프(klippe)라고 한다.

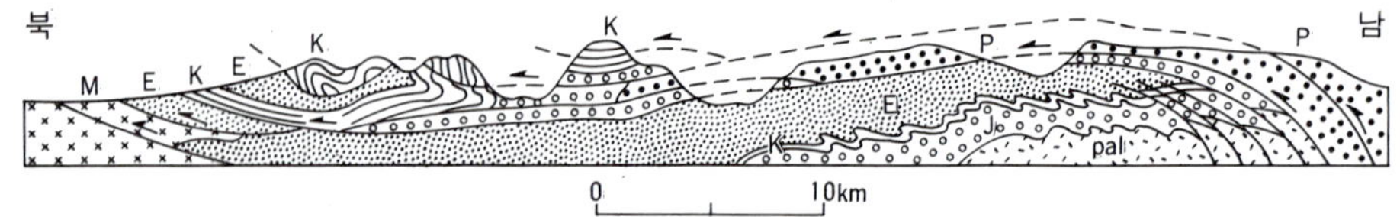

그림 12-4. 글라루스지방(스위스)의 오우버트러스트단층

이 단층은 횡와습곡과 결부된 것으로 지층이 개석을 많이 받아 클립프(klippe)가 형성된 것을 볼 수 있다. Pal 고생대, P 페름기, K 백악기, E 에오세, M 마이오세. (Billings)

그림 12-4에 도해된 스위스 글라루스지방의 오우버트러스트단층에서는 최소한 30km의 거리를 이동한 암체의 클립프를 확인할 수 있다. 클립프를 이루고 있는 지층 밑에는 대개 연대가 이보다 어린 지층이 깔려 있다. 오우버트러스트단층은 삼척탄전의 북부와 동부에도 발달되어 있다. 태백시에서는 중생대의 백악기층이 고생대의 석회암층으로 덮여 있는 것을 관찰할 수 있다.

주향이동단층

두 지괴가 어긋나는 방향이 주향과 평행한 단층, 즉 두 지괴의 변위가 수평방향으로 일어나는 단층을 주향이동단층(走向移動斷層, strike-slip fault 또는 transcurrent fault)이라고 한다. 이 유형의 단층은 일반적으로 규모가 대단히 크며, 길이가 1,000km를 넘는 것도 있다. 캘리포니아주의 샌안드레아스단층, 뉴질랜드의 앨파인단층[1] 등 초대형급의 것은 지괴의 변위가 단층 길이의 약 1/3에 이르기도 한다. 일본의 중앙구조선(中央構造線)도 길이가 이에 필적한다.[2] 이들 세 단층은 모두 중생대 이래 오늘날까지 활동을 계속하고 있는데, 지표에 드러난 단층선이 반듯하다. 기복이 다양한 지역을 가로지름에도 불구하고 단층선이 반듯하게 나타나는 까닭은 경사가 수직적이기 때문이다.

거대한 주향이동단층은 주단층(主斷層)과 나란하거나 이로부터

1) 북섬의 동남쪽 중앙부에서 시작하여 웰링턴을 거쳐 남섬 남단의 서안으로 빠지는 길이 약 1,000km의 단층이다.

2) 혼슈 중부에서 시작하여 키이반도와 시코쿠를 거쳐 규슈 중앙부를 지나는 단층으로 길이가 약 900km에 이른다.

그림 12-5. 스위스 알프스산지의 클립프(klippe)
왼쪽 것은 Mythem 봉, 오른쪽 것은 Rotenfluh 봉이다. 중생대의 석회암층으로 이루어진 이들 클립프 밑에는 연대가 이보다 어린 신생대 에오세의 셰일층이 깔려 있다.

갈라져나간 부속단층이 많고, 이것들은 전체적으로 하나의 단층대(斷層帶, fault zone)를 이룬다. 단층선을 따라서는 지진이 자주 발생한다. 1906년과 1989년의 샌프란시스코의 대지진은 샌안드레아스단층의 활동에 의한 것이었고, 이 단층의 영향권에 들어 있는 로스앤젤레스도 항상 지진의 위험을 안고 있다.

동해안의 영해에서 경주·언양·양산을 거쳐 낙동강하구에 이르는 양산단층(梁山斷層)도 주향이동단층이다. 지질·지형·하계망 등의 종합적 고찰에 의해 단층 동쪽의 지괴가 남남서방향으로 약 25km 변위한 것으로 추정된 바 있다.[3] 양산단층의 주요 활동은 신생대 제3기 중신세에 끝났다는 주장도 있으나 제4기에 들어서도 활동한 흔적이 뚜렷하게 남아 있다. 제4기에 활동한 흔적을 보이는 단층은 활단층(活斷層)으로 간주된다.[4]

3) 禹柄榮, 1984, 梁山斷層의 地形學的 硏究, 경북대 대학원 석사학위논문.
4) 曺華龍, 1997, "梁山斷層 주변의 지형분석," 대한지리학회지, 32: 1~14.

그림 12-6. 샌안드레아스단층 및 그 부속단층

샌안드레아스단층은 많은 부속단층을 거느리고 있다. 샌안드레아스단층은 S, 그밖의 부속단층의 명칭도 머릿글자로 표시되어 있다.

샌안드레아스단층 샌안드레아스단층은 멕시코의 캘리포니아만에서 시작하여 로스앤젤레스 동쪽을 지나 샌프란시스코 북쪽에서 태평양의 해저로 이어지는 초대형급의 활단층이다. 그림 12-6에 표시된 바와 같이 내륙쪽의 지괴는 남동쪽, 태평양쪽의 지괴는 북서쪽으로 움직이고 있으며, 구간에 따라서는 지표면에 나타나는 단층의 흔적이 매우 인상적이다(그림 12-7).

샌안드레아스단층에서는 중생대 쥐라기 이래 지금까지 일어난 지괴의 변위가 560km 이상에 이른다. 지괴의 변위는 연대가 오랜 지층일수록 커서 백악기층은 약 510km, 신생대 제3기의 하부 팔레오세층은 약 360km, 상부 마이오세층은 약 100km, 제4기의 플라

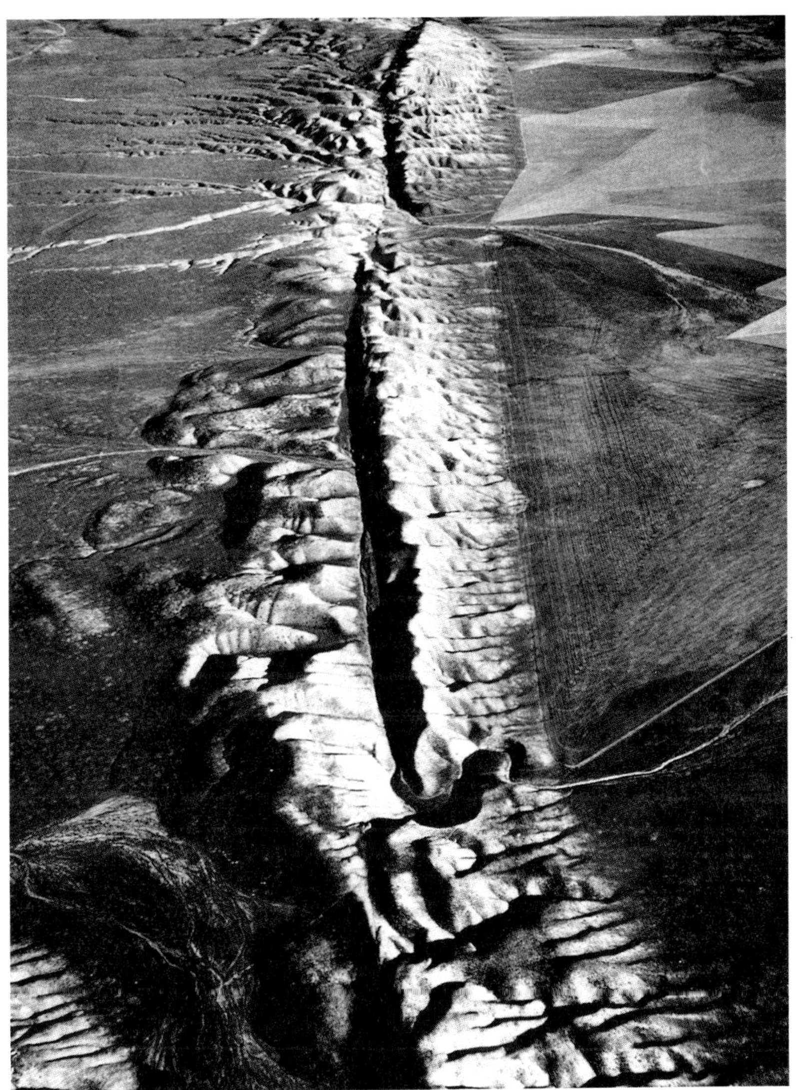

그림 12-7. 샌안드레아스단층
주향이동단층은 하늘에서 내려다볼 때 직선으로 나타난다. 단층선을 횡단하는 하천은 방향이 꺾인다. 사진에 포함된 단층의 길이는 약 4km이며, 북서쪽에서 남동쪽을 향해 찍은 것이다. 오른쪽 지괴가 아래로, 왼쪽 지괴가 위로 움직였다. 식생이 빈약하여 단층지형의 관찰에 유리하다. 유전(油田)지구로 유명한 캘리포니아주의 Taft 부근.

이스토세층은 약 16km 어긋나 있다. 쥐라기 이래의 연평균 변위량은 0.5cm로 계산된다.

샌안드레아스단층은 약 700명의 사망자를 낸 1906년의 샌프란시스코 대지진을 계기로 계속 주목을 받아왔다. 지진은 두 지괴가 서로 반대방향으로 미끄러지면서 순조롭게 움직이지 못해서 지진과 지진 사이의 기간에 단층면을 따라 응력(應力)이 축적되고, 이것이 임계점에 도달하여 순간적으로 발산될 때 지괴의 변위와 더불어 발생한다. 1906년의 대지진과 관련된 단층운동은 300km에 걸쳐 추적되었고, 지괴간의 수평적 변위가 최대 7m에 이르렀다.

1989년 10월 17일에 샌프란시스코만 지역을 강타한 지진(진도 7.1)도 샌안드레아스단층에서 발생한 것이었다. 이때 파괴된 건물·교량 등의 참상은 텔레비전을 통해 전세계에 생생하게 방영되어 많은 사람들에게 뚜렷히 각인되었다. 그러나 지진의 강도가 1906년의 것보다 약했다. 이 지진과 관련된 단층운동은 약 40km에 걸쳐 추적되었고, 지괴간의 수평적 변위가 최대 1.8m였다. 그리고 이 때의 사망자는 62명이었다.

12.3 단층애와 단층지괴

단층애와 단층선애 단층과 관련하여 형성되는 가장 보편적인 지형은 횡적으로 곧바르게 뻗어 있는 산지 전면의 경사가 급한 사면이다. 단층운동에 의해 형성된 사면은 경사가 급한 것이 보통이어서 단층애(斷層崖, fault scarp)라고 부른다. 단층애란 좁은 의미로는 단층운동의 직접적인 결과로 생긴 급사면, 즉 정단층(正斷層)의 단층면으로 이루어진 사면을 가리키지만, 넓은 의미로는 단층과 관련하여 형성된 모든 사면을 포함한다.

그림 12-8. 미노-오와리지방의 지진으로 형성된 단층애
도로가 아래와 위로 크게 어긋나고, 그 사이에 낮은 단애가 형성되어 있다. 도로 부근에서의 수직적 변위는 약 6m에 이른다.

단층애는 형성되는 중에 침식을 받으므로 단층면이 직접 사면을 이루고 있는 예는 흔하지 않다. 강력한 지진을 동반하는 단층운동에서도 두 지괴가 위와 아래로 어긋나는 수직적 변위가 수 미터를 넘는 경우가 드물다.

그림 12-8은 1891년에 일본의 나고야에서 가까운 미노-오와리(美濃-尾張) 지역에 강력한 지진이 발생했을 때 생긴 단층애를 보여준다. 양쪽 지괴간의 수직적 변위가 최대 6m에 이르렀고, 최대 4m의 수평적 변위도 곁들였다. 그리고 1915년에 미국 네바다주 중북부의 한 지구대(Pleasant Valley)에서 지진이 발생했을 때는 동쪽 산지(Sonoma Range)의 기슭에 길이 27km의 기존 단층선을 따라 높이 0.3～5.3m의 단애가 형성된 바 있다. 그러나 이러한 예는 흔하지 않다.

그림 12-9는 지표면이 셰일층으로 덮이고 그 밑에 화성암이 묻혀 있는 지역에 정단층의 단층애가 형성되는 경우 그것이 침식을

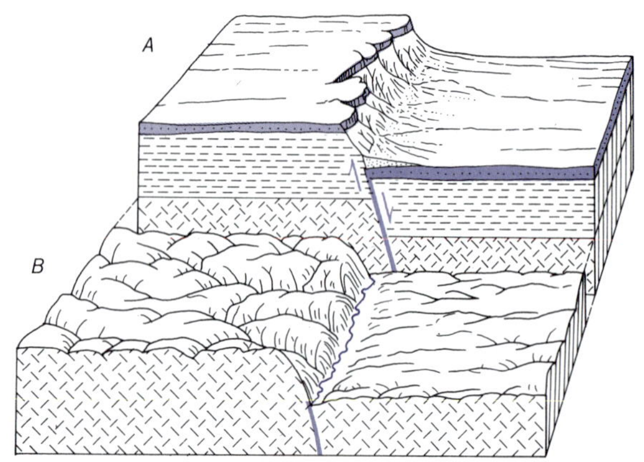

그림 12-9. 단층애와 단층선애

A) 단층애: 단층면이 침식을 받아 후퇴했고, 급사면 밑에 선상지가 형성되었다. B) 단층선애: 지층이 모두 깎여 나가고 그 밑의 화성암이 지표에 드러나면서 급사면이 다시 형성되었다.

받아 어떻게 변화하는지 보여준다. 단층애는 일반적으로 경사가 급하기 때문에 개석을 빨리 받으며, 그 밑에 일련의 선상지가 곧 발달한다. 침식이 진전되면 침식에 약한 단층 양쪽의 셰일층이 전부 제거되고, 침식에 강한 화성암이 지표에 드러나면서 급사면의 발달을 유도하게 된다. 이러한 급사면을 단층선애(斷層線崖, fault-line scarp)라고 한다. 순상지와 같이 지반이 안정한 지역에 나타나는 직선상의 급사면은 단층선애라고 보면 틀림없다(그림 12-10). 순상지의 단층선애는 관련된 단층의 규모가 대단히 크고 뿌리가 깊어서 단층운동이 끝난 후에도 오랫동안 유지된다.

그림 12-11은 거대한 단층애가 일단 형성되었다고 가정하는 경우 그것이 개석을 받을 때 지형의 변화가 어떻게 일어나는지 보여준다. 앞에서 언급한 바와 같이 정단층에 의한 단층애는 경사가 급하기 때문에, 윗쪽 부분부터 개석을 많이 받으면서 후퇴하여 기복이 들쭉날쭉한 산지로 변하고, 이와 동시에 골짜기에서 흘러내리는 토사가 곡구에 쌓임으로써 일련의 선상지가 형성된다. 선상지는 단층애 밑에 발달하는 보편적인 지형이다. 그리고 원래의 단층애는

그림 12-10. 캐나다순상지의 단층선애
단애의 높이가 최고 270m이고, 단층선이 480km에 걸쳐 추적된다. 오른쪽 호소는 Great Slave Lake 부근의 것이다. 캐나다 노스웨스트주.

골짜기와 골짜기 사이에 삼각형 산각말단면(三角形山脚末端面, triangular facet)으로 남는다. 삼각형 산각말단면은 실제로 관찰되는 단층지형 중의 하나로서 단층의 유무를 판단하는 데 중요한 지표로 이용된다.

단층애의 식별 단층애는 여러 면에서 일반 사면과 구별되는데, 다음과 같은 사항들이 그것을 판별하는 기준이 된다. 그러나 단층은 지하에 묻혀 있는 관계로 직접 관찰할 수 없어서 특정한 사면이 단층애인지 아닌지 확실히 알아내는 것은 쉬운 일이 아니다.

(1) 각종 지층 및 암석으로 이루어진 산지에서 지질구조와 관

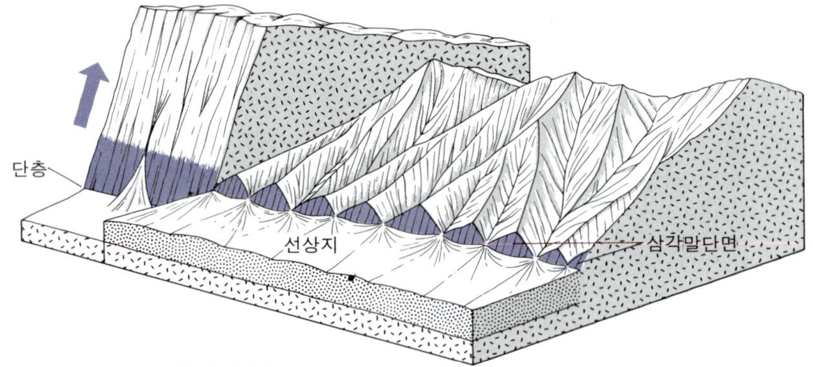

그림 12-11. 단층애의 개석
대규모의 가파른 단층애가 침식을 많이 받으면, 기복이 들쭉날쭉한 산지가 형성되고, 단층면이 삼각형 산각말단면으로 남는다.

계없이 직선평면의 사면이 길게 형성되어 있는 경우 산지가 침식에 약한 연암층으로 이루어졌으면, 이와 같은 특징은 단층애에 대한 결정적인 증거가 된다. 단층애는 신기지층과 고기지층에 두루 나타난다. 지각변동이 활발한 환태평양조산대에는 고기지층과 신기지층을 함께 절단한 단층이 많다.

(2) 급사면 밑에 단층면이 노출되어 있는 경우 이와 같은 예는 기후가 건조하여 침식이 극히 느리게 진행되는 미국 서부지방에서 적지 않게 관찰된다. 급사면 가까이에서 단층면 또는 단층파쇄대가 관찰된다고 하여 단층애라고 단정할 수는 없다. 이러한 것들은 단층선애에서도 관찰된다.

(3) 삼각형의 산각말단면 단층애에 골짜기가 많이 파이면, 단층애는 축소되어 골짜기와 골짜기 사이에 삼각형의 산각말단면으로 남게 된다(그림 12-11). 삼각형의 산각말단면은 물론 단층면을 대표하지 않는다. 이러한 말단면의 경사는 단층면의 그것보다 다소 완만한 것이 보통이다. 캘리포니아주의 데스밸리에 면한 산지의 경우 단층면의 경사는 40°~55°, 단층애의 그것은 35°~45°로 나타난다.

(4) 하천의 천이점 기존 단층애에 많은 골짜기가 파여 있는

경우, 새로운 단층운동에 의해 이 단층애가 좀더 높아지면 곡구에 폭포나 급류가 걸리게 된다. 폭포나 급류와 같은 하천의 천이점은 곡구 위의 하천종단면상에서 관찰되기도 한다.

(5) **하천의 오프세트**(offset)**현상** 단층운동은 상하방향의 운동에 수평방향의 운동을 동반하는 수가 많다. 수평방향의 운동이 곁들이면, 단층선을 경계로 하천의 유로가 Z자 모양으로 꺾이게 될 수 있다. 직선상의 급사면이 하천의 이와 같은 오프세트현상과 관련되어 있으면, 그러한 사면은 단층애일 가능성이 크다. 하천의 오프세트현상은 그림 12-7의 샌안드레아스단층에서도 볼 수 있다.

(6) **선상지** 단층애 밑은 선상지가 발달하기에 이상적인 곳이다. 선상지는 산지에서 평지로 흘러나오는 작은 하천의 곡구에 형성되는 지형이다. 건조분지의 선상지는 모두 단층애와 관련되어 있다.

(7) **온천의 선상**(線狀) **배열** 단층선을 따라서는 때때로 온천 또는 냉천이 솟아오른다. 온천이나 냉천은 신·구 단층에 두루 나타난다. 선상으로 배열된 온천들과 관련된 급사면은 단층애일 가능성이 크다.

(8) **지형면의 변위** 넓은 소기복의 지형면이 암석의 경연과 관계없이 일정한 경계선을 따라 위와 아래로 어긋나 있으면, 그러한 경계선은 단층에 의해 생긴 것이라고 보아도 좋다. 현세층 또는 플라이스토세층이 잘려서 생긴 단층애는 대개 규모가 작다.

(9) **지진** 지진이 자주 발생하는 지역에는 규모가 작아도 단층애가 발달되어 있을 것이라고 기대할 만하다.

지구대·지루·경동지괴

단층운동에 의해 주변보다 높아지거나 낮아진 지괴를 단층지괴(斷層地塊, fault block)라고 한다. 단층지괴는 일반적으로 하나 또는 그 이상의 정단층에 의해 형성된다.

서로 반대쪽으로 기울어지고 또 평행한 두 정단층에 의해 융기한 지괴는 지루(地壘, horst)라고 한다. 대규모의 지루는 산맥을 이루며, 라인강 양안의 시바르츠발트(Schwarzwald)와 보즈(Vosges Mts) 산맥이 그러한 예이다. 평행한 두 정단층에 의해 지괴가 내려앉아 생긴 골짜기는 지구 또는 지구대(地構帶, graben)라고 한다. 라인강지구대는 시바르츠발트와 보즈 산맥 사이의 골짜기로서 마인츠~바젤간에 형성되어 있고, 길이가 약 300km에 이른다. 이들 지루산맥과 지구대는 제3기 말에서 제4기 초에 걸쳐 형성된 것으로 알려졌다. 지구대는 넓고 곧바르게 트여 있어 일반 골짜기와 쉽게 구별된다.

시에라네바다산맥과 로키산맥 사이의 그레이트베이슨에는 대략 남북방향으로 뻗은 지루산맥과 지구대가 무수히 발달되어 있다. 캘리포니아주의 데스밸리(Death Valley)는 이곳 지구대 중의 하나이다. 그레이트베이슨은 지구대와 지루산맥이 많아 '분지와 산맥(basin and range)'이라고 불리우는 미국의 한 지형구(地形區)로 설정되어 있다.

서울~원산간에는 일련의 골짜기들이 직선상으로 뻗어 있어서 경원선 철도가 일찍이 이들 골짜기를 따라 놓이게 되었다. 과거에 이들 골짜기는 지구대로 소개되기도 했다. 그러나 이들 골짜기는 단층운동에 의한 지괴의 함몰로 형성된 것이 아니고, 골짜기가 지구대와는 달리 아주 좁다. 우리나라의 대표적인 지구대로는 길주-명천지구대가 꼽힌다. 제3기 마이오세 이후 개마고원이 융기하고 동해쪽에 일련의 단층운동이 일어남으로써 형성된 이 지구대에는 함경선 철도가 놓였으며, 칠보산지루가 그 동쪽에 자리한다. 칠보산지루의 중앙에 솟아 있는 칠보산(七寶山, 906m)은 단층운동이 일어난 후 제3기 플라이오세에 조면암·현무암 등이 분출하여 이루어진 화산이다.

하나의 정단층에 의해 지반의 융기가 한쪽에서만 일어남으로써 급경사의 좁은 사면과 완경사의 넓은 사면을 가지게 된 비대칭적(非對稱的) 단면의 지괴는 경동지괴(傾動地塊, tilted block)라고 한

그림 12-12. 시에라네바다산맥의 경동지괴
시에라네바다산맥의 정상부로 오른쪽의 그레이트베이슨에 면한 급경사의 사면이 단층애이다. 단층애가 개석을 많이 받았다.

다. 캘리포니아주의 시에라네바다산맥(Sierra Nevada)이 대표적인 예이다(그림 12-12). 이 산맥은 신생대 제3기 후반 이후에 융기하여 지금과 같은 모습을 보이게 되었는데, 그레이트베이슨에 면한 동쪽 사면은 대단히 가파른 반면에 광활한 캘리포니아 대종곡(大縱谷, San Joaquin Valley)에 면한 서쪽 사면은 아주 완만하다. 해발 3,000m 이상의 높은 산봉우리들도 동쪽에 치우쳐 분포한다.

우리나라 중부지방의 비대칭적 동서단면도 한때 경동지괴로 설명되었다. 그러나 동해사면은 경사가 매우 급하지만 단층에 의해 형성된 것이 아니고, 비대칭적 동서단면은 동해쪽에 그 축이 치우쳐진 요곡융기(撓曲隆起)에 의해 형성된 것임이 분명한 것 같다. 그래서 경동지괴 대신 '경동지형(傾動地形)'이라는 표현이 쓰이게

그림 12-13. 동아프리카지구대
오른쪽 고원의 난간을 따라 뻗은 절벽이 지구대의 경계이다. 왼쪽과 오른쪽의 낮은 산은 화산이다. 케냐 중부지방

되었다.

동아프리카지구대

세계적 규모의 지구대로는 동아프리카지구대와 대서양중앙해령(大西洋中央海嶺)의 지구대 또는 열곡(rift valley)[5]이 두드러진다. 대서양의 중앙을 따라서 남북방향으로 뻗은 대서양중앙해령의 정상에는 깊이 1,000~2,000m, 너비 13~50km의 거대한 열곡이 나타난다. 대양지각이 분

---

5) 흔히 graben은 지구(地溝), rift valley는 열곡(裂谷)이라고 번역하지만 둘 다 동일한 기원의 지형을 가리킨다. 뒤의 것은 J. W. Gregory(1894)가 동아프리카지구대(Great Rift Valley)에 처음으로 적용한 용어이다. 근래에는 graben은 조산대에서 조산기(造山期) 후기에 생기는 비교적 소규모의 지구, rift valley는 조산운동과 관계없는 세계적 규모의 지구대에 적용하기도 한다.

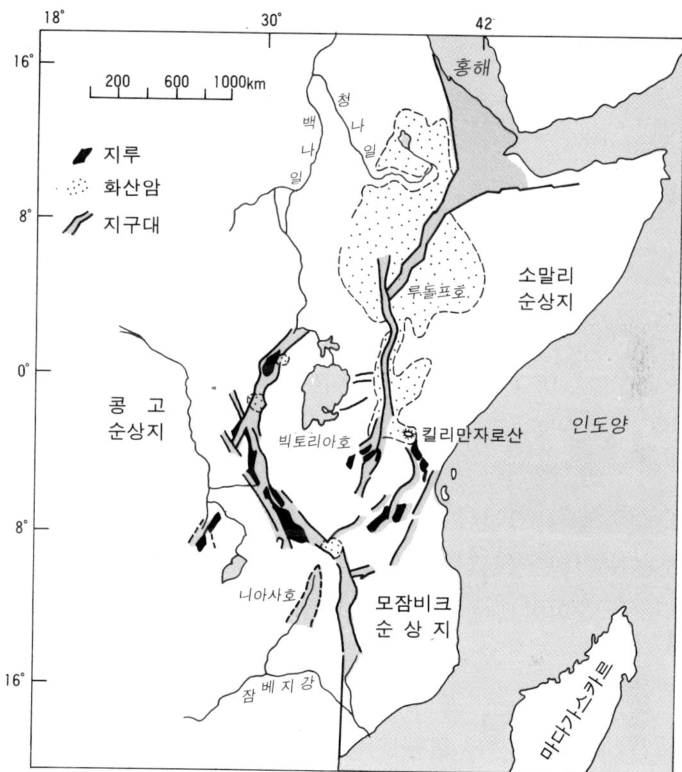

그림 12-14. 동아프리카지구대의 구조

Great Rift Valley라고 불리우는 거대한 동아프리카지구대는 홍해지구대로 이어지며 구조가 복잡하다. 아프리카대륙은 이 지구대를 경계로 홍해에서와 같이 분리되고 있는 것으로 알려졌다.

열하는 곳에 형성된 이 해령과 열곡은 남동인도양해령을 거쳐 홍해지구대 및 동아프리카지구대로 이어진다(제14장 참조).

대열곡(大裂谷, Great Rift Valley)이라고 불리우는 동아프리카지구대는 수직에 가까운 다수의 정단층에 의해 형성된 지구계(地溝系)로 이루어졌다. 이 지구계는 지각의 판운동(板運動)과 관련하여 아프리카대륙이 갈라지기 시작한 초기단계에 형성된 것으로 해석되는데, 대단히 큰 호소들이 지구대에 괴어 있기도 하고, 큰 강이 지구대를 따라 흐르기도 한다. 그림 12-14에서 그 내용을 간단히 살펴보면, 빅토리아호의 양쪽 지구대 중에서 서쪽의 것은 앨버트호에서 시작하여 탕가니카호를 거쳐 니아사호와 잠베지강으로 이어진다. 그리고 동쪽의 것은 니아사호에서 시작하여 빅토리아호 동쪽을 지나 루돌프호를 거쳐 아비시니아고원 북쪽으로 빠지면서 너비 200～400km의 홍해지구대 및 아든만지구대로 연결된다. 홍해지구대는 북쪽에서 수에즈지구대와 아바카만～사해지구대로 갈라져 나가고, 아든만지구대는 남동인도해령의 열곡과 이어진다. 잠베지강에서 사해(死海)까지의 거리는 지구둘레의 1/6을 넘는다.

대규모의 지구대는 지질구조로 볼 때 화산활동이 일어나기에 알맞은 곳이다. 그림 12-14에서 보는 바와 같이 동아프리카지구대를 따라서는 화산암(현무암)이 분포하며, 킬리만자로·케냐·엘곤 등의 화산이 그 연변에 솟아 있다. 동아프리카지구대는 백악기 후기에 형성되기 시작했으나 현무암이 다량으로 분출한 것은 제3기 플라이오세, 이들 화산이 솟아오른 것은 제4기에 들어와서였다.

단층선곡

단층선을 따라 형성된 직선상의 골짜기를 단층선곡(斷層線谷, fault-line valley)이라고 한다. 단층선을 따라 파열된 암석은 유수에 의한 차별침식을 받기 쉽다. 단층선은 일반적으로 하곡의 발달을 조장하고, 그 방향을 유도한다. 경북의 영해 부근에서 청하·신광·경주·언양·양산을 거쳐 낙동강 하구에 이르는 양산단층(梁山斷層)은 제4기에도 활동한 흔적을 보이는 활단층(活斷層)으로서 곧바르게 뻗은 일련의 골짜기, 즉 단층선곡을 탁월하게 발달시켰다. 경부고속도로가 경주～양산간에서 이러한 골짜기를 지나간다.

단층선곡은 지구대와는 달리 곡폭이 좁다. 영국의 스코틀랜드를 북동～남서방향으로 잘라 놓은 칼레도니아지협의 골짜기는 그레이트글렌단층(Great Glen Fault)을 따라 형성된 전형적인 단층선곡이다. 이 단층은 고생대 말에 주요 활동을 끝냈고, 이 단층선곡은 빙하의 침식으로 깊게 파여 전체 구간에 걸쳐서 많은 호소가 괴게

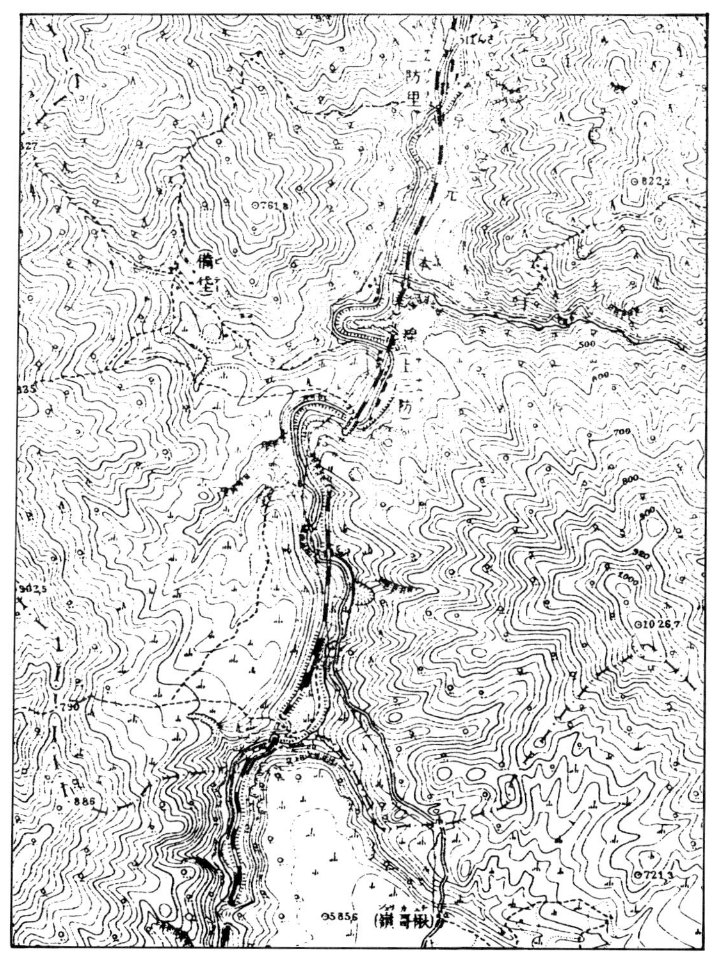

그림 12-15. 추가령구조곡
서울~원산간의 경원선철도가 이 구조곡을 따라 부설되었다. 골짜기가 좁다. 추가령 부근의 평평한 땅은 용암대지이다. 1:50,000 지형도.

되었다. 공룡의 출몰설로 유명한 길이 37km의 좁고 깊은 네스호(Loch Ness)도 이곳에 자리한다.

한반도에는 여러 방향의 지질구조선(地質構造線)이 발달되어 있다고 일찍부터 언급되어 왔다. 특히 항공사진에서는 다양한 방향과 규모로 뻗은 직선상의 골짜기를 많이 확인할 수 있다. 이러한 골짜기를 발달시킨 구조선은 대부분 주절리(主節理)와 관련된 것으로 믿어지는데, 이른바 동북동～서남서의 랴오둥방향 구조선과 북북동～남남서의 중국방향 구조선은 그 중에서 대표적인 것이다. 이들 구조선은 주로 고생대와 중생대의 지각변동 또는 조산운동에 의해 생긴 것으로 추측되며, 경원선 철도가 지나가는 추가령구조곡(楸哥嶺構造谷)도 이러한 지질구조선을 따라 형성된 것이다. 북쪽에서부터 안변 남대천, 연천～전곡간의 차탄천, 전곡～동두천간의 신천, 의정부～서울간의 중랑천 등은 추가령구조곡을 흐르는 하천들이다. 추가령구조곡에서는 플라이스토세에 현무암이 분출하여 철원·평강 용암대지가 형성되었다.

第13장 화산지형

1. 화산분출물과 분화의 유형
2. 화산의 형태와 화구지형
3. 화산체의 개석

이 장의 개요

화산지형은 지하 깊은 곳에서 지표로 솟아오르는 마그마로 형성된다. 습곡 및 단층운동과 더불어 화산작용(火山作用)은 지표의 기복을 증대시키는 역할을 한다. 화산에서는 화산가스·화산쇄설물·용암 등이 분출한다. 화산의 분화활동은 분출물의 성질에 따라 조용하게 진행되기도 하고, 격렬한 폭발을 동반하기도 한다. 화산이 격렬하게 폭발할 때는 다량의 화산회가 방출되면서 넓게 분산된다. 화산회층은 각기 독특한 특성을 가지고 있어 화산회편년(火山灰編年)에 이용된다.

화산의 형태는 용암의 성질과 분화의 형식에 의해 결정된다. 하나의 분화구를 통해 현무암질 용암이 조용히 분출할 때는 순상화산, 현무암질 용암과 안산암질 용암이 번갈아 분출하여 폭발식 분화가 곁들일 때는 성층화산이 형성된다. 한라산의 기생화산은 거의 전부 한번의 폭발에 의한 분석구이고, 용암대지는 현무암질 용암의 열하분출에 의한 대규모의 화산지형이다. 격렬한 폭발과 동시에 화산의 산정부가 밑으로 꺼져내릴 때는 칼데라가 형성된다.

화산은 지각이 불안정한 지판(地板)의 경계를 따라 집중적으로 분포한다. 우리나라는 현재 활동 중인 활화산이 없으나, 신생대 제4기에는 화산활동이 비교적 활발한 편이었다. 제주도·백두산·울릉도·철원 등지에는 각종 화산지형이 생생하게 보존되어 있다.

▲ **성층화산** 미국 오리건주의 세인트헬렌스산(Mount St. Helens)이다. 1980년에 대폭발이 일어나기 전의 모습이다. 환태평양조산대에 속한 화산으로 모양이 원추형이고 경사가 급한 전형적인 성층화산이다.

13. 1

화산분출물과 분화의 유형

화산의 분화와 화산분출물

화산(火山, volcano)은 분화구에서 분출하는 물질로 이루어지고, 하나의 큰 화산체는 수많은 횟수의 분화에 의해 완성된다. 격렬한 분화는 일반적으로 긴 휴식기 후에 일어나며, 다량의 분출물을 뿜어내는 분화는 대개 며칠 안에 끝난다. 분화가 하나의 분화구를 통해 일어나면 이를 중심분화(中心噴火, central eruption), 대규모의 균열을 통해 일어나면 이를 열하분화(裂罅噴火, fissure eruption)라고 한다. 화산활동의 내용은 화산을 이루고 있는 화산분출물에 간직되어 있다.

화산가스

화산분출물은 마그마(magma)에서 비롯한다. 마그마는 용융상태의 비휘발성 물질과 휘발성 물질로 구성되었는데, 지하 깊은 곳에서는 압력이 커서 이들 물질이 일체를 이루고 있는 것으로 생각된다. 마그마가 분화구에 접근하면, 압력이 낮아지므로 이에 포함된 가스성분은 분리되어 화산가스(volcanic gas)를 이루게 된다. 화산의 분화활동은 화산가스가 많을수록 격렬해진다. 화산가스의 95% 이상은 수증기이고, 수증기의 대부분은 화산체에 스며 있던 물이 재순환하는 것이다. 화산가스에 포함된 산소와 수소가 결합하여 만들어진 물, 즉 마그마에서 기원한 물은 처녀수(妻女水, juvenile water)라고 한다.

화산가스에는 질소·아황산가스·일산화탄소·유황·염소 등도 포함되어 있다. 이러한 성분들은 용융상태의 용암에서도 분리되어 나온다. 가스의 분출량은 측정하기가 쉽지 않지만 일본의 오시마섬의 미하라산이 1950～1951년간에 폭발했을 때는 1초에 0.055～2.1톤의 가스가 방출되었고, 이때 방출된 가스의 총량은 용암의 10～15%에 해당하는 것이었다고 알려졌다. 그리고 캄차카반도의 베지미아니산이 1956년에 폭발했을 때 방출된 수증기의 양은 무게의 비율로 전체 분출물의 2.5%였다고 한다.

용 암

용암(熔岩, lava)은 지표로 분출한 마그마가 아직 용융상태에 있는 것을 가리키기도 하고, 마그마가 식어서 생긴 화산암(火山岩)을 가리키기도 한다. 지표로 솟아오른 용암은 낮은 곳으로 흘러내리는데, 이의 유동성(流動性)은 용암의 성분 및 온도와 밀접한 관계가 있다.

용암 또는 암석은 규산(SiO_2)의 함량에 따라 산성(66% 이상), 중성(66～52%), 염기성(52～45%), 초염기성(45% 이하)으로 구분된다. 현무암은 염기성암, 안산암과 조면암은 중성암, 유문암은 산성암에 속한다. 산성암은 규장질암(硅長質岩, felsic rocks), 염기성암은 고철질암(苦鐵質岩, mafic rocks)이라고도 불리운다. 성분과 관련하여 유문암과 같은 산성암은 회백색, 현무암과 같은 염기성암은 흑색을 띤다.[1] 그리고 산성 용암은 온도가 낮고 유동성이 작으며, 염기성 용암은 온도가 높고 유동성이 크다.

현무암질 용암은 온도가 높고 유동성이 커서 조용히 분출하며, 다량으로 분출할 때는 용암류(熔岩流, lava flow)를 이루면서 멀리까지 흘러간다(그림 13-1). 이러한 형식의 분화를 일출식 분화(溢出式噴火, effusive eruption)라고 한다. 현무암질 용암에서는 가스가 쉽게 탈출한다. 반면에 유문암질 용암은 온도가 낮고 유동성이 작아 격렬하게 폭발하면서 분출하는 것이 보통이다. 이러한 형식의

1) 규장질암의 felsic은 장석(feldspar)와 석영(silica)에서, 고철질암의 mafic은 마그네슘(magnesium)과 철(fe)에서 연유하는 용어이다. 유문암과 같은 규장질암 또는 산성암은 장석과 석영을 많이 포함하여 색이 밝고, 현무암과 같은 고철질암 또는 염기성암은 마그네슘과 철을 많이 포함하여 색이 검다. 조면암 및 안산암과 같은 중성암은 진한 회색을 띤다.

그림 13-1. 현무암의 용암
일출식으로 분출하는 현무암질 용암은 점성이 아주 작다. 하와이섬에서 1881년에 분출한 용암으로 유동성이 큰 상태에서 흘러내렸다.

분화를 폭발식 분화(爆發式噴火, explosive eruption)라고 한다. 유문암질 용암에서는 가스의 탈출이 어려우며, 대규모의 폭발식 분화는 대규모의 분연(噴煙)을 동반한다.

현무암질 용암은 지표로 분출할 때의 온도가 1,000°~1,200℃이고, 1,000℃ 이하에서 유동성이 갑자기 떨어진다. 그러나 가스가 충분히 녹아 있는 경우에는 700℃ 이하에서도 계속 흐른다. 용암에 남아 있는 가스는 기포(氣泡)를 이루면서 용암류의 상층으로 모여 작고 동그란 구멍을 만들어 놓는다. 현무암에서 많이 보이는 이러한 구멍을 기공(氣孔, vesicle)이라고 한다.

한편 고온의 용암이 식을 때는 수축하면서 갈라진다. 용암의 수

그림 13-2. 주상절리

주상절리는 용암이 식을 때 발달한다. 화산경(volcanic neck)의 주상절리이다. 미국의 천연기념물인 와이오밍주의 Devil's Tower.

축현상은 온도가 높고 유동성이 큰 현무암질 용암에서 현저하게 일어난다. 냉각 중에 있는 용암의 표면에는 수축 중심점들이 생기고, 이러한 점들이 고르게 분포하는 경우 용암은 6각형의 무수한 돌기둥으로 갈라지게 된다. 용암을 돌기둥으로 갈라 놓은 수직적인 절리를 주상절리(柱狀節理, columnar joint)라고 한다(그림 13-2). 현무암층에 절벽이 잘 형성되는 것은 주상절리 때문이다. 주상절리는 조면암과 안산암에도 발달한다. 울릉도 남양동의 '국수바위'는 조면암, 광주 무등산(無等山)의 '입석대'는 안산암에 형성되어 있다. 무등산의 안산암은 중생대 백악기 말에 분출한 것이다.

화산쇄설물 유문암질 또는 안산암질 용암이 폭발식 분화에 의해 분출할 때는 크고 작은 무수한 조각으로 나뉘면서 흩어지는데, 이러한 물질을 통틀어 화산쇄설물(火山碎屑物, pyroclastics)이라고 한다. 화산쇄설물은 소량의 현무암질 용암이 온도가 낮고 가스압이 높은 상태에서 갑자기 분출할 때도 생긴다. 화산쇄설물은 크기에 따라 화산암괴(火山岩塊, 32mm 이상), 화산력(火山礫, 4~32mm), 화산회(火山灰, 1/16~4mm), 화산진(火山塵, 1/16mm 이하)으로 나뉜다. 이와 같은 쇄설물은 새로운 용암에서 비롯하는 것이지만 간혹 기존 화산체의 파열물이 섞이기도 한다.

폭발식 분화가 일어날 때 방출되는 화산쇄설물은 압력의 급격한 감소로 부피가 크게 늘어나서 경석(輕石, pumice)이라고 하는 다공질 쇄설물이 생긴다. 경석은 가벼워서 물에 뜨므로 부석(浮石)이라고도 불리운다. 부석은 일반적으로 유문암질 내지 안산암질 용암에서 비롯하며, 회백색 내지 미황색을 띤다. 해발 2,500m 이상의 백두산(2,744m)의 산정부에는 부석이 많이 쌓여 있으며, 곳에 따라서는 부석층의 두께가 40~60m에 이르기도 한다. 부석은 울릉도에도 많다.

한편 현무암질 용암이 소규모의 폭발식 분화로 방출될 때는 적갈색(赤褐色)의 다공질 쇄설물인 암재(岩滓) 또는 스코리아(scoria)가 많이 생긴다. 제주도의 기생화산은 대부분 스코리아로 이루어졌고, 제주도에서는 이것을 '송이'라고 부른다. 미관을 위해 관광지 건물의 지붕에 깔아 놓는 송이는 물빠짐과 보수력이 좋아 화분의 식재로 애용되는데, 육지로 반출되는 양이 늘어나 보존의 대상으로 지정되었다. 경석과 스코리아를 구분하지 않고 다공질 쇄설물을 총칭할 때는 분석(噴石, cinder)이란 용어가 쓰인다.

크고 작은 현무암질 용암 덩어리가 공중으로 높게 방출될 때는 떨어지기 전에 식어서 방추 모양의 화산탄(火山彈, volcanic bomb)이 만들어진다(그림 13-3). 화산탄은 대개 지름이 10~30cm이지만 무게가 60톤을 넘는 것도 있다. 화산탄의 한쪽 끝은 지면에 떨어질

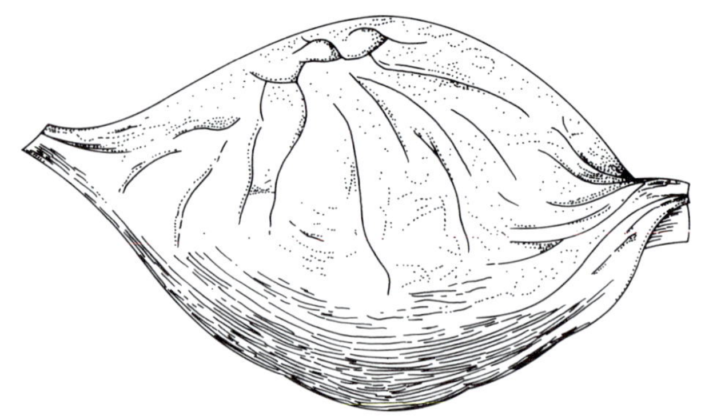

그림 13-3. 화산탄
화산탄은 폭발식 분화가 곁들일 때 공중으로 높게 솟아오르는 현무암질 용암의 덩어리가 떨어지기 전에 굳을 때 만들어진다.

때 눌려 약간 뭉툭하다. 화산탄은 제주도에 많았으나 지금은 보기 어려워졌다.

화산쇄설물의 대부분은 화산 가까이에 쌓인다. 주로 화산회가 모여 이루어진 암석은 응회암(凝灰岩, tuff), 화산회 · 화산력 · 화산암괴 등이 무질서하게 쌓여서 이루어진 암석은 집괴암(集塊岩, agglomerate) 또는 화산각력암(火山角礫岩, volcanic breccia)이라고 한다. 경상분지(慶尙盆地)를 중심한 우리나라 남부지방에서는 중생대 백악기 말에 화산활동이 격렬하게 일어났고, 경상누층군의 유천층군(楡川層群)에는 응회암과 집괴암이 많이 포함되어 있다.

화산회와 화산회편년

화산회(火山灰, volcanic ash)는 입자의 크기와는 관계없이 화산진을 포함한 세립의 화산쇄설물을 총칭하는 용어로도 사용된다. 대규모의 폭발식 분화가 일어나면 미세한 화산회는 수천 킬로미터씩 바람에 날려가 엷은 층을 이루면서 쌓인다. 중위도지방에서는 편서풍이 불기 때문에 화산회가 주로 쌓이는 곳은 화산의 동쪽이다.

1883년에 자바와 수마트라 사이의 화산섬인 크라카토아섬이 폭발했을 때는 약 20km^{3}의 화산쇄설물이 방출되었다. 그 중의 2/3는 반지름 14km의 범위 안에 떨어졌고, 곳에 따라서는 두께 60m 이상의 화산회층이 쌓였다. 자바는 대부분 화산회토(火山灰土)로 덮여 있어서 열대우림기후지역인 데도 토질이 비옥하고 인구밀도가 높다. 인도네시아는 화산이 많다. 뉴질랜드의 북섬도 2/3 이상이 화산회와 관련된 토양으로 덮여 있다.

모든 화산회층은 각기 특성을 지니고 있다. 하나의 화산에서 분출한 화산회도 분출시기가 다르면 광물조성에서 현격한 차이를 보인다. 그래서 하나의 화산과 관련된 특정한 화산회층의 연대가 알려지면, 그러한 층은 그 위와 밑에 쌓여 있는 퇴적층의 연대를 밝히는 데 중요한 자료로 활용될 수 있다. 이와 같은 방법에 의해 퇴적층의 연대를 추정하는 기법을 화산회편년(火山灰編年, tephrochronology)이라고 한다.

화산활동이 빈번한 일본에서는 화산회층의 연구가 활발하여 지사학·층서학·토양학·고고학·고생물학 등 광범한 분야에 크게 기여해 왔다. 규슈의 거대한 아이라(始良)와 기카이(塊界)의 두 칼데라는 각각 약 2.1~2.2만년전과 약 6,300년전의 대폭발로 형성되었는데, 이것들의 활동과 관련된 화산회층은 울릉도에도 나타난다. 그리고 울릉도 기원의 화산회층은 일본에서 발견되며, 그 연대가 약 9,300년전인 것으로 밝혀졌다. 그래서 울릉도에서는 약 2만년전과 9,300년전 사이의 기간에 나리분지(羅里盆地)를 중심한 3회의 분화활동이 있었고, 약 6,300년전에 기카이의 화산회층이 쌓인 후 약간의 시간차를 두고 일어난 분화로 나리분지의 알봉(卵峯)이 형성되었다는 사실이 밝혀지게 되었다.[2)]

백두산 기원의 화산회층은 혼슈 북부의 아오모리와 그 북쪽의 홋카이도에 널리 나타나며, 화산회편년에 의하면 이 화산회층은 서기 915년과 930년 사이의 기간에 쌓인 것이라고 한다. 화산회층의 분포와 규모로 미루어 이 기간에 일어난 백두산의 폭발은 엄청난

2) 町田洋 外, 1984, "第4紀後期 韓國의 南九州起源火山灰와 鬱陵島의 Tephra," 지리학(대한지리학회지), 29: 48~71.

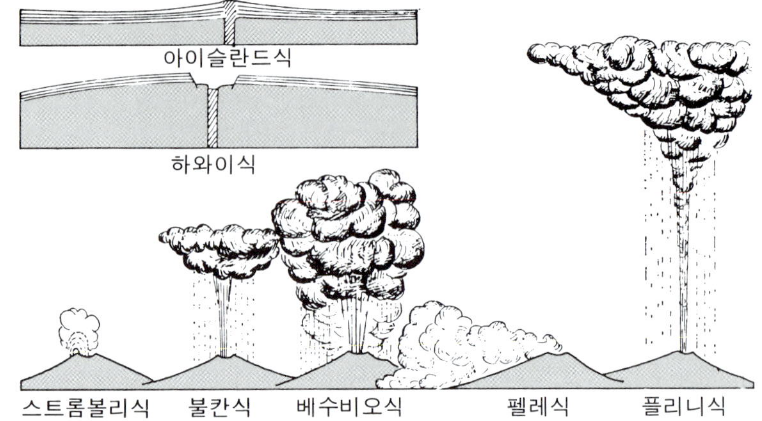

그림 13-4. 분화의 유형

화산의 분화는 용암의 점성이 작을수록 조용하게 일어나고, 용암의 점성이 크고 가스가 많이 포함되어 있을수록 격렬하게 일어난다.

것이었고, 천지(天池)의 칼데라가 이때 형성되었다는 의견도 있다. 926년에 발해가 갑자기 멸망한 원인을 백두산의 대폭발과 관련지우기도 하나 확실하지는 않다.

분화의 유형

현재 분화를 하고 있는 활화산(活火山, active volcano) 이외의 화산은 휴화산(休火山, dormant volcano)과 사화산(死火山, extinct volcano)으로 구분된다. 그러나 휴화산과 사화산을 구별하기는 어렵다. 분화와 분화 사이의 휴식기가 수백년에 이를 수도 있기 때문이다. 분화의 강도는 마그마의 성분과 마그마에 포함된 가스의 양에 의해 좌우된다. 그리고 화산분출물 중에서 가스·화산쇄설물·용암이 각각 차지하는 비율은 분화의 강도와 밀접한 관계가 있으며, 분화의 강도와 형식은 화산의 형태에 큰 영향을 미친다. 화산의 분화는 다음과 같은 유형으로 나뉜다.

(1) 아이슬란드식 분화 용암이 지각에 생긴 깊고 긴 균열,

즉 열하를 따라 분출하는 것을 아이슬란드식 분화(Icelandic eruption) 또는 단순히 열하분화(裂罅噴火)라고 한다. 다량의 현무암질 용암이 조용히 일출식으로 분출하여 용암류(熔岩流)를 이루면서 멀리 흘러간다.

아이슬란드식 분화가 대규모로 반복되면 미국의 콜럼비아고원이나 인도의 데칸고원과 같은 광활한 용암대지(熔岩臺地)가 형성된다. 1783년에 아이슬란드에서는 길이 32km의 열하를 따라 약 7.5km^{3}의 현무암질 용암이 분출한 바 있다. 이 때의 용암류 중에는 64km의 먼 곳까지 흘러간 것도 있다.

(2) 하와이식 분화 하와이식 분화(Hawaiian eruption)에서도 현무암질 용암이 일출식으로 분출하지만 아이슬란드식에서와는 달리 용암이 주로 하나의 분화구에서 흘러나온다. 하와이섬의 마우나로아(Mauna Loa)와 마우나케아(Mauna Kea)에서 그러한 예를 볼 수 있다. 하와이식 분화에 의해서는 규모가 대단히 크고 사면의 경사가 아주 완만한 순상화산(楯狀火山)이 형성된다. 간혹 용암이 분화구에서 분수처럼 뿜어져 나올 뿐 격렬한 폭발이 거의 일어나지 않는다.

(3) 스트롬볼리식 분화 스트롬볼리식 분화(Strombolian eruption)는 이탈리아의 시칠리아섬 북쪽에 자리한 리파리제도의 스트롬볼리산에서 관찰된다. 현무암질 용암이 분출하여 용암류로 흘러내리는 한편 하와이식에서와는 달리 폭발식 분화가 일어난다. 분화는 주기적일 수도 있고, 거의 연속적일 수도 있다. 스트롬볼리산은 고대로부터 수분 내지 수시간 간격으로 소규모의 분화를 계속해왔는데, 분화구의 용암이 굳을 겨를이 없으며, 항해선박의 길잡이 역할도 한다. 스트롬볼리식 분화에 의해서는 용암류와 화산쇄설물이 번갈아 쌓여 경사가 급한 원추형의 성층화산(成層火山)이 형성된다. 스트롬볼리식 분화는 수증기의 하얀 분연(噴煙)을 동반할 때가 많다.

(4) 불칸식 분화 분화와 분화 사이의 휴식기가 긴 화산에서

화산쇄설물이 강력한 폭발과 더불어 방출되는 형식의 분화를 불칸식 분화(Vulcanian eruption)라고 한다. 유문암질 내지 안산암질 용암처럼 유동성이 작은 용암이 분출할 때 일어나며, 분화구에서 방출되는 다량의 화산회는 버섯 모양의 검은 분연을 이룬다. 전형적인 예는 리파리제도의 불카노산에서 볼 수 있다. 불칸식 분화와 유사하나 더욱 강렬한 것은 베수비오식 분화(Vesuvian eruption)라고 한다. 분연이 대단히 높게 치솟으며, 화산회가 광범한 지역에 분산된다. 나폴리 부근의 베수비오산에서 가끔 관찰된다.

플리니식 분화(Plinian eruption)도 불칸식 분화의 한 유형인데, 다량의 경석이나 화산회가 고공으로 방출된 다음 바람에 날려 화산의 한쪽에 집중적으로 낙하한다. A.D. 97년에 있었던 베수비오산의 분화가 그러한 예로 소개된다. 로마의 박물학자 플리니(Pliny)가 이것을 관찰하다가 죽었다고 하여 붙여진 명칭이다.

(5) **펠레식 분화** 분연이 하늘로 높게 치솟지 않아 조용한 듯하면서도 열운(熱雲, nuées ardentes)을 동반하는 폭발식 분화를 펠레식 분화(Peléan eruption)라고 한다. 유동성이 작은 유문암질 내지 안산암질 마그마의 활동에서 나타난다. 열운이란 화산회를 포함한 쇄설물과 화산가스가 뒤섞인 고온의 밀도 높은 혼합물이 시속 100km 이상의 빠른 속도로 사면을 덮으면서 흘러내리는 것을 가리킨다. 화산쇄설물류(火山碎屑物流)라고도 불리우는 이것은 때때로 엄청난 재난을 일으킨다. 1902년 5월 8일에 카리브해의 소안틸리즈제도에 속한 마르티니크섬의 몽펠레(Mont Pelée) 화산이 폭발했을 때는 생피에르의 시가지가 순식간에 열운으로 매몰되어 지하 감옥에 갇혔던 한 명의 죄수를 제외한 약 3천명의 주민이 목숨을 잃었다. 이 섬에 인접한 몽세라(Montserrat)의 화산에서는 1990년대 초에 이러한 분화가 여러번 일어나 수도인 플리머스가 폐허로 변했다. A.D. 97년에 폼페이를 휩쓴 것도 근래에는 베수비오산에서 밀어닥친 열운이었던 것으로 추정되고 있다. 베수비오산의 이때의 분화는 약 700년 동안의 휴식기 후에 일어난 것이었다.

그림 13-5. 열운(熱雲)
파푸아 뉴기니아의 마남섬의 화산이 1960년에 폭발했을 때 화산쇄설물과 화산가스의 혼합물이 흘러내리고 있는 장면을 잡은 것이다.

13. 2

화산의 형태와 화구지형

화산의 형태

한번의 분화로 형성되는 작은 화산은 형태가 아주 단순하다. 큰 화산은 수많은 횟수의 분화활동으로 완성되며, 하나의 큰 화산이 완성되는 데 있어서 처음부터 끝까지 동일한 유형의 분화가 반복되고, 동일한 물질이 계속 분출하는 경우는 드물다. 엄밀한 의미에

그림 13-6. 마르(maar)
화산보다는 분화구에 가까운 지형이다. 아이펠지방의 Pulvermaar로서 큰 것에 속한다. 이 호소는 지름이 700m, 수심이 74m이다.

서 대부분의 큰 화산은 성인이 복합적이라고 할 수 있다. 화산의 형태와 내부구조는 근본적으로 분화의 유형에 의해 결정된다. 화산활동이 중심분화로 진행되는지 또는 열하분화로 진행되는지의 문제도 중요하다.

마 르

마르(maar)는 화산의 한 종류로 분류되기도 하지만 실제로는 타원형 또는 원형의 분화구를 가리키는 지형이다. 분화구가 큰 데 비해 이를 둘러싸고 있는 언저리는 좁으면서 주변보다 약간 높은 정도에 불과하다. 언저리에 쌓인 쇄설물의 대부분은 기반암에서 떨어져 나온 암편이고, 용암 기원의 것은 적게 포함되어 있다. 본에서 가까운 독일의 아이펠(Eifel) 지방은 마르가 많기로 유명하다. 그 수가 50개를 넘으며, 대부분의 마르에는 호소가 괴어 있다(그림 13-6). 이러한 호소를 이 지방에서는 '마르'라고 부른다. 이 지방의 마르는 용암과 뜨거운 가스가 늪지대의 지하수와 접촉하면서 강력한 폭발을 일으킬 때 형성된 것으로 알려졌다.

제주도의 주요 관광지 중의 하나인 산굼부리는 높은 곳에 형성되어 호소가 괴지 않았지만 전형적인 마르에 해당한다. 분화구의 둘레가 약 2km, 깊이가 약 100m에 이르는 데도 그 언저리는 주변보다 10m 정도밖에 높지 않다. 분화구로 올라가는 길도 경사가 완만하다.

분석구 폭발식 분화에 의해 방출된 화산쇄설물이 분화구를 중심으로 쌓여서 생긴 원추형의 작은 화산을 분석구(噴石丘, cinder cone)라고 한다. 높이는 큰 것도 200~300m 이하이고, 사면의 경사는 25°~35°로 급한 편이다. 분석구는 한번의 분화로 형성되며, 정상에 깔때기 모양의 분화구가 있다. 그리고 대부분의 분석구는 스코리아로 이루어졌고, 이러한 분석구를 스코리아콘(scoria cone) 또는 암재구(岩滓丘)라고 한다.

큰 화산의 산록에는 일반적으로 화산활동의 종말기에 분석구가 많이 형성된다. 360개 이상을 헤아리는 한라산의 기생화산은 거의 전부 현무암질 스코리아, 즉 '송이'로 이루어진 분석구로 높이가 대개 50m 내외이고, 100m 이상인 것은 적다. 한라산의 기생화산은 대부분 형성연대가 오래지 않고, 빗물의 투수율이 높아 원형의 보존이 양호하다. 분석구 중에서도 아주 작은 것은 분화구가 없다. 이러한 것은 스코리아마운드(scoria mound)라고 하며, 모슬포 동쪽의 송악산 주변에서 볼 수 있다(그림 13-7).

용암원정구 용암원정구(熔岩圓頂丘, tholoide 또는 plug dome)는 온도가 낮고 유동성이 작은 안산암질 내지 조면암질 용암이 분화구 위로 천천히 밀려올라온 후 옆으로 약간 퍼지는 경

그림 13-7. 스코리아마운드(scoria mound)
화산체들이 아주 작다. 모슬포 동쪽의 송악산(松岳山) 남쪽 해안에 형성된 것들로 분화구가 보이지 않는다. -1974

우에 형성된다. 용암원정구는 분화구가 없고 사면의 경사가 대단히 급해서 그 모양이 종과 비슷하며, 종상화산(鍾狀火山)이라고도 불리운다. 높이는 대개 수백 미터 이하이다. 용암원정구에서도 분화구를 볼 수 있으나 그것은 원정구가 완성된 후에 일어난 폭발로 생긴 것이다.

제주도 남서쪽 해안의 산방산(山房山, 395m)은 전형적인 용암원정구이다(그림 13-8). 산방산은 조면암질 안산암으로 이루어졌으며, 침식을 많이 받았으나 원형의 보존이 양호하다. 해발 1,750m 이상의 한라산(1,950m) 정상에서도 조면암질 안산암의 용암원정구를 볼 수 있다. 이곳의 원정구는 한라산의 순상화산체가 완성된 후 솟아오른 것인데, 백록담화구를 형성한 폭발로 파괴되어 한라산 정

그림 13-8. 산방산(山房山)
전형적인 용암원정구로 사면의 경사가 대단히 급하고 분화구가 없다. 조면암질 안산암으로 이루어졌다. 남제주군 대정읍. -1974

상의 서반부에만 부분적으로 남아 있다.

거대한 용암원정구는 기존 화산체 위에 형성된다. 캘리포니아주에 속한 래슨화산국립공원의 래슨산(Lassen Peak, 3,187m)은 구화산체의 분화구에서 800m 이상 솟아오른 원정구로 바닥의 지름이 약 2km에 이른다(그림 13-9). 이곳의 분화구는 1914년과 1915년의 강렬한 폭발로 생긴 것이다.

유동성이 아주 작은 용암은 처음부터 용암기둥을 이루면서 분화구 위로 솟아오른다. 마르티니크섬의 몽펠레(Mont Pelée) 화산에 형성되었던 화산암첨(火山岩尖, volcanic spine)이 고전적인 예로 소개된다. 이 화산에서는 1902년 5월에 앞에서 언급한 참사를 빚은 대규모의 폭발이 있은 직후에 형성된 높이 300m 이상의 원

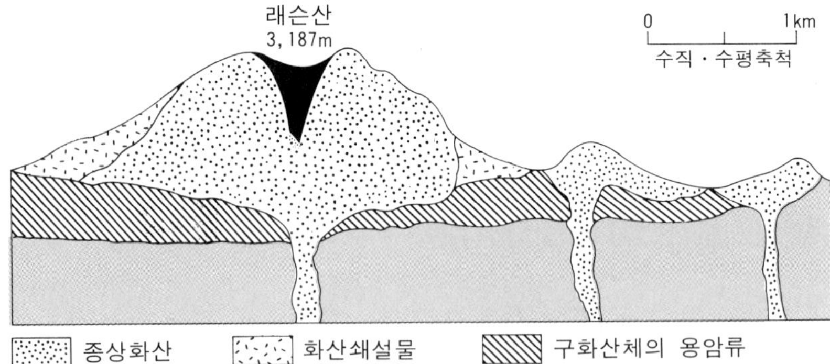

그림 13-9. 래슨산의 용암원정구
캘리포니아주에 속한 미국 국립공원의 용암원정구로 대단히 크다. 산정의 분화구는 이것이 형성된 후의 폭발로 생긴 것이다.

정구에서 다시 점성이 대단히 큰 유리질의 용암으로 이루어진 여러 개의 화산암첨이 솟아올랐다. 어떤 암첨은 60m 이상 솟아올랐으나 모두 소규모의 폭발로 곧 파괴되었다. 그리고 폭발활동이 끝난 같은 해 10월에는 하나의 큰 암첨이 또 성장하기 시작하여 이듬해 5월까지 원정구 위로 380m나 치솟았다. 그리고 2~3주만에 100m 이상 무너져내리다가 결국 없어지고 말았다(그림 13-10). 하루에 13m나 솟아오른 때도 있었다. 화산암첨은 분화활동의 최후단계에 간혹 출현한다.

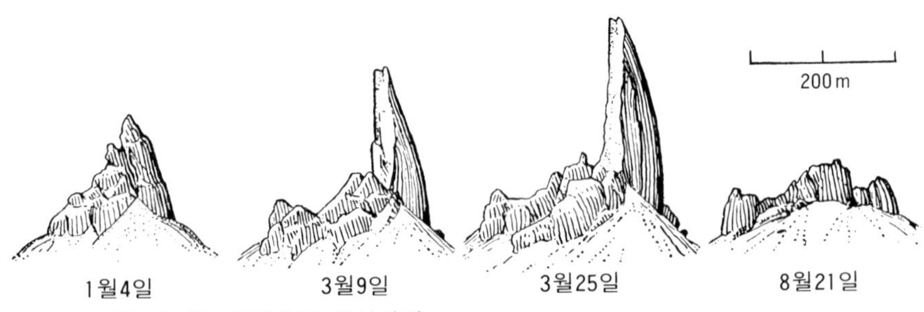

그림 13-10. 몽펠레의 화산암첨
용암원정구가 형성된 후 점성이 아주 큰 용암이 그 위에서 여러 달에 걸쳐 약 380m나 솟아올랐다가 붕괴되는 과정을 보여준다.

그림 13-11. 순상화산

하와이섬의 Mauna Kea(4,205m) 화산으로 사면의 경사가 산록에서 약간 급해진다. 전면에 유동성이 큰 용암이 흘러내린 것이 보인다.

순상화산

아스피테(aspite)라고도 불리우는 순상화산(楯狀火山, shield volcano)은 유동성이 매우 큰 현무암질 용암이 분화구에서 조용히 흘러나와 용암류를 이루면서 멀리 흘러가는 경우에 형성된다. 전형적인 순상화산은 사면의 경사가 극히 완만하지만 산정부에 비해 산록부의 경사가 다소 급해서 그 모양이 마치 방패를 엎어 놓은 것처럼 생겼다(그림 13-11). 산록부의 경사가 다소 급한 까닭은 분화구에서 멀어지면 용암류가 점차 식어서 흐름을 멈추기 때문이다. 대규모의 순상화산은 수많은 용암류의 누적으로 형성된다. 순상화산은 일반적으로 화산체가 크고, 사면의 경사가 완만한 만큼 높이에 비해 바닥이 매우 넓다.

순상화산의 대표적인 예로는 하와이섬의 여러 화산이 꼽힌다. 하와이섬은 대양저에서의 지름이 약 200km이고, 화산과 해저간의 비고가 9,000m를 넘는데, 마우나로아(4,560m), 마우나케아(4,595m), 킬라우에아(1,363m), 후알라이(2,750m) 등이 결합하여 이루어진 섬이다. 지구상에서 용암이 가장 많이 집적된 것으로 알려진 이곳에서는 지금도 연간 0.05~0.1km^{3}의 용암이 분출한다. 하와이의 순상화산에서는 분화구뿐만 아니라, 산정에서 여러 방향으로 뻗은 열하에서도 용암이 흘러 나왔다. 사면의 경사가 평균 4°로 아주 느리지만 해면 밑에서는 13° 정도로 갑자기 급해진다. 그것은 용암류가 물 속에서는 빨리 냉각되어 멀리 흘러가지 못하기 때문이다. 순상화산은 아이슬란드에도 발달되어 있다. 이곳의 순상화산들은 용암이 주로 중심 분화구에서만 분출하여 사면의 경사가 하와이섬의 것들보다 급한 편이다.

성층화산 폭발식 분화에 의한 화산쇄설물과 일출식 분화에 의한 용암류가 겹겹이 쌓여 형성된 원추 모양의 화산을 성층화산(成層火山, stratovolcano) 또는 복성화산(複成火山, composite volcano)이라고 한다. 성층화산은 대륙 연변의 조산대나 도호(島弧)에서 중심분화에 의해 형성되며, 고도가 높은 세계적인 화산은 대부분 이에 속한다. 일본의 후지산(3,776m), 이탈리아의 베수비오산(1,277m)·에트나산(3,323m), 미국의 레이니어산(4,392m)·샤스타산(4,317m), 멕시코의 포포카테이페틀산(5,452m), 에콰도르의 코토파히산(5,978m) 등이 대표적인 예이다.

성층화산에서는 사면의 경사가 10°~30°의 범위로 형성된다. 일반적으로 유동성이 작은 용암이 분출하는 한편 화산쇄설물이 분화구 가까이에 주로 쌓여 산정부로 갈수록 경사가 증가하며, 사면의 전체적인 단면이 약간 오목하다. 분화구가 화산체에 비해 작고, 고도가 높은 데 비해 바닥이 좁다. 내부구조는 화산체가 작을수록 단순하고 클수록 복잡하다. 거대한 성층화산의 기슭에는 일반적으로 측분화(側噴火)에 의한 기생화산이 많다.

그림 13-12. 측화산
'송이'로 이루어진 한라산의 전형적인 기생화산이다. 한 쌍의 이 기생화산에는 병악(竝岳)이란 이름이 붙여졌다. 남제주군 안덕면. -1984

측화산과 복합화산 기생화산(寄生火山, parasitic cone)이라고도 불리우는 측화산(側火山, adventive cone)이란 거대한 성층화산이나 순상화산의 산록에 분포하는 작은 화산들을 가리킨다. 화산체가 커지면 화도(火道)가 길어지고, 분화의 압력이 낮을 때는 용암이 탈출하기 쉬운 균열을 통해 산록으로 분출하여 작은 화산을 만들게 된다. 측화산의 화도는 작기 때문에 곧 용암으로 메워지며, 다른 균열을 찾아 용암이 분출하면 작은 화산이 또 생긴다. 측화산의 대부분은 한번의 분화로 형성된 분석구(噴石丘)이고, 하나의 큰 화산이 완성되는 데 있어서 최후단계에 형성되는 것이 보통이다. 그러나 시칠리아섬의 에트나산은 기원 전부터 분화를 계속해 왔는 데도 측화산이 1천개를 넘는다.

측화산 중에는 산방산(山房山)처럼 조면암질 안산암의 용암으로 이루어진 것도 있다. 그리고 제주도 동단의 성산 일출봉(日出峯)은 해저분화에 의해 형성된 측화산으로 화산체가 수중에서 쌓인 화산사암(火山砂岩)으로 이루어진 점이 특이하다. 일출봉은 섬이었으나 사주의 발달로 육지와 이어졌으며, 넓은 분화구 바깥의 거의 전체 해안에 성벽처럼 가파른 해식애가 높게 형성되어 있어 '성산(城山)'이라고 불리우게 되었다. 해발고도가 179m에 불과한데도 지름이 350~450m에 이를 만큼 분화구가 크다.

복합화산(複合火山, compound volcano)은 두 개 이상의 화산체가 겹쳐서 이루어진 화산이다. 거대한 분화구 안에 중앙화구구(中央火口丘, central cone)가 솟아 있는 화산, 분화구의 위치가 이동하여 몇개의 화산체가 결합한 화산 등이 이에 속한다. 큰 화산 중에는 복합화산이 많다. 한라산도 산정부의 용암원정구와 산복 내지 산록의 순상화산체가 결합한 일종의 복합화산이다.

용암대지

대규모의 열하(裂罅)에서 다량으로 분출하는 고온의 현무암질 용암은 용암류를 이루면서 멀리까지 흘러가며, 용암평원이나 용암대지를 만들어 놓는다. 용암류의 규모는 다양하다. 용암이 많이 분출하면 두께 10m 이상의 용암류가 100km씩 흘러가기도 한다.

현무암질 용암이 다량으로 분출하여 널리 퍼지면서 기존 평원을 광범하게 덮으면 용암평원(熔岩平原, lava plain)이 형성된다. 오스트레일리아의 빅토리아주에는 넓이가 15,000km^{2}에 이르는 광활한 용암평원이 발달되어 있다. 용암평원을 뚫고 섬처럼 솟은 기반암의 구릉은 스텝토(steptoe)라고 한다. 지표의 기복이 큰 곳에서는 용암이 골짜기를 따라 흘러내리며, 모든 골짜기가 용암으로 완전히 매몰되면 고원 모양의 용암대지(熔岩臺地, lava plateau)가 형성된다.

우리나라 중부지방의 철원·평강과 신계·곡산의 용암대지는

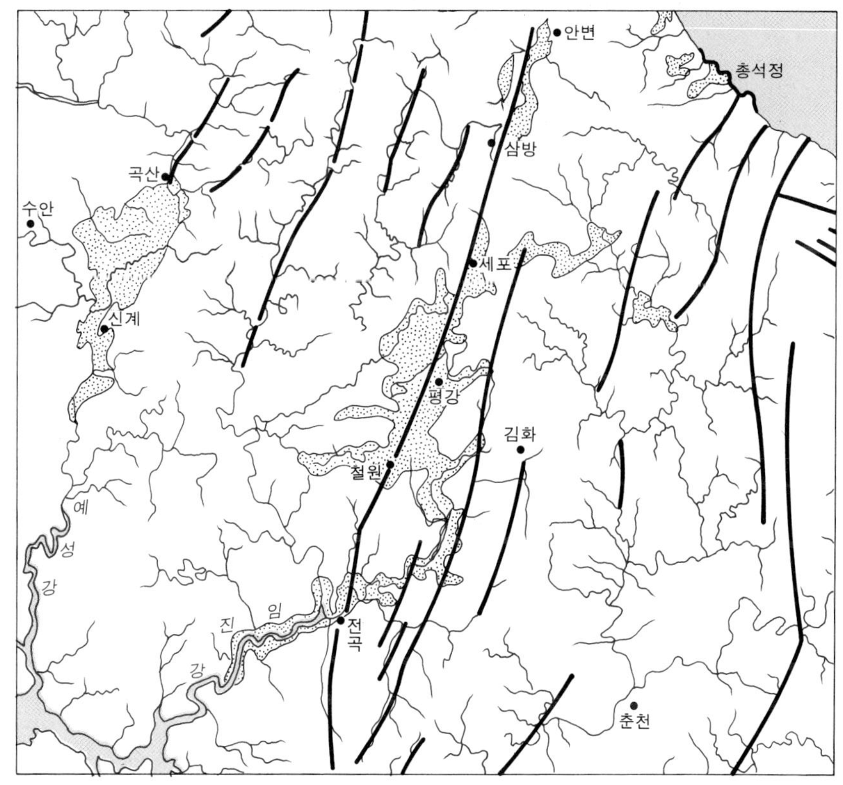

그림 13-13. 철원 · 평강 및 신계 · 곡산의 용암대지
굵은 선은 지질구조선이다. 추가령구조곡을 따라 선이 길게 그어졌다. 용암은 추가령 북쪽의 안변 남대천 쪽에서도 분출했다. (Lautensach)

플라이스토세 후기에 분출한 현무암이 골짜기를 따라 흘러내려 형성된 것이다(그림 13-13). 면적이 600km^{2}를 넘는 철원 · 평강 용암대지의 현무암은 추가령구조곡의 열하에서 분출했다. 한탄강유역과 안변 남대천유역 사이의 분수계에서는 용암대지의 고도가 해발 600m를 넘으며, 평강에서 남서쪽으로 조금 떨어진 곳에는 작은 순상화산인 오리산(鴨山, 451m)이 솟아 있다. 용암은 철원지방을 지나 한탄강을 따라 흘러내린 다음 임진강 하류의 임진각 가까이까지 도달했다. 용암대지의 해발고도는 평강에서 약 330m, 철원의 민통선 안에서 약 220m, 지포리에서 약 150m, 전곡에서 약 60m로

그림 13-14. 전곡(全谷)의 용암대지
용암대지의 절벽 밑에 변성암의 기반암이 드러나서 전체 현무암층의 두께를 확인할 수 있다. 절벽 밑의 하천은 한탄강이다. -1973

나타나 하류로 갈수록 점점 낮아진다. 골짜기가 넓게 트인 철원지방에서는 용암대지가 평야처럼 보여 이를 흔히 '철원평야'라고 부른다. 그러나 '철원평야'에는 협곡이 깊게 파여 있으며, 이러한 협곡에서는 그것이 대지(臺地)처럼 보인다. 한탄강유역의 용암대지는 좁은 곳도 있고 넓은 곳도 있는데, 이 지역에서는 협곡이 전략적으로 중요하게 이용된다(그림 13-14).

백두산을 중심으로 개마고원과 만주에 걸쳐서는 동서 240km, 남북 400km의 백두용암대지(白頭熔岩臺地)가 펼쳐져 있다. 우리나라쪽의 백두용암대지는 제4기에 백두화산대의 열하, 즉 백두산과 북포태산을 잇는 일직선상의 여러 분화구에서 솟아나온 용암으로 이루어졌다. 용암층의 평균 두께는 200~300m인 것으로 알려졌다.

압록강과 두만강의 본류 및 지류가 용암대지를 개석하여 용암층 밑의 기반암이 드러난 곳도 있으나, 습원(濕原)이 곳곳에 나타난다. 이른바 '천평(天坪)'의 삼지연(三池淵)은 그 중의 하나이다. '천평'이란 반경 30km, 해발 1,500m 내외의 백두산 동쪽 부분을 가리킨다.

세계의 용암대지 중에서 가장 넓다고 알려진 인도 데칸고원의 용암대지는 제3기 에오세에 형성되었으며, 면적이 50만km^2, 용암층의 두께가 최대 2,000m를 넘는다. 미국의 워싱톤주와 오리건주에 걸친 콜럼비아고원도 용암대지로 유명하다. 이곳의 기복은 원래 1,500m 이상이었으나, 제3기 중기에 용암이 분출하여 기존 기복이 용암으로 완전히 덮인 후 콜럼비아강에 의해 1,500m 깊이의 골짜기가 다시 파였다. 면적이 약 13만km^2인 이 용암대지는 두께 15m 내외의 용암류가 겹겹이 쌓여 이루어졌다.

이밖에 세계적인 용암대지로는 남아프리카의 드라켄즈버그고원, 브라질·우루과이·아르헨티나에 걸친 파라나고원, 아르헨티나 남부의 파타고니아지방에 발달한 것들이 알려졌다.

제주도와 한라산

제주도는 신생대 제3기(第三紀) 말에 화산활동이 시작된 이래 많은 횟수의 용암분출에 의해 형성된 대륙붕상의 화산도(火山島)로서 '화산의 보고'라고 일컬어질 만큼 각종 화산지형이 다채롭게 발달되어 있다. 제주도의 형성과정은 1960년대 이후 지하수개발을 위한 시추작업에 의해 방대한 자료가 수집됨에 따라 비교적 자세하게 밝혀졌다. 제주도는 5기에 걸쳐 형성되었다.[3] 제1기(第1期)에는 기저현무암(基底玄武岩)이 분출했으며, 현재 지표에 노출되어 있는 용암은 모두 그 위에 얹혀 있는 것이다.

동·서 양쪽의 해안지대에서는 규모가 작으나마 용암평원을 볼

3) 元鍾寬, 1975, "濟州島의 형성과정과 火山活動에 관한 연구," 건국대학교 대학원 박사학위논문.

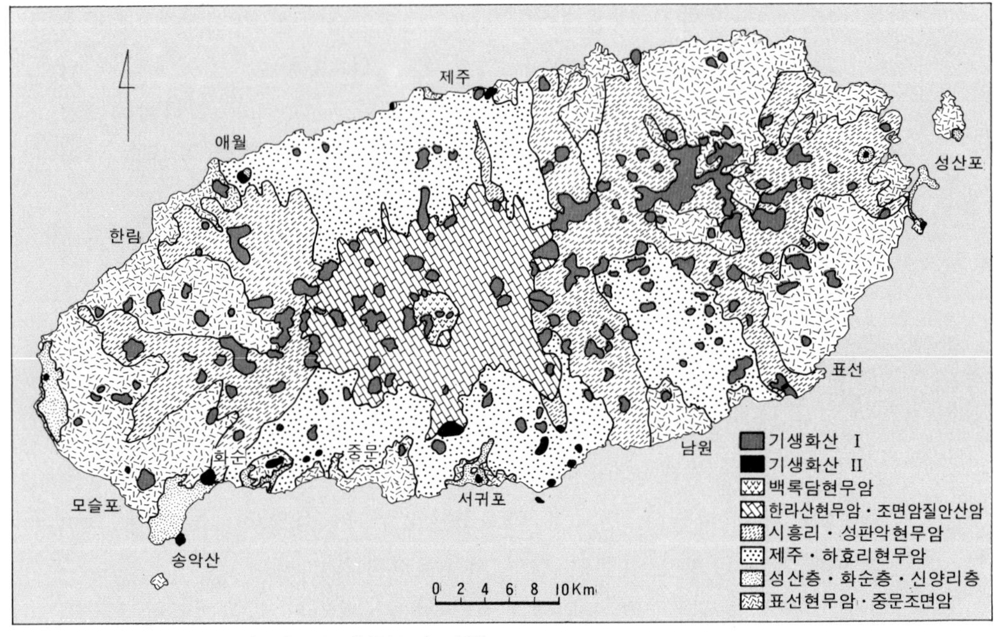

그림 13-15. 제주도의 지질
제주도는 많은 횟수의 용암분출로 형성되었다. 지하수개발을 위한 광범한 시추작업에 의해 그 내용이 자세히 밝혀지게 되었다. (元鍾寬)

수 있다. 이 용암평원은 제2기(第2期)에 상당히 검은 현무암의 열하분출로 이루어졌으며, 이 현무암은 '표선현무암'이라고 명명되었다. 제2기 말에는 산방산과 일출봉을 포함하여 군산 · 단산 등 10여개의 기생화산이 솟아올랐다. 전체 기생화산 중에서 그 수가 아주 적은 이들 기생화산은 형성연대가 오래고, 특히 군산과 단산은 침식을 많이 받았다.

한라산(漢拏山, 1,950m)의 순상화산체가 윤곽을 드러내기 시작한 것은 제3기(第3期)에 들어와서 한라산의 중심분화가 일어나면서부터였다. 남쪽과 북쪽의 해안지대(海岸地帶)와 전체 중산간지대(中山間地帶)를 덮고 있는 '제주현무암'과 '하효리현무암'은 이때 분출했다. 제4기(第4期)에 들어서 '시흥리현무암'과 '성판악현무암'에 이어 분출한 '한라산현무암'은 해발 500m 이상의 산간지대(山

間地帶)에 분포하며, 제4기 말에는 산정부의 종상화산체를 이루고 있는 '한라산조면암질 안산암'이 분출했다.

끝으로 제5기(第5期)에는 큰 폭발이 일어나 백록담화구가 만들어지는 동시에 '백록담현무암'이 소규모로 분출했고, 기생화산의 거의 전부가 이때 형성되었다. 제주도에서는 고려시대에도 분화가 있었다. 「신증동국여지승람」에 기록된 고려 목종 5년(1002)과 10년(1007)의 분화는 이들 기생화산 중에서 일어난 것임에 틀림없으나 어느 것인지는 확실하지 않다.

순상화산의 산록에는 흔히 용암굴(熔岩窟, lava tunnel)이 나타난다. 비교적 두꺼운 용암류가 흘러내릴 때 표층이 식어서 굳어진 다음 용융상태에 있는 그 밑의 용암이 아래로 흘러나가면 동굴이 뒤에 남는다. 제주도에는 만장굴·김녕굴·협재굴·쌍룡굴 등 천연기념물로 지정된 것들 이외에도 크고 작은 용암굴이 많다. 동굴이 생긴 후에 천정의 틈에서 용암이 조금 새어나오면 고드름과 석순이 만들어진다. 그러나 석회동굴과는 달리 용암굴은 바닥이 평평하고 내부구조가 아주 단순하다.

화산의 분포와 형태

대부분의 화산활동은 각기 다른 방향으로 움직이는 두 지판(地板)의 경계를 따라서 일어난다. 지각의 구성과 지판에 관한 내용은 제14장에 자세히 기술되어 있다.

때때로 분화하는 화산을 활화산이라고 볼 때 세계의 활화산은 약 500개이고, 그 중의 절반 이상이 환태평양조산대(環太平洋造山帶)에 분포한다. 환태평양조산대 중에서도 태평양 서쪽의 호상열도, 즉 도호(島弧)는 특히 화산이 많다. 도호는 아시아대륙의 동쪽 연변에 가장 탁월하게 발달되어 있다. 윤곽이 태평양쪽으로 볼록한 알루시안열도·쿠릴열도·일본열도·류큐열도 등이 대표적인 예이다. 남·북아메리카대륙의 태평양 연변에는 도호가 없고, 그 대신 태평양쪽으로 윤곽이 볼록한 안데스 및 로키와 같은 대산맥들이 솟아 있다. 이와 같은 도호와 세계적인 대산맥은 대양판(大洋板)이 대륙판(大陸板)과 충돌하면서 그 밑으로 밀려들어가는 곳에 형성되어 있다.

대양의 화산은 주로 해령(海嶺)을 따라 분포한다. 해령은 지각 밑의 맨틀(mantle)로부터 마그마가 상승하는 동시에 대양의 두 지판이 분리되는 곳이다. 대서양의 중앙에 남북방향으로 길게 뻗은 대서양중앙해령(大西洋中央海嶺)이 대표적인 예이며, 화산활동이 활발한 아이슬란드는 그 중의 일부가 해면 위로 올라온 것이다. 대서양중앙해령은 인도양과 남태평양으로 연장된다.

용암의 특성은 용암의 분출장소에 따라 달라진다. 대서양중앙해령에서와 같이 두 대양판이 분리되는 곳에서는 현무암질 용암, 서태평양의 여러 도호나 남·북아메리카대륙의 태평양 연변에서와 같이 대양판과 대륙판이 충돌하는 곳에서는 주로 안산암질 용암이 분출한다. 현무암질 용암은 맨틀에서 올라오는 것이고, 안산암질 용암은 대륙판 밑으로 밀려들어가는 대양판이 부분적으로 녹아서 생성되는 것이다. 현무암질 용암은 순상화산과 용암대지, 안산암질 용암은 성층화산을 형성한다.

대부분의 화산활동은 지판의 경계를 따라 일어나지만 용암은 지판의 내부에서도 솟아른다. 하와이섬은 대양판, 제주도는 대륙판에 형성된 화산도인데, 이들 섬은 주로 현무암으로 이루어졌다. 이러한 곳의 현무암은 맨틀에서 직접 올라오며, 그것이 올라오는 곳은 계속 움직이는 지판과는 관계없이 한 자리에 고정되어 있다. 지판의 내부에서 현무암질 용암이 솟아오르는 곳은 열점(熱點, hot spot)이라고 한다. 울릉도·제주도·백두산도 이러한 열점과 관련하여 형성된 것으로 알려졌다.

열점의 존재는 하와이제도의 형성과정을 통해 밝혀지게 되었다. 하와이제도는 일렬로 길게 배열된 많은 화산도로 이루어졌는데, 이들 화산도의 용암은 모두 하나의 열점에서 솟아오른 것이다. 하와이섬은 열점 바로 위에 자리하여 화산활동이 활발하다. 그리고 그 북서쪽의 섬들은 현재 하와이섬이 있는 곳에서 형성된 후 지판과 함께 이동하여 지금의 자리에 놓이게 되었다. 이들 섬은 하와이섬에서 멀수록 형성연대가 오래다.

분화구와 칼데라

화산분출물이 솟아나오는 화구(火口, crater) 또는 분화구(噴火口)는 사발이나 깔때기처럼 생겼으며, 지름이 2km를 넘지 않는다. 현재 분화하고 있는 성층화산의 분화구는 대개 지름이 1km 미만이고, 화산체에 비해 작다. 사화산의 분화구에는 흔히 한라산의 백록담과 같은 화구호(火口湖, crater lake)가 괸다.

칼데라는 일반 분화구보다 훨씬 크고 바닥이 상당히 넓어 그 모양이 분지와 같다. 성인도 분화구와는 다르다. 대폭발이 일어날 때 화산체의 상당한 부분이 없어져 생기며, 큰 것은 지름이 20km를 넘는다. 1815년에 인도네시아의 탐보로산이 폭발했을 때는 산의 고도가 1,400m나 낮아지고 지름 12km의 칼데라가 생겼다고 한다. 서기 79년에 일어난 베수비오산의 폭발도 자주 인용된다. 베수비오산에서는 이때 산정부의 상당한 부분이 없어지고, 지름 2.5km의 칼데라가 형성된 후 작은 중앙화구구(中央火口丘)가 그 안에서 솟아올랐다. 베수비오산의 칼데라를 둘러싼 기존 화산체의 산릉을 이 지역에서는 몽소마(Mont Somma)라고 부른다. 칼데라 변두리의 산릉을 가리키는 외륜산(外輪山, somma)의 원어는 베수비오산에서 온 것이다. 일본 규슈에 있는 아소산(阿蘇山)의 칼데라는 지름이 18～24km, 둘레가 128km에 이른다. 칼데라 안의 넓고 평평한 땅, 즉 화구원(火口原, atrio)에는 큰 취락들이 들어섰고, 그 위로 솟은 여러 중앙화구구는 별개의 화산처럼 보인다.

칼데라는 화산의 정상부가 대폭발과 함께 날라가버린 자리처럼 보이기도 하지만 정상부의 함몰로 형성된 지형이다. 정상부가 날라갈 정도의 대폭발이 일어나면 그 주변에 기존 화산체에서 떨어져

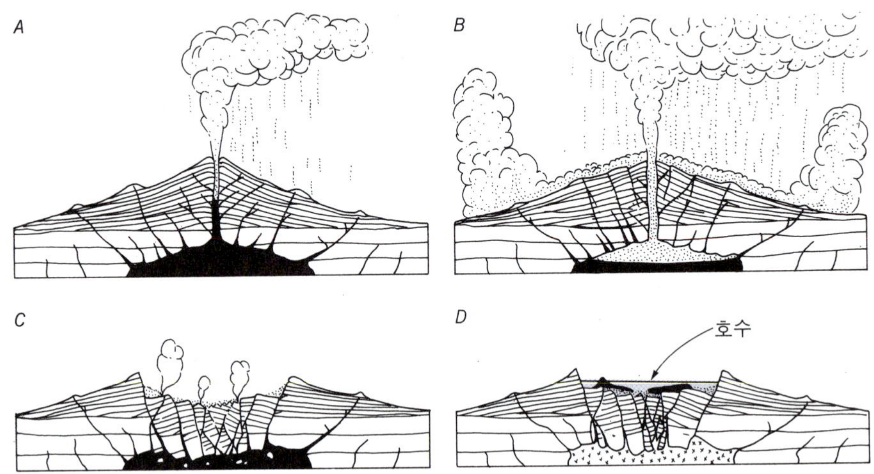

그림 13-16. 칼데라의 발달

A) 초기의 분연이 솟아오른다. B) 다량의 쇄설물이 분출하는 동시에 지각내에 생긴 공동으로 화산체가 꺼져내린다. C) 산정부의 함몰로 칼데라가 형성되었다. D) 소규모의 분화로 중앙화구구가 솟아오르고, 마그마가 결정질 암석으로 변화했다.

나온 암설이 많아야 하지만 전혀 그렇지 않다. 그래서 화산이 다량의 용암과 가스를 분출하면 마그마가 들어 있던 공간, 즉 마그마 체임버(magma chamber)에 공동이 생기고, 이 공동으로 산정부가 꺼져내릴 때 칼데라가 형성되는 것으로 믿어지게 되었다(그림 13-16). 칼데라는 대폭발을 일으키지 않는 순상화산에서도 형성된다. 마우나로아의 칼데라는 장경이 약 6km, 단경이 약 3km이다.

백두산의 천지(天池)는 칼데라호(caldera lake)이다. 칼데라호로 가장 널리 소개된 것은 미국의 국립공원인 오리건주의 크레이터레이크(Crater Lake)이다(그림 13-17). 이곳의 칼데라호는 지름이 8～10km, 수심이 약 660m이고, 수면 위로 중앙화구구가 솟아올라 섬(Wizard Island)을 이루었다.

울릉도의 화구지형

울릉도는 해저에서의 지름이 약 30km, 해저에서 성인봉(984m)까지의 높이가 거의

그림 13-17. 칼데라호와 중앙화구구
거대한 칼데라호로 작은 화산인 중앙화구구(Wizard Island)가 수면 위로 솟아올라 섬이 되었다. 오리건주의 Crater Lake 국립공원.

3,000m에 이른다. 거대한 화산의 중복 이상만 해면 위로 솟아 있고, 동서와 남북간의 거리는 각각 12km와 10km, 둘레는 44km, 면적은 72.9km²이다. 울릉도는 주로 조면암과 응회암 및 집괴암으로 이루어졌으며, 섬의 대부분이 화산회로 덮였다.

섬의 북쪽 중앙에는 지름 3.5km의 칼데라인 알봉·나리분지가 자리하고, 그 사이에 중앙화구구인 알봉(卵峯, 611m)이 솟아 있다. 앞에서 언급한 바와 같이 화산회편년에 의해 밝혀진 바에 따르면 약 2만년전의 아이라(始良) 화산회층이 쌓인 후 9,300년전에 대분화가 일어나기까지 여러 차례의 플리니식 분화로 기존 칼데라가 확장되었다. 최후의 대분화는 약 6,300년전에 기카이(塊界) 화산회층이 쌓인 후 약간의 시간차를 두고 일어났다. 이 분화는 다소 약한 스트롬볼리식이었으며, 알봉이 이때 형성되었다. 그리고 토양층

그림 13-18. 나리분지의 화구원과 취락
화구원이 넓다. 화산쇄설물이 두껍게 쌓여 빗물이 지하로 잘 스며든다. 산촌(散村)이 보이며, 오른쪽 위의 낮은 언덕이 알봉이다. -1983

이 발달한 정도를 통해서 울릉도의 지표면을 덮고 있는 화산회는 2,000~3,000년전에 분출한 것으로 추정되었다.

알봉이 솟아오르면서 칼데라의 화구원(火口原, atrio)은 해발 약 250m(나리분지)와 약 500m(알봉분지)의 상하 2단으로 분리되었다. 알봉·나리분지는 울릉도 유일의 넓은 평지로서 면적이 약 1.5km²이고, 나리분지(羅里盆地)에는 산촌(散村)이 들어서 있다. 나리분지에는 화산회가 두껍게 쌓여 있어 집중호우가 내릴 때는 한쪽에 물이 괴었다가도 곧 땅속으로 스며든다. 나리분지를 내려다 보고 있는 울릉도의 최고봉인 성인봉(聖人峯)은 분화구가 따로 없는 외륜산이다.

13. 3

화산체의 개석

화산활동이 끝나면 화산은 개석되기 시작한다. 화산은 성장하는 중에도 침식을 받지만 그것은 화산활동이 끝난 이후의 침식에 비하면 무시할 수 있을 정도이다.

화산의 개석에 관여하는 요인으로는 용암의 종류, 화산의 크기, 기후 또는 강수량 등이 중요하다. 화산은 클수록 강수의 집수면적이 넓어서 침식을 잘 받는다. 그리고 투수성이 큰 물질로 이루어진 화산은 강수의 지표유출이 적어서 침식을 덜 받는다. 하와이섬의 분석구는 연강수량이 5,000mm인 환경에서도 침식을 거의 받지 않았다. 제주도의 기생화산도 마찬가지 이유로 대부분 원형을 보존하고 있다. 또한 다공질의 현무암 위를 흐르는 제주도의 하천은 호우가 내릴 때만 물이 흐르고 비가 멎은 후 시간이 지나면 건천(乾川)으로 변한다. 반면에 울릉도의 하천은 작지만 비가 연중 고르게 내려 물이 마를 때가 거의 없다. 이러한 점도 화산체의 개석에서 고려되어야 한다. 하와이제도의 마우이섬에서는 비를 몰아오는 무역풍에 노출된 북동사면이 높은 곡밀도(谷密度)를 보여준다.

화산의 개석은 방사상 하계망의 발달과 더불어 시작된다. 지형성 강수가 내릴 만큼 높은 화산에서는 하천들이 두부침식에 의해 유로를 산정부로 연장시켜 나가며, 하천과 하천 사이의 간격이 좁은 상부 사면에서는 점차 하천의 쟁탈현상이 일어난다. 그리고 화산은 상부 사면에서부터 해체되기 시작하여 초기단계에 분화구가 없어지고, 하천들이 서로 멀리 떨어진 하부 사면에는 3각형의 원지형면(原地形面)이 남는다(그림 13-19). 플라네즈(planeze)라고 불리우는 이러한 원지형면에서는 쟁탈당해서 말라버린 하천의 작은 유로들을 볼 수 있다.

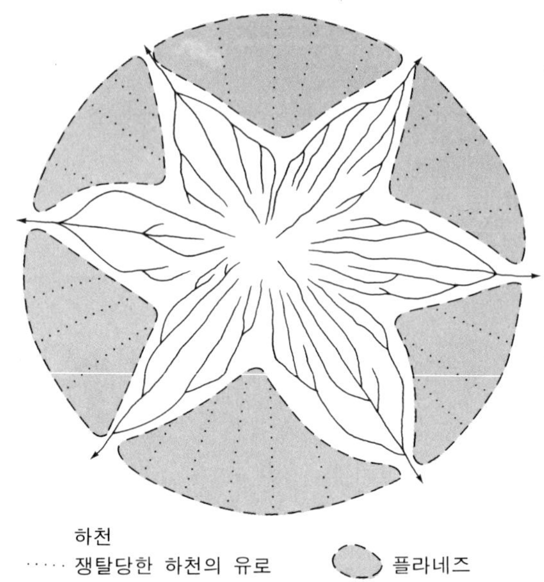

그림 13-19. 플라네즈(planeze)
플라네즈는 화산체가 정상부부터 개석을 받는 과정에서 형성된다. 플라네즈의 점선은 하천쟁탈로 물이 흐르지 않게 된 하도(河道)이다.

화구벽은 여러 하천 중에서 두부침식이 가장 활발하고 물이 많이 흐르는 하천에 의해 절단되며, 화구호 또는 칼데라호의 물이 바깥으로 흘러나가는 곳에는 좁은 골짜기가 파인다. 화구벽에 파인 이러한 골짜기를 화구뢰(火口瀨, barranco)라고 한다.[4] 백두산 천지의 물은 만주쪽으로 나있는 화구뢰를 통해 쑹화강(松花江)으로 흘러간다. 개석의 진전으로 화구호의 물이 전부 빠져나가는 단계에 이르면 화구벽의 한 부분만 바깥쪽으로 넓게 트여 분화구 또는 칼데라의 모양이 말굽과 비슷해진다.

시간이 경과하면 플라네즈마저 전부 제거되고, 일련의 방사상 산릉과 하곡이 경관을 주도하는 잔류화산단계(殘留火山段階)를 거쳐 화도(火道)를 메웠던 화산경(火山頸, volcanic neck)과, 이로부

4) 화구뢰(火口瀨)는 한자의 뜻으로는 화구에서 흘러나오는 급류성 하천을 의미하지만 barranco는 그 하천이 판 골짜기를 가리킨다.

그림 13-20. 뉴멕시코주의 쉽록(Shiprock)

화산의 흔적으로 우뚝하게 솟은 화산경만 남아 있다. 이 화산경의 높이는 약 460m, 왼쪽 뒤로 길게 뻗은 암맥의 길이는 약 8km이다.

터 뻗어나간 암맥만 우뚝하게 남는 골격단계(骨格段階)로 넘어간다(그림 13-21). 미국의 뉴멕시코주 북부에서는 천연기념물인 쉽록(Shiprock) 이외에도 여러 화산경을 볼 수 있다.

이상에서 설명한 내용을 요약하면 화산의 개석과정은 네 단계로 구분되는데, 뉴질랜드에서는 각 단계와 화산의 형성시기 사이에 다음과 같은 대비가 성립한다고 한다.

① 화산단계…………현세

② 플라네즈단계……플라이스토세 중기～현세

③ 잔류화산단계……플라이오세～플라이스토세 중기

④ 골격단계…………상부 마이오세～플라이오세

이러한 개석과정이 모든 화산에 그대로 적용된다고는 볼 수 없다. 화산체의 크기와 구조, 기후, 식생 등 많은 요인이 이에 개입할 것이지만 아직 이들 요인이 어떤 영향을 미치는지 충분히 알려지

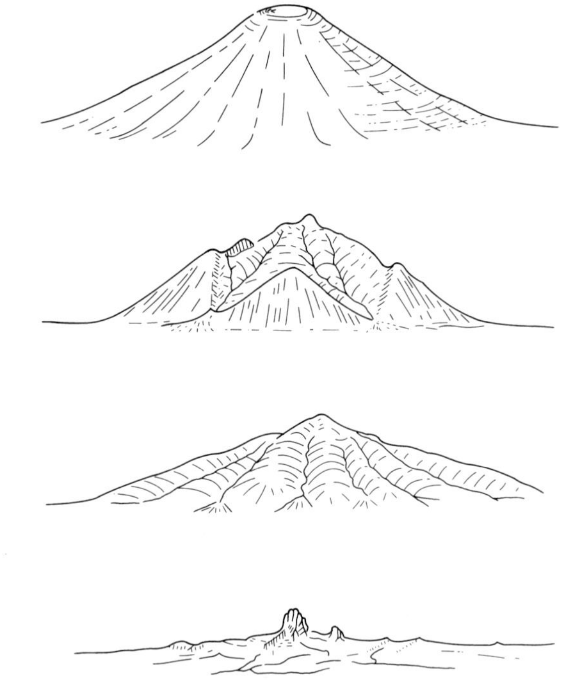

그림 13-21. 화산체의 개석단계
A) 화산단계. B) 플라네즈단계. C) 잔류화산단계. D) 골격단계. 화산은 산정부부터 개석을 받으며, 플라네즈단계를 거친 다음 최종적으로 화산경(火山頸)과 방사상의 암맥만 남는 골격단계에 도달한다.

지 않았다. 한라산은 전체적으로 원지형의 보존이 양호하여 화산단계에 있음이 분명하다. 그러나 울릉도는 개석을 많이 받았지만 칼데라의 보존이 비교적 양호한 편이고, 플라네즈가 나타나지 않기 때문에 어느 단계에 접어들었는지 언급하기가 어렵다. 개석단계와 화산체의 형성시기를 대비하는 데 있어서도 다우지역에 속한 뉴질랜드에서와 동일한 관계가 다른 지역에서 성립할 것이라고 기대하기 어렵다.

제14장 세계의 대지형

이 장의 개요

알프스·히말라야·로키·안데스와 같은 습곡산맥, 대서양중앙해령과 같은 해저산맥, 일본열도·류큐열도와 같은 서태평양 연변의 도호(島弧)와 이에 인접한 해구(海溝) 등은 지구의 일차적 기복을 이루고 있는 세계의 대지형이다. 이러한 지형의 구체적인 형성과정은 불분명한 점이 많았으나 판구조론(板構造論)의 등장으로 명쾌하게 설명할 수 있게 되었다.

판구조론은 암석의 연대측정, 해저탐사 등의 분야에서 새로운 기술이 개발되는 동시에 많은 정보가 집적됨에 따라 1960년대 후반에 이르러 제창된 혁신적인 학설이다. 대륙이 떠돌아 다니면서 결합하기도 하고 분리되기도 한다는 대륙표이설(大陸漂移說)도 판구조론의 등장으로 확실한 사실로 인정받게 되었다.

이 책을 마감하는 이 장에서는 판구조론을 중심으로 세계의 대지형에 대하여 살펴보았다. 지각은 비중이 가벼운 대륙지각과 그것이 무거운 대양지각으로 이루어졌으며, 여러 개의 지판(地板)으로 분리되어 있다. 그리고 이들 지판은 약권(弱圈) 위에 뜬 상태에서 각기 다른 방향으로 움직이며, 세계의 대지형은 이들 지판의 경계에 형성되어 있다. 즉 두 지판이 충돌하는 곳을 따라서는 습곡산맥·도호·해구, 분열하는 곳을 따라서는 해령이 형성된 것이다.

▲ **에베레스트산** 인도반도와 아시아대륙의 두 지판이 충돌하는 곳에 히말라야산맥이 솟아올랐다. 에베레스트산(8,848m)은 히말라야산맥에서 뿐만 아니라 세계에서 가장 높은 산이며, 퇴적암으로 이루어졌다.

14. 1

지구의 내부구조와 지각

지구의 내부구조 지구의 내부는 직접 들여다볼 수 없지만 지진파(地震波)의 연구를 통해 밀도가 다른 여러 층으로 구성되었다는 사실이 일찍부터 알려졌다. 지구의 중심에는 반경 3,488km, 온도 2,200~2,700℃의 핵(核, core)이 자리한다. 핵의 밀도는 최소한 10~11g/cm³이고, 그 물질은 철과 소량의 니켈인 것으로 추측된다. 그리고 이 핵은 반경 1,231km의 내핵과 두께 2,257km의 외핵으로 구성되었다. 내핵은 고체, 외핵은 액체 상태로 존재한다. 물질이 동일한 데도 내핵은 고체, 외핵은 액체 상태로 존재하는 까닭은 철의 용융온도에 미치는 압력의 효과와 관련이 있는 것으로 해석된다. 압력은 온도보다 지구의 중심에 가까울수록 급격히 증가하는데, 내핵에서는 온도에 비하여 압력이 너무 커서 철이 고체상태로 변화하게 된 것이라고 생각된다. 그리고 외핵을 둘러싸고 있는 맨틀(mantle)은 두께가 약 2,890km로 감람석과 휘석을 많이 포함한 초염기성(超鹽基性) 암석으로 이루어졌다. 맨틀 상부층의 밀도는 3.3g/cm³이다.

지각은 해양지각과 대륙지각으로 나뉜다. 대륙지각은 두께가 30~70km로 일정하지 않으나 평균 35km이고, 화성암·퇴적암·변성암 등의 각종 암석으로 이루어졌으며, 밀도가 2.7g/cm³이다. 대륙지각의 주성분은 규소와 알루미늄으로 화강암질(花崗岩質) 암석과 거의 같다. 대양지각은 두께가 평균 8km이고, 규소와 마그네슘이 주성분인 현무암질(玄武岩質) 암석으로 이루어졌으며, 밀도가 3.0g/cm³이다. 대륙지각은 가볍고 대양지각은 무겁다. 한편 지진파가 지각과 맨틀의 경계면을 통과할 때는 밀도의 차이로 인해 속도가 급변한다. 이 불연속면은 이를 발견한 지진학자(A. Mohorovičić,

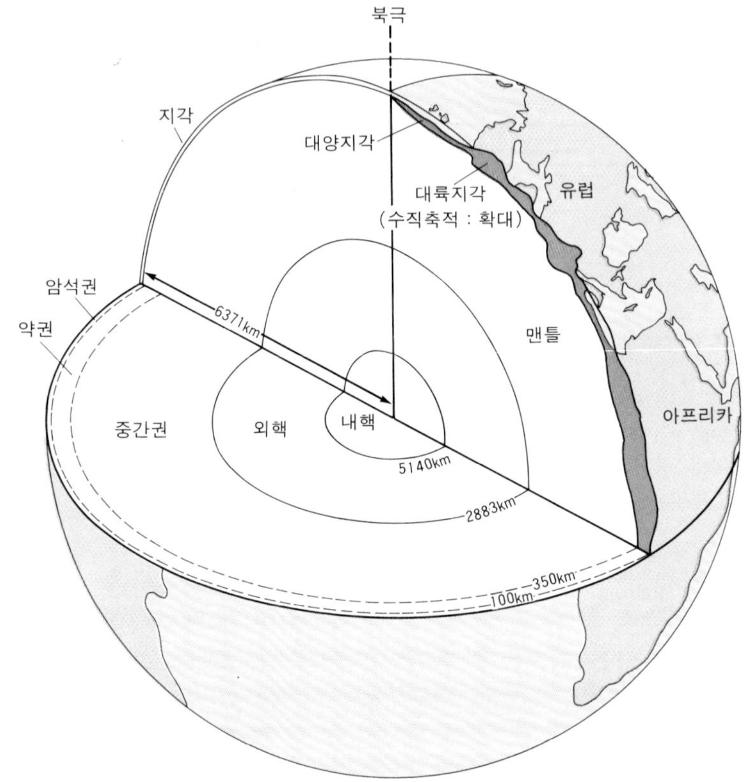

그림 14-1. 지구의 내부구조

지구는 중심에서부터 내핵·외핵·맨틀·지각의 네 층으로 이루어졌다. 지구의 내부구조는 지진파의 속도를 통해 간접적으로 알 수 있다. 대륙지각은 대양지각보다 훨씬 두껍다.

1857~1936)의 이름을 따라 모호면(Moho)이라고 부른다.

지구의 최상층부는 지각과 맨틀로만 구분되는 것으로 믿어 왔다. 그러나 1960년대 말경부터 판구조론이 제창되면서 그것은 지각의 전부와 맨틀의 일부를 포함하는 암석권(岩石圈, lithosphere)과, 그 밑의 약권(弱圈, asthenosphere)으로 구성되어 있음이 확실해졌다. 약권과 외핵 사이의 맨틀은 중간권(中間圈, mesosphere)이라고 한다.

암석권은 단단하게 굳은 암석으로 이루어졌으며, 다음에서 설명

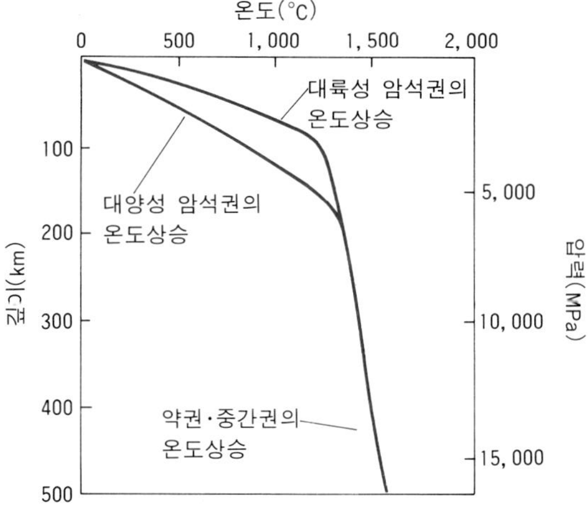

그림 14-2. 지온경도

대륙지각보다 대양지각에서는 깊이에 따른 온도 증가율이 높다. 대양성 암석권의 밑바닥은 약 100km, 대륙성 암석권의 그것은 약 200km 깊이에서 나타난다. 암석권 밑에서는 온도 증가율이 낮아진다.

하는 바와 같이 여러 개의 지판(地板)으로 나뉘어 있다. 암석권의 두께는 대륙과 대양간에 차이가 있는데, 대양성 암석권에서는 약 100km, 대륙성 암석권에서는 약 200km로 나타난다. 약권은 지하 350km 깊이까지 계속되며, 약권의 암석은 온도와 압력의 관계에서 강도를 잃어버려 마치 버터나 타르처럼 유동성을 보유하게 된 것으로 알려졌다.

약권은 지판의 운동을 가능하게 해준다는 점에서 대단히 중요하다. 온도 1,300℃의 암석은 어떤 종류이건 100km 깊이에서는 압력이 높아서 강도를 잃어버린다. 이 깊이는 대양성 암석권의 밑바닥과 일치한다. 대양성 암석권과 대륙성 암석권 사이에 나타나는 두께의 차이는 이들 암석권의 지온경도(地溫傾度, geothermal gradient)가 서로 다르기 때문에 생긴 것으로 생각된다(그림 14-2). 중간권의 암석은 온도가 더 높지만 압력이 막대하여 크게 압축되어 있다. 중간권의 밑바닥에서는 암석의 밀도가 5.5g/cm^{3}로 높아진다.

암석권의 여러 지판은 유동성을 보유한 약권 위에 뜬 상태에서 각기 다른 방향으로 움직이고 있고, 지구의 일차적 기복 또는 세계의 대지형(大地形)은 이들 지판의 움직임과 관련하여 그 경계지대에서 형성된 것이다.

대륙 및 대양과 지각

지구 표면의 29%는 육지, 나머지 71%는 바다로 되어 있다. 대륙에는 높은 산맥과 고원이 있고, 이러한 곳에서 깎이는 침식물질은 낮은 곳으로 운반되어 평야를 형성하기도 하지만 대부분은 바다로 유출된다. 육지의 지형은 우리에게 낯익다. 그러나 바다 밑의 지형은 제2차 세계대전 이후 해저탐사가 본격적으로 추진됨에 따라 비로소 자세히 알려지기 시작했다.

대륙의 주변은 대체로 수심 200m 미만의 평평한 해저지형인 대륙붕(大陸棚, continental shelf)으로 둘러싸였다. 대륙붕은 너비가 다양한데, 전체 바다에서 차지하는 면적이 17%이다. 대륙붕은 육지로부터의 퇴적물이 집중적으로 쌓이는 곳으로 화강암질 암석으로 이루어져 지질의 면에서 대륙의 연장이나 다름없다. 제4기 플라이스토세의 빙기에는 대륙붕의 상당한 부분이 육지로 노출되기도 했다. 대륙붕 너머에는 경사가 급변하는 대륙사면(大陸斜面, continental slope)이 나타나며, 대륙사면 아래에는 퇴적층이 선상지 모양으로 두껍게 쌓인 너비 수백 킬로미터의 대륙융퇴(大陸隆堆, continental rise)가 형성되어 있고, 그 바깥쪽에는 심해평원(深海平原, abyssal plain)이 펼쳐진다(그림 14-3).

수심 4,000m 내외의 대양저(大洋底, ocean floor)는 현무암질 암석으로 이루어졌으며, 주로 생물 기원의 연니(軟泥, ooze)로 덮여 있다. 대양저에서 가장 두드러지는 지형은 해령과 해구이다. 해령과 해구는 지판의 운동과 관련하여 형성된 지형이다. 중앙해령(中央海嶺, mid-oceanic ridge)이라고도 불리우는 해령은 대규모의 해저산맥으로 높이가 다양하여 어떤 곳에서는 북대서양의 아이슬란드에서처럼 해면 위로 솟아 오르기도 했다. 해구(海溝, ocean

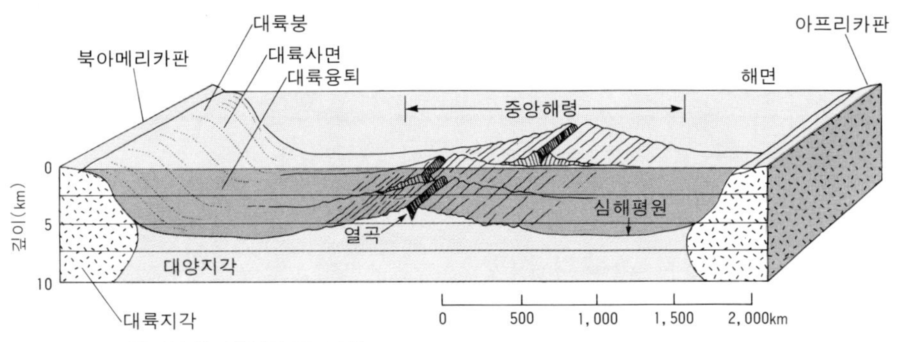

그림 14-3. 대양저의 지형

대서양의 일부분을 보여주는 그림이다. 해저지형은 오늘날 비교적 자세하게 알려졌다. 중앙해령·심해평원·대륙붕·대륙사면·대륙융퇴 등의 해저지형이 간략하게 나타나 있다.

trench)는 대양저보다 수천 미터나 더 깊은 해저지형으로 좁고 길게 형성되어 있다.

육지의 평균고도는 840m, 바다의 평균수심은 -3,900m로서 고도차가 4,740m에 이른다. 그리고 대륙지각은 두껍고 대양지각은 얇으며, 대륙지각의 밑바닥은 대양지각의 그것보다 훨씬 밑으로 내려가 있다. 만일 지각의 구성물질이 균일하다면, 대륙과 대양간에는 무게의 차이로 인해 불안정한 상태가 유지될 것이다. 그러나 대륙지각은 비중이 작은 화강암질 암석, 대양지각은 비중이 큰 현무암질 암석으로 이루어져서 대륙은 마치 바다에 떠 있는 빙산처럼 안정한 상태를 유지할 수 있게 된다. 대륙내에서도 높은 산지는 화강암질 암석의 뿌리가 깊고, 낮은 평야지대는 그것이 얕아 높은 곳과 낮은 곳 사이에 평형상태가 유지되고 있다. 지각이 보여주는 이러한 평형상태를 지각평형(地殼平衡, isostacy)이라고 한다.

14.2 판구조론

지판의 운동과 지형 대서양에 면한 아프리카와 남아메리카의 해안선을 맞추어 보면 서로 잘 들어맞는다. 이러한 현상은 다른 곳에서도 나타난다. 19세기 후반에 제창된 이른바 대륙표이설(大陸漂移說)은 오랫동안 지질학계의 관심을 크게 끌어 왔으나 하나의 사실로 입증할 만한 증거가 불충분하여 논란 또한 적지 않았다. 대륙표이설에서는 대륙이 대양저 위에서 미끄러지는 형식으로 움직인다고 보았는데, 그러한 운동을 일으키게 하는 기구를 설명하기가 어려웠다. 그러던 중에 제2차 세계대전 이후 대서양의 중앙을 남북으로 달리는 대서양중앙해령(大西洋中央海嶺, Mid-Atlantic Oceanic Ridge)과 더불어 서태평양 연변에 분포하는 일본열도 · 류큐열도 등의 도호(島弧, island arc)와 해구(海溝)에서 어떤 일이 일어나고 있는지 알려지게 되었다. 즉 해령에서는 맨틀의 물질이 솟아올라 새로운 대양지각이 만들어지면서 양쪽으로 이동해 나가고, 해구 또는 도호 밑에서는 대양지각이 가라앉아 소멸하고 있음이 알려지게 된 것이다. 돌이켜 보면 이러한 발견은 판구조론의 등장을 예고하는 것이었다. 판구조론(板構造論, plate tectonics)은 1960년대 후반에 제창된 후 하나의 사실로 확립되었으며, 지구의 일차적 기복과 그밖의 여러 현상도 이로써 설명하기가 쉬워졌다.

지각을 포함하는 암석권은 6개의 큰 판과 여러 개의 작은 판으로 나뉘어 있다(그림 14-4). 이들 판 또는 지판(地板, plate)은 각기 다른 쪽을 향해 연간 1~12cm의 속도로 움직이고 있는데, 서로 인접한 두 지판은 분열하기도 하고 충돌하기도 한다. 두 지판이 분열하는 곳에서는 현무암질 마그마가 솟아올라 새로운 지각이 형성

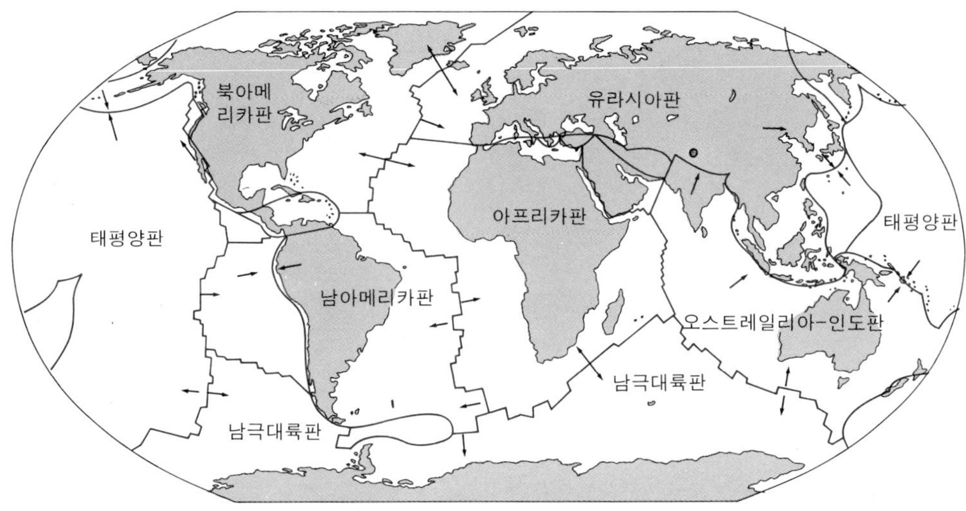

그림 14-4. 지판(地板)

지각은 6개의 큰 지판과 이보다 작은 여러 개의 지판으로 나뉘어 있다. 이들 지판은 화살표의 방향으로 지속적으로 움직인다.

되고, 두 지판이 충돌하는 곳에서는 한 지판이 다른 지판 밑으로 섭입(攝入)하면서 소멸한다.

두 지판이 서로 다른 방향으로 움직이면서 갈라지는 분열대(分裂帶, spreading zone)를 따라서는 대서양중앙해령 이외에도 남동인도해령, 동태평양해령 등의 해저산맥이 형성되어 있다. 이들 해령은 서로 이어져 있으며, 총연장이 6.5만km에 이른다. 대서양중앙해령은 높이가 2,000~4,000m, 너비가 1,000~2,000km인데, 정상에는 깊이 1,000~2,000m, 너비 13~50km의 거대한 열곡이 나타난다. 동태평양해령에는 열곡이 없다. 동태평양해령은 마그마가 많이 분출하여 전체적으로 볼록하게 솟아 있다. 열곡이 있건 없건 해령의 중심부에서는 맨틀로부터 현무암질 마그마가 솟아오른다. 그리고 이 마그마로 만들어지는 새로운 대양지각은 기존 대양판(大洋板, oceanic plate)에 추가되는 한편 해령 양쪽으로 움직이면서 분열현상을 일으킨다. 대서양은 하나로 뭉쳐 있던 대륙이 갈라져서 생긴 바다이고, 지금도 넓혀지는 중에 있다.

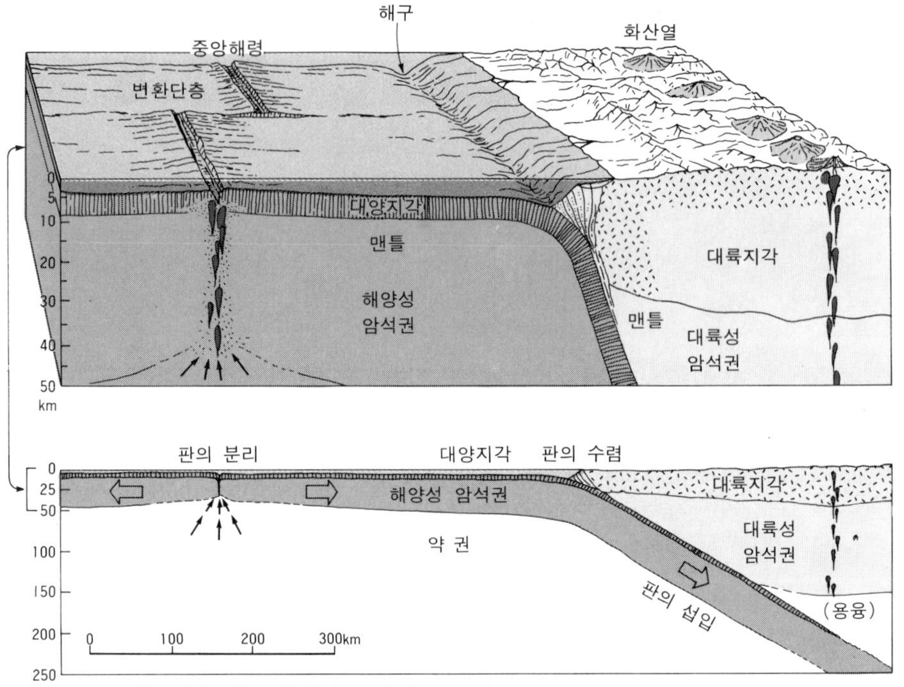

그림 14-5. 중앙해령과 섭입대의 지형
판구조의 주요 부분들이 나타나 있다. 위의 그림은 수직축척이 크게 과장된 것이고, 아래의 그림은 과장없이 실제 대로 그린 것이다.

대양판이 대륙판(大陸板, continental plate)과 충돌하는 곳에서는 밀도가 높은 대양판이 밀도가 낮은 대륙판 밑으로 들어가 맨틀에 흡수되면서 소멸한다(그림 14-5). 대양의 지각은 한쪽에서는 새로 생겨나고 다른 쪽에서는 없어진다. 그래서 대양저(大洋底)의 암석은 해령에서 멀어질수록 연대가 오랜 것으로 나타나며, 가장 오랜 암석도 그것이 2억년을 넘지 않는다.

두 지판이 충돌하여 한 지판이 다른 지판 밑으로 들어가는 섭입대(攝入帶, subduction zone)에서는 대륙판과 대륙판이 충돌하는 경우와 대륙판과 대양판이 충돌하는 경우가 구별된다. 대륙판과 대양판이 충돌하는 예는 태평양에 면한 남아메리카대륙의 서안에서 볼 수 있다. 이러한 곳에서는 대륙판이 대양판쪽으로 전진하고, 무

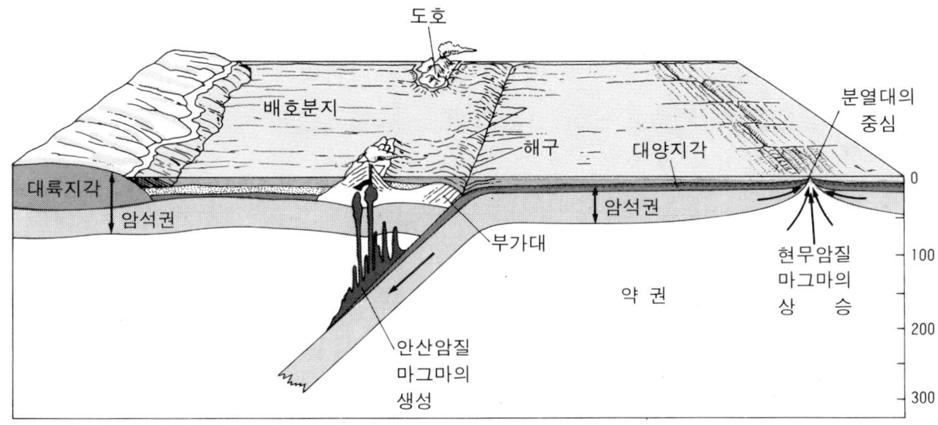

그림 14-6. 대양지각의 생성과 섭입대의 도호

약권에서 상승한 현무암질 마그마가 대양지각을 형성한다. 대양지각은 이동함에 따라 해양성 퇴적물로 덮이며, 결국 약권으로 다시 섭입한다. 섭입대를 따라서는 해구가 형성되고, 이곳에 집적되는 퇴적물은 압축을 받아 도호에 추가된다. 섭입하는 대양지각은 부분적으로 녹아 안산암질 마그마, 그리고 안산암질 마그마는 상승하여 도호의 성층화산을 형성한다. 도호 뒤에 배호분지가 있다.

거운 대양판이 가벼운 대륙판 밑으로 밀려 들어가기 때문에 지진이 자주 발생한다. 화산도 이러한 곳을 따라 집중적으로 분포한다. 그런데 대양판이 대륙판 밑으로 섭입하면서 부분적으로 녹을 때는 안산암질 마그마가 생성되고, 이 마그마가 지각을 뚫고 지표로 분출하면 안산암질 화산(安山岩質火山)이 형성된다(그림 14-6). 섭입하는 대양판이 부분적으로 녹는 까닭은 수분의 함유량이 균일하지 않기 때문이다. 수분을 많이 포함한 부분은 비등점이 낮다. 그리고 남아메리카의 경우 대륙판의 말단부를 따라서는 지반이 융기하여 안데스산맥, 대양판이 대륙판 밑으로 들어가는 곳을 따라서는 페루-칠레해구가 형성되었다.

대양판의 섭입방향은 진원(震源)의 분포를 통해 알 수 있다. 진원은 지판의 경계에서 대륙쪽으로 들어갈수록 깊어지는데, 그 경사가 30°～60°로 나타난다. 지진은 지판의 경계에서 집중적으로 발생하며, 이 지진대는 이를 발견한 사람(H. Benioff, 1899～1968)의 이름을 따라 베니오프대(Benioff zone)라고 부른다.

태평양의 서쪽 연변에는 윤곽이 바다쪽으로 볼록한 일련의 도호(島弧)가 분포한다. 이들 도호는 대륙판과 대양판이 충돌하는 곳에 형성되어 있으며, 일본열도 뒤의 동해와 같은 배호분지(背弧盆地, back-arc basin)를 사이에 두고 대륙에서 떨어져 있다. 도호도 남아메리카대륙의 서안에서처럼 해구(海溝)를 끼고 있다(그림 14-6). 일본열도 밑으로 뻗은 베니오프대에서는 진원이 최대 약 700km의 깊이에서 관측된다.[1] 이로써 대양판이 대체로 원래의 형체를 유지하면서 맨틀로 섭입하는 깊이가 약 700km까지인 것을 알 수 있다.

대륙판과 대륙판이 충돌하는 예로는 인도반도와 아시아대륙 사이의 것이 장관이다. 인도반도는 연간 약 16cm의 속도로 먼 남쪽에서 표이해 와서 아시아대륙과 충돌한 후 그 밑으로 섭입하면서 세계에서 가장 높은 히말라야산맥과 티베트고원을 이루어 놓았다. 이들 산맥과 고원에는 화산이 없다. 그 까닭은 지각이 너무 두꺼워서 마그마가 지표까지 솟아오르지 못하기 때문이다.

지향사와 조산대

세계의 대산맥들은 두께가 수천 미터에 이르는 퇴적암층이 습곡작용을 받음으로써 형성된 것이다. 지향사(地向斜, geosyncline)란 조산운동에 의해 습곡산맥이 형성되기 이전에 이와 같이 두꺼운 퇴적암층이 쌓인 퇴적분지(堆積盆地, sedimentary basin)를 가리킨다. 지향사가 습곡산지로 변한 모습을 가리킬 때는 조산대(造山帶, orogenic belt) 또는 습곡대(褶曲帶)란 용어가 쓰인다.

알래스카에서 칠레 남단에 이르기까지 남·북아메리카대륙의 서안을 따라 뻗은 로키산맥과 안데스산맥은 구간별로 서태평양의 여러 도호처럼 바다에 면한 쪽이 볼록하다. 히말라야산맥도 인도 쪽

1) 일본열도에서는 200~300km, 아시아대륙 연변에서는 650km의 깊이에서 대부분의 지진이 발생한다. 일본의 지진은 진원이 얕아서 강력한 반면에 우리나라의 지진은 그것이 깊어서 약한 것이 보통이다.

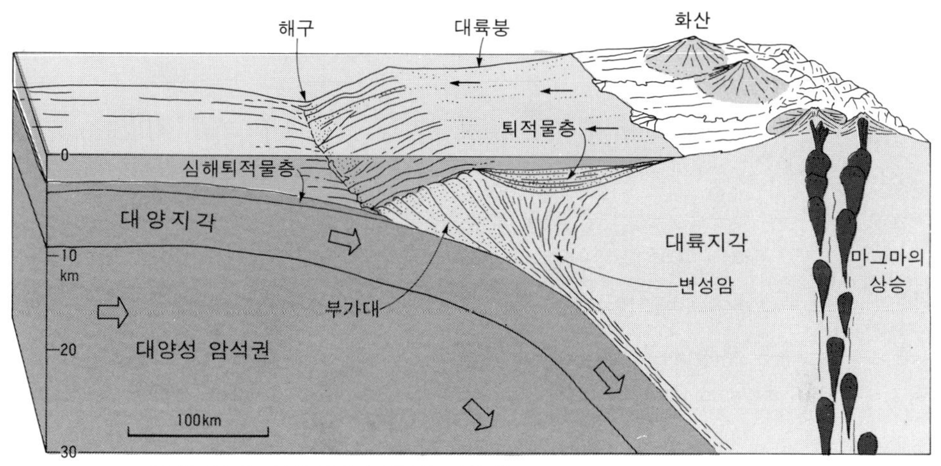

그림 14-7. 섭입대의 구조와 지향사

대양지각이 대륙지각 밑으로 섭입한다. 대양저의 심해퇴적물(深海堆積物)이 압축을 받으면서 대륙지각의 전면에 추가된다.

의 윤곽이 볼록하다. 습곡산맥과 도호는 성격이 동일하다. 습곡산맥의 이러한 호는 산맥호(山脈弧, mountain arc)라고 한다.

오늘날 발달과정 중에 있는 지향사는 여러 유형으로 나뉘는데, 가장 주목되는 것은 대서양형과 태평양형이다. 대서양형은 남·북아메리카대륙의 대서양쪽 연변과 같은 곳으로서 표이하는 대륙의 바로 뒤에 자리한다. 이러한 곳에서는 퇴적암층이 두껍게 쌓인 후 하나로 되어 있던 지판이 둘로 분리되고, 대양판이 대륙판 밑으로 섭입하는 현상이 일어나면, 퇴적암층이 압축작용을 받으면서 융기하여 습곡산지를 이루게 된다.

태평양형은 두 지판이 충돌하는 곳으로서 해구가 대륙에 인접해 있는 안데스형과, 해구와 배호분지를 양쪽에 끼고 있는 도호형이 구별된다. 현재의 조산대 또는 습곡대에 속한 이러한 곳에서는 대양저에 쌓인 심해퇴적물도 대륙지각의 형성을 크게 돕는다. 심해퇴적물은 지판의 이동과 더불어 섭입대로 접근해 오면 육지에서 공급되는 퇴적물로 덮이는데, 그것은 비중이 작아서 대양지각과 함께 맨틀로 섭입할 수 없으므로 습곡대의 지층에 추가된다(그림 14-7).

습곡대의 전면에서 일어나는 이러한 현상을 부가(付加, accretion)라고 한다.

일본열도는 대부분 심해퇴적물의 부가에 의해 형성된 것으로 알려졌다. 이곳에서는 부가현상이 고생대 말부터 신생대 전반까지 일어났고, 인접한 태평양의 해저에 신생대 후반 이후에 형성된 부가대(付加帶)가 있음이 확인되기도 했다. 심해퇴적물의 부가현상은 알래스카의 거의 전부와 로키산맥 서쪽의 지괴가 형성되는 데도 큰 역할을 한 것으로 알려졌다. 이곳에서의 부가현상은 북아메리카판 밑으로 섭입하는 태평양판과 관련되어 있다.

대륙의 구성 습곡산지는 고도가 높은 만큼 그 뿌리가 전반적인 대륙지각보다 훨씬 깊게 뻗어내렸다. 높은 습곡산지가 침식을 받아 낮아질 때는 지각평형의 유지를 위해 지반이 조금씩 융기한다. 그래서 시간이 경과하면 습곡산지의 밑 부분이 점차 드러나는 동시에 뿌리가 얕아지게 된다. 그리고 조산운동을 받을 때 관입한 화강암과, 화강암의 관입시에 형성된 변성암이 지표로 올라오는 단계에 이르면, 습곡산지에서도 지각의 두께가 전반적인 대륙지각의 그것에 가까워지며, 지반의 융기도 크게 둔화된다. 그리고 습곡산지가 평탄화되면, 띠 모양으로 분포하는 화강암과 변성암만 그 흔적으로 남고 뿌리는 없어진다.

지표상에서 알프스·히말라야·로키·안데스 등 신생대의 신기습곡산맥(新期褶曲山脈)이 차지하는 면적은 좁다. 그밖의 지역들은 대개 이보다 오랜 암석으로 덮여 있고, 지각이 비교적 안정한다. 이러한 지역에는 지질구조가 전혀 다른 순상지와 고기습곡산지가 분포한다.

순상지(楯狀地, shield)는 선캄브리아이언의 각종 변성암으로 이루어졌으며, 고생대 이래 지각변동을 겪지 않은 지역으로 대륙지각의 핵심부에 해당한다. 그리고 오랜 침식으로 인해 기복이 대체로 작다. 시베리아의 앙가라순상지, 인도순상지, 유럽의 러시아-발트

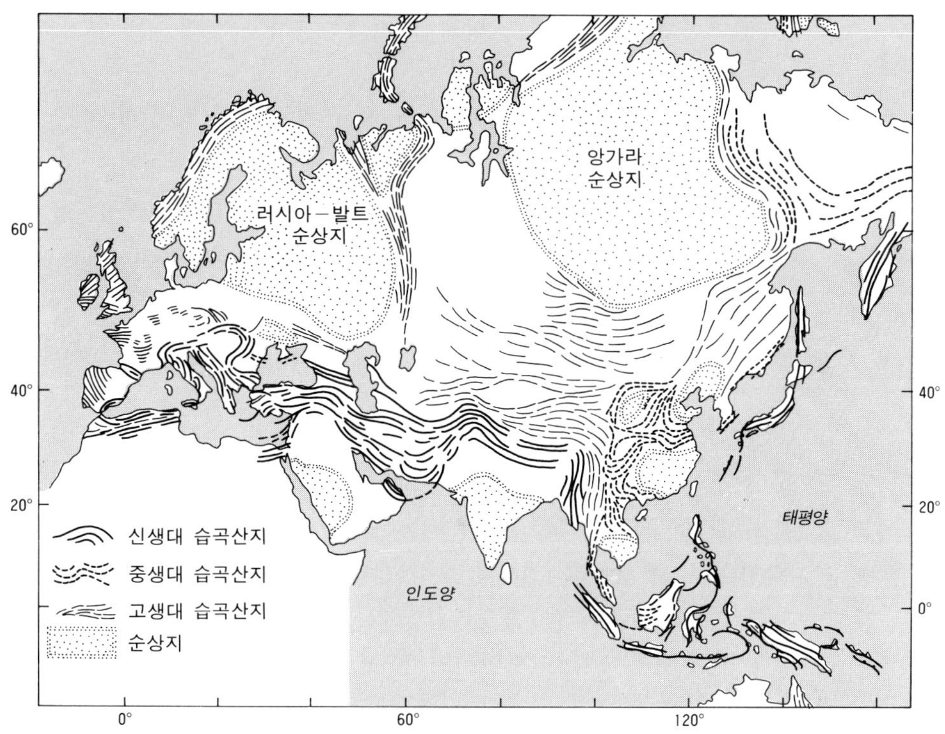

그림 14-8. 유라시아대륙의 순상지와 습곡산맥

선캄브리아이언의 순상지를 중심으로 그 바깥에 고생대·중생대·신생대의 조산대가 차례로 분포한다. 대륙이 성장해 왔음을 암시한다.

순상지, 캐나다순상지, 남아메리카의 기니아-아마존순상지, 오스트레일리아순상지, 에티오피아순상지, 남극대륙순상지 등은 대표적인 순상지이다.

고기습곡산맥(古期褶曲山脈)은 과거에 조산운동을 겪은 습곡산맥으로서 순상지의 주변을 따라 분포하며, 미국의 애팔래치아산맥과 러시아의 우랄산맥이 대표적인 예이다. 이들 습곡산맥은 고생대에 두 지판 사이에서 형성된 이후 침식을 계속 받아 고도가 높지 않고 내부구조가 많이 드러나 있다. 지반도 비교적 안정하다. 애팔래치아산맥은 고생대에 북아메리카와 아프리카의 고대륙(古大陸)들이 충돌하기 전에 그 사이의 바다에 발달했던 지향사가 솟아오른 산맥이고, 우랄산맥도 이러한 고대륙들의 충돌경계의 흔적으로 남아 있는 것이다.

그림 14-8에 나타난 유라시아대륙의 지질과 지형을 보면, 순상지는 고생대 및 중생대의 조산대 또는 습곡대로 둘러싸였고, 그 바깥쪽에는 신생대의 그것이 분포한다. 이러한 사실은 지질시대를 통해 대륙지각이 성장해 왔을 수도 있다는 것을 암시한다. 대양판과 대륙판이 충돌하는 곳에서 일어나는 퇴적물의 부가현상에 대해서는 앞에서 언급했다. 그리고 분열대에서 새로 형성되는 대양판이 먼 거리를 이동한 다음 대륙판 밑으로 섭입·소멸하고, 섭입하는 대양판에서 암석의 일부가 마그마로 변하면서 솟아올라 화강암체를 이루는 것은 맨틀의 물질 중에서 가벼운 성분이 분리되는 과정의 일환일 수도 있다.

대륙은 분열하고 결합하는 가운데서도 빙산처럼 부력 때문에 가라앉지 않고 영구히 존속한다. 그리고 대양지각에서는 가장 오랜 암석도 연령이 2억년 미만이지만, 순상지에서는 그것이 35~38억년에 이르는 암석도 발견된다.

선캄브리아이언은 약 46억년 전에 지구가 생긴 이후 약 40억년 동안이나 계속되었다. 대륙지각의 분열 및 충돌현상은 지각이 형성되고 대륙이 분화된 이후 오랜 선캄브리아이언을 통해 여러번 반복되었을 가능성이 크다. 순상지는 연령이 상이한 여러 변성암대로 이루어졌다. 띠 모양으로 분포하는 이러한 변성암대는 각각 다른 조산운동과 관련된 것일 수도 있다. 약 20억년 전까지는 원시대륙이 거의 완성된 것으로 추정되며, 대륙은 그후 계속 성장해 온 것으로 생각된다.

대륙의 표이 대지리발견시대 이후 세계의 윤곽이 밝혀지면서부터 대서양 양쪽 대륙의 해안선이 서로 맞추어지는 현상에 대하여 일부 학자들은 관심을 보였던 것 같다. 19세기 말에 이르러 오스트리아의 지질학자 수에스(E. Suess)는 남반구의 대륙

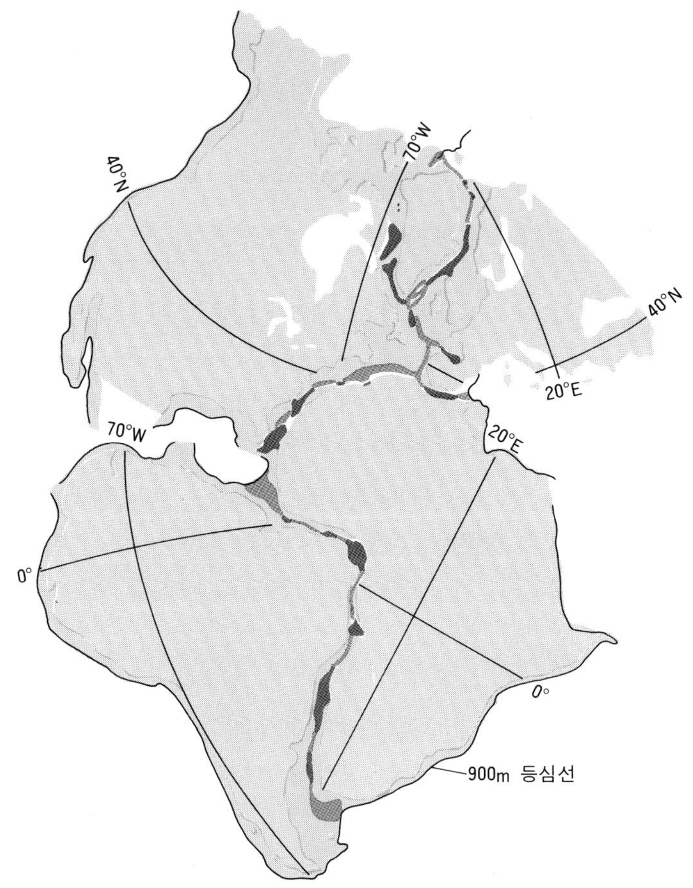

그림 14-9. 북아메리카 · 유럽 · 아프리카 · 남아메리카의 접합
수심 900m의 대륙사면을 경계로 이들 대륙을 맞추어 본 것이다. 중복되는 부분은 흑색, 틈새로 벌어지는 부분은 청색으로 표시되었다.

들, 즉 남아메리카 · 아프리카 · 오스트레일리아 · 남극대륙과 더불어 마다가스카르섬과 인도반도가 하나의 초대륙(超大陸)을 이루고 있었다고 주장했다. 그리고 20세기 초에는 독일의 기상학자 베게너(A. Wegener)가 대륙표이설(大陸漂移說)을 제창하여 오랫동안 많은 논란을 일으켜 왔다. 그는 모든 대륙이 하나로 뭉쳐 있던 것이 지금과 같이 분리되었다고 확신했으며, 그 증거로 서로 잘 맞추어지는 대서양 양쪽 대륙의 해안에서 암석·지질구조·화석 등이 유사하게 나타난다는 사실을 내세웠다. 나아가 그는 하나로 뭉쳐 있던 초대륙을 판지아(Pangaea)라고 명명하는 한편 오늘날의 여러 대륙은 약 2억년 전부터 판지아에서 떨어져나와 서서히 표이한 결과 지금의 모습을 가지게 된 것이라고 역설했다.

대륙표이설은 여러 가지 훌륭한 증거에도 불구하고 대륙을 움직이게 하는 힘에 대한 이해가 부족했던 관계로 주목을 받았지만 널리 받아들여지지 않았다. 1920년대 말경에 홈즈(A. Holmes)는 대륙표이의 추진력을 맨틀 안에서 일어나리라고 예상되는 대류현상과 관련짓기도 했다. 그는 지각 밑에서의 대류현상과 관련하여 하향대류(下向對流)의 앞부분을 따라서는 산맥이 형성되고, 상향대류(上向對流)의 단열대를 따라서는 대양저가 형성된다고 믿었다. 그리고 대륙은 컨베이어 역할을 하는 지각 밑의 현무암층에 의해 운반되며, 이 컨베이어가 맨틀로 내려갈 때 대륙은 뒤에 남는다고 생각했다. 오늘날의 판구조론에 상당히 근접한 내용이다.

제2차 세계대전 직후부터 해저탐사가 본격적으로 추진되기 시작하고, 특히 대서양중앙해령의 열곡에서 올라오는 맨틀의 물질이 새로운 대양지각을 만든다는 사실이 밝혀지면서 이른바 대양저확장설(大洋底擴張說)이 제기되기도 했다. 그리고 지자기·지진·지열류·심해퇴적물 등 광범한 분야에서 많은 자료가 집적됨에 따라 드디어 1960년대 말경에 판구조론(板構造論)이 대두되고, 이로써 대륙표이설은 하나의 사실로 확립되기에 이르렀다.

대륙과 대양은 고생대 말경에 시작된 판지아의 분열, 그리고 중생대와 신생대에 걸쳐서 계속된 판운동(板運動)의 결과로 오늘날과 같은 모습을 보이게 되었다. 그리고 애팔래치아산맥·우랄산맥 등과 같은 고생대의 고기습곡산맥(古期褶曲山脈)은 판지아에 앞서서 존재하던 고대륙(古大陸)들의 연변에서 형성된 산맥임이 또한 분명해졌다. 전체 고생대의 기간은 중생대 이후 지금까지의 기간보다 1억4천만년이나 더 길다(표 14-1).

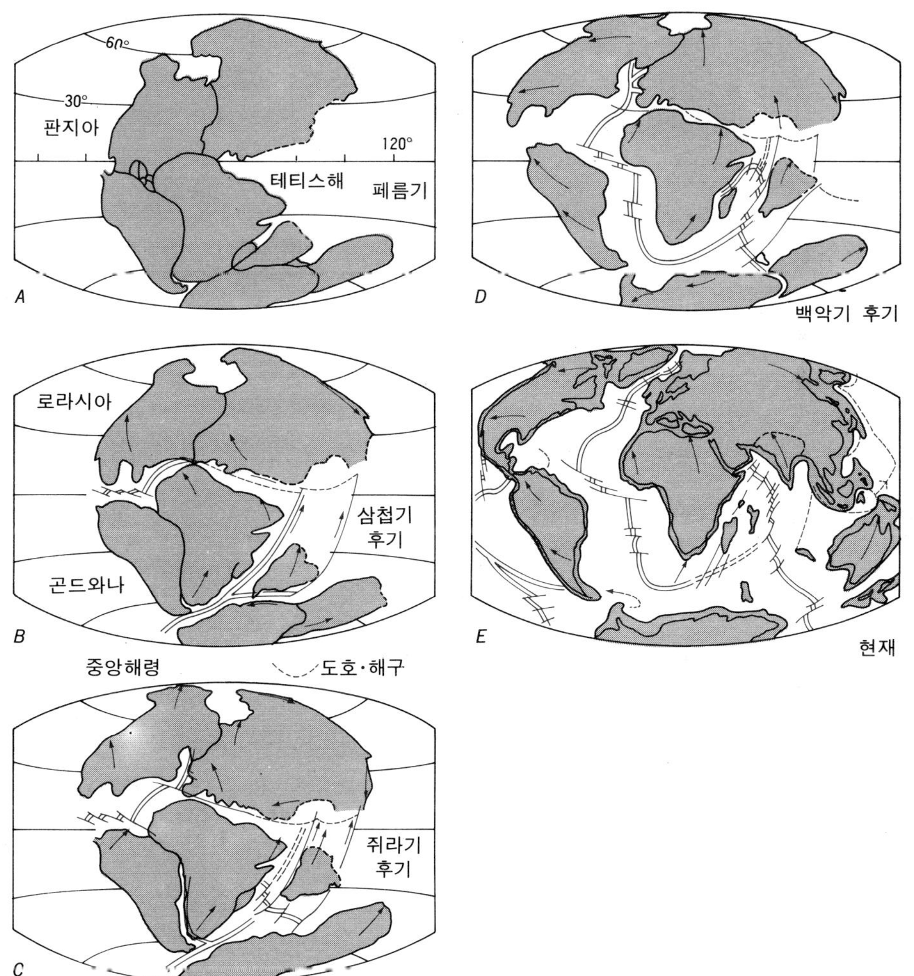

그림 14-10. 대륙의 표이
판지아가 분열된 이후의 여러 단계를 보여준다. 화살표는 지판이 움직이는 방향을 가리킨다. 대륙은 지판에 얹혀서 지판과 함께 움직인다.

그림 14-10은 판지아가 분열되기 시작한 후 현재까지 대륙표이가 진행되어 온 과정을 복원한 것이다. 이 그림에 의하면 2.3억년 전의 고생대 페름기에는 판지아가 태평양의 원조인 판탈라사(Panthalassa)로 둘러싸이고, 지중해의 원조인 테티스해(Tethys Sea)가

〈표 14-1〉 지질시대의 구분(W. E. Stokes)

(단위: 100만년)

대(代, Era)·이언(Eon)	기(紀, Period)	세(世, Epoch)	시작연대 (B.P.)	길이
신 생 대 (Cenozoic)	제 4 기 (Quaternary)	현세(Recent)	0.01	0.01
		플라이스토세 (Pleistocene)	2	2
	제 3 기 (Tertiary)	플라이오세(Pliocene)	13	11
		마이오세(Miocene)	25	12
		올리고세(Oligocene)	36	11
		에오세(Eocene)	58	22
		팔레오세(Paleocene)	63	5
중 생 대 (Mesozoic)	백악기(Cretaceous)		135	72
	쥐라기(Jurassic)		181	46
	트라이아스기(Triassic)		230	49
고 생 대 (Paleozoic)	페름기(Permian)		280	50
	석탄기(Carboniferous)		345	65
	데본기(Devonian)		405	60
	실루리아기(Silurian)		425	20
	오르도비스기(Ordovician)		500	75
	캄브리아기(Cambrian)		600	100
선캄브리아이언 (Precambrian)			46억년	40억년

아프리카대륙과 유라시아대륙 사이에 자리하고 있었다. 페름기에는 빙하가 발달했는데, 남아메리카·아프리카·인도·오스트레일리아에서 그 흔적이 발견된다. 페름기의 빙하는 이들 대륙이 남반구에서 뭉쳐 이루었던 곤드와나대륙(Gondwanaland)의 남극지역에 발달했던 것으로 믿어진다.

1억4천만년 전의 중생대 쥐라기 후기에는 아프리카와 남아메리카가 갈라지기 시작하고, 인도반도가 북쪽으로 상당히 이동했다. 그리고 6천5백만년 전의 백악기 후기에는 대서양이 넓어지고, 마다가스카르섬이 아프리카에서 떨어져 나왔으며, 테티스해가 유라시아대륙과 아프리카대륙으로 둘러싸이게 되었다. 인도반도는 아직 유라시아대륙을 향해 이동하는 중이었고, 오스트레일리아가 남극대륙에서 분리되기 시작했지만 대륙의 분포가 현재의 상태에 상당히 가까워졌다. 전체 대륙이 지금과 같은 분포를 보이게 된 것은 신생대에 들어와서였다.

참고 문헌

제 1 장 地形學이란 무엇인가

Bryan, K., 1950, "The place of geomorphology in the geographic sciences," *Ann. Assoc. Am. Geog.,* 40: 196~208.

Büdel, J., 1982, *Climatic Geomorphology,* Princeton Univ. Press.

Chorley, R. J., A. J. Dunn and R. P. Beckinsale, 1964, *The History of the Study of Landforms,* Wiley, New York.

Dury, G. H., 1972, "Some current trends in geomorphology," *Earth Science Review,* 8: 45~72.

Embelton, C. D., et al(ed.), 1978, *Geomorphology: its problems and future prospects,* Oxford Univ. Press.

Hart, M. G., 1986, *Geomorphology: pure and applied,* Allen & Unwin, London.

Ritter, D. F., 1978, *Process Geomorphology,* Brown, Dubuque.

Small, R. J., 1978, *The Study of Landforms,* Cambridge Univ. Press.

Sparks, B. W., 1972, *Geomorphology,* Longman, London.

Russell, R. J., 1949, "Geographical geomorphology," *Ann. Assoc. Am. Geog.,* 34: 1~11.

Thornbury, W. D., 1969, *Principles of Geomorphology,* Wiley, New York.

Walker, H. J. and W. E. Grabau(ed.), 1993, *The Evolution of Geomorphology,* Wiley, New York.

제 2 장 風化作用과 土壤

姜永福, 1978, "한국의 赤色土 풍화과정의 특성," 地理學(대한지리학회지), 18: 1~12.

______, 1979, "한국의 赤色土生成에 있어서 古土壤問題에 관한 연구," 地理學과 地理敎育, 9: 256~266.

權炯熙, 1987, 韓國山地에 발달한 Tor에 관한 연구, 동국대 대학원 박사학위논문.

權純植, 1986, "花崗岩風化層에 관한 연구," 청주대 인문과학논집, 5: 149~163.

權赫在, 1998, "驪州地方의 지형과 토지이용," 고려대 교육대학원 교육논총 28: 83~105.

金周煥, 1982, "Joint와 花崗岩風化와의 관계고찰," 東國地理, 3: 1~18.

成孝鉉, 1982, 馬耳山 일대에 나타나는 微地形의 기후지형학적 연구, 이화여대 대학원 석사학위논문.

吳慶燮, 1989, "花崗岩 風化層의 粘土組成과 風化環境," 地理學(대한지리학회지), 40: 31~42.

張 昊, 1983, "南西部地方의 諸岩石에 나타나는 風化穴의 成因과 形成時期," 지리학논총, 10: 305~323.

Birkeland, P. W., 1984, *Soils and Geomorphology,* Oxford Univ. Press.

Bloom, A. L., 1969, *The Surface of the Earth,* Prentice-Hall, Englewood Cliffs.

Eden, M. J. and C. P. Green, 1971, "Some aspects of granite weathering and tor formation of Dartmoor, England," *Geog. Ann.,* 2: 92~99.

Linton, D. L., 1955, "The problem of tors," *Geog. J.,* 121: 470~487.

Ollier, C. D., 1984, *Weathering,* Longman, London.

Thomas, M. F., 1974, *Tropical Geomorphology,* Wiley, New York.

Thornbury, W. D., 1969, *Principles of Geomorphology,* Wiley, New York.

제 3 장 매스무브먼트와 斜面의 發達

權純纘, 1962, "梁山川 水害의 지리학적 고찰," 地理地質學會報, 경남지리지질학회, 6: 1~50.

田迎權, 1993, "太白山 남부산지의 岩屑斜面地形," 대한지리학회지, 28: 77~98.

Andersson, J. G., 1906, "Solifluction, a component of subaerial denudation," *J. Geol,* 14: 91~112.

Bryan, K., 1940, "The retreat of slopes," *Ann. Assoc. Am. Geog.,* 30: 254~267.

Carson, M. A. and M. J. Kirby, 1972, *Hillslope Form and Process,* Cambridge Univ. Press.

Gilbert, G. K., 1909, "The convexity of hilltops," *J. Geol.,* 17: 344~351.

King, L. C., 1953, "Cannons of landscape evolution," *Bull., Geol. Soc. Am.,* 64: 721~752.

Selby, M. J., 1982, *Hillslope Materials and Processes,* Oxford Univ. Press.

Sharpe, C. F. S., 1938, *Landslides and Related Phenomena,* Colombia Univ. Press.

Small, R. J., 1978, *The Study of Landforms,* Cambridge Univ. Press.

Strahler, A. N., 1963, *The Earth Science,* Harper, New York.

Wood, A., 1942, "The development of hillside slopes," *Proc. Geol. Assoc.,* 53: 128~140.

제 4 장 流水에 의한 地形

權赫在, 1973, "洛東江三角洲의 지형연구," 地理學(대한지리학회지), 8: 8~23.

______, 1975, "湖南平野의 沖積地形에 관한 지리학적 연구," 地理學(대한지리학회지) 12: 1~20.

______, 1976, "洛東江 하류지방의 背後濕地性 湖沼," 地理學(대한지리학회지), 14: 1~8.

______, 1984, "漢江下流의 沖積地形," 고려대 사대논집, 9: 79~113.

______, 1986, "大山平野," 고려대 사대논집, 11: 65~87.

______, 1989, "論山平野," 고려대 사대논집, 14: 129~148.

______, 1998, "驪州地方의 지형과 토지이용," 고려대 교육대학원 교육논총, 28: 83~105.

吳建煥, 1996, "洛東江三角洲의 형성과정," 釜山地理, 1: 1~16.

尹順玉, 1984, "泗川・三千浦 일대의 扇狀地에 대한 연구," 地理學叢, 11: 63~76.

______, 1994, "道岱川 沖積平野의 홀로세 퇴적환경," 地理學叢, 21・22: 1~22.

______, 1996, "Holocene 후기 三千浦 海岸沖積平野 지형발달과 환경변화," 韓國地形學會誌, 3: 83~98.

魏相復, 1982, 乾川地域의 扇狀地 지형발달, 경북대 대학원 석사학위논문.

曺華龍, 1986, "萬頃江沿岸 沖積平野의 지형발달," 경북대 사범대 교육연구지, 28: 19~35.

______, 1987, 韓國의 沖積平野, 교학연구사.

黃相一, 1984, "太和江下流 沖積平野의 지형발달," 경북대 대학원 석사학위논문.

______, 1994, "道岱川 沖積平野의 지형발달," 地理學叢, 21・22: 41~60.

籠瀨良明, 1973, 低濕地, 古今書院.(일본어)

井關弘太郎, 1972, 三角洲, 朝倉書店.(일본어)

Denny, C. S., 1967, "Fans and pediments," *Am. J. Sciense,* 265: 81~105.

Fisk, H. N., 1944, *Geological Investigation of the Alluvial Valley of the Lower Mississippi River,* Mississippi River Commission, Vicksburg.

______, 1947, *Fine-grained alluvial Deposits and their Effects on Mississippi River Activity,* Waterways Experiment Station, Vicksburg.

Horton, R. E., 1945, "Erosional development of streams and their drainage basins: hydrophysical approach to quantitative morphology," *Bull. Geol. Soc. Am.,* 56: 275~370.

Kolb, C. R. and J. R. van Lopik, 1958, *Geology of the Mississippi River Deltaic Plain, southeastern Louisiana,* Waterways Experiment Station, Vicksburg.

Leopold, L. B., M. G. Wolman and J. P. Miller, 1964, *Fluvial Processes in Geomorphology,* Freeman, San Francisco.
Matthes, G. H., 1941, "Basic aspects of stream-meanders," *Trans. Am. Geophys. Union,* 22: 632~636.
Morisawa, M., 1986, *Rivers, Form and Process,* Wiley, New York.
Richards, K. S., 1982, *Rivers: Form and Processes in Alluvial Channels,* Methuen, London.

제 5 장 侵蝕輪廻

權赫在, 1984, "漢江下流의 沖積地形," 고려대 사대논집, 9: 79~113.
金相昊, 1961, "한국 中部地方의 지형발달," 서울대 논문집(이공계), 10: 111~123.
______, 1973, "中部地方의 侵蝕面地形硏究," 서울대 논문집(이공계), 21: 85~114.
______, 1980, "韓半島의 지형형성과 地形發達序說," 地理學硏究, 5: 1~15.
朴喜斗, 1989, 南漢江 중·상류 盆地의 지형연구, 동국대 대학원 박사학위논문.
孫明遠, 1993, 洛東江上流와 王避川의 河岸段丘, 서울대 대학원 박사학위논문.
宋彦根, 1993, 韓半島 중·남부지역의 嵌入曲流地形發達, 경북대 대학원 박사학위논문.
______, 1994, "龜溪川에 있어서 嵌入曲流切斷과 관련된 河岸段丘의 지형발달," 韓國地形學會誌, 1: 33~40.
______, 曺華龍, 1988, "한국에 있어서 嵌入曲流河川의 분포특성," 第四紀學會誌, 3: 17~34.
李毅漢, 1998, "錦江下流와 美湖川流域의 沖積段丘," 고려대 대학원 박사학위논문.
任昌周, 1978, "南漢江上流의 河岸段丘地形硏究," 상명대 논문집, 7: 283~312.
______, 1989, 南漢江의 河岸段丘에 관한 연구, 동국대 대학원 박사학위논문.
張 昊, 1995, "湖南平野와 論山平野內의 沖積地 주변에 분포한 低丘陵地의 토양지형학적 연구," 韓國地形學會誌, 2: 73~100.
曺華龍, 1979, "梁山斷層 주변의 지형분석," 대한지리학회지, 32: 1~14.
______, 張昊, 李鍾南, 1987, "加祚盆地의 지형발달," 第四紀學會誌, 1: 35~45.
吉川虎雄, 1947, "朝鮮半島中部의 地形發達史," 日本地質學雜誌, 5: 616~627.(일본어)
小林貞一, 1931, "韓半島地形發達史와 近生代의 관계에 관한 一考察," 地理學評論, 7: 523~550, 628~648, 708~732.(일본어)
Baulig, H. 1940, "Reconstruction of stream profiles," *J. Geomorph.* 3: 3~15.
Chang, H., 1986, *Geomorphic Developement of Intermontane Basins in Korea,* Dissertation, Univ. of Tsukuba.

Dury, G. G.(ed.), 1970, *Rivers and River Terraces,* Praeger, New York.

Hack, J. T., 1960, "Interpretation of erosional topography in humid temperate region," *Am. J. Science,* 158-A: 80~98.

Judson, S., 1960, "William Morris Davis: an appraisal," *Zeit. Geomorph.,* Band 4: 193~201.

Russell, R. J., 1949, "Geographical geomorphology," *Ann. Ass. Am. Geog.,* 19: 1~11.

Small, R. J., 1970, *The Study of landforms,* Cambridge Univ. Press, London.

Strahler, A. N., 1950, "Equilibrium theory of erosional slopes approached by frequency distribution," *Am. J. Science,* 248: 673~696.

______, 1952, "Dynamic basis of geomorphology," *Bull. Geol. Soc. Am.,* 63: 923~938.

Sugai, T., 1993, "River terrace development by concurrent fluvial processes and climatic change," *Geomorphology,* 6: 243~252.

제 6 장 乾燥地形

Bagnold, R. A., 1941, *The Physics of Blown Sand and Desert Dunes,* Methuen, London.

Butzer, K. W., 1965, "Desert landforms at the Kurkur Oasis, Egypt," *Ann. Ass. Am. Geog.,* 55: 578~591.

Cooke, R. U. and A. Warren, 1973, *Geomorphology in Deserts,* Univ. of Calf. Press. Berkeley.

Denny, C. S., 1967, "Fans and pediments," *Am. J. Sciense,* 265: 81~105.

Derbyshire, E., 1983, "On the morphology, sediments, and origin of the loess plateau of central China," in *Mega-Geomorphology,* 172~194.

King, L. C., 1949, "The pediment landforms: some current problems," *Geol. Mag.* 86: 245~250.

Lohnes, R. A. and R. L. Handy, 1968, "Slope angles in friable loess," *J. Geol.,* 76: 247~258.

Peel, R. F., 1960, "Some aspects of desert geomorphology," *Geography,* 44: 241~262.

Price, W. A., 1950, "Saharan sand dunes and the origin of the longitudinal dune: a review," *Geog. Review,* 40: 462~465.

Pye, K. and H. Tsoar, 1990, *Aeolian Sand and Sand Dunes,* Harper, New York.

제 7 장 카르스트地形

姜永福, 1992, "우리나라 古生代 石灰岩地域의 카르스트지형과 土壤生成作用에 관한 연구," 韓國地球科學會誌, 13: 156~175.

______, 1994, "카르스트현상의 土壤地理學的 특성," 韓國地形學會誌, 1: 85~102.

徐武松, 1996, 韓國의 石灰岩地形, 세경자료사.

Jennings, J. N., 1971, *Karst,* MIT Press, Cambridge.

______, 1985, *Karst Geomorphology,* Basil Blackwell, New York.

Monroe, W. H., 1966, "Formation of tropical karst topography by limestone solution and reprecipitation," *Caribb. J. Science,* 6: 1~7.

Sweeting, 1965, "The karstlands of Jamaica," *Geog. J.,* 124: 184~199.

______, 1965, "Denudation in limestone regions," *Geog. J.,* 131: 34~37.

Sparks, B. W., 1971, *Rocks and Relief,* Longman, London.

Thornbury, W. D., 1969, *Principles of Geomorphology,* Wiley, New York.

Trudgill, S., 1985, *Limestone Geomorphology,* Longman, London.

White, W. B., 1988, *Geomorphology and Hydrology of Karst Terrain,* Oxford Univ. Press.

제 8 장 氷河地形

鹿野忠雄, 1937, "朝鮮 北部山地의 氷河地形에 관하여," 地理學評論, 13: 82~101.(일본어)

Andrews, J. T. and G. H. Miller, 1980, "Dating Quaternary deposits more than 10,000 years old," in R. A. Gullingford, D. A. Davidson, and J. Lewin(ed.), *Timescales in Geomorphology,* Wiley, New York, 263~287.

Bowen, D. Q., 1978, *Quaternary Geology,* Pergamon, New York.

Davies, J. L., 1969, *Landforms of Cold Climates,* MIT Press, Cambridge.

Flint, R. F., 1971, *Glacial and Quaternary Geology,* Wiley, New York.

King, C. A. M., 1980, "Thresholds in glacial geomorphology," in D. Coates and J. D. Vitek(ed.), *Thresholds in Geomorphology,* Allen & Unwin.

Russell, R. J., 1964, "Duration of Quaternary and its subdivision," *Proc. Nat. Aca. Sci.,* 52: 790~796.

Sharp, R. P., 1988, *Living Ice: Understanding Glaciers and Glaciation,* Cambridge Univ. Press, Cambridge.

Tricart, J., 1969, *Geomorphology of Cold Environment,* MaCmillan, London.

Zeuner, F. E., 1959, *The Pleistocene Period: its Climate, Chronology and Faunal Successions,* Hutchinson, London.

제 9 장 周氷河地形

權純植, 1978, "부산시 범어사 주변의 block field에 관하여," 地理學論叢, 5: 49~54.

______, 1987, 한반도 花崗岩風化層에 발달된 第四紀 후반의 周氷河結氷構造에 관한 연구, 地理學論叢, 별호 4.

金道貞, 1970, "漢拏山의 構造土," 駱山地理, 1: 3~10.

朴 熲, 1987, "千里浦 砂丘內의 赤色堆積層에 관한 연구," 서울대 대학원 석사학위논문.

朴勝必, 1996, "無等山地域의 지형특성에 관한 연구," 韓國地形學會誌, 3: 115~134.

吳慶燮, 1989, "Bt Band의 형성과정," 第四紀學會誌, 3: 35~45.

張載勳, 1983, 韓國 山麓緩斜面의 氣候地形學的 연구, 경희대 대학원 박사학위논문.

田迎權, 1993, "太白山 남부산지의 岩屑斜面地形," 대한지리학회지, 28: 77~98.

Clark, M. I.(ed.), 1988, *Advances in Periglacial Geomorphology,* Wiley, New York.

Czudek, T. and J. Demek, 1970, "Thermokarst in Siberia and its influence on the development of lowland relief," *Quaternary Research,* 1: 103~120.

Davies, J. L., 1969, *Landforms of Cold Climates,* MIT Press, Cambridge.

French, H. M., 1976, *The Periglacial Environment,* Longman, London.

Mackay, J. R., 1977, "The pulsating pingos, Tuktoyaktuk Peninsula, N. W. T.," *Canadian J. of Earth Sciences,* 14: 209~222.

______, 1980, "The origin of hummocks, western arctic coast, Canada," *Canadian J. of Earth Sciences,* 17: 996~1006.

Péwé, T. L.(ed.), 1969, *The Periglacial Environment,* McGill-Queens Univ. Press.

Peltier, L. C., 1950, "The geographical cycle in periglacial regions as it is related to climatic geomorphology," *Ann. Assoc. Am. Geog.,* 40: 214~236.

Rapp, A., 1960, "Recent development of mountain slopes in Karkevagge and surroundings, northern Scandinavia," *Geog. Ann.* 42: 71~200.

Tricart, J., 1969, *Geomorphology of Cold Environment,* MaCmillan, London.

Washburn, A. L., 1956, "Classificaion of patterned ground and review of suggested origins," *Bull. Geol. Soc. Am.,* 67: 823~866.

______, 1980, *Geocryology: a Survey of Periglacial Processes and Environments,* Wiley, New York.

제10장 海岸地形

權赫在, 1974, "황해안의 干潟地發達과 그 堆積物의 기원," 地理學(대한지리학회지), 10: 1~12.

______, 1977, "주문진~강릉간의 海岸地形과 海濱堆積物質," 고려대 교육대학원 교육논총, 7: 45~58.

______, 1981, "泰安半島와 安眠島의 해안지형," 고려대 사대논집, 6: 261~287.

______, 1993, "西海岸의 海岸侵蝕," 고려대 사대논집, 18: 137~155.

潘鏞夫, 1984, "낙동강 하구의 간석지," 地理學研究, 10: 537~559.

______, 1986, 洛東江三角洲의 지형과 표층퇴적물 입격분석, 경희대 대학원 박사학위논문.

吳建煥, 1977, "한반도 남동부해안의 지형발달," 地理學評論, 50: 689~699.(일본어)

______, 1980, "한반도 東西海岸에 분포하는 海成段丘面의 대비," 부산대 자연대 논문집, 8: 157~172.

______, 1981, "한반도의 海成段丘와 第四紀의 地殼變動," 부산여대 논문집, 9: 337~415.

______, 1996, "강원도 중부(주문진~양양) 海岸平野의 형성과정과 古環境, 第四紀學會誌, 10: 53~68.

曺華龍, 1980, "한국 東海岸에 있어서 完新世의 海水準變動," 地理學評論, 53: 317~328.(일본어)

______, 1987, 韓國의 沖積平野, 교학연구사.

崔成吉, 1984, "邊山半島 일대의 舊汀線地形考察: 격포리와 대항리를 중심으로," 地理學研究, 9: 302~312.

______, 1991, "한국 동해안 冷川 하구부의 海面變動段丘와 迎日灣 북안의 海成段丘, 地理學論叢, 17: 61~73.

______, 1993, "한국 동해안에 있어서 最後氷期의 舊汀線高度 연구," 第四紀學會誌, 7: 1~26.

______, 1995, "한반도 중부동해안 低位海成段丘의 對比와 編年," 대한지리학회지, 30: 103~119.

______, 1996, "한국 동남부해안 浦港 주변지역 後期更新世 海成段丘의 對比와 編年," 韓國地形學會誌, 3: 29~44.

黃相一, 尹順玉, 1996, "한국 동해안 盈德 金谷地域 해안단구의 堆積物의 특성과 地形發達," 한국지형학회지, 3: 99~114.

Bascom, W., 1964, *Waves and Beaches,* Science Study Series, Anchor, New York.

Bird, E. C. F., 1969, *Coasts,* MIT Press, Cambridge.

Clark, J. A., W. E. Farrel and W. R. Peltier, 1978, "Global changes in postglacial sea level: a numerical calculation," *Quaternary Research,* 9: 265～287.

Hardisty, J., 1990, *Beaches, Form and Process,* Harper, New York.

Johnson, D. W., 1919, *Shore Processes and Shoreline Development,* Hafner, New York.

King, C. A. M., 1959, *Beaches and Coasts,* Arnold, London.

Pethick, J., 1984, *An Introduction to Coastal Geomorphology,* Arnold, London.

Russell, R. J., 1957, "Instablility of sea level," *American Scientist,* 45: 414～430.

Shepard, F. P., 1960, "Rise of sea level along northwest Gulf of Mexico," in Shepard, F. P., et al(ed.), *Recent Sediments, Northwest Gulf of Mexico,* Am. Ass. Petrol. Geologists, 338～344.

______, 1968, "Coastal Classification," in Fairbridge, R. W.(ed.), *Encyclopedia of Geromorphology,* Reinhold, 131～133.

Zenkovich, V. P., 1967, *Processes of Coastal Development,* Wiley, New York.

제11장 堆積岩層의 地形

Ashely, G. H., 1935, "Studies in Appalachian mountain structure," *Bull. Geol. Soc. Am.,* 46: 1395～1436.

Davies, G. H., 1984, *Structural Geology of Rocks and Regions,* Wiley, New York.

Derruau, M., 1967, *Precis de Geomorphologie,* Masson et Cie, Paris.

Ollier, C., 1981, *Tectonics and Landforms,* Longman, New York.

Skinner, B. J. and S. C. Porter, 1992, *The Dynamic Earth,* Wiley, New York.

Sparks, B. W., 1971, *Rocks and Relief,* Longman, London.

Thornbury, W. D., 1969, *Principles of Geomorphology,* Wiley, New York.

Twidale, C. R., 1971, *Structural Landforms,* MIT Press.

제12장 斷層地形

姜必鍾, 1979, "南韓 人工衛星映像의 지질학적 분석(Ⅰ)(Ⅱ)," 지질학회지, 15: 109～126, 181～191.

金周煥, 1973, "Joint와 河川流向과의 관계고찰," 地理學硏究, 1: 25～63.

______, 1983, 한국 동남지대의 地質構造와 地形發達과의 관계, 연세대 대학원 박사학위논문.

朴東源, 姜必鍾, 1977, "河系網과 地質構造線의 관계에 관한 연구," 洛山地理, 4: 7~16.

禹柄榮, 1984, "梁山斷層의 지형학적 연구, 경북대 석사학위논문.

李基和, 羅聖鎬, 1983, "梁山斷層의 地震活動에 관한 연구," 지질학회지, 19: 127~135.

李大聲 외, 1983, "楸哥嶺裂谷의 지질학적 해석," 지질학회지, 19: 19~38.

曺華龍, 1997, "梁山斷層 주변의 지형분석," 대한지리학회지, 32: 1~14.

Cotton, C. A., 1950, "Tectonic scarps and fault valleys," *Bull. Geol. Soc. Am.,* 61: 717~757.

Johnson, D. W., 1939, "Fault scarps and fault-line scarps," *J. Geomorph.,* 2: 174~177.

McConnell, R. B., 1967, "The East African rift system," *Nature,* 215: 578~581.

Ollier, C., 1981, *Tectonics and Landforms,* Longman, New York.

Twidale, C. R., 1971, *Structural Landforms,* MIT Press.

McConnell, R. B., 1967, "The East African rift system," *Nature,* 215: 578~581.

제13장 火山地形

金相昊, 1963, "제주도의 自然地理," 地理學(대한지리학회지), 1: 1~9.

金周煥, 1992, "白頭山의 지질과 지형, 地理學硏究, 19: 1~28.

元鍾寬, 1975, 濟州道의 형성과정과 火山活動에 관한 연구, 건국대 대학원 박사학위논문.

______, 1983, "한반도에서의 第四紀 火山活動에 관한 연구," 지질학회지, 19: 159~168.

홍영국, 1990, "백두산의 지질," 지질학회지, 26: 119~126.

李大聲, 1954, "울릉도의 地質," 서울대 자연과학 논문집, 1: 199~207.

町田洋 외, 1984, "第四紀 後期 한국의 南九州起源 火山灰와 울릉도의 Tephra," 地理學(대한지리학회지), 29: 48~72.

제주도, 1997, 제주도의 오름.

Bullard, F. M., 1962, *Volcanoes, in History, in Theory, in Eruption,* Univ. of Texas Press.

Decker, R. W. and B. Decker, 1981, *Volcanoes,* Freeman, New York.

Green, J. and N. M. Short, 1972, *Volcanic Landforms and Surface Features,* Springer-Ferlag, New York.

Kear, D., 1957, "Erosional stages of volcanic cones as indicators of ages," *N. Z. J.*

Sci. Tech., 38: 671～682.
Ollier, C. D., 1969, *Volcanoes,* MIT Press, Cambridge.
Skinner, B. J. and Porter, 1992, *The Dynamic Earth,* Wiley, New York.
Williams, H., 1941, "Calderas and their origin," *Univ. Calif. Publ. Geol. Sci.,* 25: 239～346.

제14장 世界의 大地形

Dewey, F. F., 1972, "Plate tectonics," *Sci. American,* 226: 56～68.
Dietz, R. S., 1972, "Geosynclines, mountains and continent-building," *Sci. American,* 226: 30～38.
Dott, R. H. and R. L., 1980, *Evolution of the Earth,* McGraw-Hill, New York.
Hallan, A., 1973, *A Revolution in the Earth Sciences from Continental Drifit to Plate Tectonics,* Oxford Univ. Press.
Kearey, P. and F. J. Vine, 1990, *Global Tectonics,* Blackwell, Oxford.
Ollier, C., 1981, *Tectonics and Landforms,* Longman, New York.
Skinner, B. J. and S. C. Porter, 1992, *The Dynamic Earth,* Wiley, New York.
Windley, B. F., 1977, *The Evolving Continents,* Wiley, New York.

〔저자 약력〕

서울대학교 사범대학 지리과 졸업
미국 루이지애나주립대학 대학원 졸업(지리학 박사)
미국 루이지애나주립대학 해안연구소 조교수
한국지형학회장
대한지리학회장
현, 고려대학교 명예교수

〔주요 논문〕

낙동강삼각주의 지형연구
한국의 하천과 충적지형
태안반도와 안면도의 해안지형
한강하류의 충적지형
대산평야, 기타 다수

〔저서 및 역서〕

地形學
自然地理學
韓國地理[總論編]
韓國地理[地方編]
地理教育의 原理와 事例(공역)
人文地理學原理(공역)

地 形 學 [제 4 판]

1974년 5월 20일 초판 발행
1980년 9월 20일 신판(제2판) 발행
1990년 8월 25일 제3판 발행
2022년 1월 20일 제4판 15쇄 발행

저 자 權 赫 在
발행인 裵 孝 善

발 행 처 도서출판 法 文 社

주 소 10881 경기도 파주시 회동길 37-29
등 록 1957년 12월 12일 제2-76호(倫)
TEL (031) 955-6500~6, FAX (031) 955-6525
e-mail(영업) : bms@bobmunsa.co.kr
(편집) : edit66@bobmunsa.co.kr
홈페이지 http://www.bobmunsa.co.kr
조 판 광 암 문 화 사

정가 29,000원 ISBN 978-89-18-25068-7